突发性环境污染事故应急处置手册

何长顺　等 编著

中国环境科学出版社・北京

图书在版编目（CIP）数据

突发性环境污染事故应急处置手册/何长顺等编著. —北京：中国环境科学出版社，2011.4

ISBN 978-7-5111-0503-5

Ⅰ. ①突… Ⅱ. ①何… Ⅲ. ①环境污染—紧急事件—处理—手册 Ⅳ. ①X5-62

中国版本图书馆 CIP 数据核字（2011）第 028812 号

责任编辑　印　光
责任校对　扣志红
封面设计　玄石至上

出版发行　中国环境科学出版社
（100062　北京东城区广渠门内大街 16 号）
网　　址：http://www.cesp.com.cn
联系电话：010-67112765（总编室）
发行热线：010-67125803，010-67113405（传真）
印　　刷　北京联华印刷厂
经　　销　各地新华书店
版　　次　2011 年 4 月第 1 版
印　　次　2011 年 4 月第 1 次印刷
开　　本　787×1092　1/16
印　　张　21.5
字　　数　505 千字
定　　价　75.00 元

编写委员会

主　编：何长顺　秦普丰

副主编：包晓风　刘孝利　宋建武　雷　鸣　朱志胜

编　委：戴春皓　陈娅娜　彭　亮　赵　敏　周惜时　杨光华
　　　　李　桃　黄红丽　张溥亮　铁柏清　朱利权　彭　慧
　　　　贺　琳　魏祥东　樊　津　刘　丽

序

在2011年全国环境保护工作会议上，周生贤部长明确指出，要加强环境风险预测和管理，全力遏制化工行业环境污染事故高发势头，着力解决关系民生的突发性环境污染问题。这为全国环境监测系统开展应急监测明确了方向，确定了工作重点。

近几年，在环保部领导的关心和正确领导下，全国环境监测系统坚决贯彻国务院《关于落实科学发展观、加强环境保护的决定》和环保部印发的《先进的环境监测预警体系建设纲要（2010—2020）》，抢抓机遇，开拓进取，扎实工作，突发性环境污染事故应对与处置能力得到显著提升，突出体现在以下几个方面：

一是突发性环境污染事故的预警能力得到提升。建立先进的环境监测预警体系是党中央、国务院总结松花江等污染事故经验教训，立足我国环境监管和环境监测面临的严峻形势，审时度势提出的一项具有战略性、基础性的重要举措。当前，通过做大做强国家环境监测网、应用环境卫星遥感技术、更新技术装备、扩充人才队伍，一些重点区域已基本具备前瞻性和战略性监测预警评价能力，支撑环境监测发展的基础得到有效巩固，环境质量监管能力显著提升。

二是突发性环境污染事故的应急处置能力显著提高。通过对汶川、玉树、舟曲灾区应急监测；对陕西凤翔、湖南武冈、云南东川等多起重金属突发性环境污染事故应急处置的经验总结和技术积累，各级监测站逐步形成了应急监测响应、数据报送、信息通报、协调联动等环保系统内部之间的应急机制，大大提升了突发性环境污染的应急处置综合能力。

三是突发性环境污染事故的应急处置能力建设持续加强。随着国家和地方政府不断加大投入力度，各级监测站的应急监测设备得到全面改善。按照监测队伍专业化、装备现代化要求，多功能应急监测车、便携式应急监测仪器、高科技通讯工具、高效率数据传输设备在省级站和部分市级站中予以配置，逐步满足了当前对环境应急监测的新要求。

虽然环境监测系统在应急监测管理、技术研究等方面取得一定进展，各级监测站在应急监测技术运用和积累等方面有一定成绩，但随着突发性环境污染事故爆发领域不断扩大，一些新现象、新问题不断出现，监测系统的技术装备还不能完全适应各种应急需求；标准规范还不能应对科技新发展；目前积累的技术基础和实战经验还无法全面满足新形势要求，为此，还需全国环境监测人员共同研讨，攻破难关。在这方面，株洲市环境监测中心站做了大量工作，付出了实际行动，通过认真总结经验，分析应急监测需求，结合近几年应急监测技术装备的发展情况，研究编制了《突发性环境污染事故应急手册》一书。

此书按照行业分类，分为森林相关行业、农业和食品行业、一般制造业、油和气相关行业、基础设施行业、化学品制造行业、采矿和能源相关行业等 8 个突发性环境污染事故易发领域，并就如何应急处置进行了全面讲解和分析。这是株洲市环境监测中心站多年实践工作的结晶，也是该书作者热爱环保、忠于环境监测事业的集中体现。最后，愿此书在应对与处置突发性环境污染事故等方面，能为各级监测站提供一定的参考价值。

中国环境监测总站站长 

2011 年 3 月 · 北京

前 言

近年来，全国范围内生产安全及环境污染事故频发，给社会生产生活秩序、人身安全等造成了严重影响，随之，各部门陆续制订了突发性环境应急预案。然而这些应急预案只针对本部门，对指挥机构、反应时效及程序控制要求较多，而对具体的工艺流程及风险源点介绍不多，更缺乏突发性环境污染事故的应急防护处理措施与环境安全监测方法，无法为环保人员以及各行业生产人员提供基本的应急知识和切实可行的安全应急处理措施。

本书作者为一线从事环境监测资深人员，长期从事环境应急监测工作，深切体会到发生环境突发事故时，迫切需要一本能针对主要污染行业，就污染物排放特点及对环境造成的危害进行指导，从而能快速确定环境监测项目、监测点位、监测频次的应急方案的书籍。

为了避免和降低因突发环境污染事故带来的环境破坏及人民群众生命财产损失，为了保护事故应急处理人员的身体健康和人身安全，为了做好突发环境污染事故应急处置时的人身安全防护与环境应急监测，作者根据多年处理环境突发事故的经验，并参考了有关书籍，特编写了《突发性环境污染事故应急处置手册》一书。本书既可作为各行业生产安全培训的教材，也可作为全国环保工作人员处理突发性环境污染事故的工作指南。

本书根据国际通用行业分类方法进行分类，每个行业选取具代表性的工艺，并以此编写该行业突发性环境污染事故的应急指南。每个工艺分为工艺简介、工艺流程与风险点位分析、污染物特征及危害、应急防护措施、应急环境监测设备与方法5部分内容。本书第一章为概论，简要介绍了突发性环境污染事故特征、危害及应急流程，本书主体内容分八章，依次为森林相关行业（锯木、木制品、造纸业等）突发性环境污染事故及应急、农业与食品相关行业（养殖、食品、饮料等）突发性环境污染事故及应急、一般制造业（建筑用料、电子、铸造、金属冶炼等）突发性环境污染事故及应急、油和气行业（石油天然气开发、加工）突发性环境污染事故及应急、基础设施相关行业（陆地交通、水域水运、石油天然气运输、油库等）突发性环境污染事故及应急、化学品相关行业（药品、煤炭加工、氮肥、磷肥、石油炼制、酸碱制造等）突发性环境污染事故及应急、采矿业（矿产开采、尾矿等）和能源相关行业（火电厂）突发性环境污染事故及应急。相关环境标准作为附录附在本书最后。

本书的编写得到了中国环境监测总站、湖南农业大学环境资源工程学院等单位领导及同行专家的指导和帮助，在此表示诚挚的谢意。

与迅速发展的环境保护工作以及科学技术的日新月异相比，本书难免存在许多不足之处，恳请各行业专家及环保工作人员提出宝贵的意见和建议，以便在今后的修订中补充完善。

株洲市环境监测中心站编委会

2011 年 3 月 18 日

目　录

第一章　概　论

第一节　突发性环境污染事件的特性与危害

一、突发性环境污染事件的定义及分类

突发环境事件是指突然发生，造成或者可能造成人员伤亡、财产损失和对全国或者某一地区的经济社会稳定、政治安定构成重大威胁和损害，有重大社会影响的涉及公共安全的环境事件。通过对污染物的性质及常发生的污染事件进行统计分析，并根据突发环境污染事件与公众健康的风险可能性和程度，突发性环境污染事件一般可分为以下四类：

（一）水环境污染事件

（1）生活饮用水源受到污染的环境污染事件；

（2）海洋受到陆源污染所发生的环境污染事件；

（3）线路板、电镀、印染、食品加工厂等企业因设备故障或人为疏忽等原因造成的超标生产废水的大量对外排放污染事件。

（二）大气环境污染事件

化工厂、农药厂等工矿企业在生产过程中，由于操作不当或储存设备破损等原因致使氯气、氨气、光气、硫化氢等有毒有害气体发生泄漏，大气环境受到污染。

（三）危险化学品和危险废弃物环境污染事件

（1）有毒气体爆炸、毒害品爆炸、其他有害物质爆炸引发的环境污染事件；

（2）油库、码头、海域等场所发生的溢油污染，油料运输过程中因交通意外等原因引发的溢油污染事件；

（3）强酸、强碱等腐蚀性物质污染事件；

（4）农药污染事件；

（5）危险废物或其他危险化学品储存、运输、使用、处置不当引发的危险品污染事件。

（四）放射性污染事件

人员受到超剂量照射以及放射源丢失、被盗，放射性同位素污染所引发的放射事件。

二、突发性环境污染事件的特性

突发环境污染事件一般都归类于危机的范畴，国际上突发性事件应急管理也更多使用危机这个词汇，对危机的内涵有不同的理解和定义，其中比较广泛接受的是罗森塔尔等人的观点：危机就是对一个社会系统的基本价值和行为准则架构产生严重威胁，并且在时间压力和不确定性极高的情况下，必须对其做出关键决策的事件。突发环境污染事故属于各种危机事件的一种，它同样也具备了危机事件的普遍特征，充分认识危机事件的特征对于我们认识突发环境污染事故具有很大的帮助，对于危机事件的特征不同的学者有不同的看法，美国学者福斯特认为危机具有一个显著特征，即急需快速做出决策，并且严重缺乏必要的训练有素的人员、物资资源和时间来完成。清华大学的薛澜教授认为“危机具有突发性和紧急性，事情演变迅速，机会稍纵即逝。危机事件的影响具有一定的社会危害性。危机事件的本质是非程序化决策问题，事件的特性是无法照章办事”。

从上面对突发环境污染事件和危机事件的定义和对危机事件的特征分析中可以看出，突发环境污染事件不同于一般的环境污染事件，它具有以下基本特征：

（一）发生的突然性

突发性是突发性环境污染事件的首要特征。尽管突发环境污染事件的发生有其必然性因素，但环境污染事件往往突然发生，来势凶猛，一般是不可预测的或者是难以准确预测，如果事先没有采取有效的防范措施，则在很短的时间内往往难以控制，防不胜防，具有很大的偶然性和突发性。

（二）形式的多样性

突发性环境污染事件涉及众多行业和领域，如有毒化学品的生产、运输、储存、使用以及处置过程中均有可能发生环境污染事件。就某一类事件而言，所含的污染因素也比较多，几乎涉及所有的环境要素，如大气圈、水圈、岩石圈及生物圈等。就事故类型而言，其表现形式也是多种多样，如泄漏、燃烧、爆炸等。以上内容均表明有毒有害物质进入环境的排放方式和途径的多样性。

（三）危害的严重性

由于环境污染事件均是在短时间内排放大量的有毒有害物质，其表现形式多种多样，人们往往来不及采取相应的应急措施处理处置这些污染物，而且突发环境污染事件往往与危险化学品直接相关，许多突发事件都会造成公众伤亡、经济损失。

（四）处理的艰巨性

突发性环境污染事件具有污染因素多、排放量大、发生突然、危害强度大等特点，这就要求处理突发性环境污染事故必须快速、及时、处理措施得当有效。因此，突发性环境污染事件的应急监测、处理处置比一般的环境污染事故的处理更为艰巨和复杂。

（五）有效处理时间的紧迫性

突发性环境污染事件事发突然，发展迅速，在出现的时候已经造成了一定的后果，而且突发环境污染事件的出现往往不是一个孤立、单纯的事件，有可能引起其他的更大危机，容易造成“多米诺骨牌效应”。所以，为了有效控制事态的发展和减少危害，必须及时采取应对措施，必须快速果断决策。

（六）发展的不确定性

突发性环境污染事件往往会随着时间的消逝和空间的变迁表现出发展的不确定性，无轨迹可循，并且发展演变速度快，应对处理不恰当容易引起污染事件的恶化升级。

（七）应急资源的短缺性

由于事发突然，缺乏准备，应对危机所需要的人力、物力、财力等资源严重不足。并且由于引起环境突发污染事故的原因各不相同，应对危机无现成的章法可循。

三、突发性环境污染事件的分级

突发性环境污染事件分级是分级响应的首要判定依据。根据突发事件严重性和紧急程度，突发环境事件分为特别重大环境事件（Ⅰ级）、重大环境事件（Ⅱ级）、较大环境事件（Ⅲ级）和一般环境事件（Ⅳ级）四级。

（一）特别重大环境事件（Ⅰ级）

凡符合下列情形之一的，为特别重大环境事件：

（1）造成 30 人以上死亡，或中毒（重伤）100 人以上；

（2）因环境污染事件需疏散、转移群众 5 万人以上，或直接经济损失 1 000 万元以上；

（3）区域生态功能严重丧失或濒危物种生存环境遭到严重污染；

（4）因环境污染使当地正常的经济、社会活动受到严重影响；

（5）利用放射性物质进行人为破坏事件，或Ⅰ、Ⅱ类放射源失控造成大范围严重辐射污染后果；

（6）因环境污染造成重要城市主要水源地取水中断的污染事故；

（7）因危险化学品（含剧毒品）生产和储运中发生泄漏，严重影响人民群众生产、生活的污染事故。

（二）重大环境事件（Ⅱ级）

凡符合下列情形之一的，为重大环境事件：

（1）10 人以上、30 人以下死亡，或中毒（重伤）50 人以上、100 人以下；

（2）区域生态功能部分丧失或濒危物种生存环境受到污染；

（3）因环境污染使当地经济、社会活动受到较大影响，疏散转移群众 1 万人以上、5 万人以下的；

（4）Ⅰ、Ⅱ类放射源丢失、被盗或失控；

(5) 因环境污染造成重要河流、湖泊、水库及沿海水域大面积污染，或县级以上城镇水源地取水中断的污染事件。

(三) 较大环境事件（Ⅲ级）

凡符合下列情形之一的，为较大环境事件：

(1) 发生3人以上、10人以下死亡，或中毒（重伤）50人以下；

(2) 环境污染造成跨地级行政区域纠纷，使当地经济、社会活动受到影响；

(3) Ⅲ类放射源丢失、被盗或失控。

(四) 一般环境事件（Ⅳ级）

凡符合下列情形之一的，为一般环境事件：

(1) 发生3人以下死亡；

(2) 因环境污染造成跨县级行政区域纠纷，引起一般群体性影响的；

(3) Ⅳ、Ⅴ类放射源丢失、被盗或失控。

第二节　突发性环境污染事件应急响应

一、应急响应工作原则

突发性环境污染事件应急响应是为了有效控制突发性环境污染事件的发展以及事件发生后的应对而采取一系列的有计划、有组织的管理过程，主要任务是如何有效处置突发性环境污染事件，最大程度地减少事故的负面影响。突发性环境污染事件应急响应工作是一个系统工程，包括集中统一的指挥机构，强大的社会动员体系，以事发地党委和政府为主、有关部门和相关地区协调配合的领导责任制，应急处置的专业救援队伍、专家咨询队伍等。

在突发性环境污染事件响应工作中，环保部门应按照“预防为主、常备不懈、统一指挥、大力协同、保护公众、保护环境”的总体方针，以下列原则为指导，发挥指挥协调、调查处理、信息判断与报送、监察监管的职责。

(一) 以人为本，减少灾害的原则。以公众健康和生命财产安全为第一要务，在突发性环境事件响应处理过程中，关爱生命高于一切，最大程度地保障公众健康，保护人民群众生命财产安全。

(二) 坚持统一领导，统一指挥的原则，做到局部利益服从整体利益，一旦出现重大事故，确保能够迅速、快捷、有效地应急响应。树立全面、协调、可持续的科学发展理念，提高各级领导及有关人员应对突发环境事件的能力。

(三) 依靠科学，快速反应的原则。不断完善应急反应机制，强化人力、物力、财力储备，增强应急处理能力；依靠科学，加强科研指导，规范业务操作，实现应急工作的科学化、规范化。

(四) 分级负责、协调配合的原则。按照属地管理、分级负责的原则，各级领导和各个相关部门应按照职责分工，分级负责，密切合作，认真落实各项预防和应急处置措施。

二、应急流程

突发性环境污染事故应急流程见图 1-1：

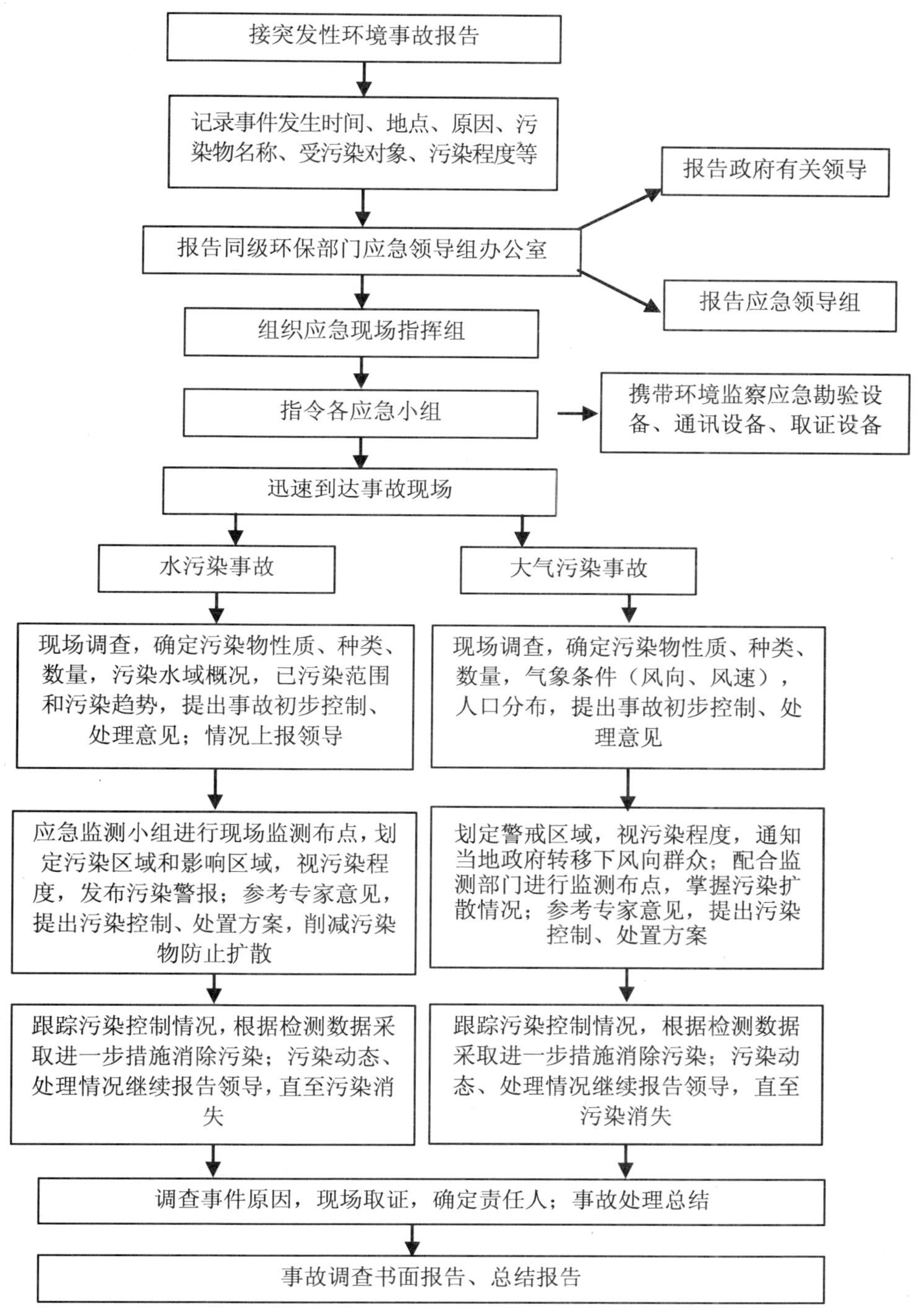

图 1-1 突发环境污染事故应急处理流程

三、我国突发性环境污染事件应急处理现状

我国突发性环境污染事件应急管理机制起步较晚，2002 年 5 月广西壮族自治区南宁市应急联动系统正式运行，成为我国最早的城市应急管理体系。2003 年上海市完成《上海市灾害事故紧急处置总体预案》编制工作，这是省级政府中最早编制应对灾害事故的预案。2005 年 1 月，温家宝总理主持召开国务院常务会议，原则通过《国家突发公共事件总体应急预案》和 25 件专项预案、80 件部门预案，共计 106 件。2005 年 7 月 22～23 日国务院召开全国应急管理工作会议，标志着中国应急管理纳入了经常化、制度化、法制化的工作轨道。2006 年 1 月 8 日国务院发布《国家突发公共事件总体应急预案》，总体预案是全国应急预案体系的总纲，明确了各类突发公共事件分级分类和预案框架体系，规定了国务院应对特别重大突发公共事件的组织体系、工作机制等内容，是指导预防和处置各类突发公共事件的规范性文件。2006 年 1 月 24 日国务院发布了由国家环保总局编制的《国家突发环境事件应急预案》，从体制和机制及具体措施上将防范和应对处理突发环境污染事故提高到一个新的水平。全国各省、自治区、直辖市的省级突发性环境污染事件应急预案也陆续编制完成。各地还结合实际编制了专项应急预案和保障预案，许多市（地）、县（市）以及企事业单位也制订了应急预案。至此我国突发性环境污染事件应急预案框架体系初步形成。但是，环境污染事故防范和应急是一项长期和艰巨的任务，随着经济的发展以及日趋复杂的环境，此起彼伏的突发环境污染事故触目惊心，2005 年的松花江污染事件险些酿成国家之间的争端，同时也进一步暴露了我国在应对突发环境污染事故等危机事件还是有诸多的薄弱环节，与发达国家相比还存在较大差距。

四、应急现场的基本防护措施

根据污染物的性质及事故类型，事故可控性、严重程度和影响范围，需确定以下内容：

（1）明确切断污染源的基本方案；

（2）明确防止污染物向外部扩散的设施与措施及启动程序，特别是为防止消防废水和事故废水进入外环境而设立的事故应急池的启用程序，包括污水排放口和雨（清）水排放口的应急阀门开合和事故应急排污泵启动的相应程序；

（3）明确减轻与消除污染物的技术方案；

（4）明确事故处理过程中产生的伴生/次生污染（如消防水、事故废水、固态液态废物等，尤其是危险废物）的消除措施；

（5）应急过程中使用的药剂及工具（可获得性说明）；

（6）应急过程中采用的工程技术说明；

（7）应急过程中，在生产环节所采用应急方案及操作程序；生产过程中可能出现问题的解决方案；应急时紧急停车停产的基本程序；控险、排险、堵漏、输转的基本方法；

（8）污染治理设施的应急方案；

（9）危险区、安全区的设定；事故现场隔离区的划定方式、方法；事故现场隔离方法；

（10）明确事故现场人员清点，撤离的方式、方法及安置地点；

（11）明确应急人员进入与撤离事故现场的条件、方式；

（12）明确人员的救援方式、方法及安全保护措施；

（13）明确应急救援队伍的调度及物质保障供应程序。

五、大气类污染事故保护目标的应急救援措施说明

根据污染物的性质及事故类型，事故可控性、严重程度和影响范围，风向和风速等，需确定以下内容：

（1）可能受影响区域的说明和最短响应时间；

（2）可能受影响区域单位、社区人员疏散的方式、方法、地点；

（3）可能受影响区域企业、社区人员基本保护措施和防护方法；

（4）周边道路隔离或交通疏导方案；

（5）临时安置场所。

六、水类污染事故保护目标的应急救援措施说明

根据污染物的性质及事故类型，事故可控性、严重程度和影响范围，河流的流速与流量（或水体的状况）等，需确定以下内容：

（1）可能受影响水体说明；

（2）事故发生后，泄漏至外环境的污染物控制、削减技术方法说明；

（3）需要其他措施的说明[如其他企业（或事业）单位污染物限排、停排，调水，污染水体疏导，自来水厂的应急措施等]；

（4）跨界污染事故应急处置措施说明。

七、受伤人员现场救护、救治与医院救治

依据事故分类、分级，附近疾病控制与医疗救治机构的设置和处理能力，制订具有可操作性的处置方案，应包括以下内容：

（1）可用的急救资源列表，如急救中心、医院、疾控中心、救护车和急救人员；

（2）应急抢救中心、毒物控制中心的列表；

（3）抢救药品、医疗器械和消毒、解毒药品等的区域内和区域外的供给情况；

（4）根据化学品特性和污染方式，明确伤员的分类；

（5）现场救护基本程序，如何建立现场急救站；

（6）伤员转运及转运中的救治方案；

（7）针对污染物，确定伤员治疗方案；

（8）根据伤员的分类，明确不同类型伤员的医院救治机构。

第三节 突发性环境污染事件应急监测

突发性环境污染事件的应急监测是指在发生环境污染事故的紧急情况下，为发现和查明污染情况（种类、浓度、范围、程度等）而进行的环境监测，包括现场定点监测和动态监测。在现场要求监测人员在尽可能短的时间内，采用小型、便携、简易、快速的检测仪器和设备进行定性、半定量及定量监测，必要时把样品送回实验室进行准确测定。应急监测是做好污染事故处理处置的前提和关键，也是善后工作的基础。

一、应急监测程序

合理的监测程序设置能为监测的顺利进行打下良好基础，可迅速地对污染事故的种类、浓度、范围和程度做出判断。突发性环境污染事件应急监测的主要程序如图 1-2 所示：

图 1-2 应急监测程序框架图

监测方案编制的主要内容一般包括：监测对象、监测项目、布点方法、采样频次、仪器装备、采样设备、人员分工、时间要求等。

二、应急监测的采样方法

（一）空气采样点位布设与采样方法

（1）采样点周围应开阔，采样口水平线与周围建筑物高度的夹角应不大于 30°，采样口周围（水平面）应有 270°以上的自由空间；

（2）采样装置距绿化乔木或灌木绿化带的距离应大于 15～20 m；

（3）敏感点布点，往往需要根据当时情况特别考虑；

（4）源头废气采样特别应考虑安全；

（5）空气采样分直接采样（针筒、球胆、气袋、真空瓶、苏码罐）、吸收采样、富集采样（吸附剂）。

（二）水质采样点位布设与注意事项

（1）河流：在大支流或特殊水质的支流汇合于主流时，应在靠近汇合点的主流与支流上以及汇合点的下游认为已充分混合的地点设置采样断面。河流采样断面垂线布设是：河宽≤50 m 的河流，可在中间设一条垂线；河宽＞100 m 的河流，在左、中、右设三条垂线；河宽 50～100 m 的河流，可在左、右近岸有明显水流处设两条垂线。

（2）湖库：可在湖（库）区的不同水域（如进水区、出水区、深水区、浅水区、岸边区）按水体功能分别设垂线。

（3）源头废水：注意代表性，特别应注明生产负荷水质采样。

采样时应注意，pH、生物需氧量（BOD）、硫化物、油类、有机污染物应单独采集，不能与其他指标混装或采混合样；油类、有机污染物应用玻璃瓶采集；挥发性有机物应采满不留空间（专用瓶或盐水瓶）。

（三）土壤采样布点的原则和采样方法

土壤样品的科学布点应遵循确定采样单元划分的原则来确定主要的影响因素并且努力避开各种可能的干扰因素。常用的土壤样品采样方法有蛇形采样法、棋盘式采样法、对角线以及梅花形采样法。土壤的蛇形采样法适用于面积较大，地势不太平坦，土壤不够均匀的田块。土壤的棋盘式采样法适用于中等面积，地势平坦，地形开阔，但土壤较不均匀的田块。土壤的梅花形采样法适用于面积小，地势平坦，土壤较均匀的田块。土壤的对角线采样法适用于污水灌溉或受污染的水灌溉的田块。

一般了解土壤污染情况时，采样深度只需取 25 cm 左右耕层土壤和耕层以下的 15～30 cm 土样。如要了解土壤污染深度，则应按土壤剖面层次分层取样。

（四）沉积物布点采样方法和注意事项

沉积物采样断面的设置原则与地面水采样断面相同，沉积物采样点应尽可能与水质采样点位于同一垂线上。水浅时，船体或采泥器冲击搅动底质，或河床为砂、卵石时，应另选采样点重新采，但点位不能偏移太远。

采样器使用前须用洗涤剂除去防锈油脂，采样时将采样器放在水面上冲刷 3～5 min。采样器提升时，如发现样品流失过多，必须重新采样。为保证代表性，在同一点位周围宜采样 2～3 次，将各次样品混合均匀后分装。

三、应急监测装备

（一）金属元素毒物指标的监测装备

金属元素毒物监测装备包括原子吸收、原子荧光、测汞仪、等离子体、发射光谱、发射光谱、X-射线荧光光谱仪、电化学检测仪器、水质试纸等。

（二）无机污染物指标的监测装备

分光光度计、pH 计、溶解氧仪、离子色谱仪，水质试纸、气体检测管、便携式多参数检测仪、便携式多参数气体测试仪等。

（三）有机毒物指标的监测装备

气相色谱、液相色谱、气质联用、液质联用、富立叶转换红外分光光度计、快速气相色谱/表面声波检测仪、便携式质谱仪、水质试纸、气体检测管等。

（四）生物毒性指标的监测装备

便携式生物毒性测试仪等。

由于在现场要求监测人员在尽可能短的时间内进行定性和半定量监测，因此应急监测装备和仪器应急监测仪器一般为小型、便携、简易、快速的检测仪器和设备，并逐步建立在线监控、无线传输实验室，实现自动化参数拓展。

四、应急监测注意事项

（1）应急处理处置要依靠应急监测，应急监测为应急处理处置服务。

（2）应急监测需要大量的信息（时间、地点、缘由、可能的污染物及其危害、周围环境、保护目标、敏感程度等），作为制订监测方案的依据。

（3）有备才能无患：预案（组织、程序、人员）、装备及维护、培训、练习、演习。

（4）特殊污染物，需调研采样监测方法，出具的监测结果只能作为处理处置的参考依据，具备本地特征，特殊污染物的监测能力。

（5）当地监测能力不足，需通过行政部门调动本地兄弟部门或网络监测站进行支援。

第二章　森林相关行业突发性环境污染事故及应急

森林相关行业指的是以森林资源为原材料的开采、深加工等行业，主要包括木板和磨粒制品业、锯木和木制品加工业、森林采伐业、造纸业等。

本章对主要森林相关行业的突发环境污染事故风险点、应急防护与应急监测进行介绍，以指导环保以及防护工作人员进行有效地降低环境污染事故造成的损失，同时对环保人员的自身进行安全防护。

第一节　木材砍伐及锯木环境污染事故及应急

一、木材砍伐与锯木简介

目前对原木切割主要采用的是带锯或框锯，木材废料可以再利用，锯木业产生的主要污染物为木屑粉尘以及噪声。木材采伐后原木加工主要用的切割设备有锯、削片机、刨机、砂光机、削皮机等。切割工具高速运转时，若由于疏忽通常会造成事故的发生。

二、木材砍伐与锯木业环境风险点位

工艺流程图如下：

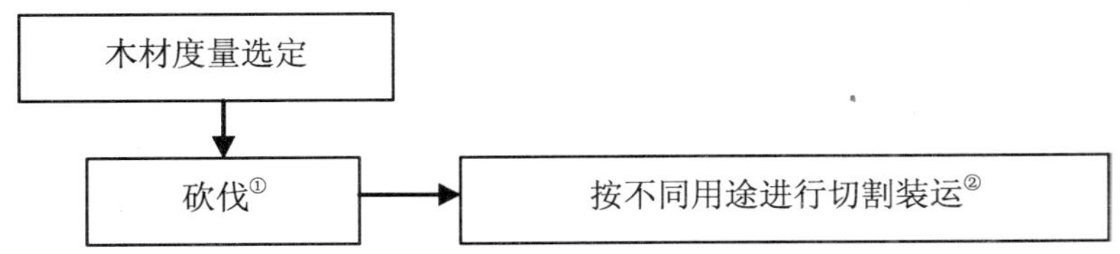

图 2-1　木材砍伐及锯木工艺流程及环境事故风险点位

①人员伤亡；②可吸入木屑粉尘、噪声

由图 2-1 可见，木材砍伐与锯木流程简单，主要可能产生的事故为砍伐过程中因安全疏忽，会导致人员受伤，尤其树木倒塌时容易发生人员受伤事故。锯木工段因锯的高速运转与木材摩擦会产生噪声及可吸入的木屑粉尘，对人的听觉系统、呼吸系统会造成一定的伤害。

三、主要污染物表征及其危害

根据图 2-1，可能发生的环境污染事故的风险点位见表 2-1。表中详细列出了主要污染物、污染物的表征、危害对象及危害途径等。

表 2-1 造纸行业环境污染事故的风险点位及危害描述

风险点位	产生的主要污染物	现象及特征	危害途径及对象
①	—	—	—
②	噪声	噪声超过一定阈值会使得人不舒服，情绪发生变化	主要危害人的听觉神经系统
	可吸入木屑粉尘	白色烟雾状粉尘	通过吸入造成人的呼吸器官损伤

四、应急防护措施、防护设备及应急处理

为了保障工人以及现场监测环保工作人员的身心健康和环境安全，表 2-2 指出了突发环境污染事故应急防护措施，应急处理技术。

表 2-2 应急防护措施、防护设备及应急处理技术方法

序号	污染物	防护措施	防护装备及应急处理技术方法		
			特异装备	常用装备	应急处理技术
1	噪声	带耳塞或塞棉花团		一般耳塞	一般事件处理：注意风向，尽量避免人员吸入过量粉尘。同时应配备耳塞防止听觉器官受损
2	粉尘	口罩	—	口罩	

五、应急监测、监测设备及监测方法

表 2-3 列出了噪声及粉尘的应急快速监测设备与检测方法。

表 2-3 应急监测设备与监测方法及监测指标

污染物种类	监测指标	快速监测设备及检测范围	
		快速监测设备	检测范围
噪声	声压	SL-5866 声压计	30～130 dB
大气	粉尘	CCHZ-1000 全自动粉尘测定	0～1 000 mg/m^3

第二节 造纸业环境污染事故及应急

一、造纸业及环境污染简介

造纸业具有高污染、高物耗、高能耗的特点。在国家统计的 41 个工业行业中，造纸

行业废水排放总量仅次于化工制造业，高居第二。造纸及纸制品工业每年产生废水31.8 亿 t，排放化学需氧量（COD）148.8 万 t，分别占全国工业废水、COD 总排放量的 16.1%和 33%。因此，造纸行业主要环境污染事故是大量污水排放对地表地下水，土壤环境的污染，必须进行应急预案。我国造纸工业对环境的污染主要在于所排放的有害废液，1994 年排放有害废液 50 亿 t，占全国废水排放量的 1/6，其中有机污染物占 1/4，名列笃三。

制浆造纸设施每产生 1 t 纸浆就要排放 10～250 t 的废水。漂白工段污水可能含有高浓度的化学需氧量（COD）、生化需氧量（BOD），同时会产生挥发性有机物。发生事故随意排放会造成受纳水体的富营养化。

二、造纸工艺简介及环境风险点位

造纸工艺流程图及环境风险点位如下：

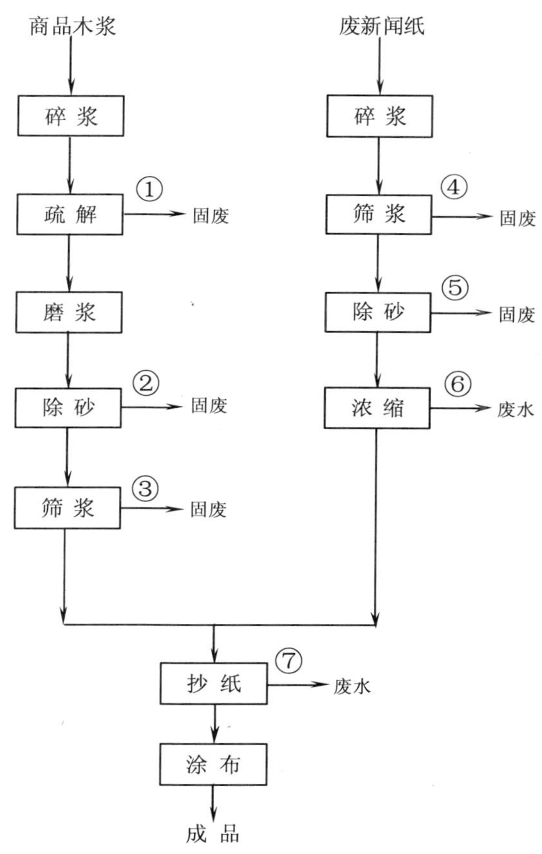

图 2-2　造纸工艺流程及环境事故风险点位

①固废；②固废；③固废；④固废；⑤固废；⑥废水；⑦废水

由图 2-2 可见，造纸行业主要的污染物是大量污水的排放，造成附近水域发黑、发臭，同时会渗透到地下污染地下水，威胁饮水水体的安全。由造纸的工艺流程可以看出，造纸行业最主要的污染物是高化学需氧量（COD）、生化需氧量（BOD）有机废水。

三、造纸行业环境事故排放污染物表征及其危害

根据造纸的工艺流程（图 2-2），可能发生的环境污染事故的风险点位见表 2-4。表中详细列出了造纸工艺过程中主要污染物、污染物的表征、危害对象及危害途径等。

表 2-4 造纸行业环境污染事故的风险点位及危害描述

风险点位	产生的主要污染物	现象及特征	危害途径及对象
①，②，③，④，⑤	浆状固废	发黑发臭	淋溶性极强，渗滤液污染地表、地下水体，也会污染土壤
⑥，⑦	高 COD，BOD 浓度废水	黑水	未经处理随意排放会导致水体富营养化； 污染下水资源； 散发对人体有害的恶臭气体，损害呼吸系统和内脏器官

四、应急防护措施、防护设备及应急处理

为了保障工人以及现场监测环保工作人员的身心健康和环境安全，表 2-5 指出了造纸行业突发环境污染事故的风险源点，应急防护措施，应急监测指标以及基本防护设备等。

表 2-5 应急防护措施、设备及应急处理技术方法

序号	污染物	防护措施	防护装备及应急处理技术方法		
			特异装备	常用装备	应急处理技术
1	固废	戴口罩	—	一般口罩	一般事件处理：就地储存，收集集中后运到附近填埋场进行垃圾填埋； 污水意外排放：如发生意外的污水大量排放，以及工艺设备的损害导致的大量污水排放，必须采取工程拦截措施，避免流入水环境敏感区
2	高 COD，BOD 浓度废水	工程拦截、储存	—	铲车	

五、应急监测、监测设备及监测方法

表 2-6 列出了造纸行业发生突发污染事故后，水质应急监测所需基本设备及检测范围。如需带回实验室分析，参照附录中国家标准分析方法。

表 2-6 应急监测设备与监测方法及监测指标

污染物种类	需监测对象及指标	快速监测设备及检测范围	
		快速监测设备	检测范围
水体	化学需氧量（COD）	COD 快速检测分析仪	5～2 000 mg/L，超过 2 000 mg/L 可稀释测定
水体	生化需氧量（BOD）	BOD 快速检测分析仪	0～1 000 mg/L

第三章　农业与食品相关行业突发性环境污染事故及应急

农业与食品行业主要包括：哺乳动物家畜饲养、家禽养殖、种植园作物生产、水产业、制糖业、植物油加工业、乳制品加工、鱼制品加工业、肉制品加工业、禽加工、酿酒业、食品和饮料加工等以农业种植、养殖产品为原料的加工行业。

农副食品加工指直接以农、林、牧、渔业产品为原料进行的谷物磨制、饲料加工、植物油和制糖加工、屠宰及肉类加工、水产品加工，以及蔬菜、水果和坚果等食品的加工活动。

饮料是指以水为基本原料，由不同的配方和制造工艺生产出来，供人们直接饮用的液体食品。饮料除提供水分外，由于在不同品种的饮料中含有不等量的糖、酸、乳以及各种氨基酸、维生素、无机盐等营养成分，因此有一定的营养。

农副、食品、饮料加工行业用水量大，加工后废弃物较多，尤其高浓度的有机废水[含油、化学需氧量（COD）、生化需氧量（BOD）等]产生量大。有机废水的不合理排放会导致地表、地下水的污染进而影响地表及地下水环境安全。

粮食、面粉加工业的粉尘污染不仅危害工人的身心健康，同时更容易造成粉尘爆炸，造成重大损失。

总之，农副、食品、饮料加工业可能发生的环境污染事故主要为粉尘、粉尘爆炸、有机废水三类。本章节主要介绍农副、食品、饮料等主要的加工业突发环境污染事故的应急监测和处理措施。

第一节　饲料加工行业突发环境污染事故及应急

一、饲料加工业及环境污染简介

饲料加工是指用于农场、农户饲养牲畜、家禽的饲料生产加工活动，包括宠物食品的生产。主要有单一饲料加工、配合饲料加工、浓缩饲料加工、添加剂与混合饲料加工、精饲料及补充料加工。

饲料加工过程中容易产生大量粉尘危害工人健康，如果管理不当易发生粉尘爆炸事故，并造成一系列的次生污染物。

二、工艺简介及突发污染事故点位

饲料加工工艺流程主要通过原材料选择，混合，配料，粉碎，膨化，制粒等工序，最后成品包装。具体流程见图 3-1：

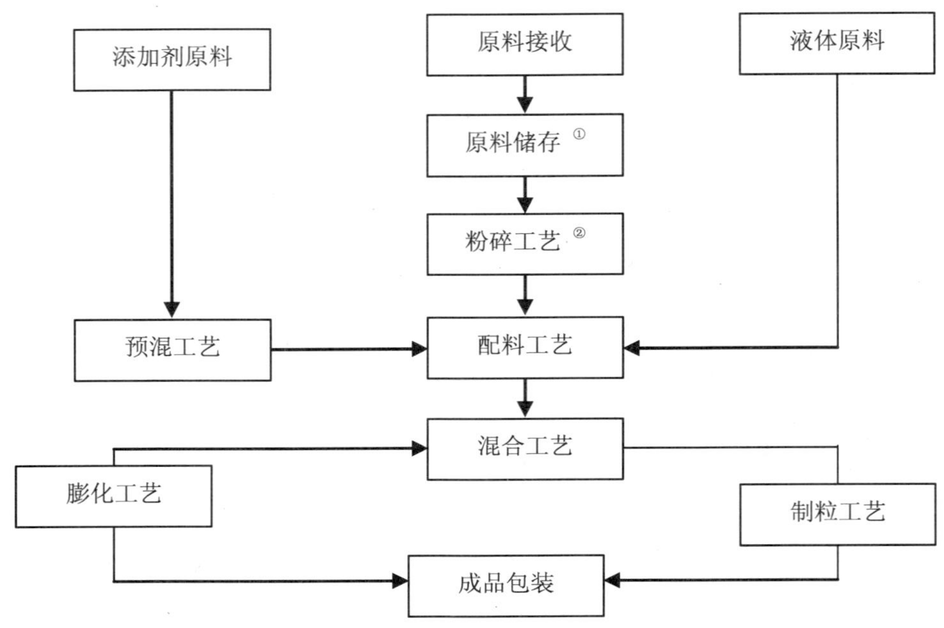

图 3-1 饲料加工流程及环境污染事故点位

①自燃爆炸；②粉尘或粉尘爆炸

由图 3-1 可见，饲料加工过程中，最容易发生环境污染事故的是饲料在粉碎过程中产生的大量粉尘。

三、饲料加工的主要环境污染物表征及其危害

依照饲料加工的工艺流程（图 3-1），主要突发性环境污染事故的危险点位见表 3-1。表中详细列出了突发性环境污染、环境事故的危险点位及污染物的表征、危害对象及途径等。

表 3-1 饲料加工突发环境污染事故的风险点位及危害描述

风险点位	产生的主要污染物	现象及特征	危害
①	自燃产生的一氧化碳	CO/CO_2：无色无味 粉尘：空气污浊，对呼吸道有刺激反应	CO/CO_2：引起呼吸困难，CO 中毒； 粉尘：伤害人的肺功能，引起尘肺等疾病； 粉尘爆炸：损害财产，爆炸破坏力很大，易导致人员伤亡
②	粉尘、爆炸产生一氧化碳、二氧化碳		

四、应急防护措施、防护设备及应急处理

为了保障工人以及环保工作人员的身心健康和环境安全，表 3-2 给出了饲料加工行业中可能发生的突发环境污染事故的风险点，应急防护措施，基本防护设备配置与应急处理技术等。

表 3-2 应急防护措施、设备及应急处理技术方法

<table>
<tr><th rowspan="2">序号</th><th rowspan="2">污染物种类</th><th rowspan="2">应急防护措施</th><th colspan="3">防护装备及应急处理技术方法</th></tr>
<tr><th>特异性装备</th><th>常用基础装备</th><th>应急处理技术</th></tr>
<tr><td>1</td><td>一氧化碳
二氧化碳</td><td>一般的防毒面具</td><td>—</td><td rowspan="2">口罩
防毒面具</td><td rowspan="2">一般事件处理：感觉胸闷、呼吸困难，需立刻改善通风或转移到通风处；
中毒事件的应急处理：一氧化碳中毒应及时转移到通风处，出现休克需及时就医；
消防措施：如出现着火，应立刻切断电、气源。用干粉灭火器灭火，灭火后喷水冷却容器。将容器从火场移至空旷处。根据着火性质不同选择不同灭火方式</td></tr>
<tr><td>2</td><td>粉尘</td><td>佩戴口罩</td><td>—</td></tr>
</table>

五、应急监测、监测设备及监测方法

表 3-3 列出了饲料加工业突发环境污染事故污染物的应急监测设备与监测方法。

表 3-3 应急监测设备与监测方法及监测指标

<table>
<tr><th rowspan="2">污染物种类</th><th rowspan="2">监测指标</th><th colspan="2">监测设备及检测范围</th></tr>
<tr><th>快速监测设备</th><th>检测范围</th></tr>
<tr><td>大气</td><td>一氧化碳
二氧化碳</td><td>泵吸式一氧化碳、二氧化碳检测仪（产品型号：GD80-CO）</td><td>$0\sim100\times10^{-6}$、500×10^{-6}、$2\,000\times10^{-6}$可选</td></tr>
<tr><td>大气</td><td>粉尘</td><td>CCHZ-1000 全自动粉尘测定仪</td><td>$0\sim1\,000\ mg/m^3$</td></tr>
</table>

第二节 植物油加工行业突发环境污染事故及应急

一、植物油加工业简介

植物油加工主要传统工艺有“压榨法”和“浸出法”，两种方法都会产生大量有机固体废物和副产品。植物油在提炼、清洗过程中会产生高生化需氧量（BOD）和化学需氧量（COD）的加工废水。

同时，植物油加工涉及提取和精炼所需的大量酸、碱、溶剂和氢气的运输、储存及使用。这些物质在使用过程中可能会发生溢漏，对环境具有潜在的威胁。

二、工艺流程及突发污染事故点位

植物油通过“压榨法”和“浸出法”得到原油后需要通过过滤、清洗、脱胶、脱色等工艺进行深加工，从而得到不同品质的成品油。但是有些环节，如清洗、脱胶、脱色工艺容易产生大量高浓度的有机废水。具体流程图和可能突发污染事故风险点位见图 3-2：

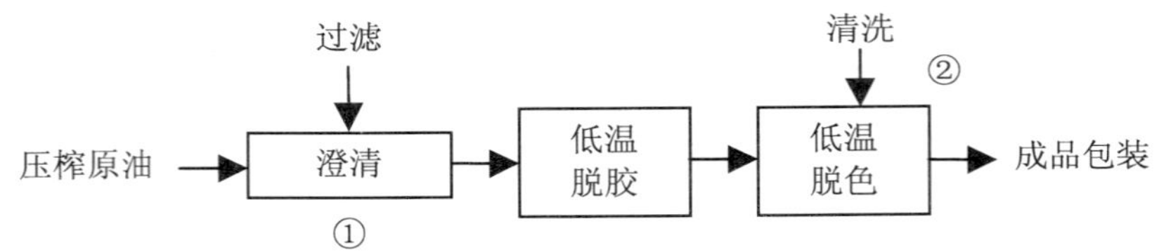

图 3-2 植物油加工过程环境污染事故风险点位

①有机废水；②高化学需氧量废水

由图 3-2 可见，植物油加工流程中，最容易发生突发环境污染事故的是高化学需氧量（COD）有机废水的大量排放。

三、植物油加工所产生的污染物表征及其危害

根据植物油加工的工艺流程（图 3-2），事故的危险点位见表 3-4。表中给出了植物油加工工艺可能产生的环境污染物、污染物特征及主要环境危害。

表 3-4 植物油加工污染事故的风险点位及危害描述

风险点位	产生的主要污染物	现象及特征	危害
①，②	高化学需氧量（COD）有机废水	水中微生物含量增加，藻类繁殖迅速	高浓度有机废水：污染地表水体，导致水体生物死亡，造成富营养化

四、应急防护措施、防护设备及应急处理

为了保障环保工作人员的身心健康和生态环境安全，表 3-5 给出了植物油加工工艺中发生突发环境污染事故的风险源点，应急防护措施及基本防护设备等。

表 3-5 应急措施、设备及应急处理工程与技术

序号	污染物	应急措施	防护装备及应急处理技术方法		
			特异装备	常用装备	处理措施
1	有机废水	截流、防止废水进入水源地和主要保护河流、湖泊	—	—	工程措施：拦截废水避免污染引水源区域的水库、河流等，通过引流集中治理。已污染的环境采用其他环境修复工程技术

五、应急监测、监测设备及监测方法

突发性环境污染事故应尽量携带便携式的化学需氧量（COD）野外快速监测仪器，如还未配备，则可以采集水样，回实验室用国家标准分析方法进行污染物的浓度检测。水样保存容易，水样稳定。表 3-6 详细列出了应急监测所需基本设备及检测范围。

表 3-6 应急监测设备与监测方法及监测指标

污染物种类	监测指标	快速监测设备及检测范围	
		快速监测设备	检测范围
水体	化学需氧量	COD 快速检测分析仪	5～2 000 mg/L，超过 2 000 mg/L 可稀释测定

第三节 畜禽屠宰突发环境污染事故及应急

一、畜禽加工简介

我国畜禽养殖业发达，屠宰行业每日屠宰量大，产生大量血迹污水、畜禽粪便。畜禽屠宰行业废弃物的排放会污染土壤和水源，畜禽粪便的不合理处理也会引起传染性疾病。

屠宰过程中产生的污水、粪便、废肉、毛发、腺体等易滋生蚊蝇，产生恶臭气体，引发环境问题和卫生问题。

二、畜禽加工工艺流程及突发污染事故点位

畜禽验收→静养→淋浴→致昏→刺杀放血→吊挂→烫毛→脱毛→吊挂→燎毛→刮毛→热水冲淋→编号→去尾→撬胸骨→开膛→扒内脏→去头→劈半→去蹄→摘三腺→去肾脏→撕板油→修整把关→分级→计量→有机酸喷淋等工序最后包装上架。具体如图 3-3 所示：

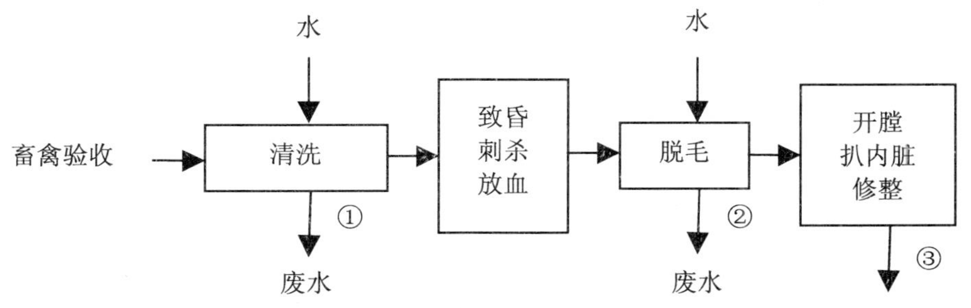

图 3-3 畜禽屠宰过程环境污染事故风险点位

①有机废水；②有机废水；③较高浓度有机废水

由图 3-3 可见，畜禽屠宰加工中，最容易发生突发环境污染事故的高化学需氧量废水管理不当导致的大量排放。

三、畜禽屠宰加工污染物表征及其危害

根据畜禽屠宰加工流程（图 3-3），环境污染事故的危险点位见表 3-7。表中给出了畜禽屠宰加工可能产生的环境污染物、污染物特征及主要环境危害。

表 3-7 畜禽屠宰加工污染事故的风险点位及危害描述

风险点位	产生的主要污染物	现象及特征	危害
①，②，③	高化学需氧量（COD）有机废水	水中微生物含量增加，藻类繁殖迅速	污染地表水体，导致水体生物死亡，造成富营养化

四、应急防护措施、防护设备及应急处理

为了保障环保工作人员的身心健康和生态环境安全，表 3-8 给出了畜禽屠宰加工中发生突发环境污染事故的风险源点，应急防护措施，及基本防护设备等。

表 3-8 应急措施、设备及应急处理工程与技术

序号	污染物	应急措施	防护装备及应急处理技术方法		
			特异装备	常用装备	处理措施
1	有机废水	截流、防止废水进入水源地和主要保护河流、湖泊	—	—	工程措施：拦截废水避免污染引水源区域的水库、河流等，通过引流集中治理。已污染的环境采用其他环境修复工程技术

五、应急监测、监测设备及监测方法

突发性环境污染事故应尽量携带便携式的化学需氧量快速监测仪器，如还未配备，则可以采集水样，回实验室用国家标准分析方法进行污染物的浓度检测。表 3-9 详细列出了应急监测所需快速监测设备。

表 3-9 应急监测设备与监测方法及监测指标

污染物种类	监测指标	快速监测设备及检测范围	
		快速监测设备	检测范围
水体	化学需氧量（COD）	COD 快速检测分析仪	5～2 000 mg/L，超过 2 000 mg/L 可稀释测定

第四节 肉制品加工行业环境污染事故及应急

一、肉制品加工行业简介

随着生活水平的提高，食品加工业越发精细，其中肉制品加工就是将畜禽屠宰后，将畜禽分割、挑选，然后通过各种熏、烤、炸等工艺加工成各式各样的肉制品。如：腊肉、咸肉、酱肉、肉干类、烧烤类等。

肉制品加工过程中的分割、清洗、加工、去油等工艺会产生大量的有机污水，含有大量的油脂和血污。各种咸肉、肉干、腊肉、酱油等肉制品加工过程中会产生大量的高化学

需氧量废水，废水主要含有油脂、血污等。

二、肉制品加工工艺流程及突发污染事故点位

肉制品加工就是将畜禽屠宰后通过分割、筛选、清洗，再经过熏、烤、炸等深加工工序最终生产各式各样的生、熟的肉制品。具体流程如图 3-4 所示：

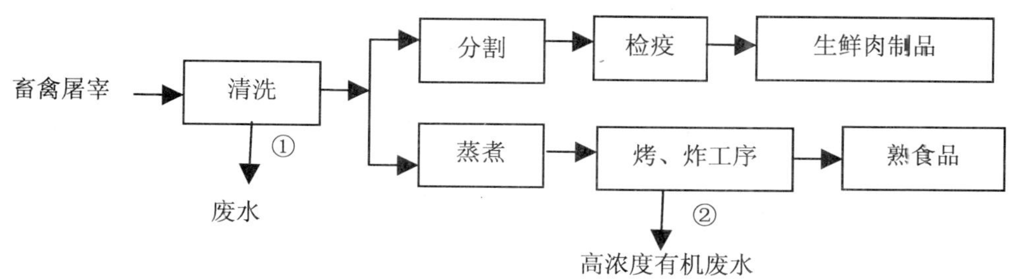

图 3-4 肉制品加工过程环境污染事故风险点位

①有机废水；②有机废水

由图 3-4 可见，肉制品加工中，最容易发生突发环境污染事故的高 COD（化学需氧量）浓度有机废水的大量排放。

三、肉制品加工产生的环境污染物表征及其危害

根据肉制品加工流程（图 3-4），环境污染事故的危险点位见表 3-10。表中给出了肉制品加工可能产生的环境污染物、污染物特征及主要环境危害。

表 3-10 肉制品加工污染事故的风险点位及危害描述

风险点位	产生的主要污染物	现象及特征	危害
①，②	高化学需氧量（COD）有机废水	水中微生物含量增加，藻类繁殖迅速	污染地表水体，导致水体生物死亡，造成水体富营养化

四、应急防护措施、防护设备及应急处理

为了保障环保工作人员的身心健康和生态环境安全，表 3-11 给出了肉制品加工中发生突发环境污染事故的风险源点，应急防护措施及基本防护设备配置等。

表 3-11 应急措施、设备及应急处理工程与技术

序号	污染物	应急措施	防护装备及应急处理技术方法		
			特异装备	常用装备	处理措施
1	有机废水	截流、防止废水进入水源地和主要保护河流、湖泊	—	—	工程措施：拦截废水避免污染引水源区域的水库、河流等，通过引流集中治理。已污染的环境采用其他环境修复工程技术

五、应急监测、监测设备及监测方法

突发性环境污染事故应尽量携带便携式快速监测仪器，如还未配备，则可以采集水样，回实验室用国家标准分析方法进行污染物的浓度检测。该指标水样保存容易，水样稳定。表 3-12 详细列出了应急快速监测设备。

表 3-12 应急监测设备与监测方法及监测指标

污染物种类	监测指标	快速监测设备及检测范围	
		快速监测设备	检测范围
水体	化学需氧量（COD）	COD 快速检测分析仪	5～2 000 mg/L，超过 2 000 mg/L 可稀释测定

第五节 面粉加工厂环境污染事故及应急

一、面粉加工行业简介

我们通常说的“面粉”指的是小麦粉，即用小麦磨出来的粉。面粉可以按照蛋白质含量的多少，分为高筋粉、中筋粉和低筋粉。面粉富含蛋白质、碳水化合物、维生素和钙、铁、磷、钾、镁等矿物质，有养心益肾、健脾厚肠、维持生理机能的功效。

面粉加工厂将小麦磨成粉，以及加工不同品级的面粉时会产生大量的面粉粉末。同时，面粉在储存时空气中面粉粉尘的浓度如果过高，遇到火星会发生爆炸事故造成重大损失。因此在面粉加工、储存时均应防范此类环境事故的发生并做好突发事故的应急。

二、面粉加工工艺流程及环境风险点位

面粉加工流程比较简单，即：原粮→筛选→风选→去石机→精选→打麦机→着水→磨粉→面粉半成品→磁选→打包→入库。具体框架图与环境风险点位见图 3-5：

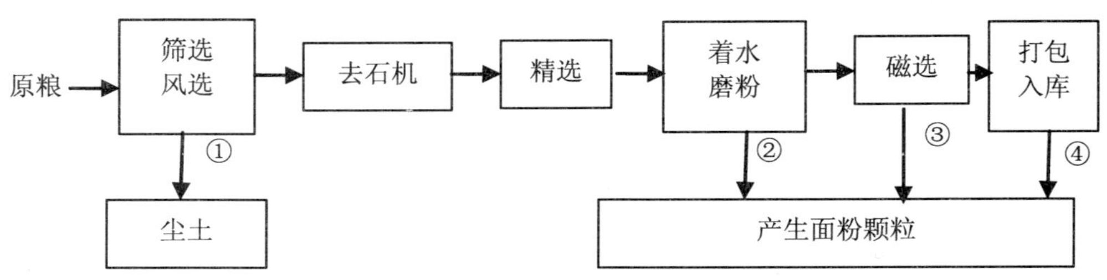

图 3-5 面粉加工过程环境事故风险点位

①产生细颗粒尘土；②面粉颗粒；③面粉颗粒；④面粉颗粒

由图 3-5 可见，面粉加工厂产生的环境污染物比较单一，主要是面粉颗粒，但是面粉

颗粒在空气中的浓度过高遇到高温或火星会导致爆炸，人吸入大量面粉微尘也会导致肺部、气管等部位的损伤和病变。

三、面粉加工流程中环境污染物表征及其危害

根据面粉加工的工艺流程（图 3-5），可能发生的环境污染事故的风险点位见表 3-13。表中详细列出了面粉加工过程中可能产生的污染物、污染物的表征、危害对象及危害途径等，为工人和环保应急人员提供科学指导。

表 3-13 面粉加工环境污染事故的风险点位及危害描述

风险点位	产生的主要污染物	现象及特征	危害途径及对象
①	尘土细颗粒	空气浑浊	吸入式危害：损伤气管、肺部
②，③，④	面粉颗粒	空气浑浊	吸入式危害：损伤气管、肺部； 爆炸：财产损失、人员受伤

四、应急防护措施、防护设备及应急处理

为了保障工人以及环保工作人员的身心健康和环境安全，表 3-14 给出了面粉加工过程中可能发生突发环境污染事故的风险源点，应急防护措施及基本防护设备等。

表 3-14 应急防护措施、设备及应急处理技术方法

序号	污染物	防护措施	防护装备及应急处理技术方法		
			特异装备	常用装备	应急处理技术
1	微尘	戴口罩	—	一般口罩	一般事件处理：空气污浊时应戴口罩保护呼吸道和肺部，防治过量微尘吸入； 爆炸事故：如发生意外爆炸，应及时通风降低温度，迅速灭火； 工程措施：面粉储存处应保持通风，防止粉尘浓度过高，同时注意防火
2	面粉颗粒	戴口罩	—	一般口罩	

五、应急监测、监测设备及监测方法

突发性环境污染事故应尽量携带便携式的污染物快速监测仪器，如还未配备，则可以采集样品回实验室采用国家标准分析方法进行污染物的监测。

表 3-15 污染物的应急监测及实验室监测

污染物种类	监测指标	快速监测设备及检测范围	
		快速监测设备	检测范围
大气	粉尘	CCHZ-1000 全自动粉尘测定仪	0～1 000 mg/m^3

第六节 面包、糕点加工行业环境污染事故及应急

一、工艺简介

面包和糕点是所有以小麦面粉为主要原料的烘焙食品中比较特殊的一种，具有悠久的历史渊源。面包、糕点加工主要原材料是精制面粉，通过发酵、焙烤等工艺程序加工最终成为成品。面包、糕点行业的环境风险较小。

二、工艺流程及突发污染事故点位

面包与糕点的基本生产工艺流程是：原辅材料的处理调配→第一次和面→第一次发酵→第二次调制面团→第二次面团处理→第二次发酵→整形→成型→烤前加工处理→烘烤→冷却→（半成品加工）包装→成品。具体流程及可能产生危险的步骤见图 3-6：

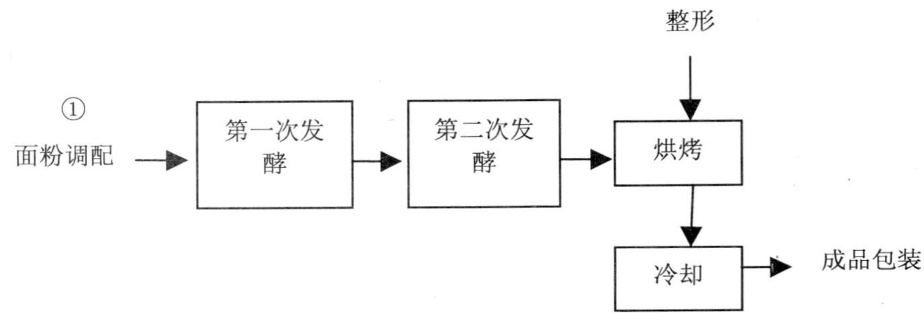

图 3-6 面包、糕点生产过程环境污染事故风险点位

①产生粉尘

由图 3-6 可见，面包与糕点加工行业一般不会发生环境污染事故，但是有些环节不注意也会造成一定的损失，面粉颗粒空气中含量过高遇到高温或火星会导致爆炸，人吸入大量面粉微尘也会导致肺部、气管等部位的损伤。

三、面包、糕点加工产生的污染物表征及其危害

根据工艺流程（图 3-6），可能发生的环境污染事故的危险点位见表 3-16。表中详细列出了可能产生的污染物、污染物表征、危害对象及途径等。

表 3-16 面包、糕点加工环境污染事故的风险点位及危害描述

风险点位	产生的主要污染物	现象及特征	危害
①	面粉颗粒	空气浑浊	损伤气管、肺部

四、应急防护措施、防护设备及应急处理

为了保障工人以及环保工作人员的身心健康和环境安全，表 3-17 给出了面包、糕点加

工过程中可能发生突发环境污染事故的污染物，应急防护措施及基本防护设备配置等。

表 3-17　应急防护措施、设备及应急处理技术方法

序号	污染物	防护措施	防护装备及应急处理技术方法		
			特异装备	常用装备	应急处理技术
1	面粉颗粒	口罩	—	口罩	一般事件处理：空气污浊时应戴口罩保护呼吸道和肺部，防治过量微尘吸入； 爆炸事故：如发生意外爆炸，应及时通风降低温度，迅速灭火

五、应急监测、监测设备及监测方法

突发性环境污染事故应尽量携带便携式粉尘污染物快速监测仪器，如还未配备，则可以采集样品回实验室采用国家标准分析方法进行污染物的监测。

表 3-18　污染物的应急监测及实验室监测

污染物种类	监测指标	快速监测设备及检测范围	
		快速监测设备	检测范围
大气	粉尘	CCHZ-1000 全自动粉尘测定仪	0～1 000 mg/m^3

第七节　制糖企业突发环境污染事故及应急

一、糖加工行业简介

我国的糖加工产业发达，消费量大，甘蔗和甜菜是我国最主要的两种原材料。甘蔗制糖工序包括提汁、清净、蒸发、结晶、分蜜和干燥。后 4 道工序的工艺技术与甜菜制糖的基本相同。

制糖过程中，一般很少产生有害污染物质，但在蒸发和结晶过程中会产生有机废水，需防止造成水源的污染。

二、糖加工流程及突发污染事故点位

以甘蔗制糖为例，甘蔗通过压榨→提汁→清净→蒸发→结晶→分蜜→干燥，然后进行成品加工、包装、销售。具体流程如图 3-7 所示：

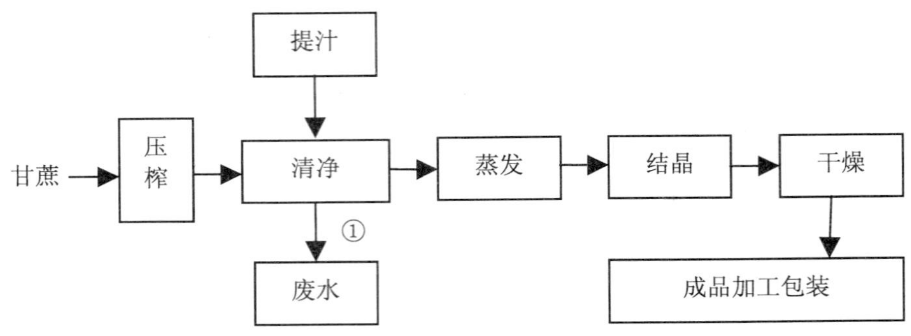

图 3-7 甘蔗制糖过程环境污染事故风险点位

①产生有机废水

由图 3-7 可见，以甘蔗制糖为例，糖厂最容易产生的污染物是较高浓度的有机废水，任意排放可能会导致水源、河流、湖泊等水体的富营养化。

三、制糖工艺产生的生污染物表征及其危害

根据甘蔗制糖的工艺流程（图 3-7），环境污染事故的危险点位见表 3-19。表中指出了糖厂制糖工艺可能产生的环境污染物、污染物特征及主要环境危害。

表 3-19 糖厂环境污染事故的风险点位及危害描述

风险点位	产生的主要污染物	现象及特征	危害
①	高化学需氧量（COD）有机废水	水中微生物含量增加，藻类繁殖迅速	高浓度有机废水：污染地表水体，导致水体生物死亡，造成富营养化

四、应急防护措施、防护设备及应急处理

为了保障环保工作人员的身心健康和生态环境安全，表 3-20 给出了制糖工艺中发生突发环境污染事故的污染物，应急防护措施及基本防护设备等。

表 3-20 应急措施、设备及应急处理工程与技术

污染物	应急措施	防护装备及应急处理技术方法		
		特异装备	常用装备	处理措施
有机废水	截流、防止废水进入水源地和主要保护河流、湖泊	—	—	工程措施：拦截废水避免污染引水源区域的水库、河流等，通过引流集中治理。已污染的环境采用其他环境修复工程技术

五、应急监测、监测设备及监测方法

突发性环境污染事故应尽量携带便携式的野外快速监测仪器，如还未配备，则可以采集水样，回实验室用国家标准分析方法进行污染物的浓度检测。该指标水样保存容易，水样稳定。表 3-21 详细列出了应急监测所需基本设备。

表 3-21 应急监测设备与监测方法及监测指标

污染物种类	监测指标	快速监测设备及检测范围	
		快速监测设备	检测范围
水体	化学需氧量（COD）	COD 快速检测分析仪	5～2 000 mg/L，超过 2 000 mg/L 可稀释测定

第八节 酱油制造工艺环境污染及应急处理

一、酱油加工简介及突发污染事故点位

酱油，用豆、麦、麸皮酿造的液体调味品。色泽红褐色，有独特酱香，滋味鲜美，有助于促进食欲。是中国的传统调味品。

酱油用的原料是植物性蛋白质和淀粉质。植物性蛋白质可取大豆榨油后的豆饼，或溶剂浸出油脂后的豆粕，也可以花生饼、蚕豆代用，传统生产中以大豆为主；淀粉质原料普遍采用小麦及麸皮，也有以碎米和玉米、面粉为主。酱油制造与其他食品行业生产一样，容易产生较高浓度的化学需氧量（COD）有机废水，任意排放或发生污染事故易造成水体富营养化。

二、酱油加工流程及突发污染事故点位

原料经蒸熟冷却，接入纯粹培养的米曲霉菌种制成酱曲，酱曲移入发酵池，加盐水发酵，待酱醅成熟后，以浸出法提取酱油。具体工艺流程图与风险点位见图 3-8。

由图 3-8 可见，酱油加工最容易产生的污染物是较高浓度的有机废水，任意排放可能会导致水源、河流、湖泊的富营养化和水体功能退化。

三、酱油加工工艺产生的污染物表征及其危害

根据酱油加工的工艺流程（图 3-8），环境污染事故的危险点位见表 3-22。表中给出了酱油加工过程可能产生的污染物、污染物特征及主要环境危害。

表 3-22 酱油加工环境污染事故的风险点位及危害描述

风险点位	产生的主要污染物	现象及特征	危害
①，②	高浓度化学需氧量（COD）有机废水	废水颜色较深，流入水体后导致藻类、微型生物大量繁殖	污染地表水体，导致水中鱼类死亡，水质恶化，造成水体富营养化

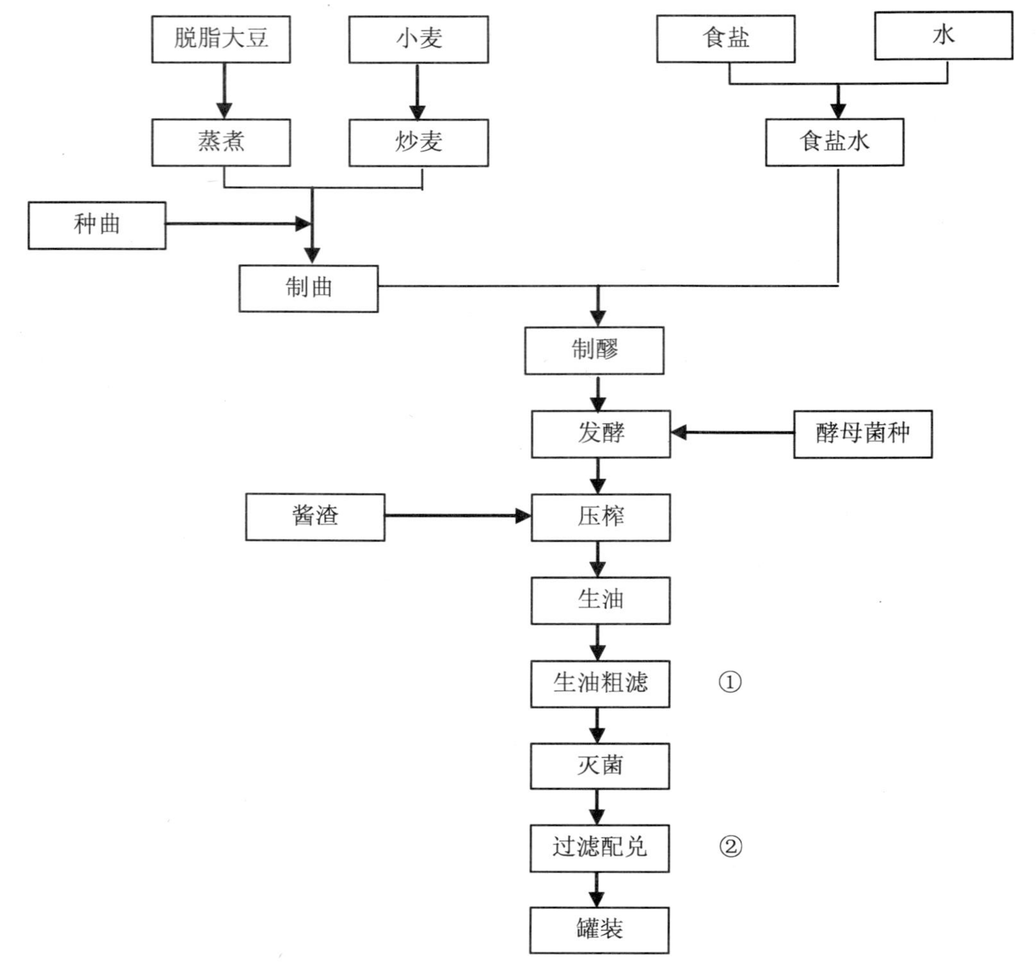

图 3-8 酱油制造工艺环境污染事故风险点位

①有机废水；②有机废水

四、应急防护措施、防护设备及应急处理

为了保障环保工作人员的身心健康和生态环境安全，表 3-23 给出了酱油加工工艺中发生突发环境污染事故的风险源点，应急防护措施及基本防护设备配置等。

表 3-23 应急措施、设备及应急处理工程与技术

序号	污染物	应急措施	防护装备及应急处理技术方法		
			特异装备	常用装备	处理措施
1	有机废水	截流、防止废水进入水源地和主要保护河流、湖泊	—	—	工程措施：拦截废水避免污染引水源区域的水库、河流等，通过引流集中治理。已污染的环境采用其他环境修复工程技术

五、应急监测、监测设备及监测方法

突发性环境污染事故应尽量携带便携式快速监测仪器，如未配备，则可采集水样，回实验室用国家标准分析方法进行污染物的浓度检测。分析化学需氧量指标的水样稳定，易保存。表 3-24 详细列出了应急监测所需快速监测仪器及检测范围。

表 3-24　应急监测设备与监测方法及监测指标

污染物种类	监测指标	快速监测设备及检测范围	
		快速监测设备	检测范围
水体	化学需氧量（COD）	COD 快速检测分析仪	5～2 000 mg/L，超过 2 000 mg/L 可稀释测定

第九节　味精发酵工艺环境污染事故及应急

一、味精工艺简介

味精于 1909 年被日本味之素公司所发现并申请专利。纯的味精外观为一种白色晶体状粉末。味精是调味料的一种，主要成分为谷氨酸钠。味精的主要作用是增加食品的鲜味，在中国菜里用得最多，也可用于汤和调味汁。主要通过发酵工艺制造，利用淀粉（各种薯类、玉米等）和糖蜜及无机盐配成营养液，利用微生物菌种进行发酵后制成味精。

味精生产行业与其他类食品行业一样，多产生较高浓度的有机废水，处理不当会造成水体的富营养化。

二、味精发酵工艺流程及突发污染事故点位

味精主要通过淀粉的水解，然后利用微生物发酵方法制造谷氨酸，经过沉淀工艺产出粗谷氨酸浓缩液，经过脱色、精制等工艺，然后结晶，最终制出成品味精。味精发酵工艺容易产生较高浓度的化学需氧量（COD）有机废水，具体工艺流程图与风险点位见图 3-9。

由图 3-9 可见，味精发酵工艺最容易产生的污染物是较高浓度的有机废水，尤其沉淀工艺后剩余的废液，如第②风险点位，任意排放可能会导致水源、河流、湖泊的富营养化和水体功能退化。

三、味精发酵工艺产生的污染物表征及其危害

根据味精发酵的工艺流程（图 3-9），环境污染物产生的危险点位见表 3-25。表中指出了味精发酵过程可能产生的污染物、污染物特征及主要环境危害。

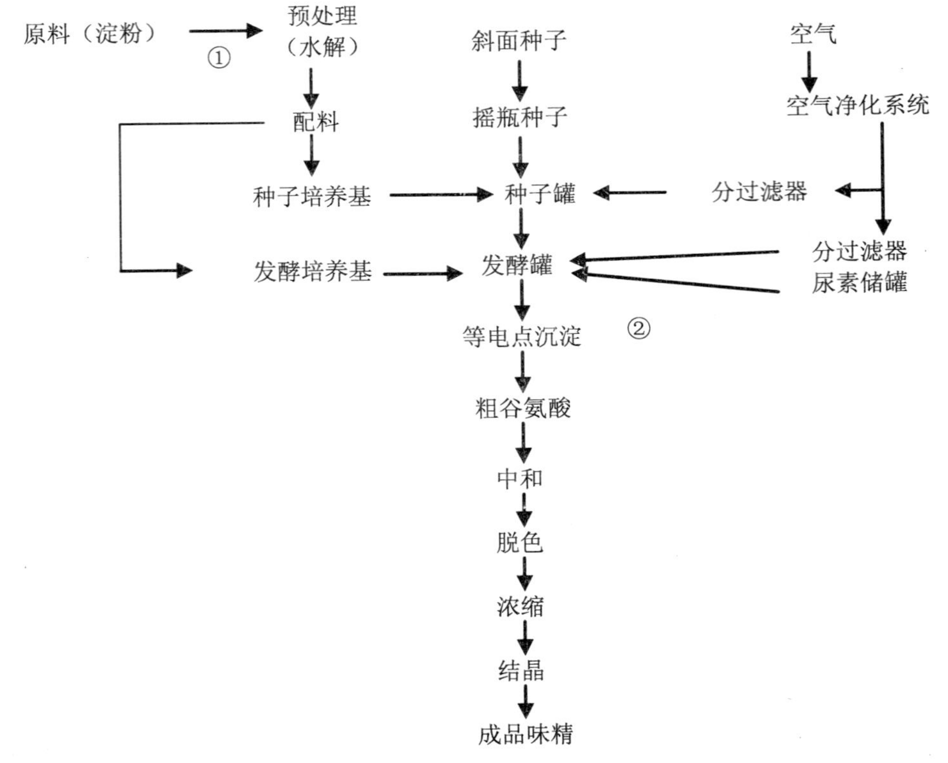

图 3-9 味精发酵工艺流程环境污染事故风险点位

①一般有机废水；②较高浓度有机废水

表 3-25 味精发酵环境污染事故的风险点位及危害描述

风险点位	产生的主要污染物	现象及特征	危害
①，②	高浓度化学需氧量（COD）有机废水	废水浑浊，流入水体后导致藻类、微型生物大量繁殖	污染地表水体，导致水中鱼类死亡，水质恶化，造成水体富营养化

四、应急防护措施、防护设备及应急处理

为了保障环保工作人员的身心健康和生态环境安全，表 3-26 给出了味精发酵加工工艺中发生突发环境污染事故的污染物，应急防护措施及基本防护设备配置等。

表 3-26 应急措施、设备及应急处理工程与技术

序号	污染物	应急措施	防护装备及应急处理技术方法		
			特异装备	常用装备	处理措施
1	有机废水	截流、防止废水进入水源地和主要保护河流、湖泊	—	—	工程措施：拦截废水避免污染引水源区域的水库、河流等，通过引流集中治理。已污染的环境采用其他环境修复工程技术

五、应急监测、监测设备及监测方法

突发性环境污染事故应尽量携带便携式快速监测仪器，如未配备，则可采集水质样品回实验室用国家标准分析方法进行污染物的浓度检测。表 3-27 详细列出了应急监测所需基本设备及检测范围。

表 3-27　应急监测设备与监测方法及监测指标

污染物种类	监测指标	快速监测设备及检测范围	
		快速监测设备	检测范围
水体	化学需氧量（COD）	COD 快速检测分析仪	5～2 000 mg/L，超过 2 000 mg/L 可稀释测定

第十节　醋的制造工艺环境污染事故及应急

一、醋制造工艺简介

中国传统的酿醋原料，长江以南以糯米和大米（粳米）为主，长江以北以高粱和小米为主。现多以碎米、玉米、甘薯、甘薯干、马铃薯、马铃薯干等代用。原料先经蒸煮、糊化、液化及糖化，使淀粉转变为糖，再用酵母使发酵生成乙醇，然后在醋酸菌的作用下使醋酸发酵，将乙醇氧化生成醋酸。

醋的制造行业与其他食品行业类似，多产生较高浓度的有机废水，处理不当会造成水体的富营养化，环境风险事故概率较低。

二、醋制造工艺流程及突发污染事故点位

醋主要通过原料的配比、粉碎蒸熟、拌入曲及酵母液、入坛发酵，醋化后进行成品调味制成。因原料不同，味道品质有所不同。醋制造工艺流程容易产生较高浓度的化学需氧量（COD）有机废水，具体工艺流程图与风险点位见图 3-10：

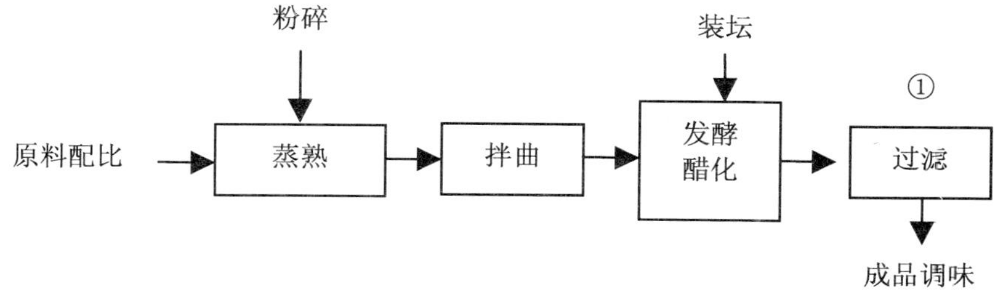

图 3-10　醋的制造流程环境污染事故风险点位

①较高浓度有机废水

由图 3-10 可见，制醋工艺最容易产生的污染物是较高浓度的有机废水，尤其过滤工艺

后剩余的废液，如第①风险点位，任意排放可能会导致水源、河流、湖泊的富营养化和水体功能退化。

三、醋的制造工艺产生的污染物表征及其危害

参照制醋工艺流程（图 3-10），污染物产生的危险点位见表 3-28。主要污染物为食品加工行业常见的高浓度有机废水，管理不善的任意排放流入水体会导致水体功能退化，浓度较高时会导致鱼类死亡，蓝藻暴发等环境问题。主要污染物的表征及危害见表 3-28。

表 3-28 醋制造工艺产生污染物的风险点位及危害描述

风险点位	产生的主要污染物	现象及特征	危害
①	较高浓度有机废水	废水浑浊，流入水体后导致藻类、微型生物大量繁殖	污染地表水体，导致水中鱼类死亡，水质恶化，造成水体富营养化

四、应急防护措施、防护设备及应急处理

为了保障环境安全，表 3-29 指出了制醋工艺中发生突发环境污染事故的风险源点，应急防护措施及基本防护设备配置等。

表 3-29 应急措施、设备及应急处理工程与技术

污染物	应急措施	防护装备及应急处理技术方法		
		特异装备	常用装备	处理措施
有机废水	截流、防止废水进入水源地和主要保护河流、湖泊	—	—	工程措施：拦截废水避免污染引水源区域的水库、河流等，通过引流集中治理。已污染的环境采用其他环境修复工程技术

五、应急监测、监测设备及监测方法

突发性环境污染事故应尽量携带便携式快速监测仪器，如未配备，则可采集水质样品回实验室用国家标准分析方法进行污染物的浓度检测。表 3-30 详细列出了应急监测所需基本设备及检测范围。

表 3-30 应急监测设备与监测方法及监测指标

污染物种类	监测指标	快速监测设备及检测范围	
		快速监测设备	检测范围
水体	化学需氧量（COD）	COD 快速检测分析仪	5～2 000 mg/L，超过 2 000 mg/L 可稀释测定

第十一节 酿酒工艺环境污染事故及应急

一、酿酒工艺简介

酿酒是利用微生物发酵生产含一定酒精浓度饮料的过程。酿酒用的原料不同，所用的微生物和酿造过程也不一样。

白酒：多以含淀粉物质为原料，如高粱、玉米、大麦、小麦、大米、豌豆等，首先用米曲霉、黑曲霉、黄曲霉等将淀粉分解成糖类，称为糖化过程；再由酵母菌再将葡萄糖发酵产生酒精。发酵过程中还会产生较多的酯类、高级酯类、挥发性游离酸、乙醛和糠醛等。

啤酒：以大麦为原料，啤酒花为香料，经过麦芽糖化和啤酒酵母酒精发孽制成。含有丰富的 CO_2 和少量酒精。啤酒中保留了一部分未分解的营养物，从而增加了啤酒的香味。啤酒中酒精含量一般为 15 度，或更低。

葡萄酒：以葡萄汁为原料，经葡萄酒酵母发酵制成。其酒精含量较低（约 9%～10%）较多地保留着果品中原有的营养成分，并带有特产名果的独特香味。

二、酿酒工艺流程及突发污染事故点位

酿酒工艺流程中均易产生较高浓度的高 COD（Chemical Oxygen Demand）有机废水，具体工艺流程图与风险点位见图 3-11：

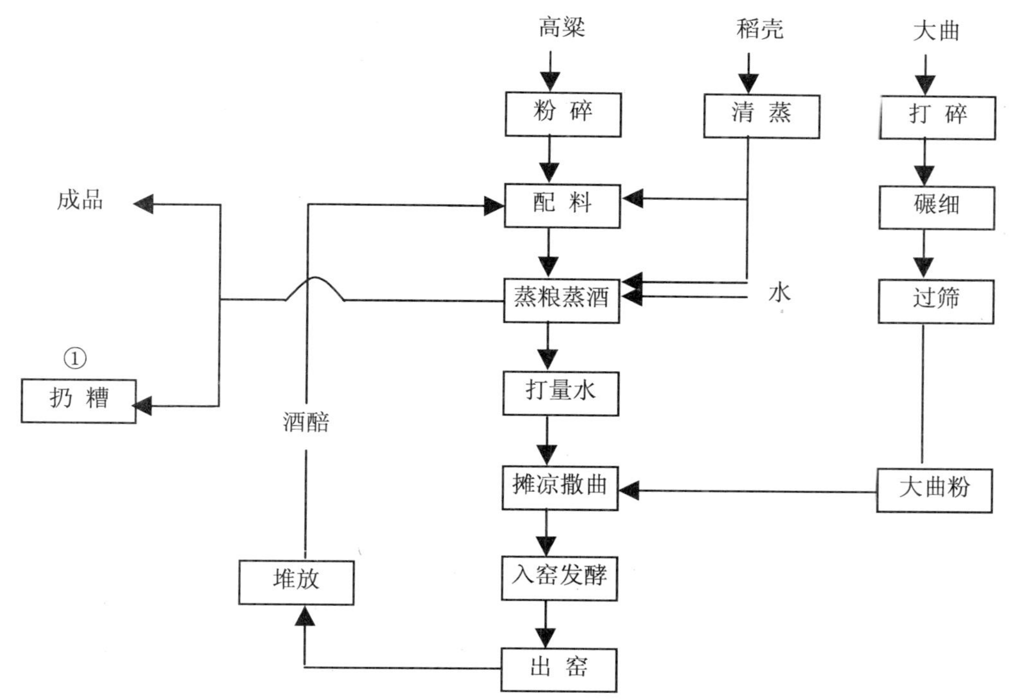

图 3-11 酿酒工艺环境污染事故风险点位

①较高浓度有机废水

由图 3-11 可见，酿酒工艺最容易产生的污染物是较高浓度的有机废水，尤其过滤工艺后剩余的废液，第①风险点位，任意排放可能会导致水源、河流、湖泊的富营养化和水体功能退化。

三、酿酒工艺产生的污染物表征及其危害

参照酿酒工艺流程（图 3-11），污染物产生的危险点位见表 3-31。主要污染物为食品加工行业常见的较高浓度有机废水，管理不善的任意排放流入水体会导致水体功能退化，浓度较高时会导致鱼类死亡，蓝藻暴发等环境问题。主要污染物的表征及危害见表 3-31。

表 3-31 酿酒工艺产生污染物的风险点位及危害描述

风险点位	产生的主要污染物	现象及特征	危害
①	较高浓度有机废水	废水浑浊，流入水体后导致藻类、微型生物大量繁殖	污染地表水体，导致水中鱼类死亡，水质恶化，造成水体富营养化

四、应急防护措施、防护设备及应急处理

为了保障人类的水环境安全，表 3-32 给出了酿酒工艺中发生突发环境污染事故的风险源点，应急防护措施及基本防护设备等。

表 3-32 应急措施、设备及应急处理工程与技术

序号	污染物	应急措施	防护装备及应急处理技术方法		
			特异装备	常用装备	处理措施
1	有机废水	截流、防止废水进入水源地和主要保护河流、湖泊	—	—	工程措施：拦截废水避免污染引水源区域的水库、河流等，通过引流集中治理。已污染的环境采用其他环境修复工程技术

五、应急监测、监测设备及监测方法

突发性环境污染事故应尽量携带便携式快速监测仪器，如未配备，则可采集水质样品回实验室用国家标准分析方法进行污染物的浓度检测。表 3-33 详细列出了应急监测所需基本设备及检测范围。

表 3-33 应急监测设备与监测方法及监测指标

污染物种类	监测指标	快速监测设备及检测范围	
		快速监测设备	检测范围
水体	化学需氧量（COD）	COD 快速检测分析仪	5～2 000 mg/L，超过 2 000 mg/L 可稀释测定

第十二节　碳酸饮料行业环境污染事故及应急

一、碳酸饮料工艺简介

碳酸饮料指含有二氧化碳的软饮料的总称，主要分为果汁型碳酸饮料：指含有 2.5% 及以上的天然果汁；果味型碳酸饮料：以香料为主要赋香剂，果汁含量低于 2.5%；可乐型碳酸饮料：含有可乐果、白柠檬、月桂、焦糖色素；其他型碳酸饮料：乳蛋白碳酸饮料、冰淇淋汽水等。

碳酸饮料的生产流程中用到主要原料为水、白沙糖、二氧化碳、糖浆、香精、色素等，主要通过水调制成各种添加剂后进行碳酸化。目前流行的主要有一次灌装法（技术先进，适合大型饮料厂）和二次灌装法（设备简单，投资少，适合中小型饮料厂），因用到大量的二氧化碳、水、糖浆、色素等，容易造成有机废水和二氧化碳气体的产生。

二、碳酸饮料工艺流程及突发污染事故点位

碳酸饮料工艺流程中因用到大量的水、糖浆、防腐剂、色素等原料，易产生较高浓度的高化学需氧量（COD）有机废水，本节以大型饮料厂的一次灌装法为例阐述碳酸饮料工艺的环境风险，具体工艺流程图与风险点位见图 3-12：

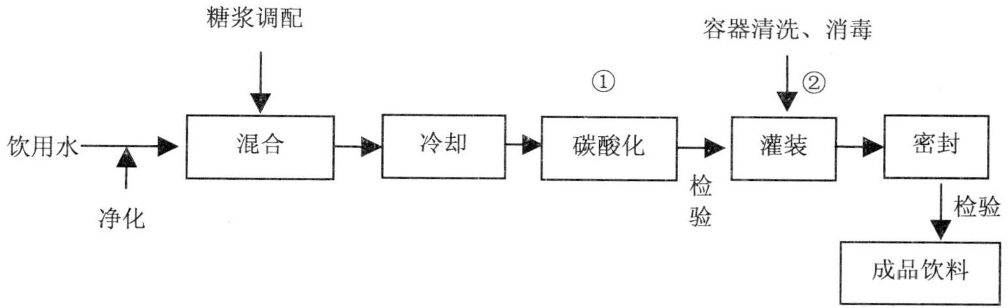

图 3-12　碳酸饮料工艺环境污染事故风险点位

①二氧化碳气体；②较高浓度的有机废水

由图 3-12 可见，碳酸饮料工艺最容易产生的污染物是较高浓度的有机废水和二氧化碳（CO_2）气体，有机废水的大量排放可能会导致水源、河流、湖泊的富营养化和水体功能退化。CO_2 气体浓度过高也会对人体健康造成伤害。

三、碳酸饮料工艺产生的污染物表征及其危害

参照碳酸饮料工艺流程（图 3-12），污染物产生的危险点位见表 3-34。主要污染物为食品加工行业常见的较高浓度有机废水和 CO_2 气体。主要污染物的表征及危害见表 3-34。

表 3-34 碳酸饮料工艺产生污染物的风险点位及危害描述

风险点位	主要污染物	现象及特征	危害
①	CO_2	无色无味，过量吸入会导致头晕缺氧，严重会致人窒息休克	造成人的晕厥
②	较高浓度有机废水	废水浑浊，流入水体后导致藻类、微型生物大量繁殖	污染水体，导致水中鱼类死亡，水质恶化，造成水体富营养化

四、应急防护措施、防护设备及应急处理

为了保障环境和人类的健康安全，表 3-35 指出了碳酸饮料工艺中发生突发环境污染事故的污染物，应急防护措施及基本防护设备等。

表 3-35 应急措施、设备及应急处理工程与技术

序号	污染物	应急措施	防护装备及应急处理技术方法		
			特异装备	常用装备	处理措施
1	二氧化碳	打开通风系统	氧气呼吸器	—	感觉头晕：迅速通风 有人晕厥：抬到空气流畅处，如休克时间久立刻送附近医院
2	有机废水	截流、防止废水进入水源地和主要保护河流、湖泊	—	—	工程措施：拦截废水污染引水源区域的水库、河流等，通过引流集中治理。已污染的环境采用其他环境修复工程技术

五、应急监测、监测设备及监测方法

突发性环境污染事故应尽量携带便携式 COD 野外监测仪器，如未配备，则可采集水样，回实验室用国家标准分析方法进行污染物的浓度检测。分析 COD 指标的水样稳定，易保存。表 3-36 详细列出了应急监测所需基本设备和实验室测试国家标准方法。方法的具体步骤请参照《手册》附件。

表 3-36 应急监测设备与监测方法及监测指标

污染物种类	监测指标	快速监测设备及检测范围	
		快速监测设备	检测范围
大气	二氧化碳	泵吸式一氧化碳、二氧化碳检测仪（产品型号：GD80-CO/CO_2）	$0\sim100\times10^{-6}$、500×10^{-6}、$2\,000\times10^{-6}$可选
水体	化学需氧量（COD）	COD 快速检测分析仪	5～2 000 mg/L，超过 2 000 mg/L 可稀释测定

第四章　一般制造业突发性环境污染事故及应急

制造业是指对制造资源（物料、能源、设备、工具、资金、技术、信息和人力等），按照市场要求，通过制造过程，转化为可供人们使用和利用的工业品与生活消费品的行业。目前，作为我国国民经济的支柱产业，制造业是我国经济增长的主导部门和经济转型的基础；作为经济社会发展的重要依托，制造业是我国城镇就业的主要渠道和国际竞争力的集中体现。

根据行业的划分赤道原则，一般制造业主要包括的行业有水泥和石灰制造业、瓷砖和卫浴品制造业、玻璃制造业、建筑材料开采业、纺织品制造业、制革和皮革抛光业、半导体和其他电子产品制造业、印刷业、铸造业、联合炼钢、基本金属冶炼业、金属与塑料及橡胶产品制造业。

制造业包括的行业门类较多，产生环境污染问题的行业也较多。

第一节　水泥生产突发性环境污染事件及应急

一、水泥生产工艺简介

目前我国的水泥生产鼓励用新型干法窑外分解工艺。水泥制造中主要排放的污染物为大气污染物，主要产生于半成品和成品的搬运及储存，以及窑炉系统、熟料磨机的运行。颗粒物及可吸入微尘是水泥制造业最严重的环境影响之一。

同时水泥制造中的二氧化硫（SO_2）排放也是主要环境问题之一，主要与原料中包含的挥发性硫或反应性硫有关。水泥制造业产生的噪声也会对人的身心造成一定的影响和危害。水泥制造可能会随着粉尘颗粒物排放重金属（如铅、镉、汞），来源是制造水泥的原料。因此，水泥制造业对主要危害物粉尘的应急防护同时也是防止重金属污染环境的重要内容。

水泥制造业对工人的主要危害在于噪声污染，以及滑倒、摔倒，吸入大量颗粒物，另外原料中因含有重金属与皮肤长期接触，会发生过敏性皮炎。水泥制造过程中可能发生眼睛、黏膜与碱性物质氧化钙（CaO）意外接触的事故，需要进行预防，并做好应急程序和防护设备减弱水泥制造带来的环境危害和人身伤害。

工艺流程图及各环节产生的主要污染物见图 4-1。

由水泥生产工艺流程图，水泥生产主要产生的污染物为颗粒物、二氧化硫（SO_2）以及噪声，另有少量的二氧化氮（NO_2）产生。水泥制造污染物产生于每个环节，因此，水泥制造业需从全流程进行应急防护。

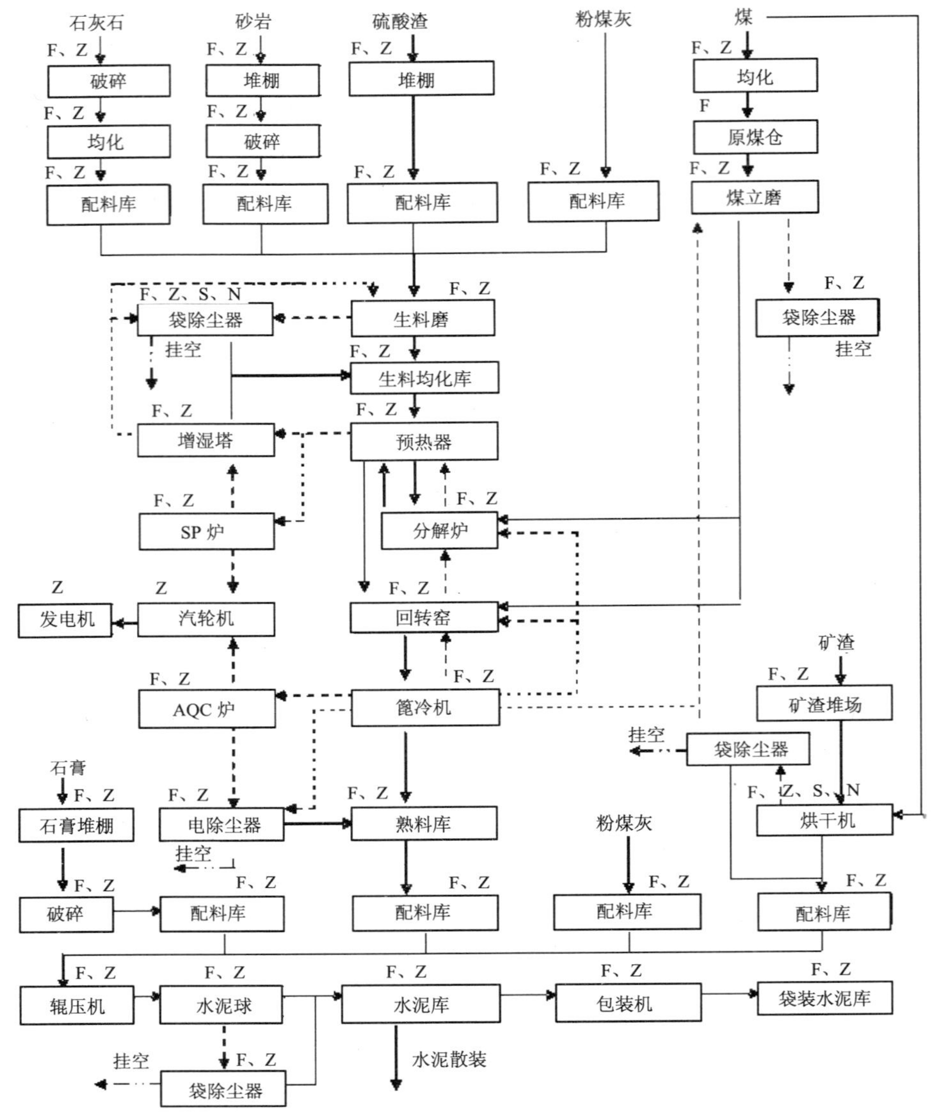

图 4-1　新型干法水泥生产工艺流程、产污环节图

二、工艺加工主要流程

（1）原材料的预均化及生料均化

石灰石：石灰石矿中氧化钙平均含量为 53.93%，质量较为稳定，属生产水泥的优质原料，且开采条件较好，矿层走向均匀、稳定，成分变化较小。

生料均化：为保证入窑生料成分的稳定，采用气力均化库对生料进行均化。

（2）石灰石破碎及输送

汽车或装载机将石灰石原矿运至破碎系统受矿仓内，仓下调速式重型板式给料机将原矿喂入单段锤式破碎机内破碎，当进料粒度≤850 mm，出料粒度＜25 mm（90%）时，系统产量 300 t/h，两班生产。

成品碎石由皮带输送机送至预均化堆场储存、均化。

（3）原料配料及输送

库（仓）底用电子皮带秤按要求的配比准确计量配料后，经皮带输送机送至原料磨。生料成分控制采用荧光分析仪和计算机自动配料系统，以保证出磨后生料质量稳定。

（4）原料粉磨

配合好的原料送入立式磨，出磨生料经高效选粉机分选，合格生料经斗式提升机送至生料均化库储存。粗料返回磨机。在进料粒度≤40 mm，原料入磨综合水分＜10%，成品细度 80 μm 筛余 10%，终水分≤1%的条件下，系统产量为 200 t/h。出磨废气与调质后的窑尾废气一并送至窑尾废气袋式除尘器净化后排放。

原料磨采用出窑尾预热器的废气为烘干热源。

（5）生料均化及生料入窑喂料系统

设置多股流连续式气力均化库。

来自原料磨的成品生料及窑尾废气处理系统收集的粉尘经斗提机、空气斜槽入库。

当原料磨停运时，废气处理系统收集的粉尘与库侧卸料器卸出的生料搭配送入生料库，以保证生料成分稳定，避免窑灰单独入库而引起生料成分波动。

生料均化库由罗茨风机供气，经设在库底的卸料口按顺序卸至搅拌仓。均化作用主要由库内重力切割和搅拌仓的搅拌来实现。搅拌仓带有荷重传感器及充气装置，仓内的生料经气体搅拌后，自仓下流量控制阀卸出，由固体流量计量，经链式输送机、钢丝胶带提升机送入窑尾旋风预热器二级筒的上升管道系统。

（6）煤粉制备

选用风扫式煤磨，当进料粒度≤25 mm，入磨综合水分＜10%，成品细度 80 μm 筛余 10%，终水分≤1.0%的条件下，系统产量 18～20 t/h。

原煤由原煤仓下的圆盘喂料机喂入煤磨，在磨内进行烘干及粉磨。出磨煤粉随气流经动态选粉机收集后，送入煤粉仓。动态选粉机选出的粗粉返回磨内重新粉磨。煤磨烘干气体来自窑头的冷机烟气，并设有备用热风炉。煤磨废气用高效防爆专用脉冲袋收尘器处理后排放。

煤粉仓下设有环状天平计重机，既可计量，又能调节喂煤量。经计量后的煤粉分别送至窑头的四通道喷煤管及窑尾的分解炉。

为保证安全生产，本系统设有防爆阀及二氧化碳灭火装置。

（7）熟料烧成及窑尾废气处理

熟料煅烧选用回转窑，窑尾带低压损型旋风预热器和 TDF 型分解炉。熟料冷却机采用控流式冷却机，带有熟料破碎机。出冷却机的熟料温度为 65℃+环境温度。熟料冷却机排出的气体，一部分作为二次风及三次风入窑和分解炉，一部分作为煤磨的烘干热源，其余废气经袋式收尘器净化后排入大气。

窑尾预热器排出的废气，一部分送至原料磨作为烘干热源，其余部分经高温风机，再冷却后送至窑尾废气袋式收尘器净化后，经排风机排放。

原料磨停运时，窑尾预热器排出的废气全部经高温风机，再通过冷却后，进入袋式收尘器净化后排放。

袋式收尘器收下的粉尘，与原料磨的成品生料一起送入生料均化库。

（8）熟料储存及转运

设置熟料储库。冷却后的熟料经链斗输送机直接送入熟料库储存。

三、生产工艺产生的污染物特征及其危害

根据水泥生产工艺流程，水泥生产中的危险源较广，每个环节都会产生污染物。主要污染物的主要危害见表4-1。

表4-1 水泥制造业主要污染物危害辨识

序号	主要污染物	现象及特征	危害
1	颗粒物	白色烟雾，使空气能见度下降	颗粒物包含原料，主要有重金属粉末，氧化钙粉末等主要危险性粉末，接触人的眼睛和黏膜组织就会造成伤害
2	二氧化硫	有刺激性气味，浓度高时会产生淡黄色烟雾	损害人的呼吸系统和口腔黏膜组织
3	二氧化氮	棕红色、高度活性的气态物质，易溶于水，有刺激性气味	吸入气体初期仅有轻微的眼及上呼吸道刺激症状，如咽部不适、干咳等。常经数小时至十几小时或更长时间潜伏期后发生迟发性肺水肿。可并发气胸及纵膈气肿。慢性作用：主要表现为神经衰弱综合征及慢性呼吸道炎症。个别病例出现肺纤维化。可引起牙齿酸蚀症
4	噪声	—	超过安全标准会导致人员情绪紊乱，内分泌失调，严重时会造成听觉损伤和听力下降

四、应急防护措施、防护设备及应急处理

为了保障工人以及环保工作人员的身心健康和环境安全，需对产生上述风险的企业采取停产检修的手段以停止其对工人及环境的危害，同时对粉尘含量较高的车间定期监测。主要应急措施、应急设备及应急处理工程技术见表4-2。

表4-2 应急措施、设备及应急处理工程与技术

序号	污染物	应急措施	防护装备及应急处理技术方法		
			特异装备	常用装备	处理措施
1	二氧化氮 二氧化硫	打开通风系统	二氧化硫过滤面具	过滤式口罩	感觉头晕：迅速通风，并转移到空气清洁处 有人晕厥：抬到空气流畅处，如休克时间久立刻送附近医院
2	颗粒物	通风橱工作要良好，过滤式口罩或一般口罩（勤换洗）	氧气呼吸器	口罩	一般事故：出现人中毒需立即转移到空气流通且空气清洁处就地应急诊治；眼睛或黏膜组织接触CaO或其他危险性粉末，应快速大量水冲洗，避免遇到少量水分导致灼伤。 其他事故：通风除尘系统如果出现故障，应立刻停产整修

五、应急监测、监测设备及监测方法

突发性环境污染事故应尽量携带便携式的污染物快速监测仪器，如还未配备，则可以采集样品回实验室采用国家标准分析方法进行污染物的监测。

表 4-3　应急监测设备与监测方法及监测指标

污染物种类	监测指标	应急监测设备及检测范围	
		快速监测设备	检测范围
大气	二氧化硫	泵吸式二氧化硫检测仪（产品型号：GD80-SO_2）	$0\sim10\times10^{-6}$、20×10^{-6}、100×10^{-6}、$2\,000\times10^{-6}$、$5\,000\times10^{-6}$可选
	二氧化氮	泵吸式二氧化氮检测仪（产品型号：GD80-NO_2）	$0\sim20$、100×10^{-6}、$2\,000\times10^{-6}$可选
噪声	声压	SL-5866 声压计	30～130 dB
大气	粉尘	CCHZ-1000 全自动粉尘测定仪	0～1 000 mg/m^3

第二节　石灰制造业突发性环境污染事故及应急

一、石灰生产工艺简介

石灰是一种以氧化钙为主要成分的气硬性无机胶凝材料。石灰是用石灰石、白云石、白垩、贝壳等碳酸钙含量高的原料，经 900～1 100℃煅烧而成。石灰是人类最早应用的胶凝材料。石灰有生石灰和熟石灰（消石灰），按其氧化镁含量（以 5%为限）又可分为钙质石灰和镁质石灰。由于其原料分布广，生产工艺简单，成本低廉，在土木工程中应用广泛。原始的石灰生产工艺是将石灰石与燃料（木材）分层铺放，引火煅烧一周即得。现代则采用机械化、半机械化立窑以及回转窑、沸腾炉等设备进行生产。煅烧时间也相应地缩短，用回转窑生产石灰仅需 2～4 h，比用立窑生产可提高生产效率 5 倍以上。近年来，又出现了横流式、双斜坡式及烧油环行立窑和带预热器的短回转窑等节能效果显著的工艺和设备，燃料也扩大为煤、焦炭、重油或液化气等。

二、生产工艺流程及风险点位

石灰生产工艺简单，具体流程图及产污风险点位如图 4-2。

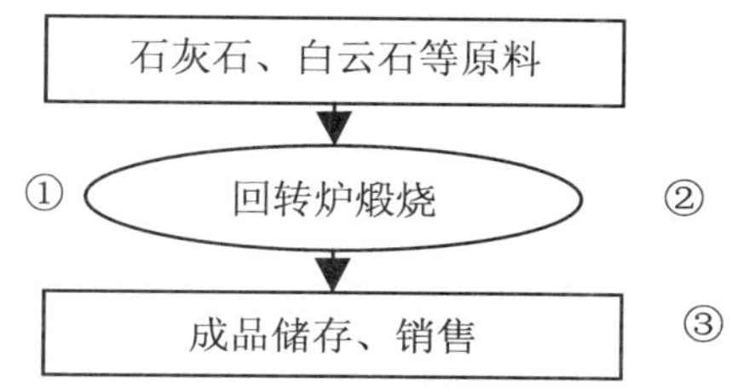

图 4-2　石灰生产工艺流程及风险点位

①回转炉燃料燃烧排放的二氧化硫、二氧化碳；②氧化钙粉尘；③氧化钙粉尘

三、生产工艺产生的污染物特征及其危害

根据石灰生产工艺流程，石灰生产中的危险源较广，成品储存及销售环节依然会产生粉尘污染物。主要污染物危害见表 4-4。

表 4-4 石灰生产主要污染物危害辨识

风险点位	主要污染物	现象及特征	危害
①	二氧化碳	无色无味，浓度过高会导致人缺氧、头脑反应迟钝，导致人晕厥	导致缺氧，严重会造成休克
①	二氧化硫	有刺激性气味，浓度高时呈淡黄色	吸入会导致黏膜及呼吸系统损伤
②，③	氧化钙颗粒物	白色烟雾，使空气能见度下降	粉末接触人的眼睛和黏膜组织就会造成灼伤

四、应急防护措施、防护设备及应急处理

为了保障工人以及环保工作人员的身心健康和环境安全。石灰生产行业主要应急措施、应急设备及应急处理工程技术见表 4-5。

表 4-5 应急措施、设备及应急处理工程与技术

序号	污染物	应急措施	防护装备及应急处理技术方法		
			特异装备	常用装备	处理措施
1	二氧化硫 二氧化碳	通风	氧气 呼吸器	—	感觉头晕：迅速通风，并转移到空气清洁处 有人晕厥：抬到空气流畅处，如休克时间久立刻送附近医院
2	氧化钙颗粒物	过滤式口罩或一般口罩（勤换洗），眼罩	—	眼罩、口罩	一般事故：眼睛或黏膜组织接触 CaO 或其他危险性粉末，应快速大量水冲洗，避免遇到少量水分导致灼伤

五、应急监测、监测设备及监测方法

突发性环境污染事故应尽量携带便携式的污染物监测仪器，如还未配备，则可采集样品回实验室采用国家标准分析方法进行污染物的监测。

表 4-6 应急监测设备与监测方法及监测指标

污染物种类	监测对象及指标	快速检测设备及检测范围	
		快速检测设备	检测范围
大气	二氧化硫	泵吸式二氧化硫检测仪（产品型号：GD80-SO_2）	$0\sim10\times10^{-6}$、20×10^{-6}、100×10^{-6}、$2\,000\times10^{-6}$、$5\,000\times10^{-6}$可选
大气	二氧化碳	泵吸式二氧化碳检测仪（产品型号：GD80-CO_2）	$0\sim100\times10^{-6}$、500×10^{-6}、$2\,000\times10^{-6}$可选
大气	粉尘	CCHZ-1000 全自动粉尘测定仪	$0\sim1\,000$ mg/m^3

第三节 玻璃行业突发性环境污染事故及应急

一、玻璃行业简介

玻璃生产的主要原料有玻璃形成体、玻璃调整物和玻璃中间体，其余为辅助原料。主要原料指引入玻璃形成网络的氧化物、中间体氧化物和网络外氧化物；辅助原料包括澄清剂、助熔剂、乳浊剂、着色剂、脱色剂、氧化剂和还原剂等。玻璃主要种类有：①石英玻璃。二氧化硅（SiO_2）含量大于 99.5%，热膨胀系数低，耐高温，化学稳定性好，透紫外光和红外光，熔制温度高、黏度大，成型较难。多用于半导体、电光源、光导通信、激光等技术和光学仪器中。②高硅氧玻璃。SiO_2 含量约 96%，其性质与石英玻璃相似。③钠钙玻璃。以 SiO_2 含量为主，还含有 15%的 Na_2O 和 16%的 CaO，其成本低廉，易成型，适宜大规模生产，其产量占实用玻璃的 90%。可生产玻璃瓶罐、平板玻璃、器皿、灯泡等。④铅硅酸盐玻璃。主要成分有 SiO_2 和 PbO，具有独特的高折射率和高体积电阻，与金属有良好的浸润性，可用于制造灯泡、真空管芯柱、晶质玻璃器皿、火石光学玻璃等。含有大量 PbO 的铅玻璃能阻挡 X 射线和 γ 射线。⑤铝硅酸盐玻璃。以 SiO_2 和 Al_2O_3 为主要成分，软化变形温度高，用于制作放电灯泡、高温玻璃温度计、化学燃烧管和玻璃纤维等。⑥硼硅酸盐玻璃。以 SiO_2 和 B_2O_3 为主要成分，具有良好的耐热性和化学稳定性，用以制造烹饪器具、实验室仪器、金属焊封玻璃等。硼酸盐玻璃以 B_2O_3 为主要成分，熔融温度低，可抵抗钠蒸汽腐蚀。含稀土元素的硼酸盐玻璃折射率高、色散低，是一种新型光学玻璃。磷酸盐玻璃以 P_2O_5 为主要成分，折射率低、色散低，用于光学仪器中。

玻璃生产工艺主要包括：①原料预加工。将块状原料粉碎，使潮湿原料干燥，将含铁原料进行除铁处理，以保证玻璃质量。②配合料制备。③熔制。玻璃配合料在池窑或坩埚窑内进行高温加热，使之形成均匀、无气泡，并符合成型要求的液态玻璃。④成型。将液态玻璃加工成所要求形状的制品，如平板、各种器皿等。⑤热处理。通过退火、淬火等工艺，消除或产生玻璃内部的应力、分相或晶化，以及改变玻璃的结构状态。

二、玻璃工艺流程及风险点位

玻璃生产工艺流程见图 4-3。

三、玻璃工业产生的主要污染物及来源

根据玻璃工业使用的原料、生产工艺和对玻璃工业污染物的调查，玻璃工业主要污染物有：

（1）大气污染

玻璃工业的大气污染主要为玻璃熔窑烟囱，燃煤锅炉烟囱排放的燃烧废气，原料车间的粉尘，碎玻璃产生的粉尘，主要污染物为二氧化硫、氮氧化物及粉尘等。

（2）废水污染

玻璃工业废水污染，如原料车间的地面冲洗废水，油罐区产生的含油废水及洗涤原料废水，还有生活废水等。主要污染物为浮油、无机悬浮物，少量无机物如镉、砷、铅等。

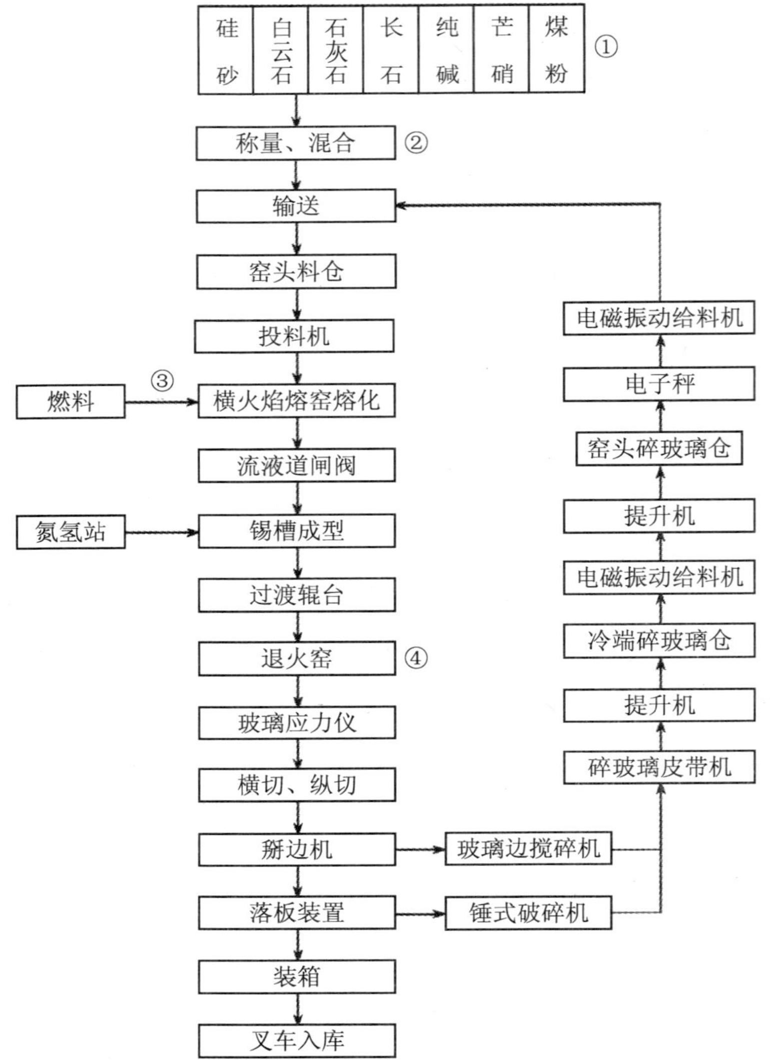

图 4-3 玻璃工艺流程及环境事故风险点位

①固体废物及废水；②废气（SO_2，CO_2，粉尘等）；
③废气（SO_2，CO_2，粉尘等）；④废气（SO_2，CO_2，粉尘等）

（3）固废污染

玻璃厂固废的主要来源于原料车间的废弃物，碎玻璃倒运过程中的散落以及维修过程中的废物。

由上可见，玻璃生产及加工业主要污染物为废气，因此主要污染事故也是废气的无组织排放造成的。

四、污染物类型介绍与风险辨识

为了保障工人以及现场监测环保工作人员的身心健康和环境安全，必须弄清玻璃生产环节主要产生的污染物及危险辨识。

在玻璃制造过程中，从原料、熔化、成型、加工到各辅助工序都会产生对大气、水、土壤的污染，以及环境噪声。近年来，有些企业放松了污染环境的防治，车间中粉尘浓度每立方米达到几百到1 000 mg以上，超过国家允许标准几十倍甚至几百倍，炉前环境大气中HF 的浓度达11.2～19.7 mg/m^3，超过卫生标准的10～20倍。蒙砂时含氟废水不经处理就直接排出，造成严重的水质和土壤污染，操作人员无专门防护设备，用氢氟酸进行玻璃蒙砂处理，往往造成中毒事故。

（1）粉尘：原料储存、加工、运输、混合过程中的粉尘，以及玻璃粉尘，尤以粒径小于5 μm的硅质粉尘对人类危害最大。

（2）有毒的原料：红丹、黄丹、硫化镉、硒化镉、硫化硒、硫酸钴、硫化铜、硫酸铜、氧化亚铜、氧化铬、铬酸钾、硒、氧化砷等，以及特种玻璃用的硫化砷、硒化砷、氧化铊、氧化铍等。

（3）原料挥发气体：如含铅、锌、砷、硫、氟、氯的气体。燃料燃烧的废气，如硫氧化物、氮氧化物、氟化物、氯化物以及烟尘、烟道。

五、污染物污染途径及危害

由图4-3可见，玻璃加工工艺主要污染物为原材料使用过程产生的固体废物及高粉尘、二氧化硫、二氧化碳含量的废气。

表4-7 玻璃生产环境污染事故的风险点位及危害描述

风险点位	产生的主要污染物	现象及特征	危害途径及对象
①	固体废物及废水	主要是原材料存放地产生的固废及冲洗废水	污染水体，土壤
②，③，④	废气（粉尘，高浓度二氧化硫，二氧化碳气体）	淡黄色烟雾	烟气中含有各种可吸入重金属颗粒物，通过呼吸进入人体对人危害极大。 烟气中的浮尘（含铜、砷、锑等重金属粉尘）沉降后，随时间推移，会造成危及区的土壤中重金属含量超标，进而影响土地生产力。 二氧化硫、二氧化碳气体：尤其二氧化硫气体会刺激损伤呼吸系统，引起呼吸系统病变

六、应急防护措施、防护设备及应急处理

为了保障工人以及现场监测环保工作人员的身心健康和环境安全，表4-8给出了玻璃生产行业突发环境污染事故应急防护措施，设备配置等。

表 4-8 应急防护措施、设备及应急处理技术方法

<table>
<tr><th rowspan="2">序号</th><th rowspan="2">污染物</th><th rowspan="2">防护措施</th><th colspan="3">防护装备及应急处理技术方法</th></tr>
<tr><th>特异装备</th><th>常用装备</th><th>应急处理技术</th></tr>
<tr><td>1</td><td>固废</td><td>集中存贮</td><td></td><td></td><td rowspan="3">固废：应进行资源化，不能资源化的应集中收集进入垃圾填埋场处理。
废水：厂房废水应该进入管网系统进入污水处理厂进行处理，避免无组织排放。
污水意外排放：如发生意外的污水大量排放，以及工艺设备的突发性破损导致的大量污水排放，必须采取工程拦截措施，避免流入水环境敏感区。
废气：必须采取尾气处理措施，否则应停产整顿，工作人员需佩戴过滤面具。
中毒：发生中毒事件应及时转移到通风处，严重需立即就医</td></tr>
<tr><td>2</td><td>废水</td><td>—</td><td></td><td>手套防护服</td></tr>
<tr><td>3</td><td>废气（粉尘，高浓度二氧化硫，二氧化碳气体）</td><td>面具</td><td>面具，二氧化硫过滤式面具</td><td>铲车</td></tr>
</table>

七、应急监测、监测设备及监测方法

表 4-9 列出了玻璃生产加工行业污染事故后，主要污染物，应急快速监测设备及检测范围，实验室分析方法见附录所述。

表 4-9 应急监测设备与监测方法及监测指标

<table>
<tr><th rowspan="2">污染物种类</th><th rowspan="2">需监测对象及指标</th><th colspan="2">监测设备及检测范围</th></tr>
<tr><th>快速监测设备</th><th>检测范围</th></tr>
<tr><td>大气</td><td>粉尘</td><td>CCHZ-1000 全自动粉尘测定仪</td><td>0～1 000 mg/m^3</td></tr>
<tr><td>大气</td><td>二氧化硫</td><td>泵吸式二氧化硫检测仪（产品型号：GD80-SO_2）</td><td>0～10×10^{-6}、20×10^{-6}、100×10^{-6}、2 000×10^{-6}、5 000×10^{-6}可选</td></tr>
</table>

第四节 LOW-E镀膜玻璃生产行业环境污染事故及应急

一、LOW-E 镀膜玻璃生产行业简介

2008 年生效执行的《节约能源法》要求建筑采用节能玻璃，并公布了商品房建筑节能等级。建筑节能主要包括墙体保温、门窗保温、供热系统和新型可再生能源等，建筑外门窗与玻璃幕墙是外围护结构中热传导、热扩散、失热量最活跃、最严重的部位，是混凝土墙体热损失的五六倍，占全部建筑物取暖热损失的 40%～50%，节能门窗的应用是建筑节能的关键之一。使用 LOW-E 中空玻璃可以比相同结构的非 LOW-E 中空玻璃产品节能 40%～50%，并减少光污染。

目前玻璃的供求格局和消费结构正逐步由中低档的普通浮法向优质浮法过渡，由原片消费为主向附加值高的深加工产品过渡。按照“十一五”规划目标，优质浮法比例将从目

前20%左右增至40%，玻璃深加工率将从25%增至40%以上。《节能中长期专项规划》、《政府机构节能工程》等政策法规的实施，必将为在线LOW-E镀膜玻璃等具有节能环保特性的加工玻璃的市场开拓带来无限商机。

LOW-E镀膜玻璃为低辐射膜玻璃，LOW-E镀膜玻璃生产分为在线和离线镀膜法。离线镀膜生产的LOW-E镀膜玻璃为软膜，镀膜在常温下进行，膜层与玻璃之间采用物理方式粘结，耐磨性指数差，在大气中受到二氧化硫等污染物影响，会逐步失去节能效果，加工为中空玻璃后，随着大气侵入，节能效果会逐渐下降，另外加工要求高，对普通民用建筑的推广应用障碍较大，因此，目前从国外引进的许多离线镀膜生产线普遍开工不足。在线镀膜生产线在浮法玻璃生产线的锡槽中镀膜，膜层与玻璃之间是化学键的结合，镀膜反应温度为700℃左右，膜层牢固，在大气中不会失效，长期节能效果好，在国内市场应用逐步提高，表现出了较好的市场应用前景，其优势表现为：

（1）可热弯和可钢化，适应于各种复杂几何结构。

（2）反射率低和透明，减少光污染和照明能耗。

（3）膜层稳定性好，可装在中空玻璃中或单片玻璃使用，长期使用性能保证性好。

（4）在线LOW-E镀膜玻璃与色玻及热反射玻璃结合使用可获得广泛的美学和能源性能。

（5）能源效率符合国家标准。

（6）和玻璃类似的耐用性，易于现场安装，容易对现有不符合节能标准的玻璃翻新。

（7）在线LOW-E镀膜玻璃与中空胶能够直接密封，不需边去膜，在中空玻璃制造中要求低，提高生产效率，降低成本。

（8）在线LOW-E镀膜玻璃的运输、储存和储存期与普通浮法玻璃一样，改善了库存管理，可降低运行成本。

由于在线镀膜生产线采用了与浮法玻璃生产线直接结合的方式，生产效率高，避免了中间半成品的转运和储存，不需要另外建设专门的镀膜工厂，投资成本和管理成本也大大下降，市场竞争能力较强。

二、工艺流程与风险点位

LOW-E镀膜玻璃生产工艺主要包括原料输送、配合料制备、熔窑熔化、锡槽成型、在线镀膜、退火窑退火和冷端成品库等工段。

1．原料输送系统

进场的硅砂、白云石、石灰石、烧碱、芒硝、氢氧化铝、长石、煤粉和其他物料经过初处理（白云石、石灰石进行破碎、筛分，烧碱、芒硝、氢氧化铝、长石拆袋倒料，）后，输送至配料制备系统。

2．配合料制备

各种粉料按配方要求分别经电子秤称量后排入称量皮带机，芒硝、煤粉称量后排入预混合机先进行预混合，预混合完毕后排到称量皮带，称量皮带机将称量准确的料送到混合机进行混合。混合机配有自动检测和自动控制的加水、加气装置，经混料机混合均匀的物料通过混料皮带机与碎玻璃一同送到生产线的窑头料仓。

称量、混合、输送过程产生粉尘，经滤筒式除尘器净化后由排气筒排放，物料混合时的除尘灰作为一般固废处置。

3．玻璃液熔制

混合料与碎玻璃由窑头料仓卸入玻璃熔窑内，混合料在 1 100～1 500℃的高温环境下熔化制成玻璃液。

熔窑以重油为燃料，燃油和助燃空气定值比例自动调节，助燃风由总风管换向，经各支风管及各支烟道进蓄热室。支风管上设手动调节阀调节风量。废气由总烟道经排气筒排放。窑压自动控制。熔窑设电视监视系统，监视窑内工况及投料情况（火焰和泡界线等），熔窑温度、窑压可由计算机系统巡回检测、控制。卡脖处设置水平搅拌器，以提高玻璃液质量及其均匀度。

经高温熔化、澄清、搅拌、冷却后的玻璃液，经流液道进入锡槽。

玻璃熔窑进料过程产生粉尘，经滤筒除尘后由排气筒排放；玻璃熔窑产生废气主要含烟尘、SO_2、NO_x 等，经脱硫、脱硝、除尘后通过高烟囱排放，产生脱硫除尘废渣作为一般固废处置。

4．锡槽成型

玻璃液以约 1 100℃的温度，从流液道进入锡槽的锡液面上，在重力、表面张力和机械拉力的作用下，随即向横向伸展，在完成摊平、抛光、展薄、冷却后，形成一定厚度和宽度的玻璃带，至 600℃离开锡槽进入退火窑。

为了保证锡槽内玻璃的浮抛介质——锡液不受氧化，同时避免在锡槽内造成某些玻璃缺陷，需连续不断地向锡槽内通入由氮气和氢气按一定比例混合成的保护气体。

锡槽内会产生少量的废锡渣。

5．在线 LOW-E 镀膜工艺

在线 LOW-E 镀膜分底膜和顶膜，在锡槽处设置镀膜器。

底膜的原料主要为硅酸乙酯、三氯单丁基锡，经过蒸发与空气形成物料混合气体，在锡槽内均匀地喷射在玻璃表面，锡槽内的温度条件和 N_2 保护气体的存在为硅酸乙酯、三氯单丁基锡热分解、反应提供了良好的条件，使其在高温下玻璃表面均匀地分解并沉积形成具有一定厚度的 SiO_2-SnO_2 层（光学层）；顶膜的原料主要为三氯单丁基锡、三氟乙酸，按一定比例配置的金属有机化合物溶液经过蒸发与空气形成物料混合气体，经镀膜装置喷向玻璃表面，反应主体——金属有机化合物分解、反应并沉积在表面形成金属氧化物顶膜，赋予了玻璃表面特殊的性能。底膜、顶膜所有反应副产物通过排气装置排到锡槽外，输送到废气处理装置进行处理。

在线镀膜混合气在玻璃液表面的成膜率约为 20%，其余 80%以废气的形式排放。镀膜废气中主要含三氯单丁基锡、三氟乙酸（TFA）、硅酸乙酯等气态有机物，无苯系物，均为高温下易分解气体，镀膜废气采用高温焚烧，将废气直接引入焚烧炉与高温火焰混合进行焚烧净化，有机废气在炉内停留 3 秒钟，在高温下有机废气彻底分解成 CO_2、水、HCl、氟化物、氧化锡和氧化硅，无残渣，有机废气的分解氧化效率高达 99.9%，经过冷却塔降温后采用袋式除尘器去除燃烧产生的 SiO_2、SnO_2 颗粒，除尘废渣为含 SiO_2、SnO_2 的颗粒物，除尘后的废气进入二级碱吸收装置吸收 HCl、氟化物，最终排放废气主要污染物为残留的 HCl、氟化物、氧化硅颗粒物、锡及其氧化物颗粒。

焚烧炉采用柴油作燃料，柴油燃烧还会有 SO_2、NO_x 排放。

6．退火窑退火

玻璃带经过渡辊台，以约 600℃的温度进入退火窑。玻璃带进入退火窑内按一定的温度曲线被均热、保温、徐冷和快冷等过程，使其在成型冷却过程中产生的内应力值降低，以达到符合切割和质量要求的数值。最后玻璃带温度降至 70℃左右，进入冷端机组。

7．切裁包装

玻璃带出退火窑后，先经过应力检测仪进行检测，从而确保退火窑退火质量，使玻璃应力满足切割及质量要求。合格玻璃带进入自动缺陷检测，检测采用先进的 CCD 成像技术和智能光源（一定波长的激光），检测精度达到 0.1 的分辨率，可以检测的玻璃缺陷包括气泡、结石、锡点、玻筋等，它还可以对这些缺陷进行分类，以利于对玻璃质量的判别。

检测后的玻璃再经发讯装置将玻璃带的拉引速度、测量长度等信号传送给计算机，以实现自动切割、掰断等操作。掰断后的玻璃板进入加速分离辊道分离。之后进入掰边工序，掰边宽度可视切裁的规格加以调节。掰边后的玻璃板通过纵掰纵分装置完成纵向掰断和分离，不合格板通过落板进入碎玻璃系统。合格板经吹风清扫清除掉表面的屑渣后进入取板、装箱区域，经堆垛机自动取板、装箱，由吊车或叉车运至成品库。

玻璃切裁、掰边等工序产生碎玻璃，经处理后回用；切裁、掰边工序产生噪声。

8．碎玻璃处理

生产线上掰边、欠板落板等处下面设破碎机和搅碎机，将玻璃破碎成粒径约为 50 mm 碎块，然后通过下料溜子倒入皮带机上送往窑头碎玻璃中间仓，经称量后送往窑头料仓。

碎玻璃破碎及输送工序产生噪声和粉尘，碎玻璃清洗废水循环使用。

LOW-E 镀膜玻璃生产流程及主要污染物产生风险点位见图 4-38。

三、LOW-E 镀膜玻璃生产污染物表征及危害

根据的工艺流程（图 4-4），表 4-10 详细指出了工艺过程中突发环境污染事故主要污染物、污染物的表征、危害对象及危害途径等。

表 4-10　LOW-E 镀膜玻璃生产行业环境污染事故的风险点位及危害描述

风险点位	主要污染物	污染物特征	危害途径及辨识
①、②、③、④	粉尘	导致大气污浊	吸入。呼吸性粉尘可沉淀在呼吸性的支气管壁和肺泡壁上。长期吸入生产性粉尘易引起以肺组织纤维化为主的全身性疾病，即尘肺病，属国家法定职业病
⑤	烟粉尘、二氧化硫、氮氧化物	刺激性气味	烟粉尘：呼吸性粉尘可沉淀在呼吸性的支气管壁和肺泡壁上。长期吸入生产性粉尘易引起以肺组织纤维化为主的全身性疾病，即尘肺病，属国家法定职业病。 二氧化硫：通过吸入损伤人的呼吸系统和肺功能，皮肤接触二氧化硫也会造成皮肤损伤，二氧化硫是酸雨、酸雾的主要污染物。 氮氧化物：二氧化氮主要影响呼吸系统，可引起支气管炎和肺气肿等疾病；一氧化氮非常容易与动物血液中的色素结合，造成血液缺氧而引起中枢神经麻痹，它与血色素的亲和力很强，约为一氧化碳的数百倍至 1 000 倍；氮氧化物是酸雨、酸雾的主要污染物。

风险点位	主要污染物	污染物特征	危害途径及辨识
⑥	粉尘、锡及其氧化物、氯化氢、氟化物、二氧化硫、氮氧化物	刺激性气味，无色或微黄色气体，易形成腐蚀性溶液	烟粉尘：呼吸性粉尘可沉淀在呼吸性的支气管壁和肺泡壁上。长期吸入生产性粉尘易引起以肺组织纤维化为主的全身性疾病，即尘肺病，属国家法定职业病。 锡及其氧化物：金属锡即使大量也是无毒的，简单的锡化合物和锡盐的毒性相当低。 氯化氢：接触氯化氢气体可引起急性中毒，出现眼结膜炎，鼻及口腔黏膜有烧灼感，鼻衄、齿龈出血，气管炎等。误服可引起消化道灼伤、溃疡形成，有可能引起胃穿孔、腹膜炎等。眼和皮肤接触可致灼伤。慢性影响：长期接触，引起慢性鼻炎、慢性支气管炎、牙齿酸蚀症及皮肤损害。 氟化物：强腐蚀性，强氧化性，若吸入，会刺激鼻、咽、眼睛及呼吸道，高浓度蒸汽会严重地灼伤唇、口、咽及肺，氟化氢气体会造成疼痛难忍的深度皮肤灼伤，氟化氢会溶解于眼球表面的水分上而造成刺激。 二氧化硫：通过吸入损伤人的呼吸系统和肺功能，皮肤接触二氧化硫也会造成皮肤损伤，二氧化硫是酸雨、酸雾的主要污染物。 氮氧化物：二氧化氮主要影响呼吸系统，可引起支气管炎和肺气肿等疾病；一氧化氮非常容易与动物血液中的色素结合，造成血液缺氧而引起中枢神经麻痹，它与血色素的亲和力很强，约为一氧化碳的数百倍至 1 000 倍；氮氧化物是酸雨、酸雾的主要污染物
⑦	粉尘	导致大气污浊	吸入。呼吸性粉尘可沉淀在呼吸性的支气管壁和肺泡壁上。长期吸入生产性粉尘易引起以肺组织纤维化为主的全身性疾病，即尘肺病，属国家法定职业病
⑧	废渣	石灰石、白云石、长石、硅砂、纯碱、芒硝等原料的混合物	不属于危险固体废弃物，但是淋溶状态易污染水体
⑨	脱硫、脱硝渣	废渣中的主要成分为 $CaSO_4$	不属于危险废物，但是淋溶状态易污染水体
⑩	废渣	碎玻璃	一般工业固废
⑪	废渣	颗粒物	一般工业固废
⑫	锡渣	主要成分为 SnO_2、SnS_2	属于一般工业固体废物
⑬	镀膜废渣	主要成分是 SiO_2、SnO_2	属于一般工业固体废物

四、应急防护措施、防护设备及应急处理

对污染事故首先应采取预防措施，LOW-E 镀膜玻璃生产行业主要预防措施如下：

（1）对废水处理装置进水水质进行常规监测，及时调整运行参数，确保稳定达标。

（2）加强安全管理，建立岗位责任制，避免因管理不当、操作失误等，造成不达标排放。

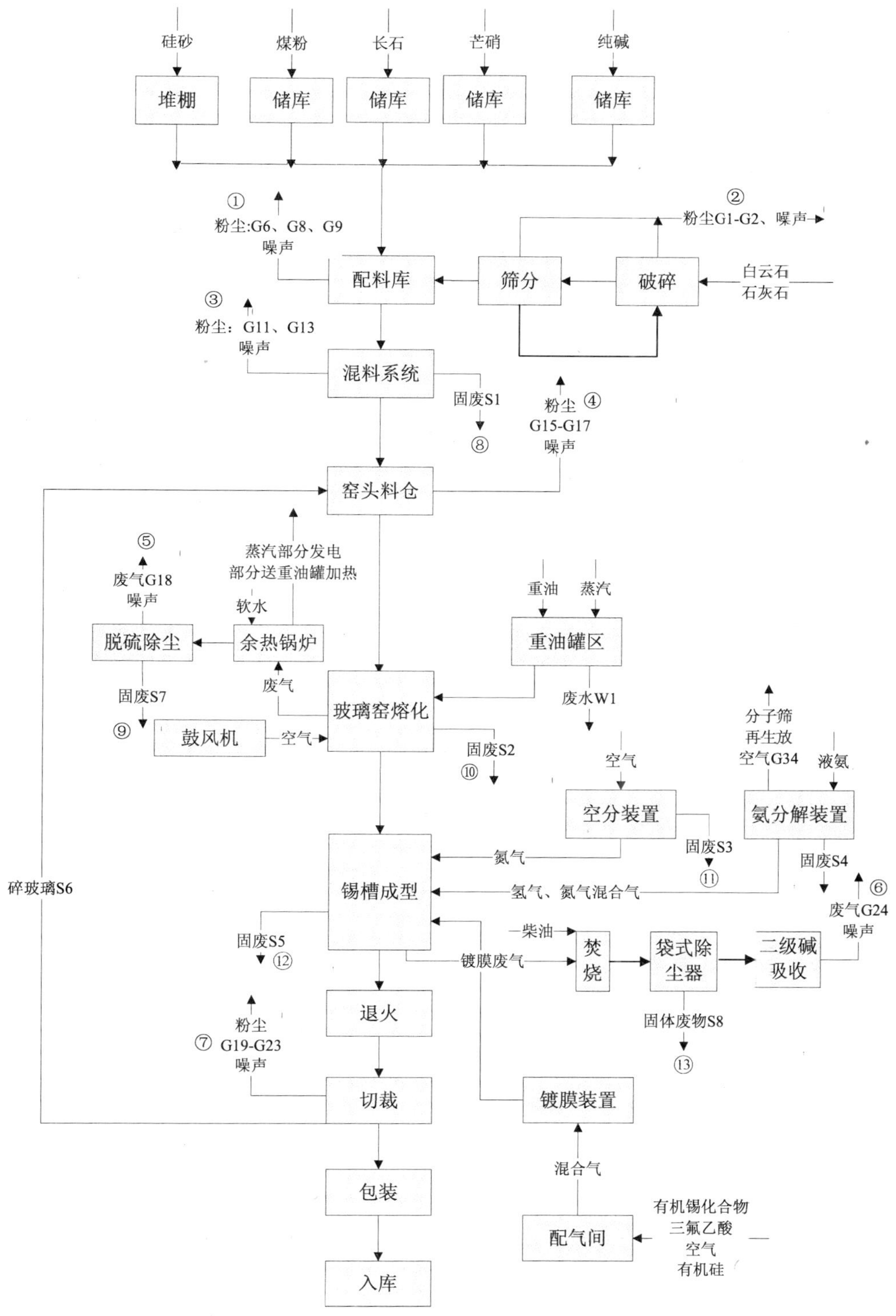

图 4-4　LOW-E 镀膜玻璃生产工艺流程及产污环节

注：①、②、③、④粉尘；⑤脱硫、除尘、脱硝废气；⑥镀膜废气；⑦粉尘；⑧混料废弃物；⑨脱硫、脱硝渣；⑩、⑪废渣；⑫玻璃成型锡槽废渣；⑬镀膜废气除尘灰

（3）对水泵、阀门等定期检修维护，防止跑、冒、滴、漏。

（4）对各种化学药品的储存与使用，要严守管理制度与操作要求，严防泄漏、着火等意外事故，消除安全隐患。

（5）制定定时巡检制度，对污水、废气处理设施非正常情况及时发现、及时处理，尽量减少污染物外排，杜绝突发性事故排放。

（6）废气治理设施在设计、施工时，严格按照工程设计规范要求进行，选用标准管材，并做必要的防腐处理。

（7）贮存化学品的建筑内根据实际条件安装自动监测和火灾报警系统。

（8）加强治理设施的运行管理和日常维护，发现异常应及时找出原因及时维修。

（9）根据火灾危险性等级和防火、防爆要求，建筑物的防火等级均采用国家现行规范要求按一、二级耐火等级设计，满足建筑防火要求。凡禁火区均设置明显标志牌。易燃易爆物料均储存在阴凉、通风处，远离火源；安放易发生爆炸设备的房间，不允许任何人员随便入内，操作全部在控制室进行。安全出口及安全疏散距离应符合《建筑设计防火规范》（GB 50016—2006）的要求。

（10）厂区消防水采用独立稳高压消防供水系统，生产区和储存区均设置干粉灭火器，仓库设置泡沫灭火器。

为了保障工人以及现场监测环保工作人员的身心健康和环境安全，表 4-11 指出了 LOW-E 镀膜玻璃行业突发环境污染事故的主要污染物，应急防护措施，应急监测指标以及基本防护设备配置等。

表 4-11 应急防护措施、设备及应急处理技术方法

<table>
<tr><th rowspan="2">序号</th><th rowspan="2">污染物</th><th rowspan="2">防护措施</th><th colspan="3">防护装备及应急处理技术方法</th></tr>
<tr><th>特异装备</th><th>常用装备</th><th>应急处理技术</th></tr>
<tr><td>1</td><td>氯化氢</td><td>—</td><td>—</td><td>正压式呼吸器、化学防护服</td><td rowspan="5">氯化氢：迅速撤离泄漏污染区人员至上风处，并立即进行隔离，小泄漏时隔离 150 m，大泄漏时隔离 300 m，严格限制出入。建议应急处理人员戴自给正压式呼吸器，穿化学防护服。从上风处进入现场。尽可能切断泄漏源。合理通风，加速扩散。喷氨水或其他稀碱液中和。构筑围堤或挖坑收容产生的大量废水。如有可能，将残余气或漏出气用排风机送至水洗塔或与塔相连的通风橱内。漏气容器要妥善处理，修复、检验后再用。
二氧化硫、氮氧化物的吸入：迅速脱离现场至空气新鲜处。保持呼吸道通畅。如呼吸困难，给输氧。如呼吸停止，立即进行人工呼吸。就医。
氟化氢：人员需远离泄漏区，提供适当的防护及通风设备，穿戴供气式抗酸服以达最大防护效果，勿碰触泄漏物，避免外泄物流入下水道、水沟或其他密闭空间，小量液体泄漏会和外泄物反应的吸收剂吸除并置于适当密闭，有着标志的容器内，用水冲洗泄漏区域</td></tr>
<tr><td>2</td><td>二氧化硫</td><td>戴防毒面具</td><td>特异性二氧化硫去除面具</td><td>防毒面具</td></tr>
<tr><td>3</td><td>氮氧化物</td><td>戴防毒面具</td><td>—</td><td>防毒面具</td></tr>
<tr><td>4</td><td>氟化氢</td><td>—</td><td>供气式抗酸服</td><td>—</td></tr>
<tr><td>5</td><td>粉尘</td><td>戴口罩</td><td>—</td><td>口罩、眼罩</td></tr>
</table>

五、应急监测、监测设备及监测方法

表 4-12 详细列出了应急快速监测设备及仪器检测范围。实验室分析方法的具体步骤请参照手册附件。

表 4-12 应急监测设备与监测方法及监测指标

污染物种类	监测指标	快速监测设备及检测范围	
		快速监测设备	检测范围
大气	一氧化氮	泵吸式一氧化氮检测仪（产品型号：GD80-NO）	0～20×10^{-6}、100×10^{-6}、$2\,000\times10^{-5}$可选
	二氧化氮	泵吸式二氧化氮检测仪（产品型号：GD80-NO_2）	0～20×10^{-6}、100×10^{-6}、$2\,000\times10^{-5}$可选
大气	二氧化硫	泵吸式二氧化硫检测仪（产品型号：GD80-SO_2）	0～10×10^{-6}、20×10^{-6}、100×10^{-6}、$2\,000\times10^{-6}$、$5\,000\times10^{-6}$可选
大气	氟化氢	便携式氟化氢监测仪	0.25～10×10^{-6}
大气	氯化氢	便携式氯化氢监测仪	0～20×10^{-6}
水体	pH	便携式 pH 计	0～14
大气	粉尘	CCHZ-1000 全自动粉尘测定仪	0～1 000 mg/m^3

第五节 制革行业环境污染事故及应急

一、制革工艺简介

制革是指将生皮鞣制成革的过程。除去毛和非胶原纤维等，使真皮层胶原纤维适度松散、固定和强化，再加以整饰（理）等一系列化学（包括生物化学）、机械处理。

制革行业每年排放废水 7 000 万 t，约占全国工业废水总排放量的 0.3%。制革工业废水的特点是：色度深，耗氧量高，悬浮物多，并含有有毒的铬和硫化物。据调查统计，目前只有 30%的制革企业不同程度地简单处理了废水，其他企业的综合废水直接排入河流或水体。制革工业产生的固体废物包括废皮屑和制革污泥。制革污泥至今没有很好的解决办法，仍采用堆放或深埋。制革行业的主要污染源是大量有毒废水排放。特别是含有铬、硫化物的有毒废水对环境影响较大必须做好突发环境污染事故的应急防范。

二、制革工艺流程及风险点位

制革工艺流程图及环境污染源风险点位如图 4-5 和图 4-6 所示。

由图 4-4、图 4-5 可见，制革行业污染物主要有两类，一是高化学需氧量、生化需氧量的有机废水，含有铬、硫化物的有毒污水，二是重要污染物排放是皮屑、毛皮碎屑、渣滓等固体废物。

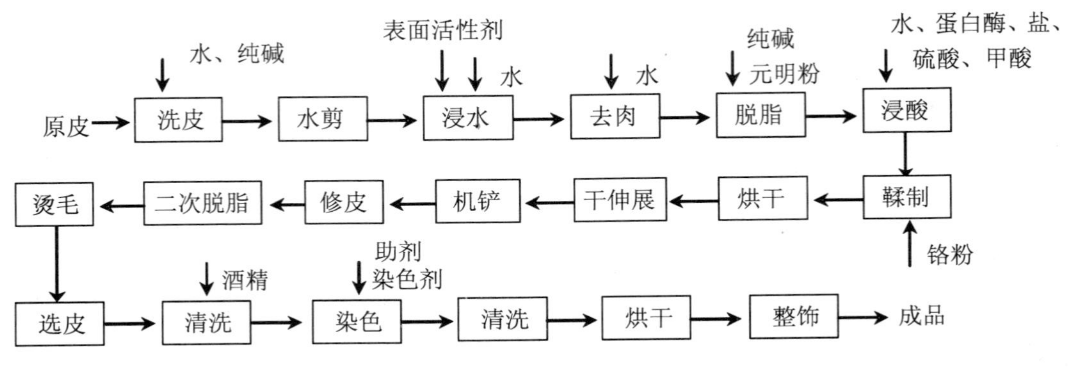

图 4-5 制革工艺流程

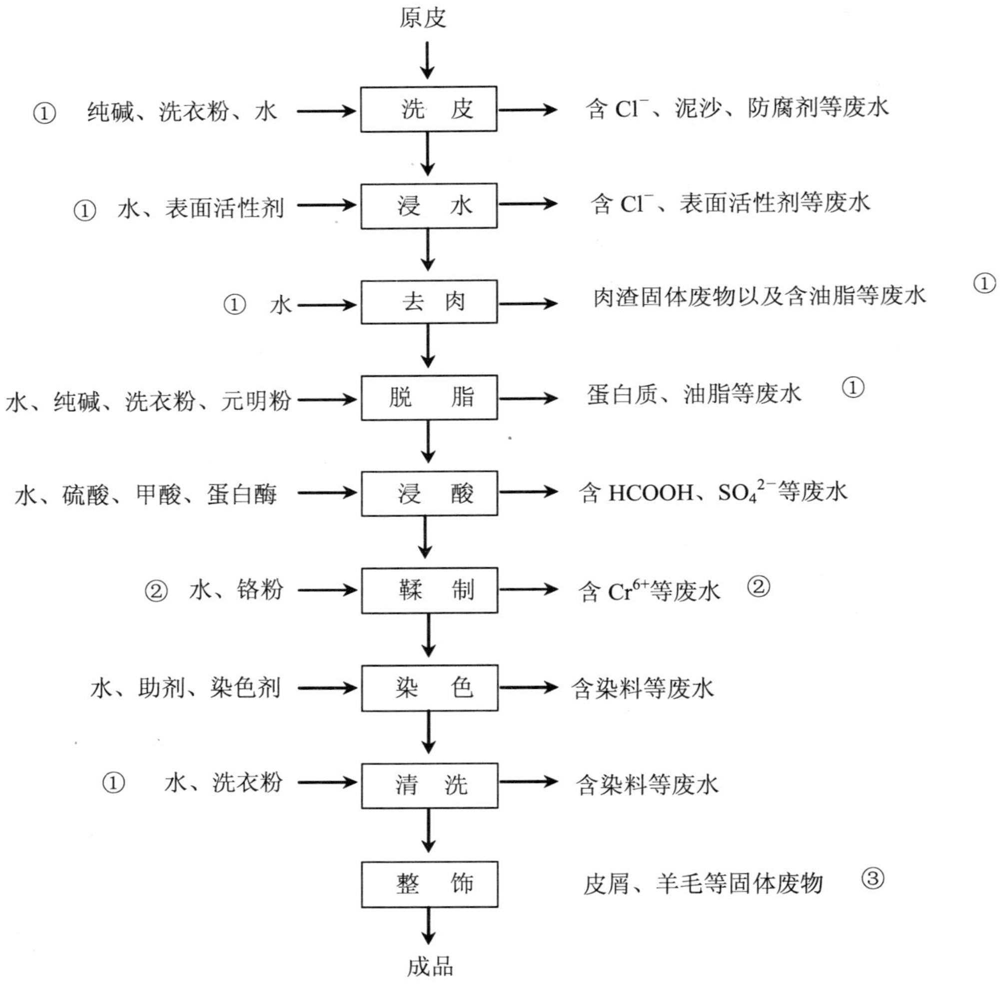

原皮

↓

① 纯碱、洗衣粉、水 → 洗 皮 → 含 Cl^-、泥沙、防腐剂等废水

↓

① 水、表面活性剂 → 浸 水 → 含 Cl^-、表面活性剂等废水

↓

① 水 → 去 肉 → 肉渣固体废物以及含油脂等废水 ①

↓

水、纯碱、洗衣粉、元明粉 → 脱 脂 → 蛋白质、油脂等废水 ①

↓

水、硫酸、甲酸、蛋白酶 → 浸 酸 → 含 HCOOH、SO_4^{2-}等废水

↓

② 水、铬粉 → 鞣 制 → 含 Cr^{6+}等废水 ②

↓

水、助剂、染色剂 → 染 色 → 含染料等废水

↓

① 水、洗衣粉 → 清 洗 → 含染料等废水

↓

整 饰 皮屑、羊毛等固体废物 ③

↓

成品

图 4-6 制革行业主要流程及污染物产生点位

注：① 清洗有机废水；②含 Cr 废水；③皮屑、毛发等固体废物

三、制革行业环境事故排放污染物表征及其危害

根据制革的工艺流程及污染物类型，可能发生的环境污染事故的风险点位见表 4-13。表中指出了制革工艺过程中主要污染物、污染物的表征、危害对象及危害途径等。

表 4-13 制革行业环境污染事故的风险点位及危害描述

风险点位	产生的主要污染物	现象及特征	危害途径及对象
①	有机废水	废水颜色发黑发臭，因含硫量大，因此会散发恶臭气味	淋溶性极强，渗滤液污染地表、地下水体
②	含铬、硫化物废水	与有机污水类似，因含有大量油脂类有机物导致废水颜色发黑发臭	未经处理随意排放会导致水体富营养化； 污染下水资源； 硫化物、六价铬对植物、动物及人类均具有很强的毒性
③	皮屑、毛发等固体废物	容易腐烂变臭，有恶臭气味产生	此类固废含有鞣质过程中 Cr 重金属，并含有大量滋生细菌、病毒，因此容易产生渗滤液污染水体和土壤环境

四、应急防护措施、防护设备及应急处理

为了保障工人以及现场监测环保工作人员的身心健康和环境安全，表 4-14 指出了制革行业突发环境污染事故的风险源点，应急防护措施，应急监测指标以及基本防护设备等。

表 4-14 应急防护措施、设备及应急处理技术方法

序号	污染物	防护措施	防护装备及应急处理技术方法		
			特异装备	常用装备	应急处理技术
1	高 COD，BOD 浓度废水	工程拦截、储存	—	铲车等用于拦截常用工具	一般污水泄漏处理：就地储存，收集集中后运到附近填埋场进行垃圾填埋； 有毒污水意外排放：如发生意外的含铬、硫化物有毒污水大量排放，以及工艺设备的损害导致的大量污水排放，必须采取工程拦截措施，避免流入水环境敏感区； 固废：集中收集进行卫生无害化填埋处理，避免随意堆放
2	含铬废水	工程拦截、储存，集中深化处理			
3	皮屑等固体废物	收集，集中处理进行填埋			

五、应急监测、监测设备及监测方法

表 4-15 列出了制革行业发生环境污染事故后，水质应急所需快速监测设备及检测范围，如无快速监测仪器需按附表中国家标准分析方法进行实验室分析。

表 4-15 应急监测设备与监测方法及监测指标

污染物种类	监测指标	快速检测设备及检测范围	
		快速监测设备	检测范围
水体	化学需氧量（COD）	COD 快速检测分析仪	5～2 000 mg/L，超过 2 000 mg/L 可稀释测定
水体	生化需氧量（BOD）	BOD 快速检测分析仪	0～1 000 mg/L
水体	铬、硫化物等	多参数水质分析仪（35 种参数）（产品型号：HD-201m）	—

第六节 纺织印染行业环境污染事故及应急

一、纺织印染工艺简介

印染又称为染整（dyeing and finishing）是一种加工方式，也是染色，印花，后整理，洗水等的总称。早在六七千年前的新石器时代，我们的祖先就能够用赤铁矿粉末将麻布染成红色。居住在青海柴达木盆地的原始部落，能把毛线染成黄、红、褐、蓝等色，织出带有色彩条纹的毛布。商周时期，染色技术不断提高。宫廷手工作坊中设有专职的官吏“染人”管理染色生产。染出的颜色也不断增加。到汉代，染色技术达到了相当高的水平。

中国印染行业发展较快，加工能力位居世界首位，已是纺织印染生产大国。提高染整生产质量，与染整用水的水质息息相关，因此印染行业用水量大。印染废水是我国目前主要的有害、难处理工业废水之一，主要污染物有染料、浆料、助剂、纤维杂质、油剂、酸碱以及无机盐等。其特点是废水量大、水质复杂、有机物浓度高、难生物降解、色深、水质变化快而无规律等特点，其中尤以染料的污染最为严重，其残存的染料组分即使浓度很低，也会造成水体透光率降低，导致生态环境的破坏。

纺织行业的环境污染主要包括废水、废气和噪声三个方面。

（1）废水：是纺织行业最主要的环境问题。纺织部门是一个用水量和排水量较大的工业部门之一。纺织废水主要包括印染废水、化纤生产废水、洗毛废水、麻脱胶废水和化纤浆粕废水五种。印染废水是纺织工业的主要污染源。印染废水水量大，色度高，成分复杂，废水中含有染料、浆料、助剂、油剂、酸碱、纤维杂质及无机盐等。

（2）废气：纺织行业的废气主要来自行业内锅炉，锅炉绝大多数以煤（包括一部分原煤）为燃料，这些煤含有一定量的硫，在燃烧过程中排放出大量的燃烧废气、二氧化硫和烟尘，严重污染了环境。纺织废气的另一主要排放源来自纺织生产工艺过程。纺织工业生产工艺排放的废气主要来自于化学纤维尤其是黏胶纤维的生产过程。化纤生产过程中使用了大量的二硫化碳和硫化氢为合成原料，由于工艺原因和过程控制得不彻底，直接导致了一部分废气的排放。

（3）噪声：噪声污染是纺织行业尤其是棉纺织行业目前存在的比较严重的问题之一，棉纺织厂由于大量使用有梭织机，厂内噪声达 90～106dB（A），而人耳对噪声的最大允许值仅为 85 dB（A）。纺织车间的环境噪声平均在 100～105dB（A），超过了人耳对噪声的允许极限，故对工人听力损害特别严重，听力损伤可由听力下降逐渐发展为噪声性耳聋。此外噪声还可引发神经系统、心血管系统、消化系统及生殖系统等多种症状。有报告显示，噪声对纺织工人健康影响主要临床表现为耳鸣、头痛、头昏、失眠、记忆力衰退、听力下降、心电图异常等症状，严重威胁妊娠期的女工及其子代的健康安全。在强噪声环境下还会出现行为功能损害、视觉反应时间延长、阅读能力下降、思维受影响等症状，这些症状将随时间变化愈加明显。

二、纺织印染工艺流程及环境风险点位

纺织印染行业主要是将棉纱等原材料通过织造、漂染及缝制等工序制成服装等成品，再经过包装等工序即可入库或出厂。

具体工艺流程见图 4-7：

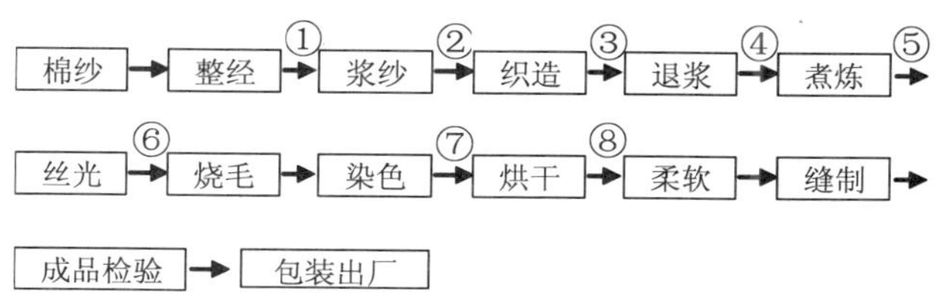

图 4-7　纺织印染行业工艺流程图

①可吸入纤维飘尘；②有机废水；③有机废水；④有机废水；⑤有机、含染料有毒废水；⑥有机、含染料有毒废水；⑦有机、含染料有毒废水；⑧可吸入纤维飘尘

由纺织印染行业工艺流程图可以看出，纺织印染行业主要产生的污染物是可吸入纤维飘尘和废水。废水中主要污染物是各种染整化学药剂，为偏碱性废水（pH 值范围为 7～10），具有水温高（约 40℃）、污染物浓度高、色度高。另外，整个工艺流程中使用的过滤所用燃料多为煤炭，因此，会产生大量含有二氧化硫、二氧化碳的废气，会造成大气污染。

主要生产工序说明如下：

（1）整经：整经是将一定根数的经纱按工艺要求宽度和密度平行而均匀地卷绕在经轴上。其目的是为了使纱片的张力、排列和卷绕都比较均匀，改善和提高半制品的质量。

（2）浆纱：浆纱是整经后的经纱经过浆纱机使经纱表面形成一层均匀的浆膜。浆纱中采用的浆料有淀粉浆和 PVC 化学浆。将其加水并调成一定浓度和温度的糊状，并使经纱通过其中。

（3）织造：织造是用装有纬纱的梭子在经纱间按一定顺序往复穿梭而成，织成坯布。

（4）退浆：退浆主要是为了去除浆纱过程中加在经纱上的浆料，使纤维更好地与染料亲和，同时也可去除织物纤维中部分天然杂质。对纯棉织物主要用酶法退浆，淀粉酶对淀粉的分解有催化作用；对棉混织物主要用碱法退浆，在热烧碱（氢氧化钠）的作用下，淀粉或化学浆都会发生剧烈的溶胀，溶解度提高，然后用热水洗去，可去掉浆料。由于浆料中使用了大量的淀粉浆和化学浆，因此退浆废水中主要污染物是化学需氧量和生化需氧量。

（5）煮炼：棉布经过退浆后，虽然大部分浆料和小部分杂质已经去除，但仍然存在着大部分天然杂质，如蜡状物质、果胶物质、棉籽壳和少量浆料等。这些杂质的存在使棉织

物布面较黄、渗透性差，不能满足印染、整理等后续加工的要求，因此要进行煮炼。煮炼是用化学方法去除棉布上的天然杂质，精炼提纯纤维素的过程。煮炼的主要用剂是烧碱（氢氧化钠），此外，常用的助炼剂有表面活性剂、硅酸钠和亚硫酸氢钠等。煮炼残液一般为黄褐色，pH 值高，有机污染物浓度高。

（6）丝光：丝光是织物在一定张力状态下，浸轧浓碱的加工工序。织物经过丝光后，尺寸稳定性提高，缩水率下降；断裂强度提高，断裂延伸度下降；对染料、水分的吸附能力提高；具有良好的光泽。丝光液中的烧碱浓度非常高，一般不直接排放，回收后再循环使用。

（7）烧毛：烧毛是使织物迅速通过火焰，烧去布面上绒毛使布面美观，防止印染产生着色不均匀。

（8）染色：染料是使纤维材料染上颜色的加工过程。为使织物染色均匀，需将染料、各种助剂配制成各种不同的染液，在不同温度下对织物染色，染色过程以水为媒介，在湿法中进行。本项目使用的染料主要为分散染料、活性染料和还原染料。使用分散染料时，染色 pH 值一般控制在 5～6，用醋酸和磷酸二氢铵来调节 pH 值，同时还需加入分散剂和高温匀染剂；使用活性染料时，还要加入食盐作染色液，碱剂作固色剂，肥皂作皂洗剂；使用还原染料时，还需加入烧碱、85%保险粉及元明粉。染色过程中排放一定的染色残液及相应的漂洗废水，染色废水含有一定的色度及其他有机污染物。

（9）烘干：经过染色和漂洗后的织物要进行烘干，去除水分。

（10）柔软：为了改善织物的手感，要进行柔软整理。使用的柔软剂主要有防水剂 PF、有机硅等。该工序无废水产生。

（11）缝制：将处理好的布匹缝制成西装、衬衫等产品。

（12）成品检验：对产品进行检验，淘汰不合格品及次品。

（13）包装出厂：检验合格后将产品包装出货。

三、纺织印染行业环境事故排放污染物表征及其危害

根据纺织印染行业的工艺流程（图 4-7），可能发生的环境污染事故的风险点位见表 4-16。表中指出了主要污染物类型、产生点位、污染物的表征、危害对象及危害途径等。

表 4-16 纺织印染行业环境污染事故的风险点位及危害描述

风险点位	产生的主要污染物	现象及特征	危害途径及对象
①，⑧	可吸入纤维飘尘	空气中漂浮白色浮尘	通过吸入损伤呼吸道和肺部，长期吸入会伤害肺器官
②，③，④	高浓度有机废水	黑水	未经处理随意排放会导致水体富营养化； 污染下水资源； 同时散发对人体有害的恶臭气体，损害呼吸和内脏器官
⑤，⑥，⑦	含有毒染料的有机废水	污水呈现不同颜色	染料具有致癌性，因此污水对地表、地下水危害较大，同时也会危害土壤环境

风险点位	产生的主要污染物	现象及特征	危害途径及对象
其他	锅炉燃煤排放二氧化硫及浮尘	气体有刺激性气味，浓度过高气体呈淡黄色	通过呼吸吸入方式进入体内，损害呼吸系统和肺部同时会造成酸雨危害

四、应急防护措施、防护设备及应急处理

为了保障工人以及现场监测环保工作人员的身心健康和环境安全，表 4-17 指出了纺织印染行业突发环境污染事故的污染物，应急防护措施、处理技术及基本防护设备等。

表 4-17　应急防护措施、设备及应急处理技术方法

序号	污染物	防护措施	防护装备及应急处理技术方法		
			特异装备	常用装备	应急处理技术
1	纤维飘尘	戴口罩	—	一般口罩	纤维飘尘：对肺部伤害巨大，必须佩戴口罩 一般事件处理：就地储存，收集集中后运到附近填埋场进行垃圾填埋； 污水意外排放：如发生意外的污水大量排放，以及工艺设备的损害导致的大量污水排放，必须采取工程拦截措施，避免流入水环境敏感区；注重水源地的保护，通过工程拦截措施避免污水进入水源地； 噪声：当感觉噪声过大，心脏不舒服时需佩戴耳塞，避免噪声引起内分泌失调和心脏受损现象发生； 二氧化硫：喉咙感到刺激难受时应佩戴二氧化硫过滤面具，严重时需就医
2	高浓度有机废水	工程拦截、储存	—	铲子、铲车等	
3	含染料废水	工程拦截、储存，统一处理	气味太重时需佩戴口罩或防毒面具	铲子、铲车等	
4	噪声	耳塞	—	耳塞	
5	二氧化硫及烟尘	防毒面具	特异性二氧化硫去除面具	防毒面具	

五、应急监测、监测设备及监测方法

表 4-18 列出了纺织印染行业污染事故后，水质应急监测所需基本设备。也可取样回实验室分析，分析方法参照附件相关材料和水质分析的国家标准分析方法。

表 4-18　应急监测设备与监测方法及监测指标

污染物种类	需监指标	快速监测设备及检测范围	
		快速监测设备	实验室分析法
水体	化学需氧量（COD）	COD 快速检测分析仪	5～2 000 mg/L，超过 2 000 mg/L 可稀释测定
水体	生化需氧量（BOD）	BOD 快速检测分析仪	0～1 000 mg/L
噪声	SL-5866 声压计	30～130dB	30～120 dB
大气	粉尘	CCHZ-1000 全自动粉尘测定仪	0～1 000 mg/m^3
大气	二氧化硫	泵吸式二氧化硫检测仪（产品型号：GD80-SO_2）	$0\sim10\times10^{-6}$、20×10^{-6}、100×10^{-6}、$2\,000\times10^{-6}$、$5\,000\times10^{-6}$可选

第七节 铸造业突发性环境污染事故及应急

一、铸造业简介

铸造是人类掌握比较早的一种金属热加工工艺，已有约 6000 年的历史。中国约在公元前 1700～前 1000 年之间已进入青铜铸件的全盛期，工艺上已达到相当高的水平。铸造是指将室温中为液态但不久后将固化的物质倒入特定形状的铸模待其凝固成型的加工方式。被铸物质多为原为固态但加热至液态的金属（如：铜、铁、铝、锡、铅等），而铸模的材料可以是沙、金属甚至陶瓷。本手册以铜铸造业为例，进行环境污染事故风险及应急分析。

工业炉窑是指冲天炉、燃化工频炉、燃煤炉窑（工件正火、回火）。铸造粉尘是指混砂机、造型机、射芯机、皮带运输机、喷石墨、吹灰产生的粉尘。铸件清理粉尘是指落砂机、抛丸机、抛丸滚筒、砂轮磨削、手工清铲等产生的粉尘。铸造废水是指除尘废水、冲天炉冷却水等。固体废弃物是指冲天炉炉渣、废泥芯、废型砂等。噪声主要来源于造型主机、落砂机、振砂机、清铲设备、抛丸机、射芯机、除尘风机及鼓、引风机等。

二、铸造工艺流程简介及环境风险点位

铸造工艺流程图及环境风险点位见图 4-8：

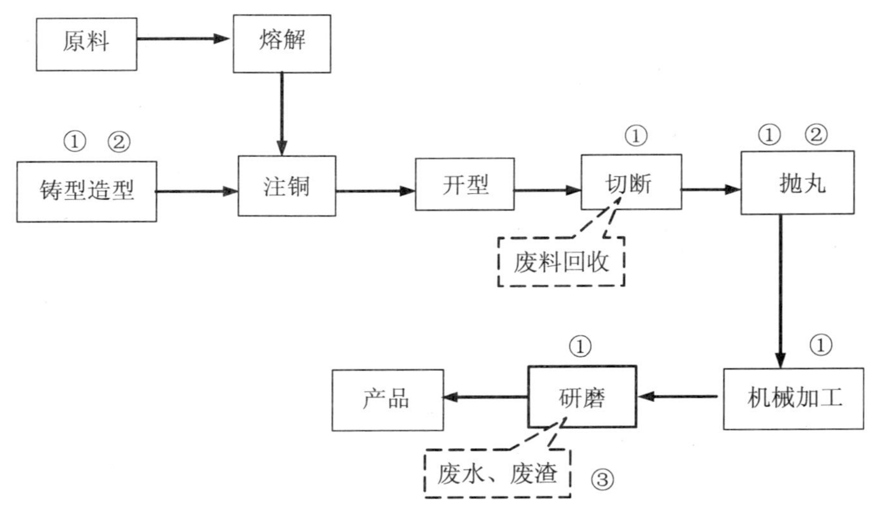

图 4-8 铸造工艺流程及产污点位图

注：①噪声；②粉尘；③废渣、废水

由图 4-8 可见，铸造车间污染源大致分为冲天炉烟尘、铸造粉尘、铸造清理粉尘、粉尘、废水、废渣及噪声等。主要污染物为含有相应的铸造金属的粉尘和碎屑等重金属，因此，重金属铸造业必须加强环境污染的防护措施，预防污染事故发生。

三、铜铸造行业环境事故排放污染物表征及其危害

可能发生的环境污染事故的风险点位见图 4-8。表 4-19 详细列出了主要污染物类型、产生点位、污染物的表征、危害对象及危害途径等。

表 4-19　铸造行业环境污染事故的风险点位及危害描述

风险点位	主要污染物	现象及特征	危害途径及对象
1	金属碎屑	成分复杂，具有一般固废的特征	人员身体割伤，发炎，严重会导致破伤风。也会产生可吸入粉尘，造成呼吸系统和其他器官损伤
2	废水	污水颜色发暗	通过渗透污染下水资源； 同时散发对人体有害的恶臭气体，损害呼吸和内脏器官 酚和氰化物均具有很强的毒性，因此流入水体和土壤都会造成污染
3	金属粉尘	粉尘有金属气味	粉尘中金属颗粒物通过吸入会损伤人体器官，对皮肤、呼吸系统均有潜在危害和直接危害

四、主要污染物应急防护措施、防护设备及应急处理

为了保障环境安全，表 4-20 列出铜铸造工艺中发生突发环境污染事故的污染物类型、应急防护措施、基本防护设备及技术方法等。

表 4-20　应急措施、设备及事故应急处理工程与技术

序号	污染物	应急措施	防护装备及应急处理技术方法		
			特异设备	常用装备	处理措施
1	金属碎屑	集中收集进行资源化	—	—	技术措施：将金属碎屑回收进行资源化，避免污染水体和土壤
2	粉尘	佩戴口罩	—	口罩	出现不舒服症状需及时转移到通风、空气质量优良的地方，出现中毒症状需及时就医
3	废水（含铅、镉等重金属）	采取工程措施拦截，避免进入水源地和有重要功能的水体	—	—	发生泄漏应实施截污工程避免进入水体，进行集中收集后，统一处理

五、应急监测、监测设备及监测方法

表 4-21 详细列出了应急监测所需基本设备和实验室测试国家标准方法。实验室监测方法的具体步骤请参照本《手册》附录。

表 4-21 应急监测设备与监测方法及监测指标

污染物种类	监测指标	快速监测设备	量程范围
废水	铅、镉等金属离子	金属离子快速检测仪	0～45 mg/L
	化学需氧量（COD）	COD 快速检测分析仪	5～2 000 mg/L，超过 2 000 mg/L 可稀释测定
	生化需氧量（BOD）	BOD 快速检测分析仪	0～1 000 mg/L
大气	粉尘	CCHZ-1000 全自动粉尘测定	0～1 000 mg/m^3
噪声	声压	SL-5866 声压计	30～130 dB

第八节　高锰钢辙叉制造行业环境污染事故及应急

一、高锰钢辙叉制造行业简介

由于我国新建铁路的高速发展，既有铁路的更新改造，固定型高锰钢辙叉每年的需求量不断上升，造成中铁轨道外购固定型高锰钢辙叉来配套道岔集成供货十分困难，无法满足市场的需要，更无法保证高品质、及时为各业主供货。因此，必须打破中铁轨道在普速道岔生产中，无法及时保证固定型高锰钢辙叉生产这一“瓶颈”，做到自主研发、自主生产、确保品牌、自主供货，以解决铁路建设发展的“瓶颈”。

二、工艺流程与风险点位

高锰钢辙叉制造行业生产工艺主要包括铸造、机加工、清理热处理以及探伤及炉前分析几部分。

1．铸造车间

铸造车间造型用型砂全部采用有机酯酯硬化水玻璃砂再生生产线工艺，造型采用酯硬化水玻璃砂造型生产线。因关系到技术保密，有机酯固化剂具体成分难以公开，因固化剂为一种酯类物质，造型过程中无对环境有害成分产生。

铸造车间由熔化工部、造型工部、砂处理工部及辅助公用系统组成。

1）熔化工部

选用电弧炉、精炼装置进行高锰钢金属液的熔炼。电炉自带全封闭冷却水系统。

2）造型线生产工艺

在模型内进行浇铸、冷铁、浇冒等工艺。

3）砂处理系统

采用旧砂再生系统进行旧砂再生。再生后的旧砂进入旧砂储存斗储存。外购商品新砂直接进入转运地坑（盖栅格板），经斗式提升机进入新砂储存斗，储存待用。

2．机加车间

主要承担高锰钢辙叉的机加工任务，主要工艺过程如下：

画线：锰叉毛坯必须先进行精调，在画线平台上画线。

端头加工：采用专用端面铣床。

轨底加工：采用龙门铣床加工。

轨顶加工：采用龙门铣床进行轨顶加工。

其他部位机加工；锰叉工作边及圆弧加工采用龙门铣床。轨顶过渡段加工采用数控过渡段铣床。

钻孔：锰叉钻孔使用专用钻床。

锰叉修磨、喷丸、试装：去除机加工产生的毛刺、尖角，修磨平整并经喷丸处理。

涂漆、检验合格后点交入库。

3．清理热处理工部

主要承担高锰钢辙叉铸件的清理、热处理、水韧处理等任务。

铸件进入清理工部后，集中冷却，去除浇冒口。去除浇冒口后的铸件经热处理炉进行热处理，热处理 24 h 连续作业，选用台车式，PLC 自动控温天然气燃气炉及水韧池，用于高锰钢辙叉热处理。铸件选用专用抛丸机进行抛丸清理。铸件的精整打磨采用磨砂轮机在辊道上打磨。

按国家及企业相关标准的要求对高锰钢辙叉的内部缺陷进行无损探伤检验。

根据《高锰钢辙叉技术条件》（TB/T 447—2004）及中铁轨道系统集团有限公司标准《高锰钢辙叉检验技术条件》的规定：辙叉内部缺陷的检验采用超声波探伤及射线探伤；一级辙叉逐个进行超声波探伤，二级辙叉每炉或每 6 个抽 1 个进行超声波探伤，对超标缺陷进行射线探伤以进一步确定缺陷范围并对辙叉的质量作出准确的评定。

高锰钢辙叉制造流程及主要污染物产生风险点位见图 4-9。

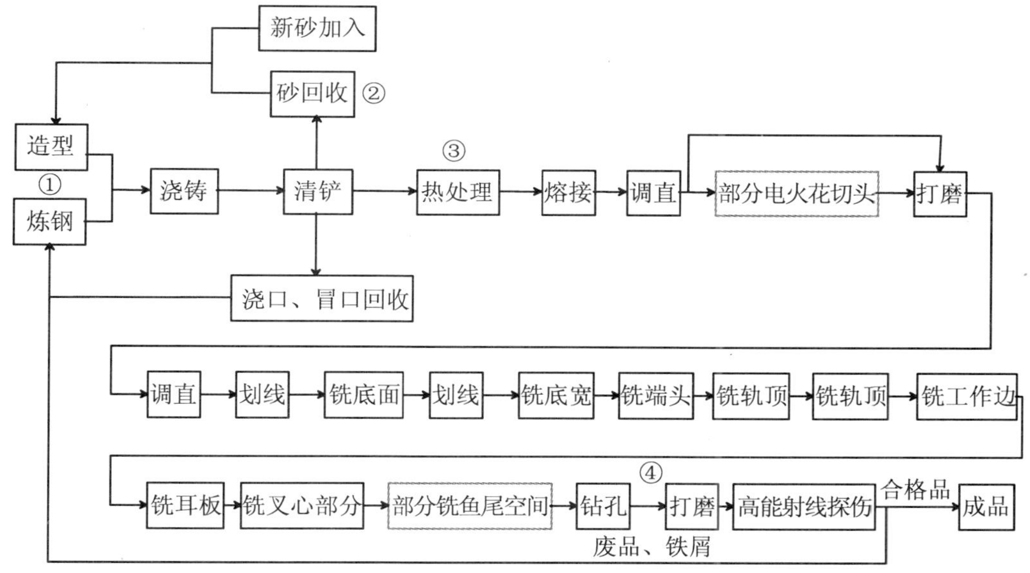

图 4-9　高锰钢辙叉制造工艺流程及产污环节

注：①电弧炉废气；②砂再生系统产生粉尘；③热处理废气；④抛丸粉尘

三、高锰钢辙叉制造污染物表征及危害

根据工艺流程（图 4-9），表 4-22 详细指出了工艺过程中突发环境污染事故主要污染

物、污染物的特征、危害对象及危害途径等。

表 4-22 高锰钢辙叉制造行业环境污染事故的风险点位及危害描述

风险点位	主要污染物	污染物特征	危害途径及辨识
①	烟粉尘、二氧化硫、氮氧化物、氟化物	导致大气污浊、刺激性气味	烟粉尘：呼吸性粉尘可沉淀在呼吸性的支气管壁和肺泡壁上。长期吸入生产性粉尘易引起以肺组织纤维化为主的全身性疾病，即尘肺病，属国家法定职业病。 二氧化硫：通过吸入损伤人的呼吸系统和肺功能，皮肤接触二氧化硫也会造成皮肤损伤，二氧化硫是酸雨、酸雾的主要污染物。 氮氧化物：二氧化氮主要影响呼吸系统，可引起支气管炎和肺气肿等疾病；一氧化氮非常容易与动物血液中的色素结合，造成血液缺氧而引起中枢神经麻痹，它与血色素的亲和力很强，约为一氧化碳的数百倍至 1 000 倍；氮氧化物是酸雨、酸雾的主要污染物。 氟化物：强腐蚀性，强氧化性，若吸入，会刺激鼻、咽、眼睛及呼吸道，高浓度蒸汽会严重地灼伤唇、口、咽及肺，氟化氢气体会造成疼痛难忍的深度皮肤灼伤，氟化氢会溶解于眼球表面的水分上而造成刺激
②	粉尘	导致大气污浊	粉尘：呼吸性粉尘可沉淀在呼吸性的支气管壁和肺泡壁上。长期吸入生产性粉尘易引起以肺组织纤维化为主的全身性疾病，即尘肺病，属国家法定职业病
③	烟粉尘、二氧化硫	刺激性气味	烟粉尘：呼吸性粉尘可沉淀在呼吸性的支气管壁和肺泡壁上。长期吸入生产性粉尘易引起以肺组织纤维化为主的全身性疾病，即尘肺病，属国家法定职业病。 二氧化硫：通过吸入损伤人的呼吸系统和肺功能，皮肤接触二氧化硫也会造成皮肤损伤，二氧化硫是酸雨、酸雾的主要污染物
④	粉尘	导致大气污浊	吸入。呼吸性粉尘可沉淀在呼吸性的支气管壁和肺泡壁上。长期吸入生产性粉尘易引起以肺组织纤维化为主的全身性疾病，即尘肺病，属国家法定职业病

四、应急防护措施、防护设备及应急处理

对污染事故首先应采取预防措施，高锰钢辙叉制造行业主要预防措施如下：

（1）建议企业开展建设项目劳动安全卫生预评价。

（2）建立安全管理机构和管理制度。

① 设立安全科，负责全厂的安全运营，负责人应聘请具有多年化工安全实际经验的人才担当，并设置多名专职安全员：操作工人必须经岗位培训考核合格，取得安全作业证。

② 建立完善的安全生产管理制度，加强安全生产的宣传和教育，确保安全生产落实到生产中的每一个环节。

③ 加强对操作工人的安全生产和环境保护教育和管理，特别是危险岗位的操作工，

必须按规定经过安全操作的技术培训，取得合格证后才能单独上岗。严格按规范操作，任何人不得擅自改变工艺条件。

④ 制订风险事物的应急方案并落实到人，一旦发生事故，就能迅速采取防范措施进行控制，把事故所造成的影响降低到最小程度。

⑤ 建立严格的环境管理制度及操作规程，严格培训操作人员，严格遵守各项规章制度。

⑥ 定期检查和维修环保治理设施，定期对除尘器引风机及其布袋进行检修、检查，以确保引风机能正常运行，当布袋出现破损迹象时，应予以更换。及时发现问题及时解决，使事故发生率降至最低。

⑦ 在主要废气处理装置设监测警报系统，一旦发生有毒有害物质高浓度排放，立即采取应急措施，最大限度地降低污染程度。

为了保障工人以及现场监测环保工作人员的身心健康和环境安全，表 4-23 指出了高锰钢辙叉制造行业突发环境污染事故的主要污染物，应急防护措施，应急监测指标以及基本防护设备配置等。

表 4-23　应急防护措施、设备及应急处理技术方法

<table>
<tr><th rowspan="2">序号</th><th rowspan="2">污染物</th><th rowspan="2">防护措施</th><th colspan="3">防护装备及应急处理技术方法</th></tr>
<tr><th>特异装备</th><th>常用装备</th><th>应急处理技术</th></tr>
<tr><td>1</td><td>粉尘</td><td>戴口罩</td><td>—</td><td>口罩、眼罩</td><td rowspan="4">氯化氢：迅速撤离泄漏污染区人员至上风处，并立即进行隔离，小泄漏时隔离 150 m，大泄漏时隔离 300 m，严格限制出入。建议应急处理人员戴自给正压式呼吸器，穿化学防护服。从上风处进入现场。尽可能地切断泄漏源。合理通风，加速扩散。喷氨水或其他稀碱液中和。构筑围堤或挖坑收容产生的大量废水。如有可能，将残余气或漏出气用排风机送至水洗塔或与塔相连的通风橱内。漏气容器要妥善处理，修复、检验后再用。
二氧化硫、氮氧化物的吸入： 迅速脱离现场至空气新鲜处。保持呼吸道通畅。如呼吸困难，给输氧。如呼吸停止，立即进行人工呼吸。就医。
氟化氢：人员需远离泄漏区，提供适当的防护及通风设备，穿戴供气式抗酸服以达最大防护效果，勿碰触泄漏物，避免外泄物流入下水道、水沟或其他密闭空间，小量液体泄漏会和外泄物反应的吸收剂吸除并置于适当密闭，有着标示的容器内，用水冲洗泄漏区域</td></tr>
<tr><td>2</td><td>二氧化硫</td><td>戴防毒面具</td><td>特异性二氧化硫去除面具</td><td>防毒面具</td></tr>
<tr><td>3</td><td>氮氧化物</td><td>戴防毒面具</td><td>—</td><td>防毒面具</td></tr>
<tr><td>4</td><td>氟化氢</td><td>—</td><td>供气式抗酸服</td><td>—</td></tr>
</table>

五、应急监测、监测设备及监测方法

表 4-24 详细列出了应急快速监测设备及仪器检测范围。实验室分析方法的具体步骤请参照本《手册》附件。

表 4-24 应急监测设备与监测方法及监测指标

污染物种类	监测指标	快速监测设备及检测范围	
		快速监测设备	检测范围
大气	二氧化硫	泵吸式二氧化硫检测仪（产品型号：GD80-SO_2）	0～10×10^{-6}、20×10^{-6}、100×10^{-6}、$2\,000\times10^{-6}$、$5\,000\times10^{-6}$可选
大气	氟化氢	便携式氟化氢监测仪	0.25×10^{-6}～10×10^{-6}
大气	一氧化氮	泵吸式一氧化氮检测仪（产品型号：GD80-NO）	0～20×10^{-6}、100×10^{-6}、$2\,000\times10^{-6}$可选
大气	二氧化氮	泵吸式二氧化氮检测仪（产品型号：GD80-NO_2）	0～20×10^{-6}、100×10^{-6}、$2\,000\times10^{-6}$可选
大气	粉尘	CCHZ-1000 全自动粉尘测定仪	0～1 000 mg/m^3

第九节 钢铁行业突发性环境污染事故及应急

一、钢铁行业简介

钢铁生产的主要原材料包括铁矿石、锰矿石、铬矿石、石灰石、耐火黏土、白云石、菱铁矿等矿物的原矿及其成品矿，人造块矿，铁合金，洗煤、焦炭、煤气及煤化工产品，耐火材料制品，炭素制品等。钢铁是铁与碳、硅、锰、磷、硫以及少量的其他元素所组成的合金。其中除铁外，碳的含量对钢铁的机械性能起着主要作用，故统称为铁碳合金。它是工程技术中最重要、用量最大的金属材料。钢铁行业是以从事黑色金属矿物采选和黑色金属冶炼加工等工业生产活动为主的工业行业，包括金属铁、铬、锰等的矿物采选业、炼铁业、炼钢业、钢加工业、铁合金冶炼业、钢丝及其制品业等细分行业，是国家重要的原材料工业之一。

铁碳合金分为钢与生铁两大类，钢是含碳量为 0.03%～2%的铁碳合金。碳钢是最常用的普通钢，冶炼方便、加工容易、价格低廉，而且在多数情况下能满足使用要求，所以应用十分普遍。按含碳量不同，碳钢又分为低碳钢、中碳钢和高碳钢。随含碳量升高，碳钢的硬度增加、韧性下降。合金钢又叫特种钢，在碳钢的基础上加入一种或多种合金元素，使钢的组织结构和性能发生变化，从而具有一些特殊性能，如高硬度、高耐磨性、高韧性、耐腐蚀性等。经常加入钢中的合金元素有锶、锰、镍、钼、钛等。

炼铁的原料之一是铁矿石，铁矿石主要成分是三氧化二铁；炼铁的原料之二是焦炭，炼铁过程部分焦炭留在了铁水中，导致铁水中含炭。

钢铁工业是最重要的基础工业，是其他工业发展的物质基础。同时，钢铁工业的发展也有赖于煤炭工业、采掘工业、冶金工业、动力、运输等工业部门的发展。由于钢铁工业与其他工业的关系十分密切。钢铁行业会消耗大量的电力、煤炭等原料。

钢铁工业的生产过程是化学、物理的变化过程，对环境污染严重，被列为污染危害最大的三大部门（冶金、化工和轻工）、六大企业（钢铁、炼油、火电、化工、有色金属冶炼和造纸）的首位。环境污染主要反映在气、水、渣三个方面。废气主要是从燃烧系统排出的。污染过程很复杂，污染也是多方面的，有毒成分主要有二氧化硫、一氧化碳、硫化氢、烃、粉尘等。附近居民受二氧化硫的影响易引起慢性呼吸道系统的病症。废水主要有焦化厂的废水，它含有酚、氰化物、氯化物和硫化物等有害物质。钢铁行业的二氧化硫等大气污染物排放量已占全国工业废气污染物排放量的 11%左右，仅次于电力行业，居第 2 位。因此，钢铁行业的环境污染应急具有十分重要的意义。

二、钢铁生产行业工艺流程简介及环境风险点位

钢铁行业生产工艺流程图及环境风险点位如下（图 4-10～图 4-12）：

图 4-10 钢铁加工工艺流程简意图

注：① 废气（含二氧化硫、一氧化碳、二氧化硫、硫化氢、烃、粉尘等）

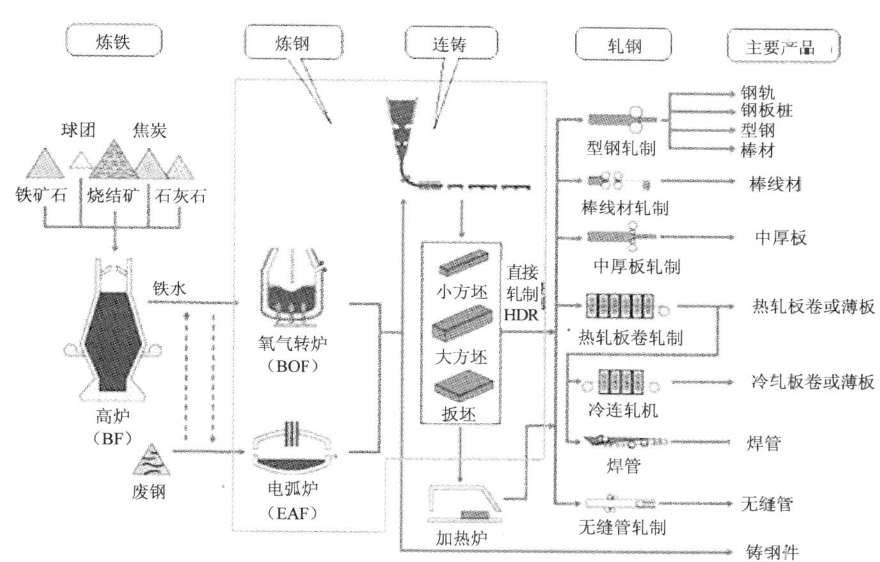

图 4-11 钢铁行业主要生产产品示意图

由图 4-10～图 4-12 可见，钢铁行业的环境污染主要反映在气、水、固体废物三个方面。废气主要是由燃烧系统排出的。污染过程很复杂，污染也是多方面的，有毒成分主要有二氧化硫、一氧化碳、硫化氢、烃、粉尘等。工人及附近居民受二氧化硫的影响易引起慢性呼吸道系统的病症。废水主要含有氯化物、硫化物等有害物质。废水就地浸透会污染地下水；若排入江河、湖泊，则污染地表水，使生活饮用水和水生生物含有害物质，对人体引起不良后果。所以应对废水进行有效的处理，做到达标排放，以减小对环境的污染。同时在选厂时应尽量把工厂建在不透水层的地带，或者对废渣堆放场地进行防渗处理，以减小工厂废水对地下水的污染。废渣主要是高炉渣，需建设相应的堆放场地，这部分废渣一般都可用来制造水泥、渣砖或渣棉。

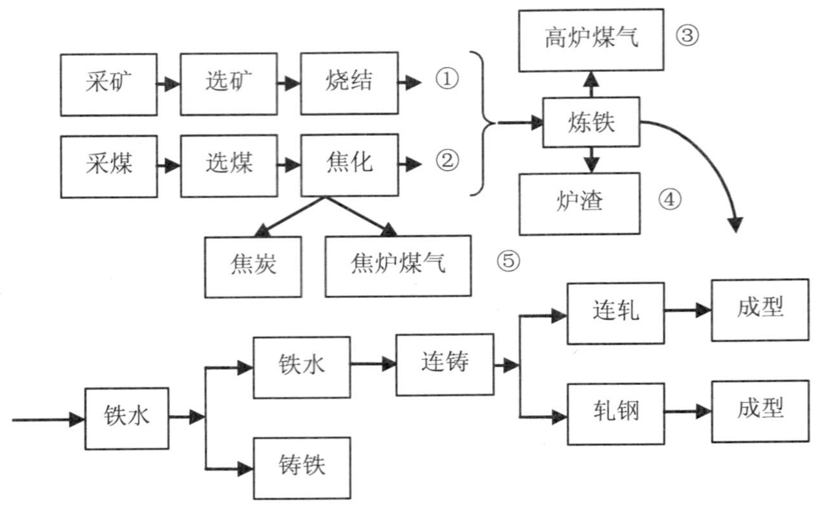

图 4-12 钢铁行业流程框图及风险点位

①废气（含二氧化硫、一氧化碳、硫化氢、烃、粉尘）；②废气及焦化废水；③废气（含二氧化硫、一氧化碳、硫化氢、烃、粉尘）；④废渣；⑤废气（含二氧化硫、一氧化碳、硫化氢、烃、粉尘）

三、钢铁行业环境事故排放污染物表征及其危害

根据钢铁行业生产工艺流程，可能发生的环境污染事故的风险点位见图 4-8～图 4-10。表 4-25 详细列出了主要污染物类型、产生点位、污染物的表征、危害对象及危害途径等。

表 4-25 钢铁生产行业环境污染事故的风险点位及危害描述

风险点位	产生的主要污染物	现象及特征	危害途径及对象
①，③，⑤	烟尘及二氧化硫	气体有刺激性气味，二氧化硫浓度过高气体呈淡黄色	通过吸入损伤呼吸道和肺部，长期吸入会伤害肺器官；同时会造成酸雨危害
②	废水主要含氯化物和硫化物等有害物质	污水会散发刺激性气味气体，颜色发暗	通过渗透污染地下水资源； 同时散发对人体有害的恶臭气体，损害呼吸和内脏器官； 若流入水体和土壤，都会造成一定污染
④	废渣	呈黑色	随意的堆放会因淋溶造成水体污染，也会占用大量土地，同时会产生浮尘，会导致更大范围的水体、土壤的环境污染

四、应急防护措施、防护设备及应急处理

为保障工人及现场监测人员的身心健康和环境安全，表 4-26 指出了钢铁行业生产突发环境污染事故主要污染物、应急防护措施、应急防护设备及处理技术方法和措施等。

表 4-26　应急防护措施、设备及应急处理技术方法

序号	污染物	防护措施	防护装备及应急处理技术方法		
			特异装备	常用装备	应急处理技术
1	二氧化硫及烟尘	防毒面具	特异性二氧化硫去除面具	防毒面具	烟尘：对肺部伤害巨大，必须佩戴口罩 污水意外排放：如发生意外的污水大量排放或者工艺设备的损害导致的大量污水排放，必须采取工程拦截措施，避免流入水环境敏感区；注重水源地的保护，通过工程拦截措施避免污水进入水源地。 炉渣：避免随意堆放，已堆放的应该采取覆盖措施避免产生浮尘，同时应尽可能堆放在防渗处理后的场地，避免因淋溶渗漏污染水体。 二氧化硫：喉咙感到刺激难受时应佩戴二氧化硫过滤面具，严重时需就医
2	含氰化物和硫化物等有害物质的废水	工程拦截、储存	—	铲子、铲车等	
3	炉渣	工程防渗、覆盖	—	基础防渗	

五、应急监测、监测设备及监测方法

表 4-27 列出了钢铁生产行业污染事故后，主要污染物，应急监测设备及实验室分析方法。

表 4-27　应急监测设备与监测方法及监测指标

污染物种类	监测指标	快速监测设备	量程范围
废水	硫化物	硫化物测定仪	0.02～1.0 mg/L
	氰化物	氰化物检测试纸	0.05～5.0 mg/L
	挥发酚	水质快速测定仪	0～0.5 mg/L
	化学需氧量（COD）	COD 快速检测分析仪	5～2 000 mg/L，超过 2 000 mg/L 可稀释测定
	生化需氧量（BOD）	BOD 快速检测分析仪	0～1 000 mg/L
废气	二氧化硫	泵吸式二氧化硫检测仪（产品型号：GD80-SO_2）	0～10×10^{-6}、20×10^{-6}、100×10^{-6}、2 000×10^{-6}、5 000×10^{-6} 可选
	烟粉尘	CCHZ-1000 全自动粉尘测定仪	0～1 000 mg/m^3
	挥发性有机物	电子鼻	—

第十节　铜冶炼环境污染事故及应急

一、铜冶炼工艺简介

铜冶炼工艺主要污染物质是烟气，铜冶炼烟气中含尘量过高，而我国铜冶炼行业多只有一道除尘系统，因此最后烟气中的含尘量仍然高达 1g/m^3 以上，铜冶炼的过程中也会排

放大量污水，而污水主要呈酸性，砷、铜、锑、铋等金属含量高，铜冶炼工艺中如果发生意外事故，导致高浓度重金属污水随意排放到环境中会严重影响地表水、地下水水质，而且影响时期长，治理困难，因此必须做好应急防护措施。本手册以火法冶炼为例，介绍铜冶炼工艺产生的主要污染类型及危害，并指导环保工作人员做好突发环境污染事故的应急工作。

二、铜冶炼工艺流程及环境风险点位

工艺流程图及环境风险点位见图 4-13：

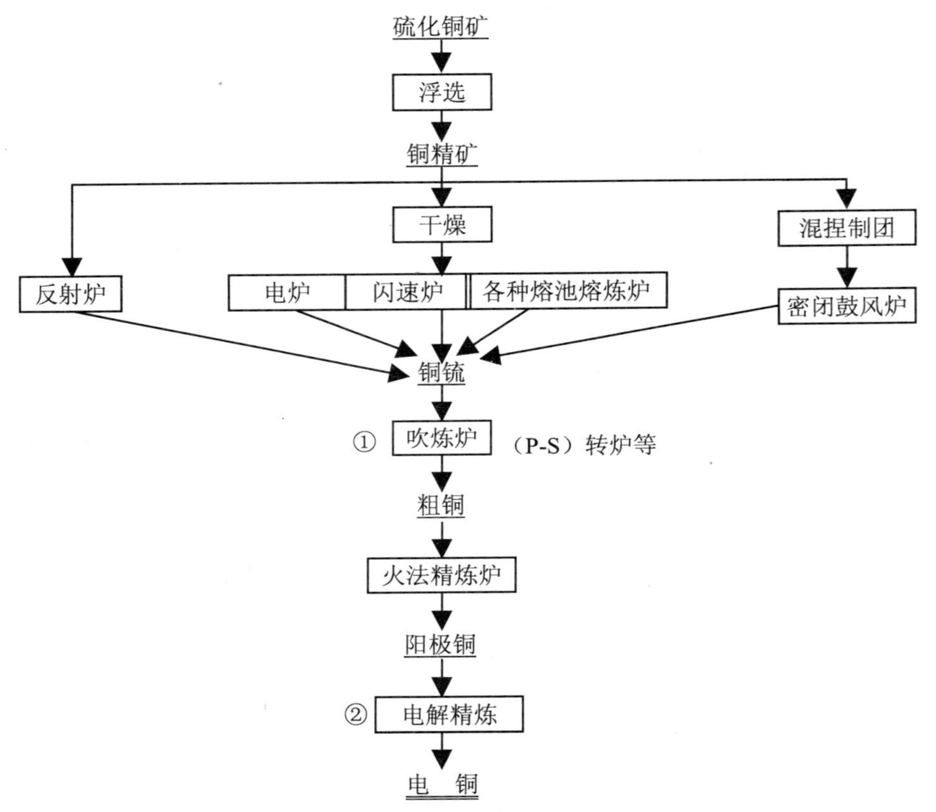

图 4-13　硫化铜矿火法冶炼流程图

注：①烟气（含铜、砷、锑等重金属粉尘，高浓度的二氧化硫，二氧化碳气体）；
②重金属废水（含铜、砷等）、废渣

由图 4-13 可见，铜矿浮选的污染及应急措施参照上一节介绍，从铜冶炼的流程可以看出，铜冶炼工艺主要污染物是含有砷、铜、锑、铋等各种金属浮尘的烟气，另一主要污染物呈酸性并含有多种重金属的高浓度有毒废水。

三、铜冶炼环境事故排放污染物表征及其危害

根据铜冶炼的工艺流程（图 4-13），可能发生的环境污染事故的风险点位见表 4-28。

表中详细指出了铜冶炼工艺过程中主要污染物的表征、危害对象及危害途径。

表 4-28　铜冶炼环境污染事故的风险点位及危害描述

风险点位	产生的主要污染物	现象及特征	危害途径及对象
①	烟气（高浓度二氧化硫，二氧化碳气体）	淡黄色烟雾	烟气中含有各种可吸入重金属颗粒物，通过呼吸进入人体，对人危害极大 烟气中的浮尘（含铜、砷、锑等重金属粉尘）沉降后，随着时间推移，会造成生产区周边的土壤中重金属含量超标，进而影响土地生产力 二氧化硫会刺激损伤呼吸系统，引起呼吸系统病变
②	含重金属废水（含铜、砷、锑等）	水体颜色较深	影响地表水水质，造成重金属污染 侵蚀附近土壤，危害植被和作物
	废渣	堆场占用大量土地，同时矿渣渗滤液因含有铅、铜等重金属而具有非常强的毒性，处置不当会导致水环境的污染	通过降雨渗漏液导致水环境、土壤的功能退化和污染

四、应急防护措施、防护设备及应急处理

为了保障工人以及现场监测环保工作人员的身心健康和环境安全，表 4-29 指出了铜冶炼工艺突发环境污染事故的风险源点、应急防护措施、应急监测指标以及基本防护设备配置等。

表 4-29　应急防护措施、设备及应急处理技术方法

序号	污染物	防护措施	防护装备及应急处理技术方法		
			特异装备	常用装备	应急处理技术
1	烟气	口罩	使用防毒面具	一般口罩	烟气浓度过大时需佩戴防毒面具
2	重金属废水	工程拦截	—	铲子、铲车	重金属污水意外排放：如发生意外的污水排放，以及工艺设备的损害导致的大量污水排放，必须采取工程拦截措施，避免流入水环境敏感区和重要水环境功能区
3	废渣	工程拦截	—	—	尽可能切断渗滤液的泄漏源。防止流入下水道，构筑围堤或挖坑收容。并统一进行无害化处理

五、应急监测、监测设备及监测方法

表 4-30 列出了铜冶炼工艺污染事故后，水质应急监测所需基本设备仪器检测范围。实验室分析方法相关的水质取样，分析方法参照附件相关材料。

表 4-30 应急监测设备与监测方法及监测指标

污染物种类	监测指标	快速监测设备	量程范围
水体	铜	水体金属离子快速检测仪	0～45 mg/L
	铅		
	硫化物	硫化物测定仪	0.02～1.0 mg/L
大气	二氧化硫	泵吸式二氧化硫检测仪（产品型号：GD80-SO_2）	0～10×10^{-6}、20×10^{-6}、100×10^{-6}、2 000×10^{-6}、5 000×10^{-6}可选
	烟粉尘	CCHZ-1000 全自动粉尘测定仪	0～1 000 mg/m^3
	重金属粉尘	CCHZ-1000 全自动粉尘测定仪	0～1 000 mg/m^3
废渣	废渣浸出液 铜	水体金属离子快速检测仪	0～45 mg/L
	废渣浸出液 铅		

第十一节 锌冶炼工艺突发性环境污染事故及应急

一、锌冶炼生产工艺简介

目前锌冶炼及回收采取重力收尘后的资源回收法。铅、锌矿石分为硫化矿及氧化矿两大类。全世界所产铅和锌金属绝大部分是从硫化矿中冶炼出来的。

锌矿石按其所含锌矿物不同也分为硫化矿和氧化矿两种。在硫化矿中锌呈闪锌矿或忒狂闪锌矿状态存在，最多的还是闪锌矿。在氧化矿中锌呈闪锌矿或铁闪锌矿状态存在，氧化矿是在硫化矿经长期风化转变而成的。因此，锌冶炼时会产生含锌、铜、铅粉尘，也会产生大量的锌浸出液，对环境危害较大，同时会产生二氧化硫气体。

二、工艺流程及事故点位

现代炼锌方法分为火法炼锌与湿法炼锌两大类，以湿法冶炼为主。湿法炼锌包括传统的湿法炼锌和全湿法炼锌两类。湿法炼锌由于资源综合利用好，单位能耗相对较低，对环境友好程度高，是锌冶金技术发展的主流，到 20 世纪 80 年代初其产量约占世界锌总产量的 80%。锌的湿法冶炼主要包括焙烧矿浸出、浓密和过滤、硫酸锌溶液净化、电解液冷却、锌电解沉积和阴极锌熔铸几部分。

1. 焙烧矿浸出

焙烧矿浸出的目的是使其中的锌化合物尽可能地溶解于溶液中，而有害杂质如铁、砷、锑等尽可能少地进入溶液。浸出后期控制终点酸度，使已溶的大部分铁、砷、锑等水解沉淀除去，以利于矿浆的澄清和硫酸锌溶液的净化。

2. 浓密和过滤

锌焙烧矿浸出矿浆须经固液分离，浸出渣再进行二次浸出，所得溶液送净化。湿法炼锌中焙烧矿浸出的特点是固液比较大。一般先经浓密机分出大部分溶液，浓泥则用过滤机过滤。

3．硫酸锌溶液净化

溶液净化的目的是除去浸出液中的有害杂质，如铜、镉、镍、砷、锑等，使之达到规定限度以下，以满足电解沉积的要求；同时使铜、镉等有价金属得到富集，以便进一步回收。

4．电解液冷却

锌电解沉积过程中，由于电热效应而使电解液温度不断升高。为了维持电解槽的热平衡，保证稳定的电解温度，必须设置电解液的冷却设施。

5．锌电解沉积

工业上从硫酸锌水溶液中电解沉积锌的方法主要有三种，即低酸低电流密度法；中酸中电流密度法和高酸高电流密度法。目前国内工程均采用中酸中电流密度的下限、低酸低电流密度的上限的电解方法。

6．阴极锌熔铸

阴极锌的熔化通常采用反射炉或低频感应炉。阴极锌熔化产出浮渣，需进一步处理以回收其中的锌。阴极锌碎片和浮渣中回收的碎锌不得夹杂铅、铜、铁等物料，并应与阴极锌均匀搭配进料，防止集中进炉时产出锌锭杂质含量过高。

锌冶炼的工艺流程见图 4-14。

三、生产工艺产生的污染物特征及其危害

根据锌湿法冶炼的工艺流程图，表 4-31 列出了突发性环境污染事故产生的主要污染特征及其危害。

表 4-31　锌冶炼工艺产生的污染物表征及其危害

风险点位	主要污染物	现象及特征	危害对象及途径
①	重金属粉尘，含锌、铅等	粉尘有刺激性，且有金属加热产生的金属气味	通过吸入损伤人的呼吸系统和脏器器官，严重会导致重金属中毒
①	二氧化硫废气	有刺激性气味，浓度高时呈淡黄色	吸入会导致黏膜及呼吸系统损伤，随着降雨形成酸雨会危害土壤、水体以及植物、文物等
②	废　液	深色液体	重金属含量较高，容易污染水体
③、④、⑤	废　渣	深色固体，浸出液毒性巨大	污染水体、土壤造成重金属含量超标，影响水质和土壤质量

四、应急防护措施、防护设备及应急处理

为了保障工人以及环保工作人员的身心健康和环境安全，表 4-32 给出了锌冶炼工艺流程中发生突发环境污染事故的污染物种类、应急防护措施、防护设备及应急处理技术。

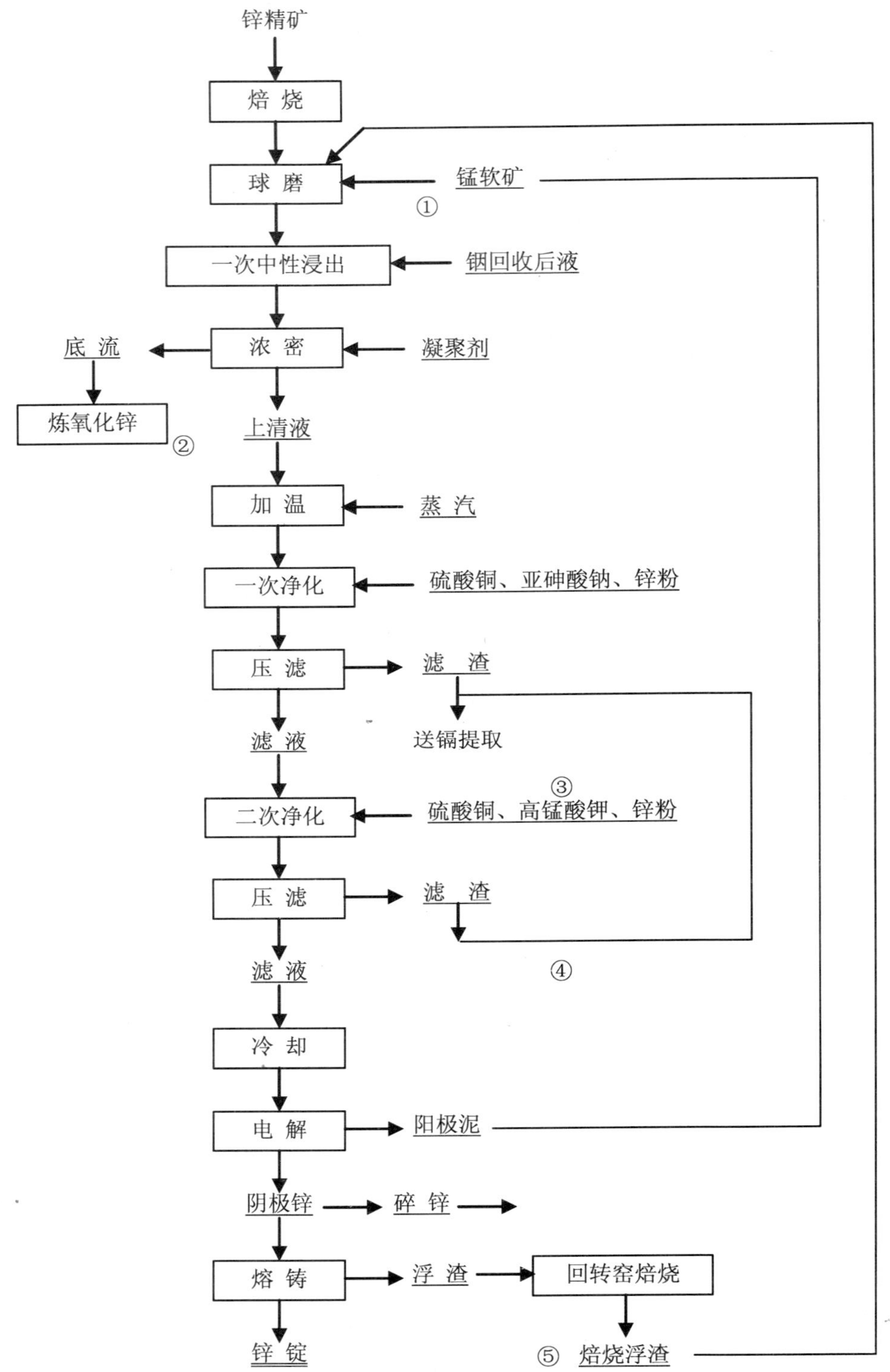

图 4-14 锌冶炼工艺流程及风险点位

注：①废气、粉尘；②废液；③、④、⑤废渣

表 4-32 污染物的应急防护措施、防护设备及应急处理技术

污染物种类	应急防护措施	防护设备		应急处理方法
		基础设备	特异性设备	
废气、粉尘	佩戴防毒面具	过滤口罩	防毒面具、自给氧气呼吸器	迅速撤离污染区，应急工作人员需佩戴防毒面具，穿防腐蚀服装手套等
废水	统一收集处理	—	—	如发生意外的污水大量排放，以及工艺设备的损害导致的大量污水排放，必须采取工程拦截措施，避免流入水环境敏感区；注重水源地的保护，通过工程拦截措施避免污水进入水源地
固废	严防固废污染地下水	—	—	迅速撤离泄漏污染区人员至安全区，并进行隔离，严格限制出入。尽可能切断泄漏源。防止流入下水道、排洪沟等限制性空间。小量泄漏：用沙土、干燥石灰或苏打灰混合，也可以用大量水冲洗，经水稀释后排入废水系统。大量泄漏：构筑围堤或挖坑收容。用泵转移至槽车或专用收集器内，回收或运至废物处理场所处置

五、应急监测、监测设备及监测方法

突发环境污染事故应尽量携带便携式的污染物监测仪器，如还未配备，则可以采样回实验室采用国家环境标准分析方法进行污染物的监测。

表 4-33 应急监测设备与监测方法及监测指标

<table>
<tr><th>污染物种类</th><th colspan="2">监测指标</th><th>快速监测设备</th><th>量程范围</th></tr>
<tr><td rowspan="2">大气</td><td colspan="2">二氧化硫</td><td>泵吸式二氧化硫检测仪（产品型号：GD80-SO_2）</td><td>0～10×10^{-6}、20×10^{-6}、100×10^{-6}、2 000×10^{-6}、5 000×10^{-6}可选</td></tr>
<tr><td colspan="2">重金属粉尘</td><td>CCHZ-1000 全自动粉尘测定仪</td><td>0～1 000 mg/m^3</td></tr>
<tr><td rowspan="7">废水</td><td colspan="2">锌</td><td rowspan="7">水体金属离子快速检测仪</td><td rowspan="7">0～45 mg/L</td></tr>
<tr><td colspan="2">铅</td></tr>
<tr><td colspan="2">铜</td></tr>
<tr><td colspan="2">镉</td></tr>
<tr><td colspan="2">镍</td></tr>
<tr><td colspan="2">砷</td></tr>
<tr><td colspan="2">锑</td></tr>
<tr><td rowspan="7">废渣</td><td rowspan="7">废渣浸出液</td><td>锌</td><td rowspan="7">水体金属离子快速检测仪</td><td rowspan="7">0～45 mg/L</td></tr>
<tr><td>铅</td></tr>
<tr><td>铜</td></tr>
<tr><td>镉</td></tr>
<tr><td>镍</td></tr>
<tr><td>砷</td></tr>
<tr><td>锑</td></tr>
</table>

第十二节　氧化锌冶炼工艺突发性环境污染事故及应急

一、氧化锌冶炼生产工艺简介

目前锌冶炼及回收采取重力收尘后的资源回收法。铅、锌矿石分为硫化矿及氧化矿两大类。全世界所产铅和锌金属绝大部分是从硫化矿中冶炼出来的。

锌矿石按其所含锌矿物不同也分为硫化矿和氧化矿两种。在硫化矿中锌呈闪锌矿或忒狂闪锌矿状态存在，最多的还是闪锌矿。在氧化矿中锌呈闪锌矿或铁闪锌矿状态存在，氧化矿是在硫化矿经长期风化转变而成的。因此，锌冶炼时会产生含锌、铜、铅粉尘，也会产生大量的二氧化硫气体，环境危害较大。

二、工艺流程及事故点位

（1）收取锌粉生产过程中产生的烟气，通过重力沉降及布袋收尘方法，收取烟气中所含的氧化锌产品。

（2）选用锌冶炼工业产生的浸出渣为原料，通过回转窑经 1 100～1 250℃的高温作用下，还原反应生成氧化锌气体，经表冷烟道及布袋收尘装置获取锌产品。

（3）对表冷烟道产出的 30%～40%低锌含量的氧化锌返回回转窑中氧化还原，再次获取氧化锌蒸汽，布袋收尘获得氧化锌产品。

（4）在工业浸出渣中加入 30%～40%的焦粉或无烟煤，经过回转窑升温预热，渣与碳开始还原反应，升温至 1 000～1 200℃时，开始剧烈反应而生成锌蒸汽。

$$ZnO+C \rightarrow Zn+CO_2 \qquad Zn+O_2 \rightarrow ZnO$$

（5）锌蒸汽随烟气进入氧化室形成氧化锌气体，通过冷烟道冷却后，送入布袋收尘装置，得到含锌 45%～68%的氧化锌产品。

氧化锌冶炼的工艺流程如图 4-40 所示。

三、生产工艺产生的污染物特征及其危害

根据氧化锌冶炼的工艺流程图，表 4-34 列出了突发性环境污染事故产生的主要污染特征及其危害。

表 4-34　氧化锌冶炼工艺产生的污染物特征及其危害

风险点位	主要污染物	现象及特征	危害对象及途径
①	含锌烟尘	可以引起爆炸	爆炸会对操作工人和附近居民产生影响，如身体伤害、爆炸粉尘影响呼吸系统等。 吸入会引起口渴、胸部紧束感、干咳、头痛、头晕、高热、寒战等。粉尘对眼有刺激性。口服刺激胃肠道。长期反复接触对皮肤有刺激性
②	矿渣	淋溶后会渗出含锌、铅、锑等金属的污水，颜色发暗	污染水体、土壤造成重金属含量超标，影响水质和土壤质量
③	高浓度二氧化硫	废气因含浓度较高的二氧化硫呈现淡黄色	通过吸入会刺激、损害人的呼吸道和口腔，造成病变

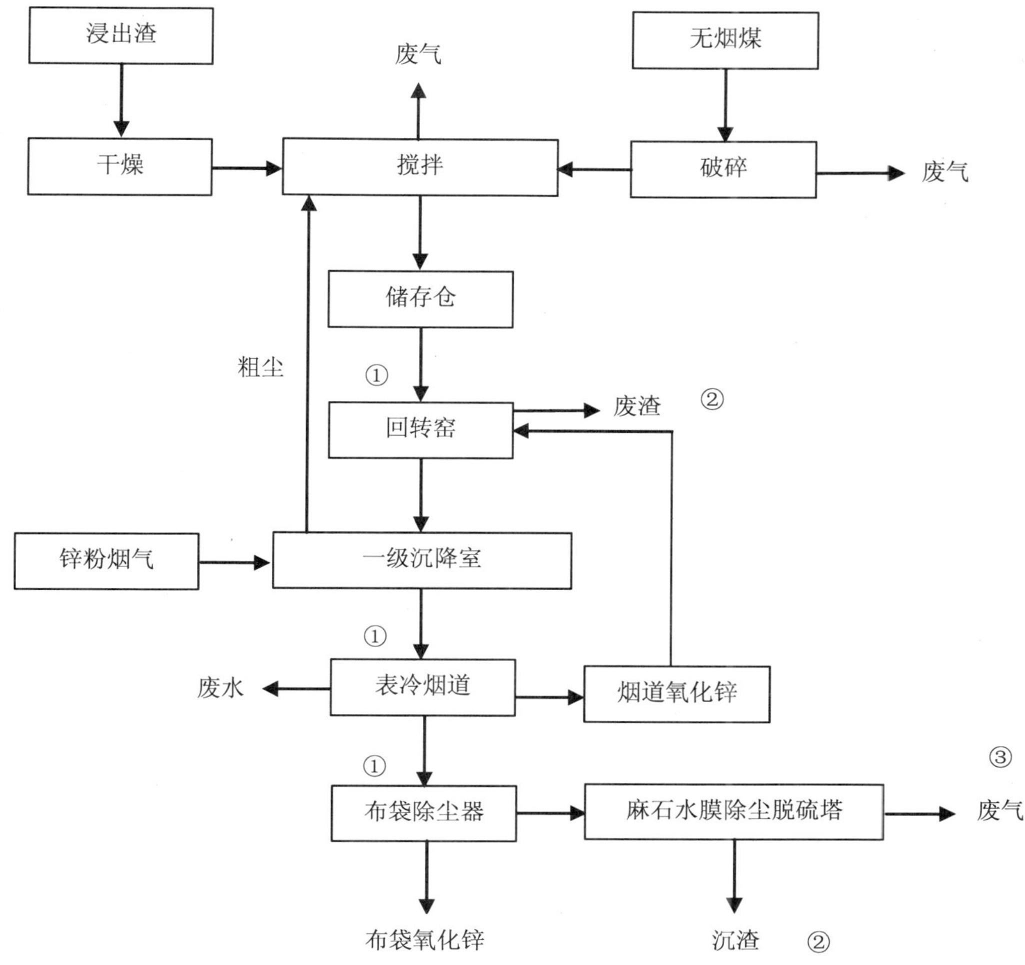

图 4-15 氧化锌冶炼工艺流程及风险点位

①粉尘；②矿渣；③二氧化硫

四、应急防护措施、防护设备及应急处理

为了保障工人以及环保工作人员的身心健康和环境安全，表 4-35 给出了氧化锌冶炼工艺流程中发生突发环境污染事故的污染物种类、应急防护措施、防护设备及应急处理技术。

表 4-35 污染物的应急防护措施，防护设备及应急处理技术

污染物种类	应急防护措施	防护设备		应急处理方法
		常用基础设备	特异性设备	
废气	佩戴防毒面具	一般过滤式面具	二氧化硫特异性防毒面具	出现不适应立即转移到通风处，远离污染源，严重应立即就医
固废	严防固废污染地下水	—	—	迅速撤离泄漏污染区人员至安全区，并进行隔离，严格限制出入。尽可能切断泄漏源。防止流入下水道、排洪沟等限制性空间。小量泄漏：用沙土、干燥石灰或苏打灰混合。也可以用大量水冲洗，经水稀释后排入废水系统。大量泄漏：构筑围堤或挖坑收容。用泵转移至槽车或专用收集器内，回收或运至废物处理场所处置

五、应急监测、监测设备及监测方法

突发环境污染事故应尽量携带便携式的污染物监测仪器，如还未配备，则可以采样回实验室采用国家标准分析方法进行污染物的监测。

表 4-36 应急监测设备与监测方法及监测指标

污染物种类	监测指标		快速监测设备	量程范围
废气	二氧化硫		二氧化硫快速监测仪	0～5 700 mg/m³
	含锌粉尘		CCHZ-1000 全自动粉尘测定仪	0～1 000 mg/m³
	重金属粉尘		CCHZ-1000 全自动粉尘测定仪	0～1 000 mg/m³
大气	二氧化硫		二氧化硫快速监测仪	0～5 700 mg/m³
	烟粉尘		CCHZ-1000 全自动粉尘测定仪	0～1 000 mg/m³
	重金属粉尘		CCHZ-1000 全自动粉尘测定仪	0～1 000 mg/m³
废渣	废渣浸出液	锌	水体金属离子快速检测仪	0～45 mg/L
		铅		

第十三节 硅冶炼突发性环境污染事故及应急

一、硅冶炼生产工艺简介

硅冶炼通常采用的生产工艺主要包括原料准备、冶炼、产品破碎包装以及电炉废气治理四个系统。

工业硅熔炼是用还原剂“碳”还原矿物原料中的 SiO_2 制取硅，反应方程式为：

$$SiO_2+2C=Si+2CO$$

$$2CO+SiO_2=Si+2CO_2$$

目前工业硅生产随炉内物料温度变化，可分几个反应期。

（1）当温度在＜1 100℃时 SiO_2 不稳定，还可能发生如下过程：$2SiO=SiO_2+Si$，但在

还原剂活性表面上，优先发生下列反应 $SiO_2+2C=SiO+CO$，称低温反应区。

（2）温度在 1 100～1 800℃开始进入较强烈的反应，在 1 500℃就能自发地进行 $SiO_2+3C=SiC+2CO$ 反应，称 SiC 的生成区域。

（3）当温度＞1 400℃时，SiO 与碳反应强烈，生成硅 $SiO+C=Si+CO_2$，在 1 650℃时进行 $SiO_2+2C=Si+2CO$，此过程称为生成熔体硅的区域。

（4）当温度＞1 800℃时，按 $SiO_2+2SiC=3Si+2CO$ 反应，若温度再升高 SiC 与 SiO 起反应分解，生成硅和一氧化碳。

（5）温度＞2 000℃时进行 SiO 的蒸发区。从 1 750℃进行 $SiO_2+C=SiO+CO$ 的反应。

以上发生的一系列反应可以看出，在硅冶炼的过程中主要是以间接还原反应为主，即先生成中间产物 SiO 和 SiO_2，然后分解这些中间产物而得到工业硅。

二、工艺流程及事故点位

硅生产工艺较简单，从原料（硅石）破碎，加还原剂配料，入炉加电熔炼、出炉。硅的熔炼过程中排放的污染物主要是烟气中的二氧化硫、烟尘。熔炼过程需大量的冷却水供设备冷却。

生产工艺流程主要包括炉料准备、配料、电炉熔炼、硅浇注和破碎精整等。

（1）炉料准备

将硅矿石和各种碳还原剂经破碎筛分成一定粒度后送配料间备用。为了减小对环境的影响，可采用在矿山水洗和破碎过的合格硅矿石，在厂内仅对少部分不合格的硅石进行人工破碎和挑选，在使用前用水对硅矿石进行冲洗，以除去粉末状的硅矿石。各种碳还原剂则用辊式破碎机制成合格品。

（2）配料

根据矿石成分和产品质量要求，将硅矿石、石油焦、无烟煤等按一定比例配比，进入电炉熔炼。

（3）电炉熔炼

各种原料的粒度、品质均符合要求后按比例加入电炉内，以电流电弧作为高温热源，同时还有电流通过炉料时产生的电阻热和炭素材料潜热，形成高温反应区，物料被熔化的同时，二氧化硅与碳反应，其中的氧被碳置换，生产出单质硅，并释放出一氧化碳气体。一氧化碳气体再与二氧化硅发生反应，生成单质硅和二氧化碳。由于炉气温度远高于一氧化碳的着火点，且料面至集烟管之间为负压，炉气与进入罩内的空气混合后，反应剩余的一氧化碳基本完全燃烧。单质硅呈熔融状态，连续不断地聚集于炉体底部，当熔体硅聚集达到一定数量后，定期打开出料口，采用间断出炉方式，金属硅在短时间内放出，然后再堵上出料口。按照设计时间出炉。出炉过程中同时通入氧气，使产品进一步纯化。

在电炉电弧产生高温情况下，同时还生成氧化硅和硅的蒸气等。这些气体经料层逸出时，经抽风机抽气进入烟道，期间氧化硅的蒸气则重新被氧化生成白色的二氧化硅微粒，在负压下微粒进入布袋收尘器，大部分单质硅和二氧化硅的微粒被收集下来，并做副产品处理，其他烟气释放在空气中。

（4）浇铸、破碎和精整

熔炼好的硅液，用抬包运至浇注车间浇铸成块状，冷却后破碎至合格的粒度，即可包装出厂。工艺流程及污染物产生工序详见图 4-16。

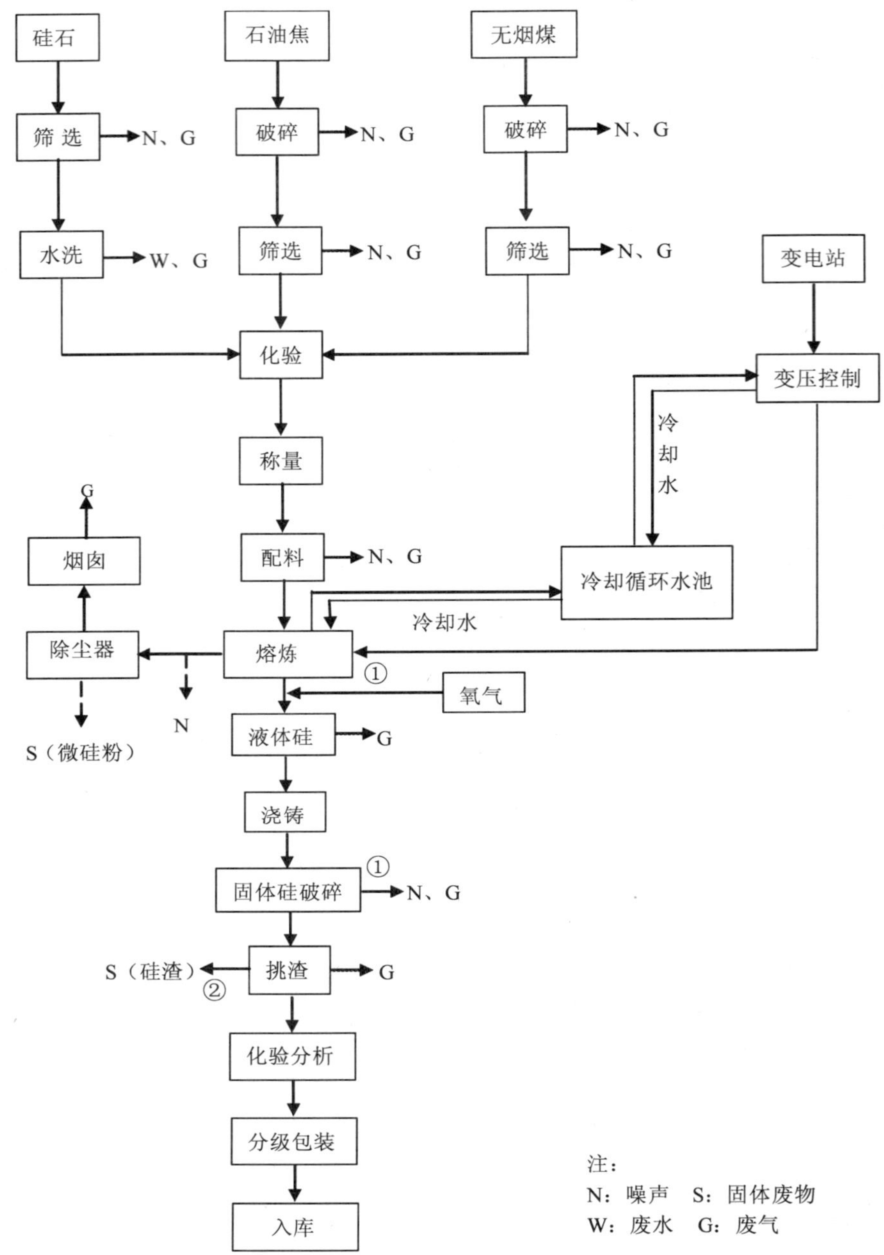

图 4-16 硅冶炼工艺流程及风险点位

① 粉尘；② 废渣

三、生产工艺产生的污染物特征及其危害

根据硅冶炼的工艺流程，表 4-37 指出了突发性环境污染事故产生的主要污染物特征及

其危害。

表 4-37 硅冶炼产生的污染物表征及其危害

风险点位	主要污染物	现象及特征	危害对象及途径
①	粉尘	操作不当可以引起爆炸	爆炸会对操作工人和附近居民产生影响，如身体伤害、爆炸粉尘影响呼吸系统等
②	废渣	灰白色	污染水体、土壤造成重金属含量超标，影响水质和土壤质量

四、应急防护措施、防护设备及应急处理

为了保障工人以及环保工作人员的身心健康和环境安全，表 4-38 给出了硅冶炼工艺流程中发生突发环境污染事故的污染物种类、应急防护措施、防护设备及应急处理技术。

表 4-38 污染物的应急防护措施、防护设备及应急处理技术

污染物种类	应急防护措施	防护设备		应急处理方法
		常用基础设备	特异性设备	
粉尘	口罩	—	—	完善废气除尘措施，做好人身防护，穿防护服避免重金属粉尘与皮肤长期直接接触
固废	严防固废污染地下水	—	—	迅速撤离泄漏污染区人员至安全区，并进行隔离，严格限制出入。尽可能切断泄漏源。防止流入下水道、排洪沟等限制性空间。小量泄漏：用沙土、干燥石灰或苏打灰混合。也可以用大量水冲洗，经水稀释后放入废水系统。大量泄漏：构筑围堤或挖坑收容。用泵转移至槽车或专用收集器内，回收或运至废物处理场所处置

五、应急监测、监测设备及监测方法

突发环境污染事故应尽量携带便携式的污染物监测仪器，如还未配备，则可以采样回实验室采用国家标准分析方法进行污染物的监测。

表 4-39 应急监测设备与监测方法及监测指标

污染物种类	监测指标		快速监测设备	量程范围
大气	二氧化硫		泵吸式二氧化硫检测仪（产品型号：GD80-SO_2）	$0\sim10\times10^{-6}$、20×10^{-6}、100×10^{-6}、$2\,000\times10^{-6}$、$5\,000\times10^{-6}$可选
	烟粉尘		CCHZ-1000 全自动粉尘测定仪	$0\sim1\,000$ mg/m^3
废渣	废渣浸出液	硅	水体金属离子快速检测仪	$0\sim45$ mg/L
		铁		
		铝		

第十四节　硅锰合金冶炼环境污染事故及应急

一、硅锰合金冶炼工艺简介

硅锰合金是由锰、硅、铁及少量碳和其他元素组成的合金，是一种用途较广、产量较大的铁合金。硅锰合金是炼钢常用的复合脱氧剂，又是低碳锰铁和电硅热法生产金属锰的还原剂。主要以锰矿石、富锰渣作原料，焦炭作还原剂，白云石作溶剂，在矿热炉内连续生产。其生产原理为含高价铁和锰氧化物的炉料在高温冶炼过程中被高温分解或被一氧化碳还原为低价的氧化物，到 1 373～1 473K 时，氧化亚铁全部被还原为铁，而高价锰氧化物被充分还原为氧化锰，与炉料中含量较高的二氧化硅结合成低熔点的硅酸锰。该过程主要化学反应式为：

$$MnO+SiO_2=MnSiO_3 \qquad t_{熔}=1\ 250℃$$

$$2MnO+SiO_2=Mn_2SiO_4 \qquad t_{熔}=1\ 345℃$$

由于锰与碳能生成稳定的化合物 Mn_3C，因此在生产过程中用碳直接还原得到的是锰的碳化物，具体反应式为：

$$MnO \cdot SiO_2+4/3C=1/3Mn_3C+SiO_2+CO\uparrow$$

在 C 的还原作用下，硅酸锰被还原成 Mn_3C 与被还原出来的 Fe 形成（Mn·Fe）$_3$C 共熔体，与此同时硅酸锰被还原成 SiO_2，随温度的升高 SiO_2 也与 C 发生反应生成。由于 MnSi 的稳定性较 Mn_3C 强，因此被还原出来的 Si 与 Mn_3C 反应生成 MnSi。其反应式为：

$$SiO_2+2C=Si+2CO\uparrow$$

$$1/3Mn_3C+Si=MnSi+1/3C$$

随着还原出来的硅含量的提高，碳化锰受到破坏，合金中碳的含量进一步降低。

用碳从液态炉渣中还原生产硅锰合金的总反应式为：

$$MnO \cdot SiO_2+3C=MnSi+3CO\uparrow$$

生产硅锰铝复合金只需在出炉的液态合金内加入 Al 溶液及添加剂混合，浇铸而成。

二、硅锰合金冶炼工艺流程及风险点位

（1）原料工段

进厂的锰矿石、富锰渣、白云石、焦炭、萤石等分类集中贮存、倒运。各种原料按冶炼配比进行称量配料，配好的炉料混匀后送到炉口平台，陆续加入炉内。

（2）冶炼工段

分时段出铁，同时放出渣铁。经出铁口流入铁水包，炉渣密度小，浮在上面，溢流到渣槽、冲渣沟，在冲渣沟受大量的压力水冲成水淬渣流入沉渣池。水淬渣由吊车进行归堆或装运出厂。

可利用地势，使冶炼好的液状合金自流至锭模内浇铸。合金脱模、精整、破碎、分级、包装均在行车间进行。

生产工艺流程见图 4-17：

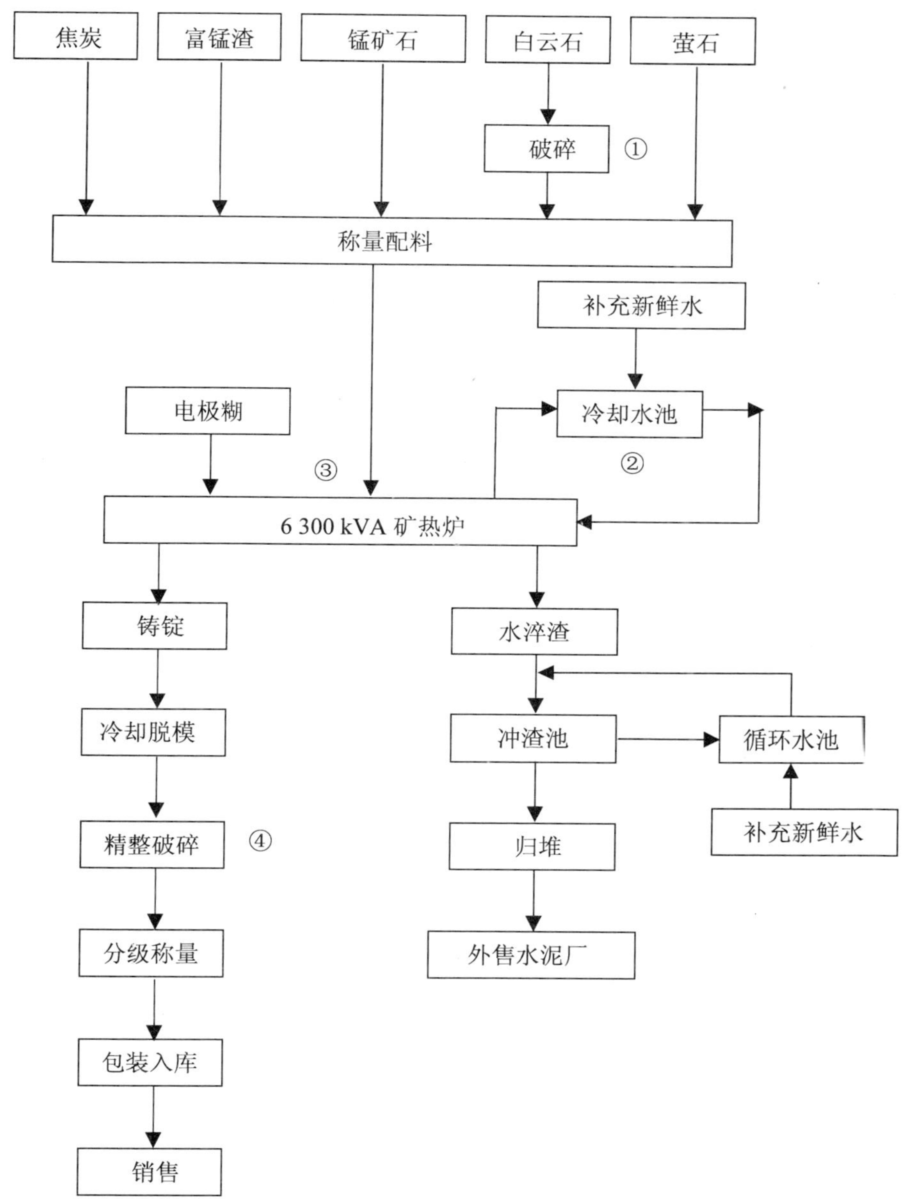

图 4-17　硅锰合金生产工艺流程图

①可吸入粉尘；②含硅锰废水；③烟气；④粉尘

三、硅锰合金冶炼工艺主要污染物排放

1．废气

由图 4-17 可见，硅锰合金生产中排放的主要大气污染物为烟尘。在电炉冶炼过程中，由于锰矿石等原料被焦炭还原，电炉熔池中会产生大量高温含尘烟气，经烟囱以有组织的形式排放；在原料的破碎、投料过程中粉尘以无组织的形式排放，在冶炼过程中，捣炉、

拨料、加料时由炉口也会逸出烟气，以无组织的形式排放，烟气（包括冶炼和出铁口）不可能 100%收集，部分烟气也以无组织的形式排放。废气中含有烟尘量较大，对人体健康危害较大。

生产过程中，大气污染源分布在熔池、加料捣炉工作面上、出铁口等处，主要污染物为烟尘。在向大气排放的烟尘中除含有颗粒固体物（锰、硅）外，还含有少量一氧化碳和二氧化硫气体。

2．废水

变压器和炉体间接冷却水。为了保护高温工作的电炉把持器（铜瓦）、炉门集烟罩、导电管、油水冷却器、电炉变压器等设备正常工作，生产过程中通过内部蛇形管间接冷却。间接冷却用水闭路循环不外排，冷却水主要为热污染。

硅锰合金冶炼过程中排出大量的液态熔渣，熔渣流入渣槽，需用高压水进行喷冲水淬，然后经自然沉淀分离。冲渣用水一般是渣量的 10～15 倍。

四、应急防护措施、防护设备及应急处理

为保障工人以及现场监测环保人员的身心健康和环境安全，表 4-40 指出了硅锰合金冶炼突发环境污染事故污染类型，应急防护措施，应急监测指标以及基本防护设备配置等。

表 4-40 应急防护措施、设备及应急处理技术方法

序号	污染物	防护措施	防护装备及应急处理技术方法		
			特异装备	常用装备	应急处理技术
①、③、④	烟气	过滤式口罩	防毒面具	一般口罩	一般：烟气浓度过大时需佩戴防毒面具； 重金属污水意外排放：如发生意外的污水排放，以及工艺设备的损害导致的大量污水排放，必须采取工程拦截措施，避免流入水环境敏感区和重要水环境功能区
②	废水（含铁、锰等）	工程拦截	—	铲子、铲车	

五、应急监测、监测设备及监测方法

表 4-41 列出了硅锰合金冶炼行业污染事故后，水质应急监测所需基本设备和实验室测试国家标准方法。水质、大气取样，分析方法参照附件相关材料和水质分析的国家标准分析方法。并根据不同水环境功能区，参照国家水质标准进行严格监测。

表 4-41 应急监测设备与监测方法及监测指标

污染物种类	监测指标	快速监测设备	量程范围
废水	铁、锰等离子	水体金属离子快速检测仪	0～45 mg/L
	硫化物	硫化物测定仪	0.02～1.0 mg/L
大气	二氧化硫	泵吸式二氧化硫检测仪（产品型号：GD80-SO_2）	0～10×10^{-6}、20×10^{-6}、100×10^{-6}、2 000×10^{-6}、5 000×10^{-6}可选
	烟粉尘	CCHZ-1000 全自动粉尘测定仪	0～1 000 mg/m^3
	重金属粉尘	CCHZ-1000 全自动粉尘测定仪	0～1 000 mg/m^3

第十五节 锑冶炼及锑白生产工艺突发污染事故及应急

一、锑冶炼生产工艺简介

我国主要的锑矿以伴生矿为主，由于氧化锑矿中的锑氧化物以五氧化二锑形态存在，为了充分回收其中的锑，提高锑的直收率和回收率，该锑矿则不适合湿法处理，只能进行火法处理，首先回收其中的辉锑矿，残渣中五氧化二锑再用还原挥发进行回收。

在火法处理锑矿时，如果用中国式直井炉，该锑矿石含锑高，达 30%～40%，容易出现熔结现象，影响炉子正常操作，同时残渣所含的锑（有时高达 8%～10%）还需要进一步处理回收其中的锑。该渣中锑采用还原焙烧才能回收、富集，必须增加还原焙烧设备如回转窑，才能使锑矿中的锑有效回收。

该锑矿不能采用直接熔炼法处理，其原因就是含有部分的五氧化二锑，同时直接熔炼处理时该锑矿品位不到 40%，能耗较高，还需用铁屑，使锑冶炼成本升高，可见直接熔炼这种锑矿石是不经济的，也不可行。

鼓风挥发炉能够有效处理 20%～40%的锑矿，同时残渣中锑（主要为五氧化二锑）经细磨后配入还原剂制粒后在鼓风焙烧炉中挥发得以富集，因此残渣集中到一定的程度后用回转窑处理，不必增加设备就能有效回收残渣中的锑，提高锑的回收率，也提高锑冶炼的技术经济指标。

为了充分回收矿石中的锑，并能够回收氧化锑和硫化锑中的锑，以及针对其含锑品位仅 30%～40%，采用鼓风焙烧炉是比较合适的。

鼓风焙烧炉具有既可以处理硫化锑矿，也可以处理氧化锑矿，以及处理各种中间物料，对原料适应性强；处理能力大、劳动条件好、金属回收率高的优点。鼓风焙烧炉炼锑也有缺点，即能耗高、炉渣熔点高时容易使过渣道堵塞，前床冷结，炉寿命短，自动化程度低等。

二、工艺流程及事故点位

锑矿石（精矿）进入厂后集中堆放，进行粗碎、筛分，筛分出粒径 5 mm 的颗粒加入焦炭后进入焙烧炉，筛分出－5 mm 的颗粒经压团、制粒制成块料进入焙烧炉。焙烧挥发的残渣运送至渣场，其中高锑渣单独堆放，堆放到一定的数量后，用球磨机加入所需要的无烟煤一同细磨到－100 目。该渣与无烟煤在球磨过程中均匀一同加入所要的无烟煤和挥发残渣，保证球磨后的渣中无烟煤是分布均匀。磨好的残渣粉单独加水制粒，然后单独堆放自然风干。其数量集中到一定的程度后也单独在鼓风焙烧炉内进行还原挥发焙烧。

鼓风焙烧炉收尘系统的含硫烟气采用双碱法进行烟气脱硫后经高空烟囱排放。

此外，对于粗锑矿，则采用鼓风焙烧挥发炉处理，其原理与前炉相似，但由于原料含锑品位低，不易采用液态渣排放，否则，能耗相对比较高，而是采用干渣排放的方法。因此其不进行配料，直接进行挥发。

挥发过程中在收尘系统中收集的各种锑氧混合均匀后加入熔剂进入还原反射炉中进行还原，当还原获得的粗锑达到一定的数量，放掉炉渣（泡渣），加入精炼试剂进行火法精炼获得精锑，精锑浇铸成为锑锭。

反射炉还原和精炼过程中的烟气进入鼓风焙烧炉的收尘系统，收集随气体所带走的锑氧等，与鼓风焙烧炉所挥发的锑氧一同再返入反射炉进行还原熔炼。

反射炉熔炼的泡渣返回鼓风焙烧炉再进行处理；精炼的含碱渣再回收利用，废弃渣卖给水泥厂生产水泥。

间接法生产锑白有三种产物主要为挥发物三氧化二锑，其余还有浮渣和炉气。其中三氧化二锑为锑白产品，浮渣送反射炉精炼，烟气进精炼收尘系统。生产中根据炉内情况，由鼓风机向炉池锑液内鼓入空气，使锑液处于强烈的沸腾状态，由于空气泡形成的极大挥发表面积，使锑大量蒸发并随气体带出熔池，在炉内空间被空气中的氧氧化成三氧化二锑，在炉顶与大量冷风相遇，气态三氧化二锑迅速冷凝成固体颗粒，经旋风、布袋收尘收集即锑白产品。

锑白冶炼及生产工艺流程如图 4-18、图 4-19 所示。

三、生产工艺产生的污染物特征及其危害

根据锑冶炼的工艺流程，表 4-42 列出了突发性环境污染事故产生的主要污染物特征及其危害。表 4-43 指出了锑白生产工艺主要污染物特征及危害。

表 4-42 锑冶炼生产工艺产生的污染物特征及其危害

风险点位	主要污染物	现象及特征	危害对象及途径
①、③、⑥	二氧化硫	刺激性气味，二氧化硫浓度过大时废气呈淡黄色	通过吸入损伤人的呼吸系统和肺功能 皮肤接触二氧化硫也会造成皮肤损伤
②	粉尘（含砷、锑等重金属粉末）	空气中飘浮可见	通过吸入、皮肤接触造成皮肤炎症和组织损伤 通过大气沉降，长期的沉降会导致沉降区的土壤重金属污染，从而损害耕地
④、⑤	废渣	固废：锑冶炼厂废渣大都属于危险固体废弃物，其中 Cd、As、Pb 等元素含量较高	固废：污染水体和土壤

表 4-43 锑白生产工艺产生的污染物特征及其危害

风险点位	主要污染物	现象及特征	危害对象及途径
①	废渣	浮渣属于危险固体废弃物，其中 As、Pb 等元素含量较高	固废：污染水体和土壤
②	粉尘（含砷、锑等重金属粉末）	空气中飘浮可见	通过吸入，皮肤接触造成皮肤炎症和组织损伤
③	二氧化硫	刺激性气味，二氧化硫浓度过大时废气呈淡黄色	通过吸入损伤人的呼吸系统和肺功能，皮肤接触二氧化硫会造成皮肤损伤

四、应急防护措施、防护设备及应急处理

为了保障工人以及环保工作人员的身心健康和环境安全，表 4-44 给出了锑冶炼工艺流程中发生突发环境污染事故的污染物种类、应急防护措施、防护设备及应急处理技术。

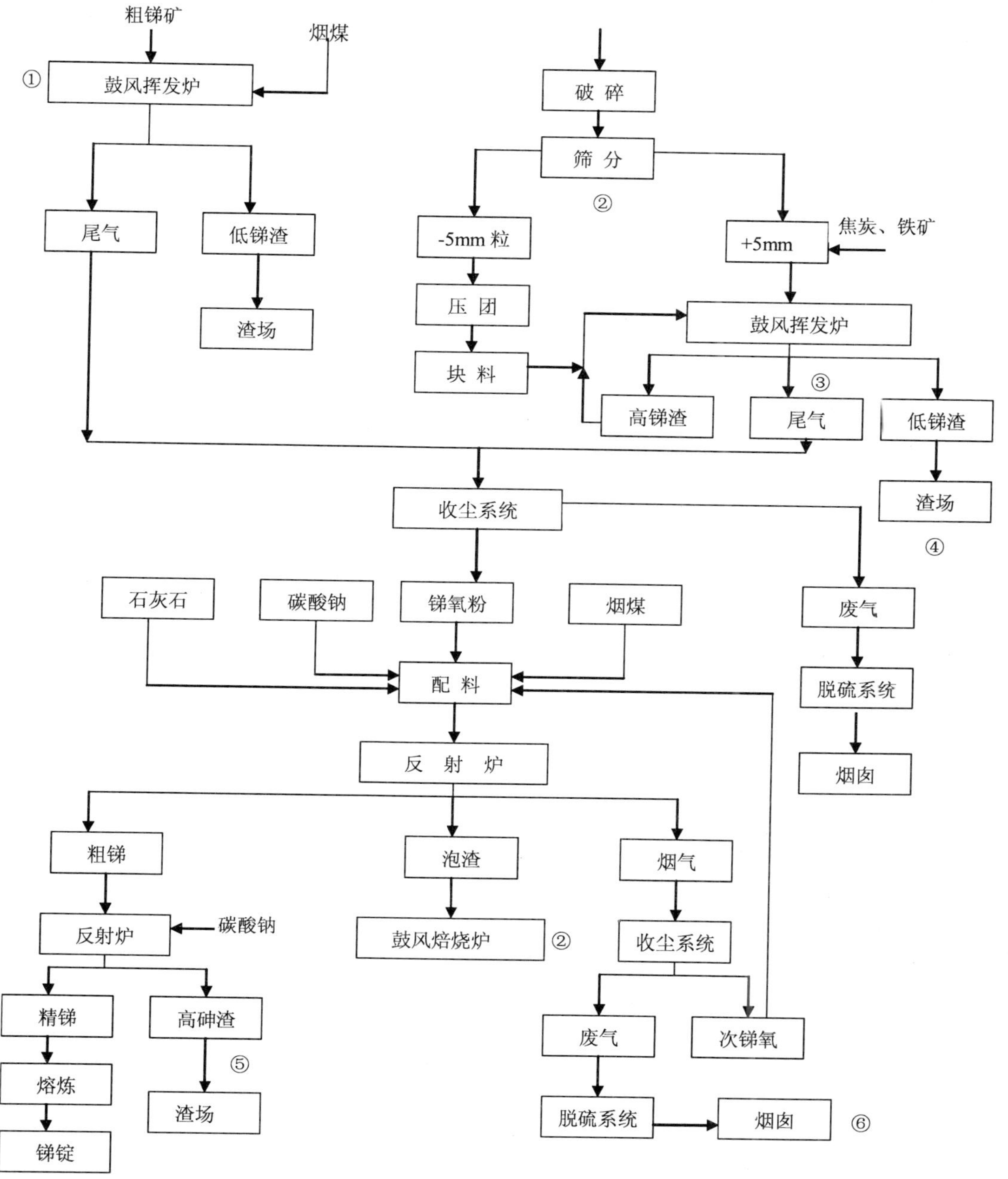

图 4-18 锑矿冶炼工艺流程图

①尾气（含二氧化硫）；②粉尘；③尾气（含二氧化硫）；④矿渣；⑤矿渣；⑥废气（含高浓度二氧化硫）

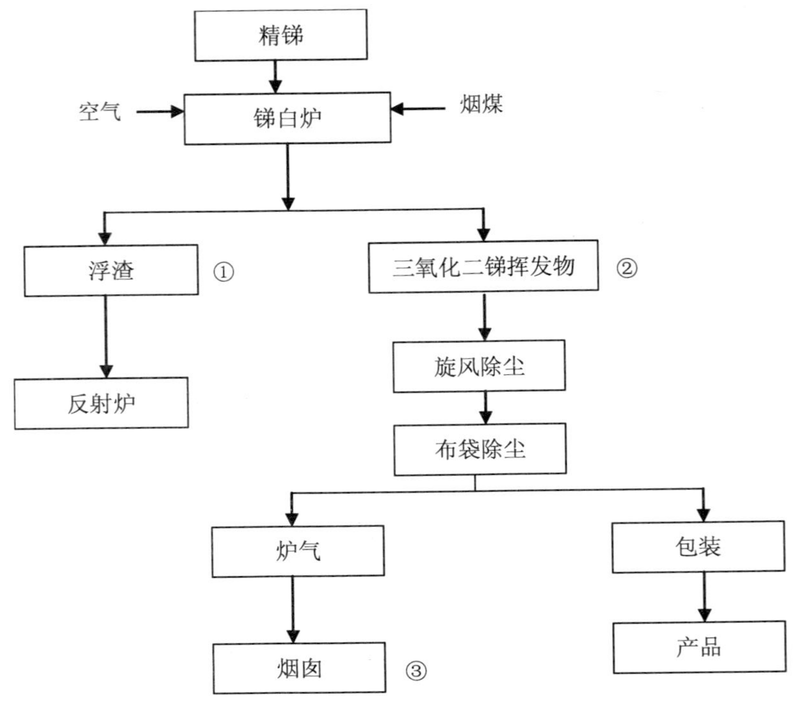

图 4-19 锑白生产工艺流程图

①矿渣；②浮尘及三氧化二锑挥发物；③废气（含二氧化硫、二氧化碳、可吸入粉尘等）

表 4-44 污染物的应急防护措施、防护设备及应急处理技术

污染物种类	应急防护措施	防护设备		应急处理方法
		常用基础设备	特异性设备	
矿渣固废	严防固废污染地下水	—	—	废渣应禁止随意堆放，尤其堆放在饮水源区，应避免矿渣渗滤液污染水体和土壤，如果发生渗滤液泄漏应迅速撤离泄漏污染区人员至安全区，并进行隔离，严格限制出入。尽可能切断泄漏源。防止流入下水道、排洪沟等限制性空间
废气	避免无组织排放	防毒面具	二氧化硫过滤式面具	操作人员必须佩戴过滤式面具，避免二氧化硫及可吸入粉尘损伤人体健康。 如果大气污染处理措施失效，应立即停产整顿，避免废气的无组织排放

五、应急监测、监测设备及监测方法

突发环境污染事故应尽量携带便携式的污染物监测仪器，如还未配备，则可以采样回实验室采用国家标准分析方法进行污染物的监测。

表 4-45 应急监测设备与监测方法及监测指标

污染物种类	监测指标		快速监测设备	量程范围
大气	二氧化硫		泵吸式二氧化硫检测仪（产品型号：GD80-SO_2）	$0\sim10\times10^{-6}$、20×10^{-6}、100×10^{-6}、$2\,000\times10^{-6}$、$5\,000\times10^{-6}$可选
	烟粉尘		CCHZ-1000 全自动粉尘测定仪	0～1 000 mg/m^3
	重金属粉尘		CCHZ-1000 全自动粉尘测定仪	0～1 000 mg/m^3
固体废物	废渣浸出液	铅	水体金属离子快速检测仪	0～45 mg/L
		砷		
		铝		

第十六节 锑合金冶炼工艺环境污染事故及应急

一、锑合金冶炼工艺简介

锑合金冶炼工艺是指主要利用含锑废渣以及一些高锑含量的尾矿渣加上相应其他原辅料进行熔炼、浇铸，产成各种锑合金成品。主要污染工序有：（1）熔炼炉产生含铅、锑工艺废气；（2）熔炼炉产生含铅、锑废渣；（3）风机产生噪声；（4）煤气发生炉燃煤产生煤渣。锑金属特征与毒性如下：

【密度（g/cm^3)】6.684

【熔点（℃)】630.5

【沸点（℃)】1 635

【性状】有金属变体和黄色变体两种同素异形体，前者有银白色金属光泽，具有鲜明的晶体结构。

【溶解情况】不溶于水、盐酸和碱溶液，溶于王水、浓硫酸，以及硝酸和酒石酸的混合液。

【其他】原子序数 51，相对原子质量 121.760，化合价+3、−3、+5、−5。高温时煅烧成氧化物，为两性氧化物。

锑中毒包括皮肤刺激、黏膜炎症及对神经系统、胃肠道的影响。吸入锑及其化合物可至慢性中毒，已报道的锑使人中毒最低剂量为 4 700 μg/m^3（20 周），LD_{50}（大鼠、经口）为 100 mg/kg。锑可被各种海洋生物富集，使体内浓度为海水浓度的 300 多倍，低至 0.2 mg/L 即可对鱼发生作用。NAS/NAE 1972 年水质基准：海洋水生生物的有害值为 0.2 mg/L。

二、锑合金冶炼工艺流程及主要产污环节介绍

锑合金冶炼流程图及环境污染物风险点见图 4-20：

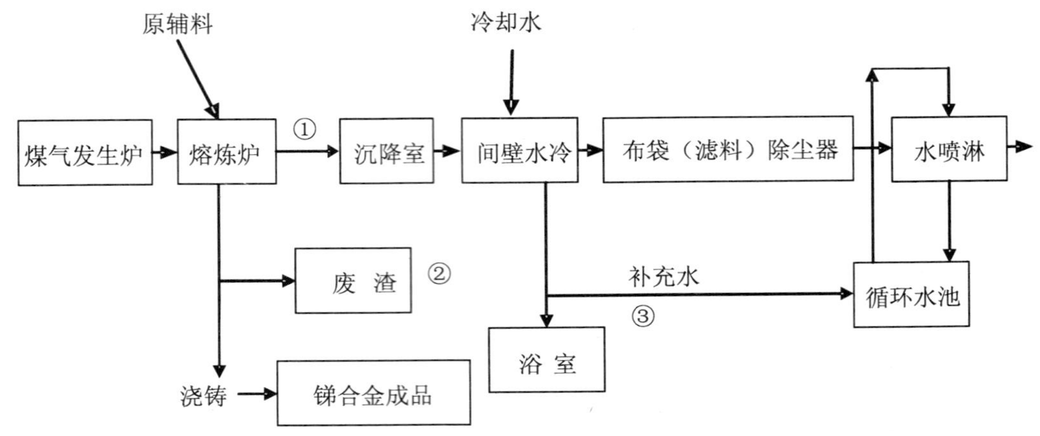

图 4-20 锑合金流程及环境事故风险点位及产污点位

①废气；②废渣；③废水

三、生产工艺产生的污染物特征及其危害

根据锑合金冶炼的工艺流程，表 4-46 列出了突发性环境污染事故产生的主要污染物特征及其危害。

表 4-46 锑合金冶炼工艺产生的污染物表征及其危害

风险点位	主要污染物	现象及特征	危害对象及途径
①	含铅、锑烟尘	厂区空气中漂浮微尘	微尘吸入导致铅、锑中毒。 吸入会引起口渴、胸部紧束感、干咳、头痛、头晕、高热、寒战等。粉尘对眼有刺激性。口服刺激胃肠道。长期反复接触对皮肤有刺激性
②	矿渣	因淋溶会渗出含铅、锑等金属的污水，颜色发暗	污染水体、土壤，造成重金属含量超标，影响水质和土壤
③	废水	冷却水，污染较小	若混入金属粉尘，易对人体造成伤害

四、应急防护措施、防护设备及应急处理

为了保障工人以及环保工作人员的身心健康和环境安全，表 4-47 给出了锑合金冶炼工艺流程中发生突发环境污染事故的污染物种类、应急防护措施、防护设备及应急处理技术。

表 4-47　污染物的应急防护措施、防护设备及应急处理技术

污染物种类	应急防护措施	防护设备		应急处理方法
		常用基础设备	特异性设备	
废气	佩戴防毒面具	一般过滤式面具	二氧化硫特异性防毒面具	出现不适应立即转移到通风处，远离污染源，严重应立即就医
固废及废水	严防固废污染地下水	—	—	迅速撤离泄漏污染区人员至安全区，尽可能切断泄漏源。防止流入下水道。小量泄漏：用砂土、干燥石灰或苏打灰混合。也可以用大量水冲洗，经水稀释后放入废水系统。大量泄漏：构筑围堤或挖坑收容。用泵转移至槽车或专用收集器内，回收或运至废物处理场所处置

五、应急监测、监测设备及监测方法

突发环境污染事故应尽量携带便携式的污染物监测仪器，如还未配备，则可以采样回实验室采用国家标准分析方法进行污染物的监测。

表 4-48　应急监测设备与监测方法及监测指标

污染物种类	监测指标		快速监测设备	量程范围
废气	二氧化硫		泵吸式二氧化硫检测仪（产品型号：GD80-SO_2）	$0\sim10\times10^{-6}$、20×10^{-6}、100×10^{-6}、$2\,000\times10^{-6}$、$5\,000\times10^{-6}$可选
	烟粉尘		CCHZ-1000 全自动粉尘测定仪	0～1 000 mg/m^3
	重金属粉尘		CCHZ-1000 全自动粉尘测定仪	0～1 000 mg/m^3
废水	铅		水体金属离子快速检测仪	0～45 mg/L
	砷			
固体废物	废渣浸出液	铅	水体金属离子快速检测仪	0～45 mg/L
		砷		

第十七节　铟冶炼工艺环境污染事故及应急

一、铟冶炼工艺简介

铟为周期表中ⅢA 族略带淡蓝色银白色的固体铝土金属元素，原子序数 49，化学符 In。

铟是银白色金属，稀有元素之一，具有延展性，比铝还软，易溶解于酸和碱，不能溶解于水，在空气中稳定，燃烧时发生鲜紫色的火焰。主要以微量存在于锡石和闪锌矿中，用化学或者电解方法由闪锌矿制得。

铟的质软，能拉成细丝。纯态的金属铟几乎没有什么商业价值，主要用于制造合金，以降低金属的熔点。铟银合金或铟铅合金的导热能力高于银或铅。可作低熔合金、轴承合金、半导体、电光源等的原料。主要做飞机用的涂敷铅的银轴承的镀层。铟箔往往插入核

反应堆中以控制核反应的进行。

我国的铟分布在铅锌矿床和铜锡金属矿床中，保有储量为 13 014 t，分布 15 个省区，主要集中在云南（占全国铟总储量的 40%）、广西（31.4%）、内蒙古（8.2%）、青海（7.8%）、广东（7%）。尚未发现铟的单独矿床，它以微量伴生在锌、锡等矿物中。当其含量达十万分之几，就有工业生产价值，目前主要是从闪锌矿中提取。另外，从锌、铅和锡生产的废渣、烟尘中也可回收铟。

一般的生产流程是这样的：将含铟下脚料用硫酸浸取，锌置换后电解得到产品。来源于湿法炼锌的下脚料成分非常复杂，镉、砷、铅等毒害元素及锌等含量较高，生产中浸取终酸在 20～30 g/L，多数有毒有害成分都进入了溶液，而大多数厂家对废水缺乏必要的处理措施，甚至偷排暗排，造成严重的重金属污染和酸污染，砷、镉、铅及酸值往往超标几百倍甚至几千倍。另外，在萃取后富铟液的置换中有剧毒的砷化氢气体产生，未经处理的含酸废水遇到活泼金属等还原剂也会产生砷化氢，容易造成急性砷中毒。

二、铟冶炼工艺流程及环境风险

铟比铅的毒性大。美国和英国已公布了铟的职业接触限值均为 0.1 mg/m^3。而这两个国家铅的标准为 0.15 mg/m^3。说明铟的毒性不可轻视。液晶显示器含有铟，一旦形成铟中毒，那么患者肺里的粉尘颗粒无法抽出，肺部功能很难恢复，而且还在不断地自我排出蛋白质。所以需定期到医院进行一次全肺灌洗，否则就可能有生命危险。

同时，现有的提铟工艺过程中往往会产生极毒的砷化氢气体，严重污染环境，危害工人健康。因此，铟冶金工艺产生的剧毒污染物必须做好防范措施和应急措施。

图 4-21 给出了锌冶炼废渣中用高温挥发法提取铟的工艺流程，研究显示此方法中铟的挥发率 90%以上：

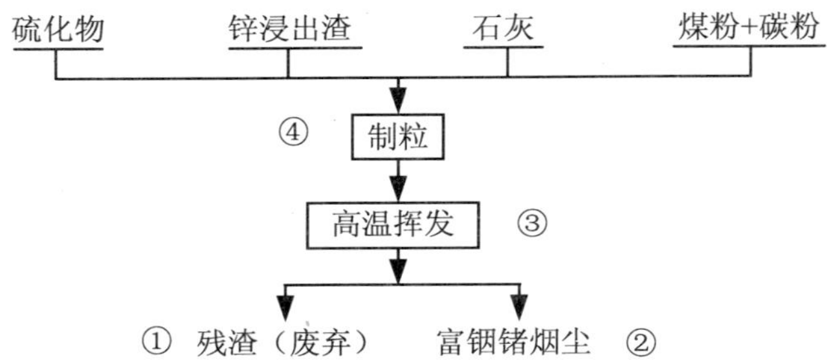

图 4-21 高温挥发法从锌矿废渣中提炼铟的工艺流程及风险点位

①残渣；②富铟烟尘；③砷化氢（AsH_3）气体，硫酸酸雾；④酸性废液

由图 4-21 可见，高温挥发技术进行铟冶炼时主要产生的污染物有残渣和富铟烟尘，另外会产生毒性很强的砷化氢气体。

铟和锗在地壳中含量甚微，没有独立的矿床，多伴生于有色金属矿物中，铟主要伴生于硫化锌矿中，图 4-22 显示了从锌冶炼工艺中综合回收铟和锗的工艺流程。

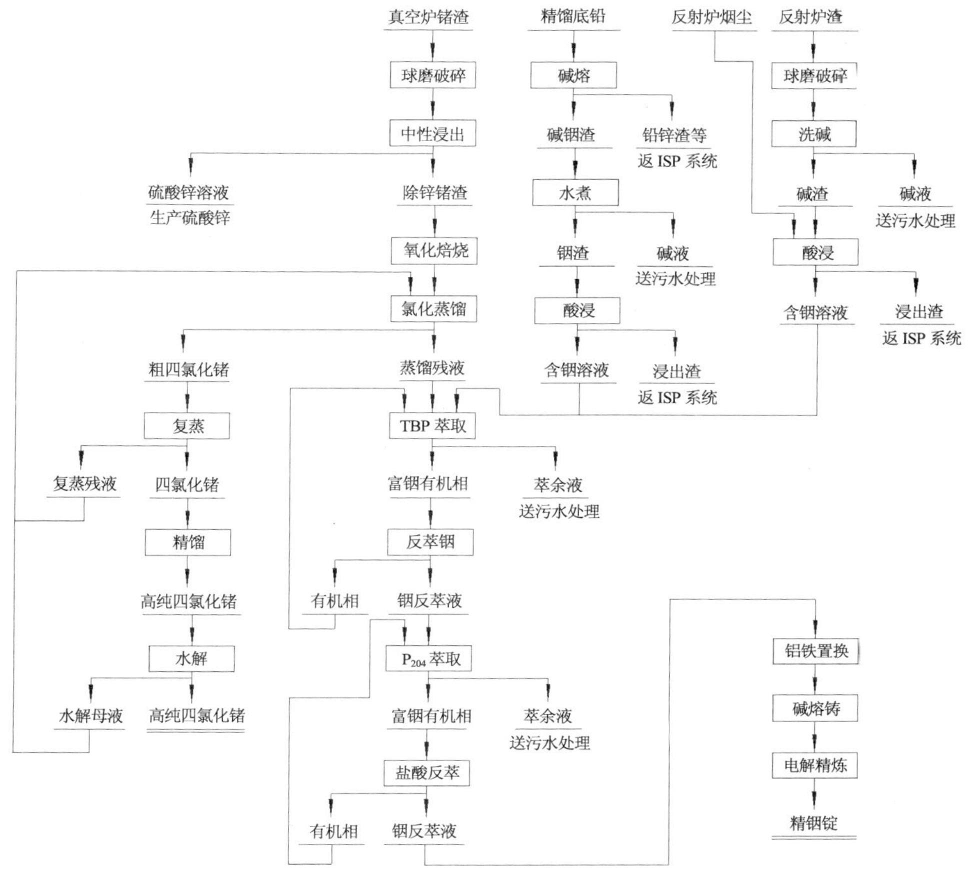

图 4-22　综合回收铟和锗的工艺流程

三、铟冶炼环境事故排放污染物表征及其危害

根据铟冶炼的工艺流程，可能发生的环境污染事故的风险点位见表 4-49。表中指出了铟冶炼工艺过程中主要污染物的表征、危害对象及危害途径。

表 4-49　铟冶炼环境污染事故的风险点位及危害描述

风险点位	产生的主要污染物	现象及特征	危害途径及对象、特征
①	废渣	因淋溶会渗出含锌等金属的污水，颜色发暗	废渣中含有各种可吸入重金属颗粒物，通过呼吸进入人体对人危害极大； 废渣被风吹后会散发很多烟尘，对人危害较大，另外废渣的淋溶性很强，淋溶液会污染水环境和土壤环境
②	含铟粉尘	淡白色气体，可燃，具刺激性	通过吸入进入人体造成伤害，铟的毒性较强，含铟粉尘的废气有刺激性

风险点位	产生的主要污染物	现象及特征	危害途径及对象、特征
③	砷化氢气体	无色、有蒜味的极毒气体	砷化氢中毒能引起呕吐、哆嗦，主要为不同程度的急性溶血和肾脏损害。中毒程度与吸入砷化氢的浓度密切相关； 轻度中毒有头晕、头痛、乏力、恶心、呕吐、腹痛、关节及腰部酸痛，皮肤及巩膜轻度黄染。血红细胞及血红蛋白降低。尿呈酱油色，隐血阳性，蛋白阳性，有红、白细胞。血尿素氮增高。可伴有肝脏损害； 重度中毒发病急剧，有寒战、高热、昏迷、谵妄、抽搐、紫绀、巩膜及全身重度黄染。少尿或无尿。贫血加重，网织红细胞明显增多。尿呈深酱色，尿隐血强阳性。血尿素氮明显增高，出现急性肾功能衰竭，并伴有肝脏损害。早期症状需与急性胃肠炎和急性感染相鉴别。发生溶血后，须与其他原因引起的溶血相鉴别。在急性中毒尤其在早期，尿砷可正常，早期检查尿常规、尿胆原、黄疸指数，以及网织红细胞等，有助于诊断
	硫酸酸雾	刺激性气味、腐蚀性强	硫酸酸雾主要通过吸入损伤口腔、呼吸道皮肤组织，同时会损伤人的眼睛。酸雾具有很强的刺激性。如吸入酸雾应及时转移至通风处并用碱性苏打水漱口然后就医。严重者应及时送入医院就医
④	酸性废液	因含铟、铅、锌等金属导致废液颜色呈深褐色	酸性废液的泄漏会污染水源，也会造成土壤功能退化。如果发生泄漏必须阻断进行坑道收集集中，避免进入水体和重要土壤功能区，集中后统一处理

四、应急防护措施、防护设备及应急处理

为了保障工人以及现场监测环保工作人员的身心健康和环境安全，表 4-50 指出了铟回收冶炼工艺突发环境污染事故的风险源点、应急防护措施、应急监测指标以及基本防护设备配置等。

表 4-50　应急防护措施、设备及应急处理技术方法

序号	污染物	防护措施	防护装备及应急处理技术方法		
			特异装备	常用装备	应急处理技术
1	酸性废液	防酸性腐蚀工作服	—	—	一般：进入烟气漂浮区域需佩戴防毒面具。废渣区戴一般口罩。 废渣：应避免随意堆放，需按照危险固废管理条例进行处理；同时存放需防止风吹导致浮尘，防止淋溶液体污染附近的水体、土壤 砷化氢气体中毒：立即脱离接触，安静、给氧、保护肝、肾和支持、对症治疗。为减轻溶血反应及其对机体的危害，应早期使用大剂量肾上腺糖皮质激素，并用碱性药物使尿液碱化，以减少血红蛋白在肾小管的沉积。也可早期使用甘露醇以防止肾功能衰竭。重度中毒肾功能损害明显者需用透析疗法，应及早使用，根据溶血程度和速度，必要时可采用换血疗法。 酸性废液：如发生泄漏必须采取工程措施进行坑、道收集集中，并统一处理
2	废渣	口罩	—	—	
3	硫酸酸雾	过滤防毒面具	—	—	
4	含铟烟气	防毒面具	防毒面具	—	
5	砷化氢气体	防毒面具	防毒面具	—	

五、应急监测、监测设备及监测方法

表 4-51 列出了铟冶炼工艺发生污染事故后，应急监测所需基本设备和实验室测试标准方法。

表 4-51　应急监测设备与监测方法及监测指标

<table>
<tr><th>污染物种类</th><th colspan="2">监测指标</th><th>快速监测设备</th><th>量程范围</th></tr>
<tr><td rowspan="5">大气</td><td colspan="2">二氧化硫</td><td>泵吸式二氧化硫检测仪（产品型号：GD80-SO_2）</td><td>0～10×10^{-6}、20×10^{-6}、100×10^{-6}、2 000×10^{-6}、5 000×10^{-6}可选</td></tr>
<tr><td colspan="2">砷化氢</td><td>便携式砷化氢分析仪（产品型号：MOT400-AsH_3）</td><td>0～1×10^{-6}、8×10^{-6}可选</td></tr>
<tr><td colspan="2">重金属粉尘</td><td>CCHZ-1000 全自动粉尘测定仪</td><td>0～1 000 mg/m^3</td></tr>
<tr><td colspan="2">硫酸雾</td><td colspan="2" rowspan="2">采样送实验室分析，分析方法见附录</td></tr>
<tr><td colspan="2">盐酸雾</td></tr>
<tr><td rowspan="2">水体</td><td colspan="2">铟、铅、锌等金属离子</td><td>水体金属离子快速检测仪</td><td>0～45 mg/L</td></tr>
<tr><td colspan="2">酸性废液</td><td>便携式 pH 计、硫酸根离子快速检测仪</td><td>0～14 mg/L、0.2～50 mg/L</td></tr>
<tr><td rowspan="3">固体废物</td><td rowspan="3">固废浸出液</td><td>铟</td><td rowspan="3">水体金属离子快速检测仪</td><td rowspan="3">0～45 mg/L</td></tr>
<tr><td>铅</td></tr>
<tr><td>砷</td></tr>
</table>

第十八节　铅冶炼与铅盐生产工艺环境污染事故及应急

一、铅冶炼及铅盐生产简介

金属元素，符号 Pb，原子序数 82。可以做合金、蓄电池等。主要存在于方铅矿（PbS）及白铅矿（$PbCO_3$）中，经煅烧得硫酸铅及氧化铅，再还原即得金属铅。铅为带蓝色的银白色重金属，它有毒性，是一种有延伸性的主族金属。

铅主要用于制造铅蓄电池；铅合金可用于铸铅字，做焊锡；铅还用来制造放射性辐射、X 射线的防护设备；铅及其化合物对人体有较大毒性，并可在人体内积累。铅被用做建筑材料，用在乙酸铅电池中，用做枪弹和炮弹，焊锡、奖杯和一些合金中也含铅。

急性铅中毒目前研究的较为透彻，其症状为：胃疼，头痛，颤抖，神经性烦躁，在最严重的情况下，可能人事不省，直至死亡。在很低的浓度下，铅的慢性长期健康效应表现为：影响大脑和神经系统。科学家发现：城市儿童血样即使铅的浓度保持可接受水平，仍然明显影响到儿童智力发育和表现行为异常。只有降低饮用水中铅水平才能保证人们对铅的摄取总量降低。无铅汽油的推广应用为降低环境中的铅污染立了大功，特别是降低了大气中的颗粒物中的铅。

铅与颗粒物一起被风从城市输送到郊区，从一个省输送到另一个省，甚至到国外，影响其他地区，成了世界公害。科学家在北美格陵兰地区的冰山上逐年积冰的地区打钻钻取冰柱，下层的年头久远，顶层的年头捱近，易不同层次测定冰的铅含量。结果表明：1750年以前铅含量仅为20 μg/t；1860年为50 μg/t；1950年上升为120 μg/t；1965年剧增到210 μg/t。近代工业的发展，全球范围的污染日趋严重。

铅的工业污染来自矿山开采、冶炼、橡胶生产、染料、印刷、陶瓷、铅玻璃、焊锡、电缆及铅管等生产废水和废弃物。另外，汽车排气中的四乙基铅是剧毒物质。水体受铅污染时（Pb0.3～0.5 mg/L），明显抑制水体的自净作用，2～4 mg/L时，水即呈混浊状。

铅具有很强的环境危害性和毒性，主要体现在以下几个方面：

慢性毒性：长期接触铅及其化合物会导致心悸，易激动，血相红细胞增多。铅侵犯神经系统后，出现失眠、多梦、记忆减退、疲乏，进而发展为狂躁、失明、神志模糊、昏迷，最后因脑血管缺氧而死亡。血铅水平往往要高于2.16 μmol/L时，才会出现临床症状。

致癌：铅的无机化合物的动物试验表明可能引发癌症。另据文献记载，铅是一种慢性和积累性毒物，不同的个体敏感性很不相同，对人来说铅是一种潜在性泌尿系统致癌物质。

致突变：用含1%的醋酸铅饲料喂小鼠，白细胞培养的染色体裂隙-断裂型畸变的数目增加，这些改变涉及单个染色体，表明DNA复制受到损伤。

残留与蓄积：铅是一种积累性毒物，人类通过食物链摄取铅，也能从被污染的空气中摄取铅。从人体解剖的结果证明，侵入人体的铅70%～90%最后以磷酸铅（$PbHPO_4$）形式沉积并附着在骨骼组织上，现代美国人骨骼中的含铅量和古代人相比高100倍。这一部分铅的含量终身逐渐增加，而蓄积在人体软组织，包括血液中的铅含量达到一定程度（人的成年初期）后，然后几乎不再变化，多余部分会自行排出体外，表现出明显的周转率。鱼类对铅有很强的富集作用。

爆炸：粉体在受热、遇明火或接触氧化剂时会引起燃烧爆炸。

二、铅冶炼、铅盐生产工艺流程与产污简介

铅冶炼、铅盐生产工艺与产污环节流程图如图4-23～图4-28所示：

由图4-23～图4-28可见，铅冶炼与铅盐生产工艺产生的污染物主要有铅蒸汽，铅粉尘，烟气，酸雾，生产污水等高毒污染物，污染物危害大。

同时由图4-23～图4-28可见，铅冶炼与铅盐生产工艺流程中用到许多辅料，主要辅料的化学性质与毒性辨识见表4-52。

表4-52 主要有毒有害原辅材料理化性质及毒理毒性

名称	硫酸	亚磷酸	冰醋酸	硬脂酸	氢氟酸
国标编号	81007	81502	80601	—	81013
分子式	H_2SO_4	H_3PO_3	CH_3COOH	$CH_3(CH_2)_{16}COOH$	$HF\text{-}H_2O$
外观及性况	纯品为无色透明油状液体，无臭	白色或淡黄色结晶，有蒜味，易潮解	无色透明液体，有刺激性酸臭	带有光泽的白色柔软小片	无色透明至淡黄色冒烟液体
熔、沸点（℃）	熔点：10.5℃ 沸点：330.0℃	熔点：73.6℃	熔点：16.7℃ 沸点：118.1℃	熔点：69.6℃。沸点376.1℃（分解）	熔点：-83.1℃，沸点：112.2℃

名称	硫酸	亚磷酸	冰醋酸	硬脂酸	氢氟酸
国标编号	81007	81502	80601	—	81013
分子式	H_2SO_4	H_3PO_3	CH_3COOH	$CH_3(CH_2)_{16}COOH$	$HF\text{-}H_2O$
溶解性	与水混溶	易溶于水、醇	溶于水、醚、甘油，不溶于二硫化碳	微溶于冷水，溶于酒精、丙酮，易溶于苯、氯仿、乙醚等有机溶剂	与水混溶
危险标记	20（酸性腐蚀品）	20（酸性腐蚀品）	20（酸性腐蚀品）	20（酸性腐蚀品）	20（酸性腐蚀品）
稳定性	稳定	稳定	稳定	稳定	稳定
毒理毒性	毒性：属中等毒性	有腐蚀性。受热分解产生剧毒的氧化磷烟气	毒性：属低毒类。急性毒性：人经口 1.47 mg/kg，最低中毒量，出现消化道症状；人经口 20～50g 致死剂量	无毒	急性毒性：LC 501 276×10^{-6}，1 h（大鼠吸入）

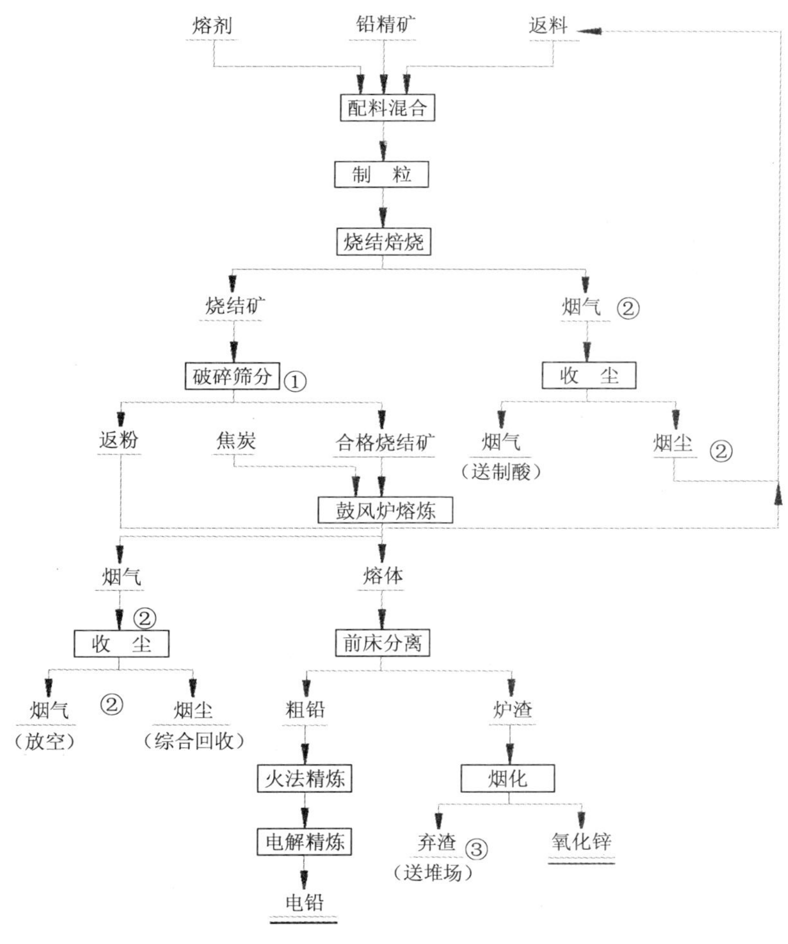

图 4-23 粗铅冶炼工艺流程及污染物产生环节示意图

①含铅粉尘；②烟气（含铅尘）；③矿渣

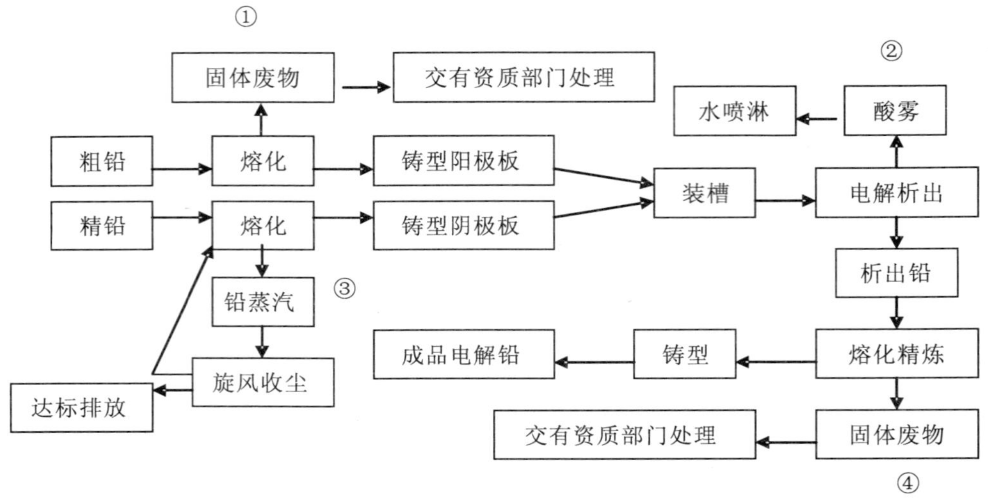

图 4-24 电解铅生产工艺流程及污染物产生环节示意图

①含铅矿渣；②酸雾；③铅蒸汽；④含铅矿渣

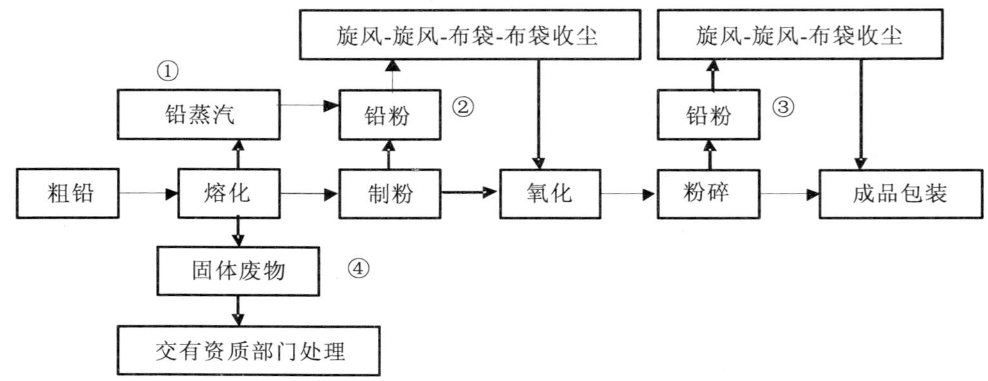

图 4-25 氧化铅生产工艺流程及污染物产生环节示意图

①铅蒸汽；②铅粉尘；③铅粉尘；④含铅矿渣

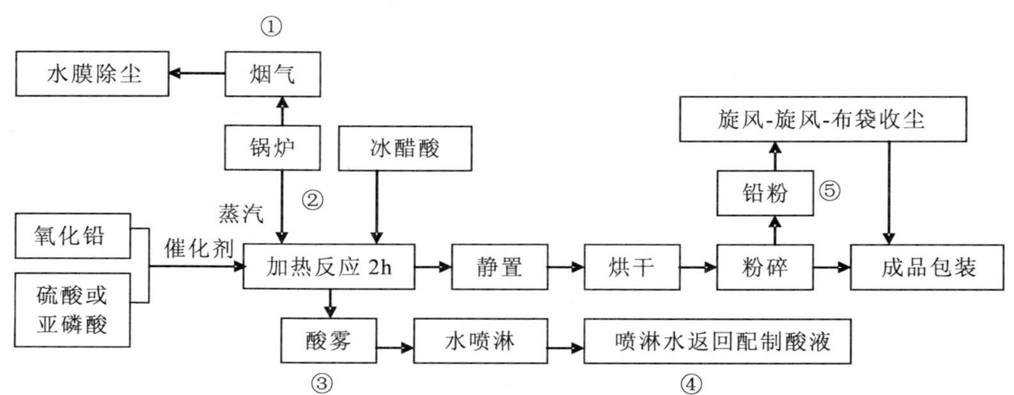

图 4-26 三盐、二盐铅生产工艺流程及污染物产生环节示意图

①含铅烟气；②铅蒸汽；③酸雾（硫酸、磷酸）；④含铅废水；⑤铅粉尘

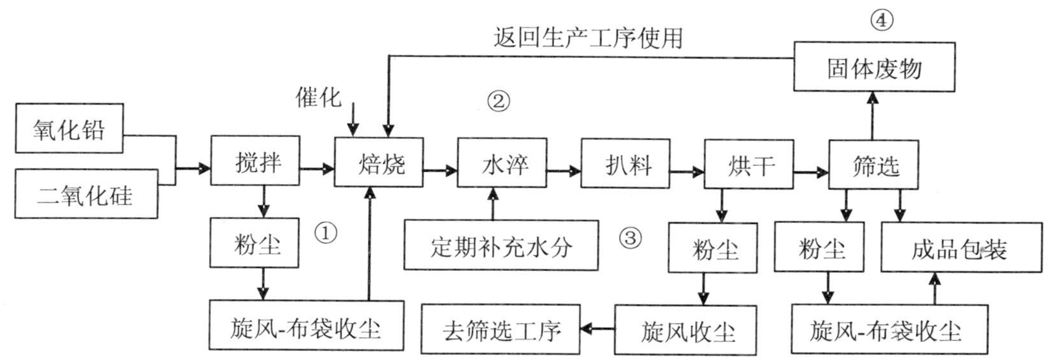

图 4-27　硅酸铅生产工艺流程及污染物产生环节示意图

①铅粉尘；②含铅废水；③铅粉尘；④含铅矿渣

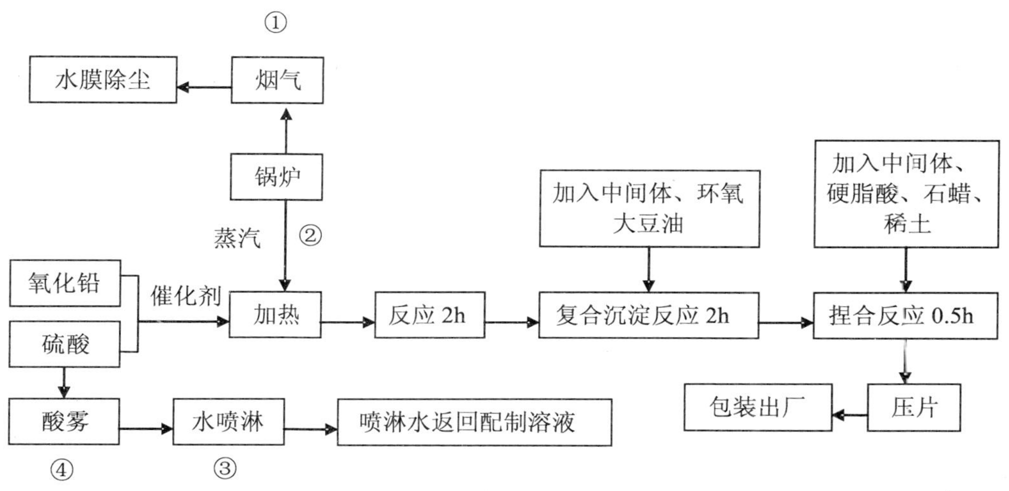

图 4-28　无尘复合铅生产工艺流程及污染物产生环节示意图

①含铅烟气；②铅蒸汽；③含铅废水；④酸雾（硫酸）

三、铅冶炼与铅盐生产工艺环境事故排放污染物表征及其危害

根据铅冶炼，铅盐生产的工艺流程（图 4-23～图 4-28），发生的环境污染事故的风险点位见表 4-53。表中指出了铜冶炼工艺过程中主要污染物的表征、危害对象及危害途径。

表 4-53　铅冶炼、铅盐生产工艺污染事故排放污染物及危害描述

产生的主要污染物	排放源	危害途径及对象
铅蒸汽	液态的铅具有一定的挥发性，在熔化时会挥发产生铅蒸汽，主要产生于熔化工序	通过呼吸道和消化道进入机体并蓄积，引起机体多个器官和系统发生病变，慢性铅中毒是较常见的职业病之一
二氧化硫	图 4-25	图 4-25

产生的主要污染物	排放源	危害途径及对象
含铅粉尘	产污环节分别为：氧化铅生产线：制粉工序、粉碎工序；三盐、二盐：粉碎工序；硅酸铅：混合搅拌工序、烘干工序、筛选工序	影响地表水体水质，造成重金属污染；侵蚀附近土壤危害植被和作物，影响食品品质；粉尘通过干沉降在地表沉积，会造成农田土壤重金属污染，影响作物生长
酸雾	产生的酸雾主要为生产过程中使用的氢氟酸、硫酸、冰醋酸和亚磷酸	氟化氢具有很强的毒性，通过呼吸进入人体造成危害
生产废水	水膜除尘的方式处理锅炉燃煤产生的烟气，经过喷淋，烟气中的烟尘等污染物转移到水中，使除尘废水呈现悬浮物浓度高、pH 值低的特点	除尘废水酸性较高，未经处理排放会污染水体和土壤
含铅废渣	电解铅生产过程中粗铅熔化和电解铅精炼过程中产生的漂浮于表层的铁、铜、银等金属杂质	废渣淋溶性强，淋溶废水会污染地表、地下水体和土壤

四、应急防护措施、防护设备及应急处理

为保障工人以及现场监测环保人员的身心健康和环境安全，表 4-54 指出了工艺突发环境污染事故的风险源点、应急防护措施、应急监测指标以及基本防护设备配置等。

表 4-54　应急防护措施、设备及应急处理技术方法

<table>
<tr><th rowspan="2">污染物</th><th rowspan="2">防护措施</th><th colspan="3">防护装备及应急处理技术方法</th></tr>
<tr><th>特异装备</th><th>常用装备</th><th>应急处理技术</th></tr>
<tr><td>铅尘</td><td>呼吸系统防护：作业工人应该佩戴防尘口罩。
眼睛防护：必要时可采用安全面罩。
防护服：穿工作服。
手防护：必要时戴防护手套。
其他：工作现场禁止吸烟、进食和饮水。工作后，淋浴更衣</td><td rowspan="2">使用防毒面具</td><td rowspan="2">防尘口罩</td><td rowspan="3">泄漏应急处理：切断火源。戴好防毒面具，穿好一般消防防护服。用水泥、沥青或适当的热塑性材料固化处理再废弃。如大量泄漏，收集回收或无害处理后废弃；
皮肤接触：脱去污染的衣着，用肥皂水及流动清水彻底冲洗。
眼睛接触：立即翻开上下眼睑，用流动清水或生理盐水冲洗，就医；
吸入：迅速脱离现场至空气新鲜处，保持呼吸道通畅，呼吸困难时给输氧，呼吸停止时，立即进行人工呼吸，就医。
食入：给饮足量温水，催吐，就医；
重金属污水意外排放：如发生意外的污水排放以及工艺设备的损害导致的大量污水排放，必须采取工程拦截措施，避免流入水环境敏感区和重要水环境功能区；
酸雾中毒：饮用大量碱性饮料，皮肤灼伤涂抹硼酸、碳酸盐溶液</td></tr>
<tr><td>酸雾</td><td>过滤防毒面具</td></tr>
<tr><td>含铅生产废水</td><td>工程拦截</td><td>—</td><td>铲子、铲车</td></tr>
</table>

其他泄漏及处理措施如下：

（1）对于泄漏的 $PbCl_4$ 和 $Pb(ClO_4)_2$，应戴好防毒面具等全部防护用品。用干沙土混合，分小批倒至大量水中，经稀释的污水放入废水系统。

（2）对于泄漏的 PbO、四甲（乙）基铅和 Pb_3O_4，应戴好防毒面具等全部防护用品。

用干沙土混合后倒至空旷地掩埋；污染地面用肥皂或洗涤剂刷洗，经稀释的污水排入废水系统。

（3）对于泄漏的 PbF_2，应戴好防毒面具等全部防护用品。在泄漏物上撒上纯碱；被污染的地面用水冲洗，经稀释的污水排入废水系统。

（4）对于泄漏的 $Pb(BrO_3)_2$、PbO_2 和 $Pb(NO_3)_2$，应戴好防毒面具等全部防护用品。被污染的要面用水冲洗，经稀释的污水排入废水系统。

（5）对于泄漏的烷基铅，用不燃性分散剂制成乳液刷洗。如无分散剂可用沙土吸收，倒至空旷地方掩埋；被污染的地面用肥皂或洗涤剂刷洗，经稀释的污水放入废水系统。

处理方法：当水体受到污染时，可采用中和法处理，即投加石灰乳调节 pH 到 7.5，使铅以氢氧化铅形式沉淀而从水中转入污泥中。用机械搅拌可加速澄清，净化效果为 80%～96%，处理后的水铅浓度为 0.37～0.40 mg/L。而污泥再做进一步的无害化处理。对于受铅污染的土壤，可加石灰、磷肥等改良剂，降低土壤中铅的活性，减少作物对铅的吸收。

五、应急监测、监测设备及监测方法

表 4-55 列出了铅冶炼、铅盐生产工艺污染事故后，大气、土壤、水质应急监测的快速现场监测和实验室测试国家标准方法。水质取样，分析方法参照附件相关材料和水质分析的国家标准分析方法。

表 4-55　应急监测设备与监测方法及监测指标

<table>
<tr><th>污染物种类</th><th colspan="2">监测指标</th><th>快速监测设备</th><th>量程范围</th></tr>
<tr><td>大气</td><td colspan="2">重金属烟粉尘</td><td>CCHZ-1000 全自动粉尘测定仪</td><td>0～1 000 mg/m³</td></tr>
<tr><td>大气</td><td colspan="2">二氧化硫</td><td>泵吸式二氧化硫检测仪
（产品型号：GD80-SO₂）</td><td>0～10×10⁻⁶、20×10⁻⁶、100×10⁻⁶、
2 000×10⁻⁶、5 000×10⁻⁶ 可选</td></tr>
<tr><td rowspan="6">水体</td><td colspan="2">铅</td><td rowspan="4">水体金属离子快速检测仪</td><td rowspan="4">0～45 mg/L</td></tr>
<tr><td colspan="2">镉</td></tr>
<tr><td colspan="2">砷</td></tr>
<tr><td colspan="2">锌</td></tr>
<tr><td colspan="2">氰化物</td><td>氰化物检测试纸</td><td>0.05～5.0 mg/L</td></tr>
<tr><td colspan="2">挥发酚</td><td>水质快速测定仪</td><td>0～0.5 mg/L</td></tr>
<tr><td rowspan="2">固体废物</td><td rowspan="2">废渣浸出液</td><td>铅</td><td rowspan="2">水体金属离子快速检测仪</td><td rowspan="2">0～45 mg/L</td></tr>
<tr><td>锌</td></tr>
</table>

第十九节　塑料制造工艺环境污染事故及应急

塑料制品业指以合成树脂（高分子化合物）为主要原料，经采用挤塑、注塑、吹塑、压延、层压等工艺加工成型的各种制品的生产；以及利用回收的废旧塑料加工再生产塑料制品的活动。包括聚氯乙烯、聚乙烯、聚丙烯、聚苯乙烯、ABS、EVA、聚氨酯等各种塑料原料生产的塑料制品。

以塑料带为例，塑料食品袋根据其原料成分，分为聚乙烯、聚丙烯、聚苯乙烯、聚氯乙烯等类型，其中聚乙烯、聚丙烯是安全的塑料，可以用来盛装食品。而多数聚氯乙烯塑料袋有毒，是用回收的废塑料加染料制成，如用其包装食品，将对人体健康造成一定的危害。

塑料制品业在制造工艺中容易产生有毒气体，尤其发生环境风险事故，如着火等，导致塑料制品燃烧则更加危险。因为塑料制品燃烧温度一般低于 800℃，极易产生二噁英（dioxin），此气体要比氰化钾毒 100 多倍。

塑料为合成的高分子化合物[聚合物（polymer）]，又可称为高分子或巨分子（macromolecules），也是一般所俗称的塑料（plastics）或树脂（resin），可以自由改变形体样式。是利用单体原料以合成或缩合反应聚合而成的材料，由合成树脂及填料、增塑剂、稳定剂、润滑剂、抗氧剂、色料等添加剂组成的。塑料可区分为热固性与热可塑性两类，前者无法重新塑造使用，后者可一再重复生产。

塑料无法自己降解，容易燃烧，燃烧时产生有毒气体，造成大气污染和人体危害。本手册以聚乙烯为例阐述塑料制造行业的环境突发事故及应急措施。

一、塑料制造工艺简介及突发污染事故点位

以聚乙烯聚合塑料为例，聚乙烯的聚合方法根据密度不同在不同的温度条件下用不同的催化剂进行聚合反应制得，以乙烯为主要原料，丙烯、1-丁烯、己烯为共聚体，在催化剂的作用下，采用淤浆聚合或气相聚合工艺，所得到的聚合物经闪蒸、分离、干燥、造粒等工序，获得颗粒均匀的成品。包括诸如片材挤塑、薄膜挤出、管材或型材挤塑，吹塑、注塑和滚塑。聚乙烯被吸入体内后，其小分子颗粒会被吸收至血液循环系统中，最终被植被在肾脏里，极不易被排出，从而使聚乙烯生产工作者诱发肾结石等病症的几率比正常人要高出 3 倍。具体工艺流程图与风险点位见图 4-29：

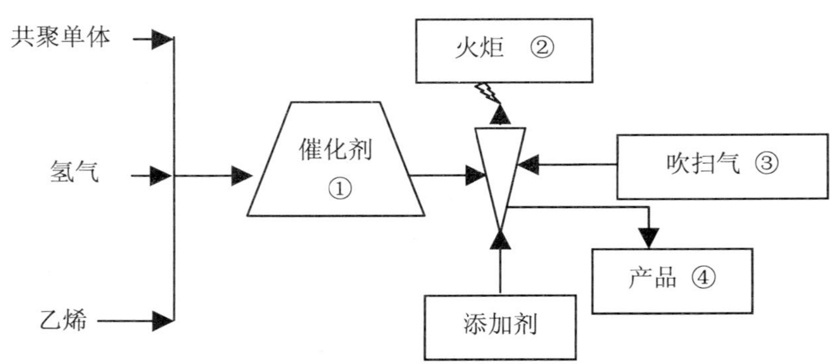

图 4-29 聚乙烯工艺环境污染事故风险点位

①产生一些气态的聚合物颗粒；②有毒气体；③大量有毒、致癌气体；④有毒、致癌气体

由图 4-29 可见，塑料制造工艺最容易产生的污染物主要为有害气体和催化反应环节的塑料聚合颗粒，对人体健康会造成极大的危害，因此要特别注意呼吸系统的防护，并避免造成大气污染。

二、塑料制造工艺产生的污染物表征及其危害

依据塑料制造工艺流程（图 4-29），污染物产生的危险点位见表 4-56。主要污染物为有毒气体和有毒颗粒。主要污染物的表征及危害见表 4-56。

表 4-56 塑料制造工艺产生污染物的风险点位及危害描述

风险点位	产生的主要污染物	现象及特征	危害
①	有毒聚合塑料颗粒	空气中有塑料气味	人的血液循环系统、会在肾脏富集，诱发肾结石
②，③	有毒气体（二噁英、酚类、酯类）	刺激性的塑料燃烧味	致癌
④	燃烧事故后产生有毒、致癌气体	刺激性的塑料燃烧味	致癌

三、应急防护措施、防护设备及应急处理

为了保障人与大气环境安全，表 4-57 给出了塑料制造工艺中发生突发环境污染事故的污染物，应急防护措施及基本防护设备等。

表 4-57 应急措施、设备及事故应急处理工程与技术

序号	污染物	应急措施	防护装备及应急处理技术方法		
			特异装备	常用装备	处理措施
1	聚合塑料颗粒	佩戴过滤面具	防静电工作服	过滤式防毒面具	通风故障：将此环节的大气疏导至其他大气处理技术进行处理后排放
2	有毒气体	防毒面具	防毒面具	—	着火事故：应及时消防灭火，停产整修

四、应急监测、监测设备及监测方法

表 4-58 详细列出了应急快速监测所需基本设备。实验室分析方法的具体步骤请参照手册附录。

表 4-58 应急监测设备与监测方法及监测指标

污染物种类	监测指标	快速监测设备及检测范围	
		快速监测设备	检测范围
大气	塑料颗粒粉尘	CCHZ-1000 全自动粉尘测定	0～1 000 mg/m^3
大气	二噁英、酚类、酯类	气相色谱仪，参见本《手册》附录	

第二十节　塑料用品加工业环境污染事故及应急

一、塑料用品加工简介

人们生活中用到大量的塑料用品，包括消费量极大的塑料袋、塑料玩具，各种家用、工业用的仪器部件等，均含有塑料。塑料用品已经渗透到人们的日常生产生活之中。然而，大量塑料用品的使用以及废弃塑料用品的不合理回收、处理会导致大气污染，并危害人类的身心健康。本手册以塑料袋为实例，阐述塑料用品加工业的环境污染风险及事故应急措施。

二、塑料用品加工工艺流程及事故点位

塑料袋生产流程：（聚烯）→塑料拉丝机（将原料制成丝线）→收卷机（把拉出的丝线收卷）→圆织机（把收卷的丝编织成塑料编织筒布）→复合机（复合 OPP、纸等其他材料）→印刷机（印字和图案等）→切袋机，放袋架（把塑料编织筒布切成一条条袋子）→缝包机（缝制底部）→打包机（把成形的袋子打包成捆）→出厂→废料回收→破碎机（破碎废丝）、烘干机（烘干废丝），烘干好的原料放进拉丝机再使用。工艺流程中涉及加热、塑型环节会产生有毒致癌气体，因此需要重点防护。具体工艺流程图与风险点位见图 4-30：

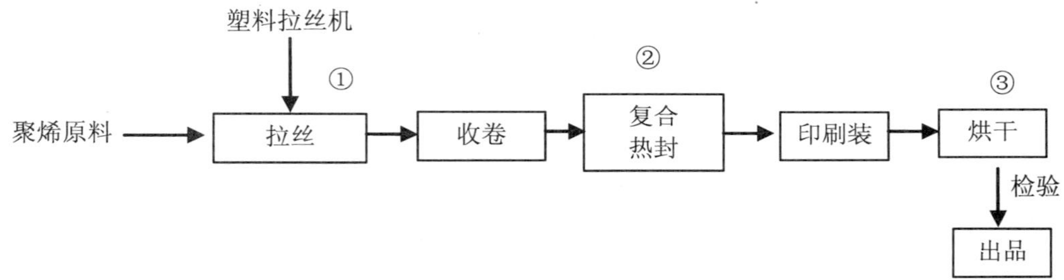

图 4-30　塑料用品加工环境污染事故风险点位

①有毒气体；②有毒气体；③有毒气体；④有毒、致癌气体

由图 4-30 可见，塑料用品加工的环境污染物主要为加热工序所产生有毒有害气体，如风险点②的加热封口工序会产生有毒性的致癌气体，包括酚类、酯类等。同时，加热工序如果温度控制不好会导致燃烧，产生大量有毒气体。

三、塑料用品加工产生的污染物表征及其危害

依据塑料用品加工流程（图 4-30），污染物产生的危险点位见表 4-59。主要污染物与塑料制造行业类似，为有毒致癌气体。主要污染物的表征及危害见表 4-59。

表 4-59　塑料用品加工工艺的风险点位及危害描述

风险点位	产生的主要污染物	现象及特征	危害
①，②	有毒致癌气体气体（酚类、酯类、苯类）	刺激性的塑料燃烧味	致癌
③	燃烧事故后产生有毒、致癌气体	刺激性的塑料燃烧味	致癌

四、应急防护措施、防护设备及应急处理

为了保障人与大气环境安全，表 4-60 给出了塑料用品加工行业中发生突发环境污染事故的主要污染物，应急防护措施及基本防护设备等。工人和环保工作人员均需注意防护呼吸系统，避免摄入有毒致癌气体。

表 4-60　应急措施、设备及事故应急处理工程与技术

序号	污染物	应急措施	防护装备及应急处理技术方法		
			特异装备	常用装备	处理措施
1	有毒气体	佩戴防毒面具	防毒面具	—	着火事故：应及时消防灭火，停产整修，需尽快通风

五、应急监测、监测设备及监测方法

表 4-61 详细列出了应急监测所需基本设备和实验室测试国家标准方法。方法的具体步骤请参照手册附件。

表 4-61　应急监测设备与监测方法及监测指标

污染物种类	监测指标	快速监测设备及检测范围	
		快速监测设备	检测范围
大气	二噁英、酚类、酯类	实验室，气相色谱仪，参见本《手册》附录	

第二十一节　泡沫塑料制造业环境污染事故及应急

一、泡沫塑料制造业工艺简介

泡沫塑料也叫多孔塑料。以树脂为主要原料制成的内部具有无数微孔的塑料。质轻、绝热、吸音、防震、耐腐蚀。有软质和硬质之分。广泛用做绝热、隔音、包装材料及制车船壳体等。一般用机械法（在进行机械搅拌的同时通入空气或二氧化碳使其发泡）或化学法（加入发泡剂）制得。分闭孔型和开孔型两类。可用聚苯乙烯、聚氯乙烯、聚氨基甲酸酯等树脂制成。可作绝热和隔音材料，用途非常广泛。

泡沫塑料在制造过程中的发泡工艺因需要加热（100～120℃）、搅拌等流程会产生有毒致癌气体。对工人和环保工作人员造成身体伤害。本节重点介绍泡沫制造工艺及环境风险及应急措施。

二、泡沫塑料制造业工艺流程及事故点位

泡沫塑料一般通过聚烯类聚合物粒化，加入发泡剂进行加热搅拌进行发泡，然后通过熟化过程，最后导入各种形状的模具，进行冷却成型，最终制成成品。具体流程及环境风险点位见图 4-31：

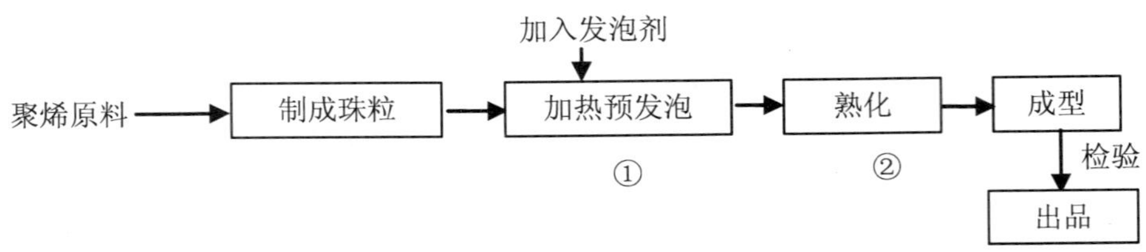

图 4-31 泡沫塑料制造环境污染事故风险点位

①有毒气体；②有毒气体

由图 4-31 可见，泡沫塑料制造的环境污染物主要为加热工序所产生有害气体，如风险点①，②的加热、熟化工序会产生有毒性的致癌气体，包括酚类、酯类等。同时，加热工序如果温度过高会导致燃烧事故，产生大量有毒气体，通过吸入方式进入人体对人员造成健康危害。

三、泡沫塑料制造工序产生的污染物表征及其危害

依据泡沫塑料制造工艺的流程（见图 4-31），污染物产生的危险点位见表 4-62。主要污染物与塑料制造行业类似，为有毒、致癌气体。泡沫塑料制造业产生的主要污染物、污染物表征及危害途径、危害对象见表 4-62。

表 4-62 泡沫塑料制造工艺的风险点位及危害描述

风险点位	产生的主要污染物	现象及特征	危害途径及主要危害
①，②	有毒致癌气体	刺激性的塑料燃烧味	吸入式：致癌
①，②	燃烧事故后产生有毒、致癌气体	刺激性的塑料燃烧味	吸入式：致癌

四、应急防护措施、防护设备及应急处理

为了保障人与大气环境安全，表 4-63 给出了泡沫塑料制造行业中发生突发环境污染事故的风险源点，应急防护措施及基本防护设备配置等。工人和环保工作人员均需注意防护呼吸系统，避免摄入有毒致癌气体。

表 4-63 应急措施、设备及事故应急处理工程与技术

污染物	应急措施	防护装备及应急处理技术方法		
		特异装备	常用装备	处理措施
有毒致癌气体	佩戴防毒面具	防毒面具	医用口罩	着火事故：应及时消防灭火，停产整修，需尽快通风

五、应急监测、监测设备及监测方法

表 4-64 详细列出了有毒气体应急快速监测设备及设备的检测范围。实验室方法的具体步骤请参照本《手册》附录。

表 4-64 应急监测设备与监测方法及监测指标

污染物种类	监测指标	快速监测设备及检测范围	
		快速监测设备	检测范围
大气	二噁英、酚类、酯类	实验室，气相色谱仪，参见本《手册》附录	

第二十二节 工程塑料用品加工环境污染事故及应急

一、工程塑料用品制造简介

工程塑料是指一类可以作为结构材料，在较宽的温度范围内承受机械应力，在较为苛刻的化学物理环境中使用的高性能的高分子材料。指能承受一定的外力作用，并有良好的机械性能和尺寸稳定性，在高、低温下仍能保持其优良性能，可以作为工程结构件的塑料。如 ABS、尼龙、聚砜等。

目前最主要的五种工程塑料有：

聚酰胺（PA）：低比重、高抗拉强度、耐磨、自润滑性好、冲击韧性优异、具有刚柔兼备的性能而赢得人们的重视，加之其加工简便、效率高、比重轻（只有金属的 1/7）、可以加工成各种制品来代替金属，广泛用于汽车及交通运输业。典型的制品有泵叶轮、风扇叶片、阀座、衬套、轴承、各种仪表板、汽车电器仪表、冷热空气调节阀等零部件，大约每辆汽车消耗尼龙制品达 3.6～4 kg。聚酰胺在汽车工业的消费比例最大，其次是电子电气。

聚碳酸酯（PC）：既具有类似有色金属的强度，同时又兼备延展性及强韧性，它的冲击强度极高，用铁锤敲击不能被破坏，能经受住电视机荧光屏的爆炸。聚碳酸酯的透明度又极好，并可施以任何着色。由于聚碳酸酯的上述优良性能，已被广泛用于各种安全灯罩、信号灯，体育馆、体育场的透明防护板，采光玻璃，高层建筑玻璃，汽车反射镜、挡风玻璃板，飞机座舱玻璃，摩托车驾驶安全帽。用量最大的市场是计算机、办公设备、汽车、替代玻璃和片材，CD 和 DVD 光盘是最有潜力的市场之一。

聚甲醛（POM）：被誉为“超钢”，这是由于它具有优越的机械性能和化学性能，因此它可用作许多金属和非金属材料所不能胜任的材料，主要用作各种精密度高的小模数齿轮、几何面复杂的仪表精密件、自来水龙头及爆气管道阀门。我国使用聚甲醛用于农业喷灌机械上，可以节省大量铜材；聚对苯二甲酸丁二醇酯（PBT）是一种热塑性聚酯，非增强型的 PBT 与其他热塑性工程塑料相比，加工性能和电性能较好。PBT 玻璃化温度低，模具温度在 50℃时即可迅速结晶，加工周期短。

聚对苯二甲酸丁二醇酯（PBT）：被广泛应用于电子、电气和汽车工业中。由于 PBT 的高绝缘性及耐温性可用作电视机的回扫变压器、汽车分电盘和点火线圈、办公设备壳体和底座、各种汽车外装部件、空调机风扇、电子炉灶底座、办公设备壳件。

聚苯醚（PPO）：树脂具有优良的物理机械性能、耐热性和电气绝缘性，且吸湿性低，强度高，尺寸稳定性好，高温下耐蠕变性是所有热塑性工程塑料中最优异的。可应用于洗衣机压缩机盖、吸尘器机壳、咖啡器具、头发定型器、按摩器、微波炉器皿等小型家电器具方面。改性聚苯醚还用于电视机部件、电传终点设备的连接器等方面。

在过去的 10 年里，我国工程塑料产值年均增长 20%以上，企业规模不断发展壮大，科技水平日益提高。工程塑料制造过程中与一般塑料制品过程一样容易产生有毒致癌气体，主要发生在聚合物的加热和模具成型工序。

二、工程塑料用品工艺流程及事故点位

工程塑料用品加工流程主要通过聚合物（聚酰胺、聚碳酸酯、聚甲醛等），通过干燥处理，然后加热熔化（熔化温度一般在 200～300℃），注射到预热的模具中，添加各种添加剂，最终成品。具体流程及环境风险点位见图 4-32：

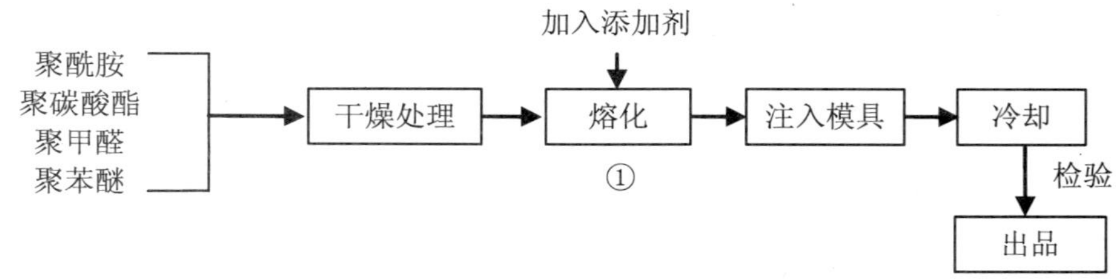

图 4-32 工程塑料用品加工污染事故风险点位

①有毒气体

由图 4-32 可见，工程塑料用品加工业的环境污染物主要为加热熔化工序所产生有害气体，见流程图中风险点①，塑料的加热、熔化过程会产生有毒性的致癌气体，包括酚类、酯类等。通过呼吸吸入、皮肤渗透的方式进入人体对人的健康造成危害，这些有毒气体容易挥发，不溶于水，化学性质稳定，去除困难，因此必须尽量避免着火等事故发生。

三、工程塑料用品加工工序产生的污染物表征及其危害

依据工程塑料用品加工工艺的流程（见图 4-32），污染物产生的危险点位见表 4-65。主要污染物与塑料制造行业类似，为有毒、致癌气体。工程塑料用品的加工制造业产生的主要污染物、污染物表征及危害途径、危害对象见表 4-65。

表 4-65 工程塑料用品加工工艺的风险点位及危害描述

风险点位	产生的主要污染物	现象及特征	危害途径及主要危害
①	有毒气体	刺激性的塑料燃烧味	呼吸吸入式：致癌 皮肤渗透：致肿瘤
①	燃烧事故后产生有毒、致癌气体	刺激性的塑料燃烧味	呼吸吸入式：致癌 皮肤渗透：致肿瘤

四、应急防护措施、防护设备及应急处理

为了工作人员与大气环境的安全，表 4-66 指出了工程塑料用品加工行业中发生突发环境污染事故的风险源点，应急防护措施，自我保护方法及基本防护设备配置等，以保护工作人员和环保检测人员避免摄入有毒气体。

表 4-66　应急措施、设备及事故应急处理工程与技术

污染物	应急措施	防护装备及应急处理技术方法		
		特异装备	常用装备	处理措施
有毒气体	佩戴防毒面具	防毒面具	医用口罩	头晕恶心：应立即停止工作，去通风处。另外可以喝牛奶等高蛋白含量的饮料进行毒性缓解，如鸡蛋清等； 着火事故：应及时消防灭火，停产整修，需尽快通风

五、应急监测、监测设备及监测方法

表 4-67 详细列出了有毒气体应急快速监测设备及设备的检测范围。实验室方法的具体步骤请参照本《手册》附录。

表 4-67　应急监测设备与监测方法及监测指标

污染物种类	监测指标	快速监测设备及检测范围	
		快速监测设备	检测范围
大气	二噁英、酚类、酯类	实验室，气相色谱仪，参见本《手册》附录	

第二十三节　日用塑料杂品制造环境污染事故及应急

一、日用塑料制品行业简介

日用塑料制品行业分类非常广泛，种类异常繁多，主要产品囊括了包装类（包装袋、PVC 袋、超市背心袋、塑料袋、服装袋、防水袋、电压袋、食品袋、蒸煮袋、瓜子袋、西装袋、茶叶袋、注水袋、挂勾袋、证件套、银行卡套、存折套、展会证套等），礼品类（手提袋、环保袋、索绳袋、香烟袋、化妆袋、背包袋、风琴袋、饰品袋、拉链袋、杯垫、餐垫、各类鼠标垫、钥匙扣等），文具类（文件袋、档案袋、书皮、笔袋、书签、PVC 贴纸、拉链袋、PVC 书包、拉链手提袋、笔记本皮套、PVC 笔记本、名片簿、PVC 相册等）。

日用塑料在制造过程中的模具成型工艺因需要加热（100～120℃）工序会产生有毒性的致癌气体。对工人和环保工作人员造成身体伤害。日用塑料品制造业与其他塑料制品行业类似，产生的环境污染物多是有毒有机气体、塑料颗粒物。

二、日用塑料制品工艺流程及事故点位

日用塑料品主要通过不同种类有机聚合物，加入各种阻燃剂、防静电剂等进行加热熔化，导入模具，然后冷却成型，最终制成成品。具体流程及环境风险点位见图 4-33：

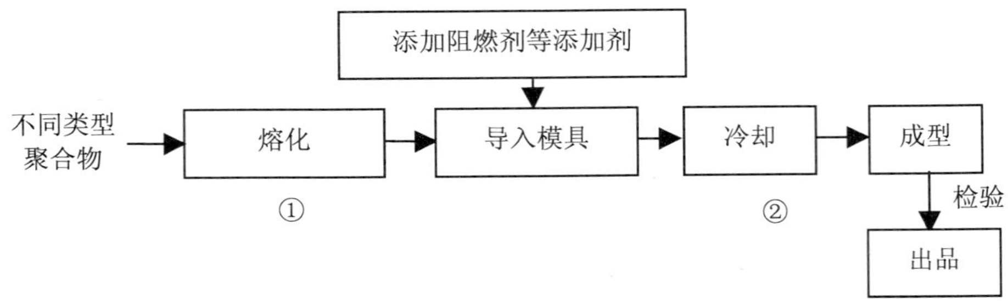

图 4-33 日用塑料品制造环境污染事故风险点位

①有毒气体；②有毒气体

由图 4-33 可见，日用塑料品制造的环境污染物主要为加热熔化、冷却成型工序所产生的有害气体，如风险点①，②的加热熔化、冷却工序会产生有毒性的致癌气体，包括酚类、酯类等。同时，加热工序如果温度过高会导致燃烧事故，产生大量有毒气体，通过吸入方式对人员造成健康危害。

三、日用塑料品制造工序产生的污染物表征及其危害

依据日用塑料制造工艺的流程（见图 4-33），污染物产生的危险点位见表 4-68。主要污染物与塑料制造行业、其他工程塑料品制造行业类似，为有毒性的有机致癌气体。日用塑料品制造业产生的主要污染物、污染物表征及危害途径、危害对象见表 4-68。

表 4-68 日用塑料品制造工艺的风险点位及危害描述

风险点位	产生的主要污染物	现象及特征	危害途径及主要危害
①，②	有毒气体	刺激性的塑料燃烧味	吸入式：致癌
①，②	燃烧事故后产生有毒、致癌气体	刺激性的塑料燃烧味	吸入式：致癌

四、应急防护措施、防护设备及应急处理

为了保障工作人员与大气环境安全，表 4-69 给出了日用塑料品制造行业中发生突发环境污染事故的风险源点，应急防护措施及基本防护设备等。工人和环保工作人员均需注意防护呼吸系统，避免摄入有毒致癌气体。

表 4-69 应急措施、设备及事故应急处理工程与技术

污染物	应急措施	防护装备及应急处理技术方法		
		特异装备	常用装备	处理措施
有毒气体	佩戴防毒面具	防毒面具	医用口罩	着火事故：应及时消防灭火，停产整修，需尽快通风

五、应急监测、监测设备及监测方法

表 4-70 详细列出了有毒气体应急监测所需基本设备和实验室测试国家标准方法。方法的具体步骤请参照本《手册》附录。

表 4-70 应急监测设备与监测方法及监测指标

污染物种类	监测指标	快速监测设备及检测范围	
		快速监测设备	检测范围
大气	二噁英、酚类、酯类	实验室，气相色谱仪，参见本《手册》附录	

第二十四节 汽车制造环境污染事故及应急

一、汽车制造简介

我国汽车制造业规模逐渐扩大，产量和销量逐年上升，汽车制造业主要的环节包括：铸造、锻造、冲压、热处理、焊接、装配、喷漆、烤漆、试车。

本《手册》以汽车制造行业为例，阐述汽车制造业可能造成的环境污染风险及环境事故的应急措施。

二、汽车制造流程及事故点位

汽车制造流程中，容易产生环境污染物的有：铸造、锻造工序，需要对零部件进行打磨、切削、钻削等工序，会产生大量高金属碎屑的废水、废渣；热处理工艺，热处理工艺包括退火、正火、淬火和回火等，有不少汽车零件，既要保留心部的韧性，又要改变表面的组织以提高硬度，就需要采用表面高频淬火或渗碳、氰化等热处理工艺，因此容易产生有毒污染物，氰化物等；汽车制造流程中的油漆、内部装饰工序容易产生具有毒性的有机污染物，挥发性的有毒致癌气体；发动机装配工序也容易产生油性有机废水。这些污染物的肆意排放会造成严重的水、土污染事故。具体工艺流程图与风险点位见图 4-34。

由图 4-34 可见，汽车制造流程容易产生的污染物主要为油漆工序的有害气体和热处理工序的氰化物，对人体健康会造成极大的危害，因此要特别注意呼吸系统的防护，有机气体也会通过皮肤渗透进入人体，因此防护服也是必不可少的防护工具。

三、汽车制造业产生的污染物表征及其危害

依据汽车制造流程（图 4-34），污染物产生的危险工序点位见表 4-71。主要污染物为高金属碎屑含量的废水、油漆工序挥发的有机致癌物质、热处理工艺的氰化物以及最终发动机组配、试车程序带来的大量清洗有机废水。主要污染物的表征及危害见表 4-71。

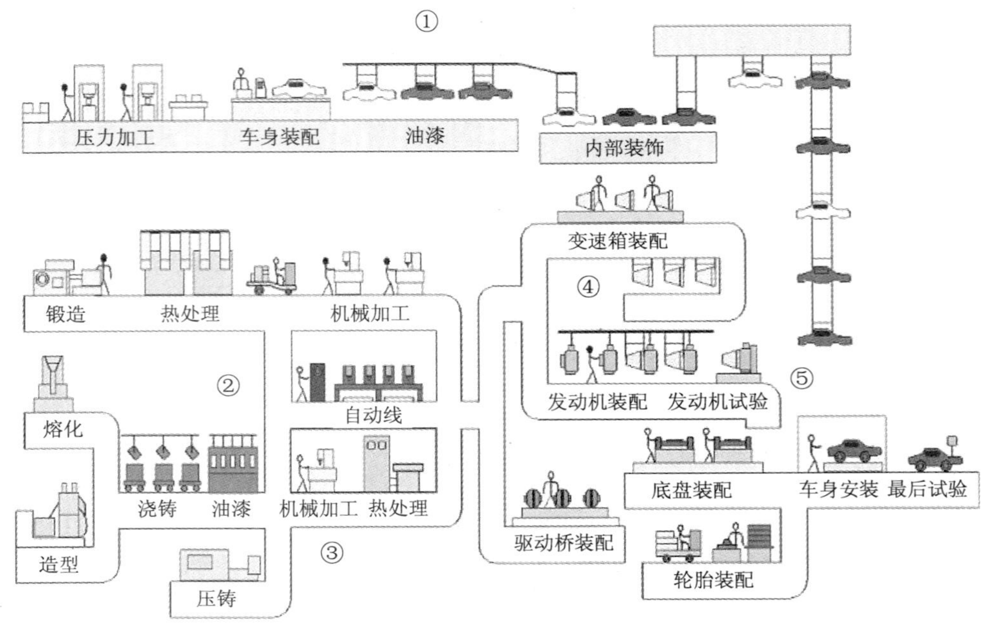

图 4-34 汽车制造业环境污染事故风险点位

①挥发性有毒气体；②挥发性有毒气体与氰化物；③金属碎屑、废水、噪声；④油性有机废水；⑤油性有机废水

表 4-71 汽车制造流程产生污染物的风险点位及危害途径描述

风险点位	产生的主要污染物	现象及特征	危害途径及危害
①，②	挥发性有毒气体，主要含二甲苯	空气中有刺激性气味	呼吸：危害人的呼吸气管、诱发肿瘤、致癌 二甲苯：具有中等毒性。经皮肤吸收后，对健康的影响远比苯小。若不慎口服了二甲苯或含有二甲苯溶剂时，即强烈刺激食道和胃，并引起呕吐，还可能引起血性肺炎
③	高金属碎屑含量的废水；噪声	水色发黑，水面有油迹；噪声导致耳鸣、疼痛等	废水：导致土壤、水体重金属污染，毒害土壤和水中的生物，污染地表、地下水质 噪声：导致耳鸣、情绪烦躁
④，⑤	石油类废水、Pb、Zn等	水的表面有油腻 水的颜色发暗	渗透、径流：污染地表、地下水

四、应急防护措施、防护设备及应急处理

汽车制造业产生的污染物危害大，成分复杂，治理难度大，因此必须采取相应的应急措施和防护手段。表 4-72 指出了汽车制造流程中发生突发环境污染事故的主要污染物，应急防护措施及基本防护设备等。

表 4-72　应急措施、设备及事故应急处理工程与技术

污染物	应急措施	防护装备及应急处理技术方法		
		特异装备	常用装备	处理措施
挥发性有毒气体	穿戴工作防护服、佩戴过滤或防毒面具	防护服	防毒面具	应急措施：迅速撤离泄漏污染区人员至安全区，并立即隔离 150 m，严格限制出入。建议应急处理人员戴自给正压式呼吸器，穿防酸碱工作服。不要直接接触泄漏物。尽可能切断泄漏源。防止流入下水道、排洪沟等限制性空间。小量泄漏：用沙土、干燥石灰或苏打灰混合。也可以用大量水冲洗，经水稀释后放入废水系统。大量泄漏：构筑围堤或挖坑收容。用泵转移至槽车或专用收集器内，回收或运至废物处理场所处置。 大气处理技术：将此环节的大气疏导至其他大气处理工序进行处理后排放。 二甲苯：发生有毒气体中毒时间应立刻送往医院。空气中浓度较高时，佩戴过滤式防毒面具（半面罩）。紧急事态抢救或撤离时，建议佩戴空气呼吸器。应急处理时应佩戴防腐蚀手套和衣物
含金属碎屑废水	集中收集、集中处理	—	—	引导：引导到污水处理厂进行处理
有毒气体	佩戴防毒面具	防毒面具	—	二噁英、酚类、酯类：发生有毒气体中毒时间应立刻送往医院。空气中浓度较高时，佩戴过滤式防毒面具（半面罩）。紧急事态抢救或撤离时，建议佩戴空气呼吸器。应急处理时应佩戴防腐蚀手套和衣物
噪声	佩戴耳塞	—	耳塞	工程措施：植树过滤带，车间墙壁隔声处理等，防止噪声污染妨害附近居民的日常生活

五、应急监测、监测设备及监测方法

表 4-73 详细列出了应急快速监测设备及检测范围。实验室方法的具体步骤请参照本《手册》附录。

表 4-73　应急监测设备与监测方法及监测指标

污染物种类	监测指标	快速监测设备及检测范围	
		快速监测设备	检测范围
水体	石油类	目测	—
水体	Pb、Zn	ST-4000 重金属快速检测仪	0～45 mg/L、0～45 mg/L
水体	化学需氧量	COD 快速检测分析仪	5～2 000 mg/L，超过 2 000 mg/L 可稀释测定
大气	二甲苯	标准型二甲苯泄漏检测仪 RBBJ-T 型便携式（手持）二甲苯报警器	$0\sim100\times10^{-6}$
大气	工业粉尘	CCHZ-1000 全自动粉尘测定仪	0～1 000 mg/m^3
噪声	声压	SL-5866 声压计	30～130 dB
大气	二噁英、酚类、酯类	实验室，气相色谱仪，参见本《手册》附录	

第二十五节　金属零部件生产突发性环境事故及应急

一、金属零配件制造简介

金属零件的定义：金属零件指的是以金属材料来制造的各种规格与形状的金属块、金属棒、金属管等的合称。金属零件的材料：钢铁与有色金属（或非铁金属）。金属零件经过毛坯处理后，会进行防腐防锈处理和加硬处理。防腐防锈处理：煮黑、煮蓝处理也叫磷化处理，使金属零件具有耐腐蚀、防锈的性能。加硬处理：增加金属零件的硬度的处理方法：增加金属零件的表面硬度采用表面渗碳，渗碳后表面颜色也会偏黑；淬火处理可以增加硬度；真空热处理提高整体性的硬度。

本《手册》以加工金属零件的工艺为例，阐明金属配件加工制造业的环境污染风险及事故应急措施。

二、金属零配件制造工艺简介及突发污染事故点位

金属零配件生产主要根据所生产的零件类型，对毛坯进行多道工序加工、打磨，最后精加工而成。具体工艺流程图与污染物产生的风险点位见图 4-35：

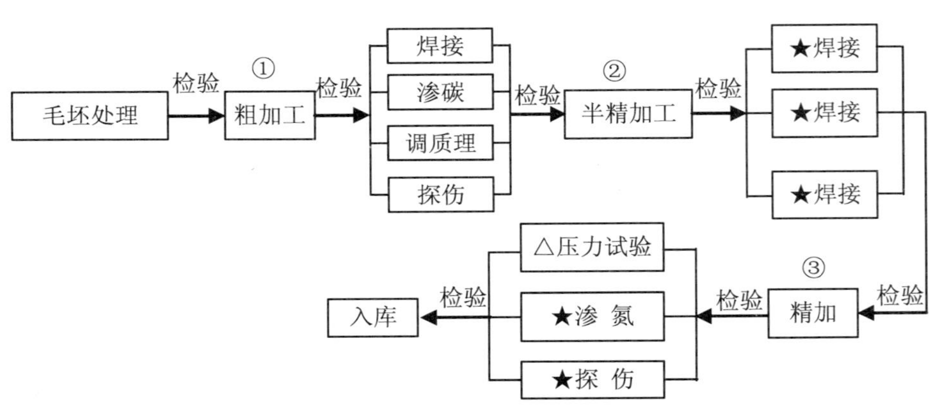

图 4-35　金属零配件加工工艺的事故风险点位

①金属碎屑与废水；②金属碎屑与废水；③金属碎屑与废水

由图 4-35 可见，金属零配件加工工艺最容易产生的污染物主要为金属碎屑和含金属碎屑、金属离子的废水，主要金属为铁、铜等。

三、金属零配件加工工艺产生的污染物表征及其危害

依据金属零配件加工工艺流程（图 4-35），污染物产生的危险点位见表 4-74。主要污染物为金属碎屑与含金属碎屑污染废水。主要污染物的表征及危害见表 4-74。

表 4-74 金属零配件生产产生污染物的风险点位及危害描述

风险点位	产生的主要污染物	现象及特征	危害
①，②，③	金属碎屑（钢、铁、铜）	—	造成土壤污染、水体污染 水、土的重金属污染
②，③	含金属离子废水（主要为铁、铜离子、COD）	废水颜色较深、呈金属色	污染地下、地表水

四、应急防护措施、防护设备及应急处理

为了保障环境安全与人员健康，表 4-75 指出了金属零配件加工制造工艺中发生突发环境污染事故的污染物类型，应急防护措施，基本防护设备及技术方法等。

表 4-75 应急措施、设备及事故应急处理工程与技术

序号	污染物	应急措施	防护装备及应急处理技术方法		
			特异装备	常用装备	处理措施
1	金属碎屑	—	—	—	技术措施：将金属碎屑回收进行资源化，避免污染水和土壤
2	废水	采取工程措施拦截避免进入水源地	—	—	污水治理：疏导至污水处理厂统一处理或自己建立小型污水处理厂

五、应急监测、监测设备及监测方法

表 4-76 详细列出了应急快速监测设备及仪器检测范围。实验室分析方法的具体步骤请参照本《手册》附录。

表 4-76 应急监测设备与监测方法及监测指标

污染物种类	监测指标	快速监测设备及检测范围	
		快速监测设备	检测范围
水体	化学需氧量	COD 快速检测分析仪	5～2 000 mg/L，超过 2 000 mg/L 可稀释测定
水体	铁、铜离子含量	多参数水质分析仪（65 种参数）（产品型号：HD-201 m）	铁、铜

第二十六节 轮胎制造业环境污染事故及应急

一、轮胎制造工艺简介

轮胎制造主要分六个工序。（1）密炼：密炼工序就是把炭黑、天然合成橡胶、油、添加剂、促进剂等原材料混合到一起，在密炼机里进行加工，生产出“胶料”的过程；（2）胶部件准备工序：这个工序里，将准备好组成轮胎的所有半成品胶部件，其中有的胶部件是经过初步组装的；（3）轮胎成型工序：轮胎成型工序是把所有的半成品在成型机上组装成生胎，这里的生胎是指没经过硫化。生胎经检查后，运送到硫化工序；（4）硫化工序：生胎被装到

硫化机上，在模具里经过适当的时间以及适宜的条件，从而硫化成成品轮胎。硫化完的轮胎即具备了成品轮胎的外观——图案、字体以及胎面花纹；（5）最终检验工序：在这个区域里，轮胎首先要经过目视外观检查，然后是均匀性检测，均匀性检测是通过“均匀性实验机”来完成的。均匀性实验机主要测量径向力、侧向力、锥力及波动情况的。均匀性检测完之后要做动平衡测试，动平衡测试是在“动平衡实验机”上完成的。最后轮胎要经过 X-光检测，然后运送到成品库以备发货；（6）轮胎测试：在设计新的轮胎规格过程中，大量的轮胎测试就是必需的，这样才能确保轮胎性能达到政府以及配套厂的要求。当轮胎被正式投入生产之后，我们仍将继续做轮胎测试来监控轮胎的质量，这些测试与放行新胎时所做的测试是相同的。用于测试轮胎的机器是“里程实验”，通常做的实验有高速实验和耐久实验。

轮胎的生产过程产生环境污染物的工序为炼胶、硫化工序，会产生有毒的致癌其他和二氧化硫（SO_2）气体。

二、轮胎制造工艺流程及事故点位

轮胎制造流程及可能产生环境污染事故的风险点位见图 4-36：

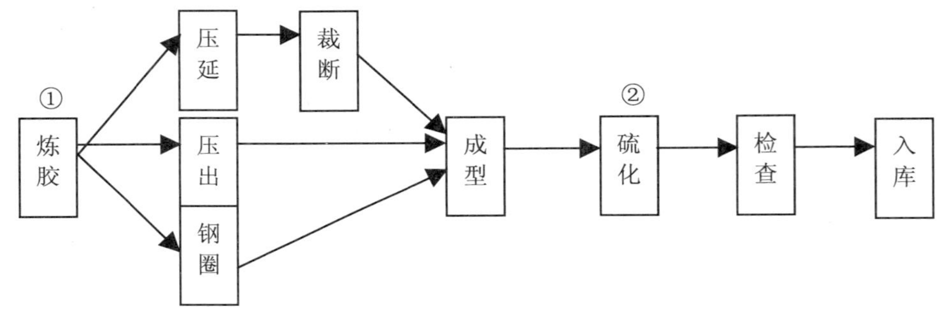

图 4-36　轮胎制造环境污染事故风险点位

①有毒、致癌气体；②二氧化硫气体和有毒致癌气体

由图 4-36 可见，轮胎制造工艺最容易产生的污染物主要为有害气体和轮胎硫化工序产生的有毒气体和二氧化硫（SO_2）气体，对人体健康会造成极大的危害，SO_2 气体过量排放还会导致酸雨的生成。

三、轮胎制造工序产生的污染物表征及其危害

依据轮胎制造工艺流程（图 4-36），污染物产生的危险点位见表 4-77。主要污染物为有机致癌气体和 SO_2 气体。主要污染物的表征及危害见表 4-77。

表 4-77　轮胎制造工艺产生污染物的风险点位及危害描述

风险点位	产生的主要污染物	现象及特征	危害
①	致癌有机气体（酚类、脂类、醛类）	空气中有橡胶燃烧后产生的刺激性气味	致肿瘤、致癌
②	二氧化硫气体	刺激性的气味，浓度高时出现黄烟	损伤呼吸道、导致酸雨

四、应急防护措施、防护设备及应急处理

为了保障工作人员与大气环境安全，应对轮胎制造业环境污染事故，表 4-78 指出了轮胎制造工艺中发生突发环境污染事故的污染物类型，应急防护措施及基本防护设备，处理工程措施和技术办法等。

表 4-78　应急措施、设备及事故应急处理工程与技术

序号	污染物	应急措施	防护装备及应急处理技术方法		
			特异装备	常用装备	处理措施
1	致癌有机气体	防毒面具	防毒面具	—	大气污染防治：将此工序车间的大气疏导至其他大气处理技术措施进行处理后排放 中毒事件：迅速转移到通风处，情节严重需及时送到医院
2	SO_2气体	防毒面具	防毒面具	—	

五、应急监测、监测设备及监测方法

表 4-79 详细列出了应急快速监测设备及仪器检测范围。实验室分析方法的具体步骤请参照本《手册》附录。

表 4-79　应急监测设备与监测方法及监测指标

污染物种类	监测指标	快速监测设备及检测范围	
		快速监测设备	检测范围
大气	二氧化硫	泵吸式二氧化硫检测仪（产品型号：GD80-SO_2）	$0\sim10\times10^{-6}$、20×10^{-6}、100×10^{-6}、$2\ 000\times10^{-6}$、$5\ 000\times10^{-6}$可选
大气	二噁英、酚类、酯类	酯类、二噁英、芳香类：气相色谱仪法，参照本《手册》附录 酚类：蒸馏—流动分析法	

第二十七节　蓄电池制造业环境污染事故及应急

一、铅蓄电池生产行业简介

蓄电池的作用是能把有限的电能储存起来，在合适的地方使用。它的工作原理就是把化学能转化为电能。用途极其广泛，各种机动车辆、家用电气、遥控器等都离不开蓄电池和小型电池。

电池生产中污染风险最大的为铅酸蓄电池的生产。主要污染源为 Pb 和硫酸，其中以铅污染为主，造成的污染事件也多有报道。

本章节以环境污染风险最大的铅蓄电池生产业为实例阐述电池生产业的环境污染风险及事故应急措施。铅蓄电池之主要成分如下：阳极板（过氧化铅 PbO_2），活性物质阴极板（海绵状铅 Pb），活性物质电解液（稀硫酸），硫酸（H_2SO_4）+水（H_2O），电池外壳，隔离板，其他（液口栓、盖子等）。因此，蓄电池生产会产生腐蚀性的污染物质以及 Pb 重

金属污染物。

二、铅蓄电池生产工艺流程及突发污染事故点位

铅蓄电池制造流程图与风险点位见图 4-37：

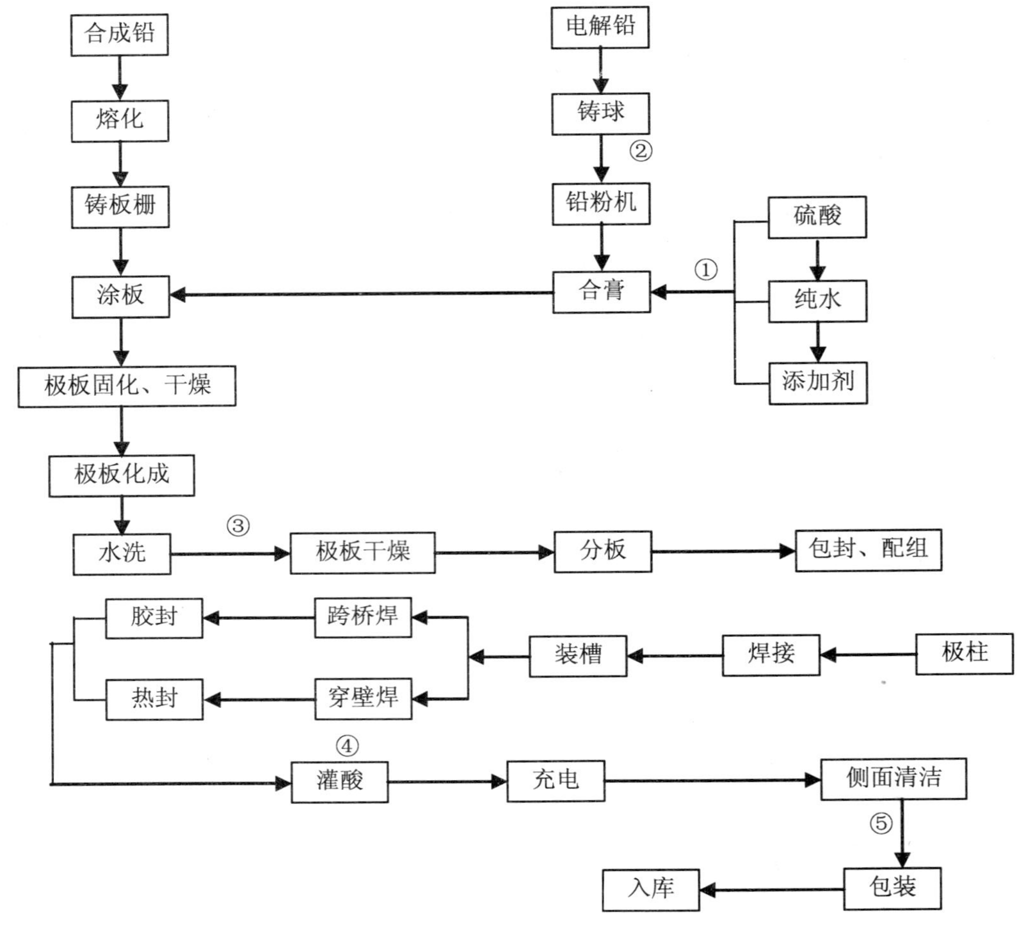

图 4-37 铅蓄电池生产业的环境污染事故风险点位及主要污染物

①硫酸；②铅粉；③含铅重金属污水；④硫酸；⑤含铅污水、酸性污水

由图 4-37 可见，铅蓄电池生产工艺流程中，会产生铅粉、硫酸等危害性极大的污染物，对人体健康和环境具有巨大的威胁，铅蓄电池生产中最容易受到污染的环节是铅粉机进行灌铅过程，容易通过呼吸和皮肤接触对人体造成伤害。同时，铅蓄电池生产会用到比较多的硫酸溶液，硫酸的泄漏或者发生事故都会对环境造成很严重的危害，因此必须预防事故的发生，同时做好处理事故所需的设备和工程措施的准备。

三、铅蓄电池生产流程的污染物表征及其危害

依据铅蓄电池的制造工艺流程（图 4-37），污染物产生的危险点位见表 4-80。主要污染物为铅粉、硫酸和酸性的含铅污水，如果含铅废水进入河流湖泊和人类饮水源地，将会

造成难以恢复的灾难，必须学会辨识其危害。主要污染物的表征及危害见表 4-80。

表 4-80　铅蓄电池制造工艺的污染物产生风险点位及危害描述

风险点位	主要污染物	现象及特征	危害
①，④	硫酸	浓硫酸：有强烈的腐蚀性和吸水性，遇水大量放热，可发生沸溅，与易燃物和可燃物接触会发生剧烈反应，甚至引起燃烧。遇还原性物质产生二氧化硫气体，具有刺激性气味	浓硫酸：对皮肤、黏膜、呼吸道等组织有强烈的刺激和腐蚀作用。遇还原性物质产生二氧化硫污染大气，形成酸雨。遇大量水稀释后形成稀硫酸，污染水体和土壤，使 pH 值降低，生物死亡
②	铅粉	无特殊现象	铅：进入人体后会导致食欲不振、呕吐、腹泻等，口中会有金属味。小孩铅中毒会发育迟缓、失眠、智力下降等
③，⑤	酸性含铅污水	水颜色发暗 pH 值较高	酸性含铅污水：污染地下、地表水，造成鱼类死亡和水体功能下降，同时铅会随食物链进入人体危害人体健康。因此必须采取安全的工程处理措施

四、应急防护措施、防护设备及应急处理

为了保障生产工人、环保工作人员与水环境安全，表 4-81 列出了铅蓄电池生产工艺中环境事故产生的主要污染物、应急防护措施及基本防护设备和工程技术措施等。

表 4-81　应急措施、设备及事故应急处理工程与技术

序号	污染物	应急措施	防护装备及应急处理技术方法		
			特异装备	常用装备	处理措施
1	铅粉	佩戴过滤面具	—	过滤面具	如果出现中毒症状应喝牛奶等蛋白质、钙含量高的饮料，然后去医院就医
2	硫酸	防化服	防化服	—	迅速撤离泄漏污染区人员至安全区，严格限制出入。尽可能切断泄漏源。防止流入下水道、排洪沟等限制性空间。小量泄漏：用沙土、干燥石灰或苏打灰混合。也可以用大量水冲洗，经水稀释后放入废水系统。大量泄漏：构筑围堤或挖坑收容。用泵转移至槽车或专用收集器内，回收或运至废物处理场所处置
3	酸性含铅废水	工程拦截防止进入地表水体，同时防止渗入地下水	—	—	集中收集疏导至污水处理厂进行特殊处理

五、应急监测、监测设备及监测方法

表 4-82 详细列出了应急快速监测设备及仪器检测范围。实验室分析方法的具体步骤请参照本《手册》附录。

表 4-82 应急监测设备与监测方法及监测指标

污染物种类	监测指标	监测设备及检测范围	
		快速监测设备	检测范围
水体	pH 值	便携式 pH 计或 pH 试纸	0～14
水体	铅	ST-4000 重金属快速检测仪	0～45 mg/L

第二十八节 油漆制造突发性环境污染事故及应急

一、漆制造业及环境污染简介

油漆是一种能牢固覆盖在物体表面，起保护、装饰、标志和其他特殊用途的化学混合物涂料。油漆早期大多以植物油为主要原料，故被叫做“油漆”，如健康环保原生态的熟桐油。不论是传统的以天然物质为原料的涂料产品，还是现代发展中的以合成化工产品为原料的涂料产品，都属于有机化工高分子材料，所形成的涂膜属于高分子化合物类型。油漆的用途很广泛，一般用于家庭装修方面、内墙漆、外墙漆，其他用途还包括汽车漆、金属烤漆等。漆制造业所需原料很多属于有害有机物质，当有害物质敞露存放时，由于蒸发作用，不断地向周围空间散发出有害气体和蒸汽。本手册就以硝基漆的生产工艺介绍漆制造业主要环境污染来源，指导突发环境事故应急。

二、漆制造工艺流程简介及环境风险点位

漆制造业工艺流程图及环境风险点位如图 4-38 所示：

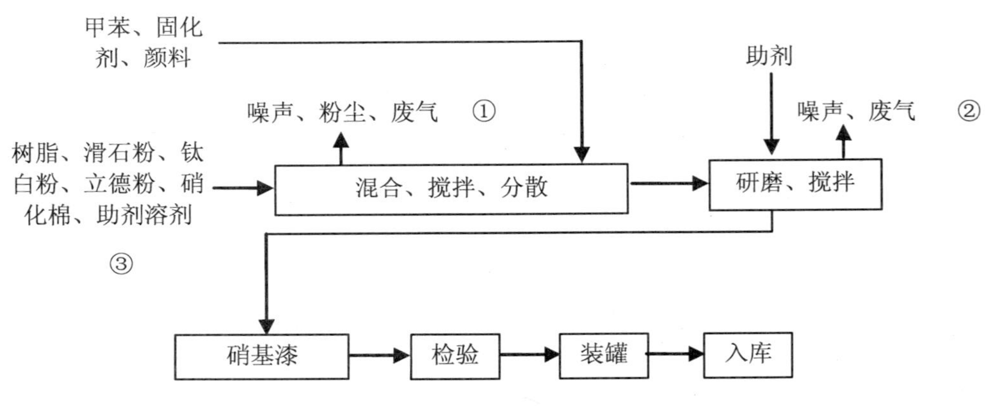

图 4-38 硝基漆生产工艺流程图

①有毒粉尘、废气；②有毒废气（苯、酚、脂类）；③发生火灾、爆炸

由图 4-38 可看出污染，而且多为有机挥发性气体，极易进入人的体内，因此必须做好污染事故的应急措施。尤其原料储存时必须防止火灾发生。

三、漆制造业环境事故排放污染物表征及其危害

根据硝基漆的制造工艺流程（图 4-38），可能发生的环境污染事故的风险点位见表 4-83。表 4-83 详细列出了硝基漆生产工艺过程中主要污染物的表征、危害对象及危害途径。

表 4-83　漆制造业环境污染事故的风险点位及危害描述

风险点位	产生的主要污染物	现象及特征	危害途径及对象
①	有毒废气、浮尘	浮尘浓度高空气会污浊 气体中含有刺激性有机气体的味道	废气中含有各种可吸有害有机物颗粒物，通过呼吸进入人体对人危害极大； 废气中主要含有苯类有毒致癌有机气体，主要通过呼吸进入人体
②	有毒废气（苯类、酚类、脂类等有机气体）	空体中含有刺激性有机气体的味道	废气中含有各种可吸有害有机物颗粒物，通过呼吸进入人体对人危害极大； 废气中主要含有苯类有毒致癌有机气体，主要通过呼吸进入人体
③	火灾	火灾导致大量有毒致癌有机物质的燃烧，空气中会弥漫大量刺激性有机气体	燃烧会导致大量有毒致癌性有机气体排放到大气中，通过呼吸危害人体健康

四、应急防护措施、防护设备及应急处理

为保障工人以及现场监测环保应急人员的身心健康和环境安全，表 4-84 指出了硝基漆制造业突发环境污染事故的主要污染物，应急防护措施，应急监测指标以及基本防护设备配置等。

表 4-84　应急防护措施、设备及应急处理技术方法

序号	污染物	防护措施	防护装备及应急处理技术方法		
			特异装备	常用装备	应急处理技术
1	烟尘	使用防毒面具	使用防毒面具	一般口罩	一般：烟气浓度过大时需佩戴防毒面具 中毒：有中毒现象发生时，应即刻转移到空气流通处，并尽快就医 发生火灾：应及时灭火，灭火人员必须佩戴防毒面具
2	废气	使用防毒面具	—	使用防毒面具	

五、应急监测、监测设备及监测方法

表 4-85 详细列出了应急快速监测设备及仪器检测范围。实验室分析方法的具体步骤请参照本《手册》附录。

表 4-85 应急监测设备与监测方法及监测指标

污染物种类	监测指标	快速监测设备及仪器检测范围	
		快速监测设备	检测范围
大气	粉尘	CCHZ-1000 全自动粉尘测定	0～1 000 mg/m^3
大气	多苯类、酚类、脂类等有机气体	实验室，气相色谱仪，参见本《手册》附录	

第二十九节 烧碱行业环境污染事故及应急

一、烧碱工艺简介

氢氧化钠（NaOH），俗称烧碱、火碱、苛性钠，常温下是一种白色晶体，具有强腐蚀性。易溶于水，其水溶液呈强碱性，能使酚酞变红。氢氧化钠是一种极常用的碱，是化学实验室的必备药品之一。它的溶液可以用作洗涤液。在工业上，氢氧化钠通常称为烧碱，或叫火碱、苛性钠。这是因为较浓的氢氧化钠溶液溅到皮肤上，会腐蚀表皮，造成烧伤。它对蛋白质有溶解作用，有强烈刺激性和腐蚀性（由于其对蛋白质有溶解作用，与酸烧伤相比，碱烧伤更不容易愈合）。用 0.02%溶液滴入兔眼，可引起角膜上皮损伤。小鼠腹腔内 LD_{50}：40 mg/kg，兔经口 LD_{10}：500 mg/kg。粉尘刺激眼和呼吸道，腐蚀鼻中隔；溅到皮肤上，尤其是溅到黏膜，可产生软痂，并能渗入深层组织，灼伤后留有瘢痕；溅入眼内，不仅损伤角膜，而且可使眼睛深部组织损伤，严重者可致失明；误服可造成消化道灼伤，绞痛、黏膜糜烂、呕吐血性胃内容物、血性腹泻，有时发生声哑、吞咽困难、休克、消化道穿孔，后期可发生胃肠道狭窄。由于强碱性，对水体可造成污染，对植物和水生生物应予以注意。

大量接触烧碱时应佩戴防护用具，工作服或工作帽应该用棉布或适当的合成材料制作。操作人员工作时必须穿戴工作服、口罩、防护眼镜、橡皮手套、橡皮围裙、长筒胶靴等劳保用品。应涂以中性和疏水软膏于皮肤上。接触片状或粒状烧碱时，工作场所应有通风装置，室内空气中最大允许浓度为中国 MAC0.5 mg/m^3（以 NaOH 计），美国 ACGIH TLVC 2 mg/m^3。可能接触其粉尘时，必须佩戴头罩型电动送风过滤式防尘呼吸器。必要时，佩戴空气呼吸器。操作人员必须经过专门培训，严格遵守操作规程。建议操作人员佩戴头罩型电动送风过滤式防尘呼吸器，穿橡胶耐酸碱服，戴橡胶耐酸碱手套。远离易燃、可燃物。避免产生粉尘。避免与酸类接触。搬运时要轻装轻卸，防止包装及容器损坏。配备泄漏应急处理设备。倒空的容器可能残留有害物。稀释或制备溶液时，应把碱加入水中，避免沸腾和飞溅。处理泄漏物须穿戴防护眼镜与手套，扫起，慢慢倒至大量水中，地面用水冲洗，经稀释的污水放入废水系统。碱液触及皮肤，可用 5%～10%硫酸镁溶液清洗；如溅入眼睛里，应立即用大量硼酸水溶液清洗；少量误食时立即用食醋、3%～5%醋酸或 5%稀盐酸、大量橘汁或柠檬汁等中和，给饮蛋清、牛奶或植物油并迅速就医，禁忌催吐和洗胃。

二、烧碱工艺流程及环境风险点位

烧碱工艺流程图及环境风险点位如图 4-39 所示：

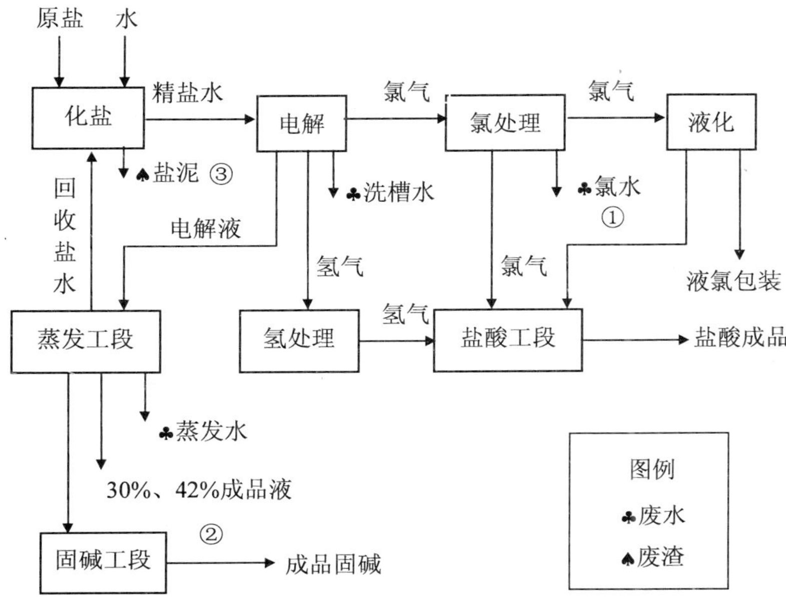

图 4-39　烧碱工艺流程及环境事故风险点位

①含氯废水；②烧碱；③废渣

由图 4-39 可见，烧碱行业主要的污染物是含氯污水的排放以及产生的废渣。

三、烧碱行业环境事故排放污染物表征及其危害

根据烧碱的工艺流程（图 4-39），表 4-86 详细指出了烧碱工艺过程中突发环境污染事故主要污染物、污染物的表征、危害对象及危害途径等。

表 4-86　烧碱行业环境污染事故的风险点位及危害描述

风险点位	产生的主要污染物	现象及特征	危害途径及对象
①	含氯废水	废水氯浓度高时会挥发刺激性气味	流入水域损害水体功能
②	烧碱	白色粉末 接触有灼烧感	侵入途径：吸入、食入 粉尘或烟雾会刺激眼和呼吸道，腐蚀鼻中隔；皮肤和眼睛与 NaOH 直接接触会引起灼伤；误服可造成消化道灼伤，黏膜糜烂、出血和休克
③	废渣：盐泥，漂白液废渣，烧煤废渣	白色黑色混杂废渣	废渣堆积后因淋溶会产生污水污染水体和土壤

四、应急防护措施、防护设备及应急处理

为了保障工人以及现场监测环保工作人员的身心健康和环境安全，表 4-87 指出了烧碱行业突发环境污染事故的风险源点，应急防护措施，应急监测指标以及基本防护设备配置等。

表 4-87 应急防护措施、设备及应急处理技术方法

序号	污染物	防护措施	防护装备及应急处理技术方法		
			特异装备	常用装备	应急处理技术
1	烧碱	穿防护服，手套	—	手套防护服	一般事件处理：碱液触及皮肤，可用 5%～10%硫酸镁溶液清洗；如溅入眼睛里，应立即用大量硼酸水溶液清洗；少量误食时立即用食醋、3%～5%醋酸或 5%稀盐酸、大量橘汁或柠檬汁等中和，给饮蛋清、牛奶或植物油并迅速就医，禁忌催吐和洗胃。污水意外排放：如发生意外的污水大量排放，以及工艺设备的突发性破损导致的大量污水排放，必须采取工程拦截措施，避免流入水环境敏感区
2	含氯废水	工程拦截、储存，集中处理	—	铲车	

五、应急监测、监测设备及监测方法

表 4-88 详细列出了应急快速监测设备及仪器检测范围。实验室分析方法的具体步骤请参照本《手册》附录。

表 4-88 应急监测设备与监测方法及监测指标

污染物种类	监测指标	快速监测设备及检测范围	
		快速监测设备	检测范围
水体	氯离子	氯化物测定仪（产品型号：HD-102SL）	0.0～500.0 mg/L
水体	pH 值	便携式 pH 计	0.0～14.0

第三十节 印刷线路板生产行业环境污染及应急

一、电路板生产行业简介

PCB 是英文（Printed Circuit Board）印制 PCB 线路板的简称。通常把在绝缘材上，按预定设计，制成印制线路、印制元件或两者组合而成的导电图形称为印制电路。而在绝缘基材上提供元器件之间电气连接的导电图形，称为印制线路。这样就把印制电路或印制线路的成品板称为印制线路板，也称为印制板或印制电路板。印刷电路板是以铜箔基板（Copper-clad Laminate，CCL）为原料而制造的电器或电子的重要机构组件。

线路板按功能可以分为以下几类：单面线路板、双面线路板、多层线路板、铝基电路板、阻抗电路板、FPC 柔性电路板等，线路板的原料分为：玻璃纤维，CEm-1，CEm-3，

FR4 等，这种材料我们在日常生活中随处可见，比如防火布、防火毡的核心就是玻璃纤维，玻璃纤维很容易和树脂相结合，我们把结构紧密、强度高的玻璃纤布浸入树脂中，硬化就得到了隔热绝缘、不易弯曲的 PCB 基板了——如果把 PCB 板折断，边缘是发白分层，足以证明材质为树脂玻纤。

电器里面的安装有很多小零件的那个板子就叫线路板（又称 PCB）线路板从发明至今，其历史已有 60 余年。历史表明：没有线路板，没有电子线路，飞行、交通、原子能、计算机、宇航、通信、家电……这一切都无法实现。本《手册》以软性线路板生产为例介绍突发性环境污染事故应急及防范措施。

柔性印刷电路板（Flexible Printed Circuit，FPC）。又称软性线路板、挠性线路板，简称软板或 FPC，软性线路板是相对于普通硬树脂线路板而言，软性电路板具有配线密度高、重量轻、厚度薄、配线空间限制较少、灵活度高等优点，完全符合电子产品轻薄短小的发展趋势。因此，广泛应用于 PC 及周边产品、通讯产品、显示器和消费性电子产品等领域。

二、工艺流程与风险点位

线路板生产过程排放的主要污染物有酸碱废气、有机废气、粉尘及热废气。酸污染物排放环节为黑孔、镀铜线、蚀刻线以及防焊前处理、覆盖膜前处理。主要污染物是硫酸雾、氯化氢。显影、去膜等生产工序中产生的碱性废气，主要污染物是氢氧化钠。烘烤等工序中产生的有机废气，主要污染物是乙二醇。发料、钻孔等生产工序会产生粉尘。锅炉废气，主要污染物是二氧化硫、氮氧化物和烟尘。

线路板生产工艺流程及主要污染物产生风险点位见图 4-40。

由流程图及风险点位可见，印刷线路板生产主要危害性污染物有废气、酸性废液及固体废物等。

三、电路板生产污染物表征及危害

根据工艺流程（图 4-40），表 4-89 详细指出了工艺过程中突发环境污染事故主要污染物、污染物的表征、危害对象及危害途径等。

四、应急防护措施、防护设备及应急处理

对污染事故首先应采取预防措施，线路板生产行业主要预防措施如下：

（1）对废水处理装置进水水质进行常规监测，及时调整运行参数，确保稳定达标。

（2）加强安全管理，建立岗位责任制，避免因管理不当、操作失误等，造成不达标排放。

（3）对水泵、阀门等定期检修维护，防止跑、冒、滴、漏。

（4）对各种化学药品的储存与使用，要严守管理制度与操作要求，严防泄漏、着火等意外事故，消除安全隐患。

（5）制定定时巡检制度，对污水、废气处理设施非正常情况及时发现、及时处理，尽量减少污染物外排，杜绝突发性事故排放。

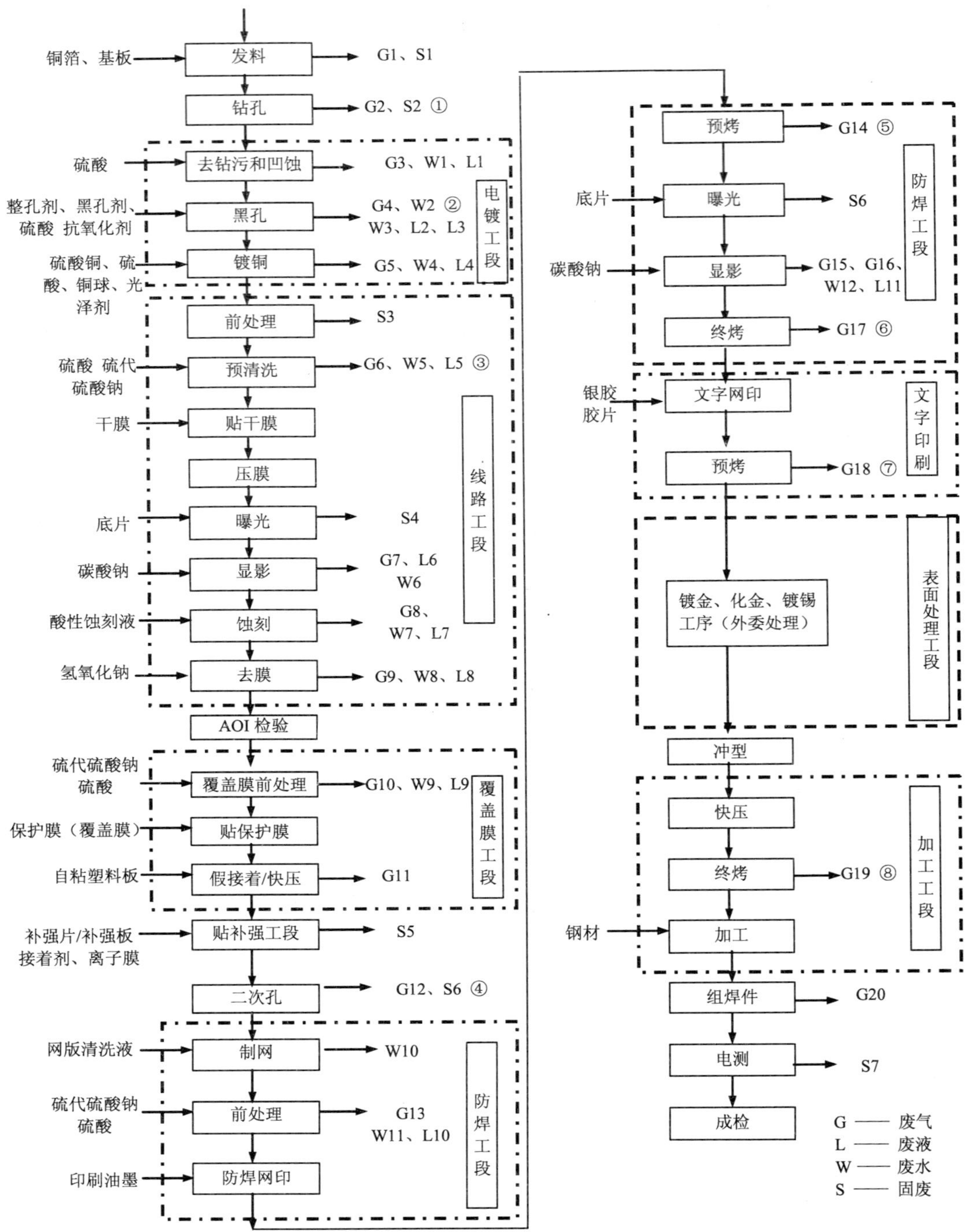

图 4-40 软性线路板主要工艺流程及产污点位

①有机废气、粉尘；②酸性废液及固废；③酸性废液；④有机废气；⑤废气；⑥废气；⑦废气；⑧废气

表 4-89　线路板生产行业环境污染事故的风险点位及危害描述

风险点位	主要污染物	污染物特征	危害途径及辨识
①、④	乙二醇、粉尘	无色、无臭、有甜味、黏稠液体，易汽化	乙二醇：吸入、食入、经皮肤吸收； 粉　尘：吸入； 乙二醇：吸入中毒表现为反复发作性昏厥，并可有眼球震颤，淋巴细胞增多。口服后急性中毒分三个阶段：第一阶段主要为中枢神经系统症状，轻者似乙醇中毒表现，重者迅速产生昏迷抽搐，最后死亡；第二阶段，心肺症状明显，严重病例可有肺水肿，支气管肺炎，心力衰竭；第三阶段主要表现为不同程度肾功能衰竭。人的本品一次口服致死量估计为 1.4 ml/kg（1.56g/kg）
②、③	硫酸雾、盐酸、氢氧化钠	硫酸：有强烈的腐蚀性和吸水性，遇水放热，可发生沸溅。 盐酸：无色或微黄色易挥发性液体，有刺激性气味。 氢氧化钠：不会燃烧，遇水和水蒸气大量放热，形成腐蚀性溶液。与酸发生中和反应并放热。具有强腐蚀性	浓硫酸：对皮肤、黏膜等组织有强烈的刺激和腐蚀作用。对眼睛可引起结膜炎、水肿、角膜混浊，以致失明；引起呼吸道刺激症状，重者发生呼吸困难和肺水肿；高浓度引起喉痉挛或声门水肿而死亡。口服后引起消化道的烧伤以致溃疡形成。 盐酸：接触其蒸汽或烟雾，可引起急性中毒，出现眼结膜炎，鼻及口腔黏膜有烧灼感，鼻衄、齿龈出血，气管炎等。误服可引起消化道灼伤、溃疡形成，有可能引起胃穿孔、腹膜炎等。眼和皮肤接触可致灼伤。慢性影响：长期接触，引起慢性鼻炎、慢性支气管炎、牙齿酸蚀症及皮肤损害。 氢氧化钠：吸入、食入。本品有强烈刺激性和腐蚀性。粉尘或烟雾会刺激眼睛和呼吸道，腐蚀鼻中隔；皮肤和眼睛与 NaOH 直接接触会引起灼伤；误服可造成消化道灼伤，黏膜糜烂、出血和休克
⑤、⑥、⑦、⑧	二氧化硫及氮氧化物	二氧化硫气体有刺激性气味，浓度过高气体呈淡黄色 氮氧化物：造成大气污染的主要是一氧化氮和二氧化氮。一氧化氮为无色无臭气体，在空气中易氧化为二氧化氮。二氧化氮是一种棕红色、高度活性的气态物质	氮氧化物：主要损害呼吸道。吸入气体初期仅有轻微的眼睛及上呼吸道刺激症状，如咽部不适、干咳等。常经数小时至十几个小时或更长时间潜伏期后发生迟发性肺水肿、成人呼吸窘迫综合征，出现胸闷、呼吸窘迫、咳嗽、咯泡沫痰、紫绀等。可并发气胸及纵隔气肿。肺水肿消退后两周左右可出现迟发性阻塞性细支气管炎。慢性作用：主要表现为神经衰弱综合征及慢性呼吸道炎症。个别病例出现肺纤维化，可引起牙齿酸蚀症
	粉尘	导致大气污浊	吸入。呼吸性粉尘可沉淀在呼吸性的支气管壁和肺泡壁上。长期吸入生产性粉尘易引起以肺组织纤维化为主的全身性疾病，即尘肺病，属国家法定职业病

为了保障工人以及现场监测环保工作人员的身心健康和环境安全，表 4-91 指出了线路板类电子行业突发环境污染事故的主要污染物，应急防护措施，应急监测指标以及基本防护设备配置等。

表 4-91 应急防护措施、设备及应急处理技术方法

<table>
<tr><th rowspan="2">污染物</th><th rowspan="2">防护措施</th><th colspan="3">防护装备及应急处理技术方法</th></tr>
<tr><th>特异装备</th><th>常用装备</th><th>应急处理技术</th></tr>
<tr><td>乙二醇</td><td>穿防护服、防护手套</td><td>—</td><td>手套防护服</td><td rowspan="6">乙二醇：脱去污染的衣着，用大量流动清水冲洗。眼睛接触：提起眼睑，用流动清水或生理盐水冲洗。就医。迅速脱离现场至空气新鲜处。保持呼吸道通畅。如呼吸困难，给输氧。如呼吸停止，立即进行人工呼吸。就医。食入：饮足量温水，催吐。洗胃，导泄。就医。
二氧化硫氮氧化物的吸入： 迅速脱离现场至空气新鲜处。保持呼吸道通畅。如呼吸困难，给输氧。如呼吸停止，立即进行人工呼吸。就医。
废液意外排放：如发生意外的污水大量排放，以及工艺设备的突发性破损导致的大量污水排放，必须采取工程拦截措施，避免流入水环境敏感区。
氢氧化钠：皮肤接触：应立即用大量水冲洗，再涂 3%～5%硼酸溶液。眼睛接触：立即提起眼睑，用流动清水或生理盐水冲洗至少 15 min。或用 3%硼酸溶液冲洗。吸入：迅速脱离现场至空气新鲜处。必要时进行人工呼吸。食入：应尽快用蛋白质之类的东西清洗干净口中毒物，如牛奶、酸奶等奶质物品。患者清醒时立即漱口，口服稀释的醋或柠檬汁。情况严重时需及时就医</td></tr>
<tr><td>二氧化硫</td><td>戴防毒面具</td><td>特异性二氧化硫去除面具</td><td>防毒面具</td></tr>
<tr><td>氮氧化物</td><td>戴防毒面具</td><td>—</td><td>防毒面具</td></tr>
<tr><td>NaOH</td><td>防化服</td><td>防护眼镜</td><td>口罩、眼罩</td></tr>
<tr><td>粉尘</td><td>戴口罩</td><td>—</td><td>口罩、眼罩</td></tr>
<tr><td>酸性废液</td><td>穿防护服
泄漏需工程拦截、储存，集中处理</td><td>防化服</td><td>小型铲车</td></tr>
</table>

五、应急监测、监测设备及监测方法

表 4-91 详细列出了应急快速监测设备及仪器检测范围。实验室分析方法的具体步骤请参照手册附件。

表 4-91 应急监测设备与监测方法及监测指标

污染物种类	监测指标	快速监测设备及检测范围	
		快速监测设备	检测范围
大气	一氧化氮	泵吸式一氧化氮检测仪（产品型号：GD80-NO）	0～20×10^{-6}、100×10^{-6}、2 000×10^{-6}可选
	二氧化氮	泵吸式二氧化氮检测仪（产品型号：GD80-NO_2）	0～20×10^{-6}、100×10^{-6}、2 000×10^{-6}可选
大气	二氧化硫	泵吸式二氧化硫检测仪（产品型号：GD80-SO_2）	0～10×10^{-6}、20×10^{-6}、100×10^{-6}、2 000×10^{-6}、5 000×10^{-6}可选
大气、水体	乙二醇	品红亚硫酸法 实验室方法见本《手册》附录	
水体	pH 值	便携式 pH 计	0.0～14.0
大气	粉尘	CCHZ-1000 全自动粉尘测定仪	0～1 000 mg/m^3

第五章　油和气行业突发性环境污染事故及应急

油和气主要行业包括海上石油天然气的开发、陆上石油天然气的开采。石油天然气的开采过程中容易产生的污染事故为泄漏、火灾及爆炸。尤其海上石油开发多位于近海岸，石油的泄漏会严重污染海域，造成渔业和环境的损失。因此，必须做好突发性环境污染事故的应急措施。

第一节　石油天然气开采突发性环境事故及应急

一、应急目的

增强应对和防范海上与陆上石油天然气开采等事故的风险与灾难的能力，最大限度地减少事故灾难造成的人员伤亡和财产损失。

二、应急原则

（1）以人为本，安全第一。石油天然气开采事故灾难应急救援工作，要始终把保障人民群众的生命安全和身体健康放在首位，切实加强应急救援人员的安全防护，最大限度地减少事故灾难造成的人员伤亡和危害。

（2）统一领导，分级管理。在安全生产监督管理部门的统一领导下，负责指导、协调石油天然气开采事故灾难应急救援工作。具体地方的各级人民政府、有关部门和企业按照各自职责和权限，负责事故灾难的应急管理和应急处置工作。

（3）依靠科学，依法规范。遵循科学原理，充分发挥科学技术及工程措施的作用，依法规范应急救援工作，确保应急处理的科学性、安全性和可操作性。

三、协调指挥

石油天然气开采属国家重点行业，应依据《安全生产法》、《消防法》、《环境保护法》等有关法律、法规和《国家安全生产事故灾难应急预案》，进行指挥机构协调。

石油天然气开采行业的应急预案应包括以下关键链条：应急中心办公室、政策与法规宣传办公室、安全生产宣传办公室、安全监督小组、现场应急指挥小组、信息服务中心。

（1）应急中心办公室：负责及时向上级部门报告事故信息，传达有关于事故救援工作的批示和意见。及时需派应急工作小组前往事故突发现场协助救援和开展事故调查时，及时公布进展等情况信息。

（2）政策与法规宣传办公室：负责突发事故的相关信息发布工作，与当地主要新闻媒体联系，协助地方有关部门做好事故现场新闻发布工作，正确引导媒体和公众舆论，同时负责宣传油和气主要行业的安全政策与行业规范等。

（3）安全生产宣传办公室：根据油和气主要行业的安全政策与行业规范的指示与有关规定，组织协调技术人员、环保人员等为主组成的事故应急小组赶赴事故现场参与事故应急救援和事故调查处理工作。

（4）安全监督小组：油和气的开采行业必须是由专业人员组成的安全监督小组，定期对行业各个链条进行安全检查并实施监督，对突发事故确保能及时提供事故单位相关信息，参与事故应急救援和事故调查处理工作进展情况。

（5）现场应急指挥小组：根据安全监督小组报告的相关内容，协调指导事故应急救援工作；提出应急救援建议方案，跟踪事故救援情况，及时向上级各个部门报告；协调组织专家咨询，为应急救援提供技术支持；根据需要，组织、协调、调集相关应急的一切后备资源，参加救援工作。

（6）信息服务中心：负责保障网络、通信的畅通运行，及时通过网站及相关媒体发布事故信息及救援进展情况。

发生重大安全生产事故灾难（Ⅱ级以上）时，石油天然气开采行业的安全应急部门要密切关注事态的发展，做好应急准备，并根据事态进展，按有关规定报告上级，以便通报其他有关石油天然气开采行业的地方、部门、救援队伍和专家，做好相应的应急准备工作，防患于未然。

四、应急响应

分级响应

按事故灾难的可控性、严重程度和影响范围，将石油天然气开采事故分为特别重大事故（Ⅰ级）、重大事故（Ⅱ级）、较大事故（Ⅲ级）和一般事故（Ⅳ级）（见第一章响应分级标准）。事故发生后，发生事故的企业及其所在地的人民政府立即启动应急预案，并根据事故等级及时上报。

发生Ⅰ级事故及险情，启动本预案及以下各级预案。Ⅱ级及以下应急响应行动的组织实施由省级人民政府决定。地方各级人民政府根据事故灾难或险情的严重程度启动相应的应急预案，超出本级应急救援处置能力时，及时报请上一级应急救援指挥机构启动上一级应急预案实施救援。

石油天然气开采事故现场应急救援指挥部、省级安全生产应急救援指挥机构要跟踪续报事故发展、救援工作进展以及事故可能造成的影响等信息，及时提出需要上级协调解决的问题和提供的支援。

五、现场紧急处置

根据事态发展变化情况，出现急剧恶化的特殊险情时，现场应急救援指挥部在充分考虑专家和有关方面意见的基础上，依法采取紧急处置措施。涉及跨省（区、市）、跨领域的影响严重的紧急处置方案，由安全监管总局协调实施，影响特别严重的报国家最高掌管部门制定处理办法。

针对石油天然气开采中出现的井喷失控、油气泄漏、火灾爆炸、中毒等事故的特点，在对事故实施应急救援的过程中，要注意做好以下工作：

（1）迅速组织事故发生地周围的群众撤离危险区域，维护好社会治安，同时做好撤离群众的生活安置工作；

（2）封锁事故现场和危险区域。迅速撤离、疏散现场人员，设置警示标志，同时设法保护相邻装置、设备，严禁一切火源、切断一切电源、防止静电火花，并尽量将易燃易爆物品搬离危险区域，防止事态扩大和引发次生事故；

（3）事故现场如有人员伤亡，立即调集相关（外伤、烧伤、硫化氢中毒等方面）的医疗专家、医疗设备进行现场医疗救治，适时进行转移治疗；

（4）设置警戒线和划定安全区域，对事故现场和周边地区进行可燃气体分析、有毒气体分析、大气环境监测和气象预报，必要时向周边居民发出警报；

（5）及时制订事故的应急救援方案（放喷点火、压井、灭火、堵漏等），并组织实施；

（6）做好现场救援人员的安全防护，避免烧伤、中毒等人身伤害事故发生；

（7）保护当地重要设施和目标，防止事故对当地江河、湖泊、交通干线和其他敏感环境区造成重大影响。

六、应急支援与保障

（1）救援装备保障。石油天然气开采企业按照有关规定配备石油天然气开采事故应急救援装备，相关行业需要根据本地企业、本地石油天然气开采事故救援的需要和特点，建立专业队伍，储备有关常用及特异性装备。依托现有资源，合理布局并补充完善应急救援力量。统一清理、登记可供应急响应单位使用的应急装备类型、数量、性能和存放位置，建立完善相应的保障信息库。

（2）应急队伍保障。石油天然气开采事故应急救援队伍以石油天然气开采企业的专业应急救援队伍为基础，按照应急需求及相关规定配备人员、装备，开展培训、演习。各级安全生产监督管理部门依法进行监督检查，促使其保持战斗力，常备不懈。公安、消防部门是石油天然气开采事故应急救援重要的支援力量，应相互协调配合。阐明石油天然气开采的危险性及发生事故可能造成的危害，定期广泛宣传应急救援有关法律法规和石油天然气开采事故预防、避险、避灾、自救、互救等相关的常识和基本技能。

（3）交通运输保障。建立当地主要石油天然气开采作业地点的交通地理信息系统。在应急响应时，利用现有的交通资源，协调铁路、公路以及民航等系统提供交通支持，协调沿途的地方政府有关部门提供交通警戒支持，以保证及时调运石油天然气开采事故灾难应急救援所需的人员、队伍、装备、物资及有关其他必需的后备支持。

事故发生地的当地人民政府有关部门应及时组织对事故现场进行交通管制，开设应急救援专用通道，保证应急救援所需的人力物力以最快的速度到达事故现场。地方人民政府还应组织和调集足够的交通运输工具，保证现场应急救援工作需要。

（4）医疗卫生保障。由事故发生地的卫生行政部门负责应急处理工作中的医疗卫生保障，迅速成立医疗小组，对受害人员实施医疗救治，并根据石油天然气开采事故造成人员伤亡的可能特征，组织落实专用药物及器材。医疗小组接到指令后要迅速进入事故现场实施医疗急救，地方上条件优越的医院负责协调后续治疗需求。

必要时，可向上级地方人民政府请求支援。

（5）治安保障。由事故发生地点的相关人民政府单位组织事故现场治安警戒和治安管理，加强对重点地区、重点场所、重点人群、重要物资设备的防范保护，维持现场秩序，及时疏散群众。发动和组织群众，协助做好治安、秩序工作。

（6）物资保障。石油天然气开采企业按照有关规定储备应急救援物资，地方各级人民政府与石油天然气开采企业要根据本地、本企业石油天然气开采实际情况储备一定数量的常备的应急救援设备及物资；应急响应时所需设备与物资的调用、采购、储备、管理，遵循“服从调动、服务大局”的原则，保证应急救援对设备与物资的最大可能需求。

第二节 液化天然气加工业突发性环境事故及应急

一、液化天然气加工简介

液化天然气是天然气经压缩、冷却，在零下 160℃下液化而成。其主要成分为甲烷，用专用船或油罐车运输，使用时重新汽化。被公认是地球上最干净的能源。甲烷气体无色、无味、无毒且无腐蚀性，但大量泄漏后与空气混合一定比例后遇到火星就会爆炸，甲烷在空气中的爆炸极限为 5.3%～14%（甲烷在空气中的体积比），长期暴露在甲烷浓度过高环境中会导致人缺氧中毒甚至造成生命危险，液化天然气体积约为同量气态天然气体积的 1/600，重量仅为同体积水的 45%左右。因为甲烷气体本身无色无味，因此在加工过程中会加臭以便使用单位和个人能很快辨识是否有泄漏事故发生，避免意外事故的发生。而且，液化天然气加工周围都要禁火，同时进行的甲烷在空气中浓度时时监测，避免爆炸事故。

二、液化天然气加工流程及风险点位

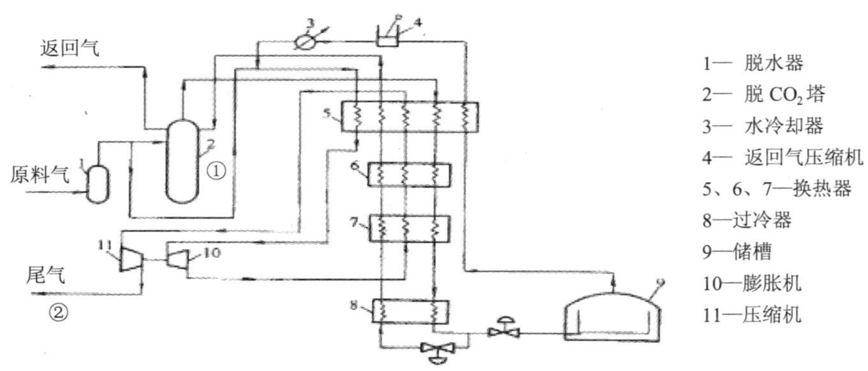

图 5-1 液化天然气工艺流程及事故风险点位

①二氧化碳气体；②尾气（含甲烷，二氧化碳）

由图 5-1 可见，液化天然气加工过程中，容易产生泄漏事故，以及脱二氧化碳环节中产生二氧化碳气体，尾气中因含有甲烷，二氧化碳会造成大气污染，浓度过高就会威胁人员健康。

三、污染物表征及其危害

根据液化天然气工艺流程，污染物产生的危险点位、主要污染物的表征及危害见表5-1。

表 5-1　液化天然气工艺风险点位及危害

风险点位	主要污染物	现象及特征	危害
①	二氧化碳	无色无味，过量吸入会导致头晕缺氧，严重会致人窒息休克	长期吸入高浓度二氧化碳会缺氧造成人的晕厥
②	尾气含甲烷、二氧化碳	无色无味，过量吸入会导致头晕缺氧，严重会致人窒息休克	甲烷，爆炸极限为 5.3%～15%。因此必须控制爆炸极限范围以下，避免造成人身健康威胁 长期吸入高浓度二氧化碳会缺氧造成人的晕厥

四、应急防护措施、防护设备及应急处理

为了确保环境、工作人员以及环保应急人员的健康安全，表 5-2 给出了液化天然气加工工艺中发生突发环境污染事故的主要污染物，应急防护措施及基本防护设备等。

表 5-2　应急措施、设备及应急处理工程与技术

序号	污染物	应急措施	防护装备及应急处理技术方法		
			特异装备	常用装备	处理措施
1	二氧化碳	保持空气畅通	氧气呼吸器	—	感觉头晕：迅速通风，转移到空气流通处 有人晕厥：抬到空气流畅处，如休克时间久，立刻送附近医院
2	尾气	保持空气畅通，切断电源和一切可能产生火花的来源	氧气呼吸器	—	感觉头晕：迅速通风，转移到空气流通处 有人晕厥：抬到空气流畅处，如休克时间久，立刻送附近医院

五、应急监测、监测设备及监测方法

甲烷浓度过高会遇到火星发生爆炸，二氧化碳浓度过高会造成人员缺氧甚至休克，表 5-3 详细列出了应急快速监测仪器及检测范围。实验室分析方法的具体步骤请参照相关监测方法手册及本手册附录。

表 5-3　应急监测设备与监测方法及监测指标

污染物种类	监测指标	监测设备或实验室分析	
		快速监测设备	检测范围
大气	二氧化碳（CO_2）浓度	泵吸式二氧化碳检测仪（产品型号：GD80-CO_2）	$0～100×10^{-6}$、$500×10^{-6}$、$2\,000×10^{-6}$可选
大气	甲烷（CH_4）在大气中体积含量	泵吸式甲烷检测报警仪（产品型号：GD80-CH_4）	$0～5\,000×10^{-6}$、$50\,000×10^{-6}$可选

第六章　基础设施相关行业突发性环境污染事故及应急

所谓基础设施指的是为直接进行生产活动以及满足人们基本需求，实现可持续发展提供共同条件和公共服务的设施和系统。广义的基础设施一般包括道路、交通、电力、电信、水利、排污、燃气、供热、绿化等工程设施，以及教育、卫生、法律、国防安全等系统。狭义的基础设施一般指工程设施，不包括教育、卫生、法律、国防安全等系统。国家经济发展离不开基础设施。具体的行业包括旅游及酒店业、铁路、港口、港湾和码头、机场、航空、航运、供气系统、收费公路、电信、原油和石油产品集输终端、石油零售网点、医疗服务机构、废弃物管理设施、水与卫生等。

第一节　陆地交通事故环境污染应急流程及措施

危险货物安全运输是保障国民经济发展的一个重要环节，也是维护社会秩序稳定和人民生活安定的一个重要因素。路上交通运输事故存在潜在的环境污染风险，如运输危险化学品的车辆发生交通事故或者发生泄漏都会对环境造成一定的影响，严重时会威胁到生命财产的安全。

因此路上重大道路交通事故的快速反应，全力抢救，妥善处理，最大程度地减少人民群众生命和财产损失，以及有危险物质泄漏的交通事故的环境应急和环境保护措施的有效实施，可以降低环境风险且可以保障工作人员以及公共损失。因此，交通事故环境污染的应急具有十分重要的意义。本章就以有危险物质泄漏的交通事故环境应急为实例，阐述交通事故的环境污染应急技术措施。

一、交通事故环境污染类型及主要应急措施简介

1．路上交通运输突发环境污染事件主要污染物类型及处置措施

（1）气态污染物。修筑围堰后，由消防部门在消防水中加入适当比例的洗消药剂，在下风向喷水雾洗消，消防水收集后进行无害化处理。

（2）液体污染物。修筑围堰，防止进入水体和下水管道，利用消防泡沫覆盖或就近取用黄土覆盖，收集污染物进行无害化处理。

（3）固态污染物。易爆品：水浸湿后，用不产生火花的木质工具小心扫起，进行无害化处理。剧毒品：穿着全密闭防化服并佩戴正压式空气呼吸器（氧气呼吸器），避免扬尘，小心扫起收集后做无害化处理。

2．事故处理主要原则

（1）划定紧急隔离带。一旦发生危险化学品运输车辆泄漏事故，首先应由交警部门对

道路进行戒严，在未判明危险化学品种类、性状、危险程度时，严禁通车。

（2）判明危险化学品种类。立即进行现场勘察，通过向当事人询问、查看运载记录、利用应急监测设备等方法迅速判明危险化学品种类、危害程度、扩散方式。根据事故点地形地貌、气象条件，依据污染扩散模型，确定合理警戒区域。

（3）迅速查明敏感目标。在现场勘察的同时，迅速查明事故点的周围敏感目标，包括1 000 m 范围内的居民区（村庄）、公共场所、河流、水库、水源、交通要道等。以防止污染物进入水体造成次生污染，并为群众转移做好前期准备工作。

（4）应急监测。根据现场情况，制订应急布点方案。通过应急监测数据，确定污染范围。

（5）群众转移。根据现场危险化学品泄漏量、扩散方式、危害程度，决定是否进行群众转移工作。

（6）生态修复。根据污染事故对周围生态环境的影响，确定生态修复方案。

3. 污染途径

（1）交通运输工具在运输过程中发生的泄漏污染事故；

（2）交通运输工具在装卸过程中发生的泄漏污染事故。

二、应急流程

图 6-1 交通事故环境污染应急流程

1. 接报

（1）当地环境监控指挥中心接到来自110等各种途径的事件报告，需详细记录事件发生时间、地点、原因、污染源、主要污染物质、污染范围、人员伤亡情况以及报告联系人、联系方式等基本情况；

（2）根据接报内容及有毒有害气体特征，初步分析判断后，向应急领导小组报告。

2. 判明

当环境监控指挥中心值班负责人在接到报告后，初步判明事件的严重程度，确定事件处置分类：

（1）无法判明事件影响程度：立即调派监控人员，赶赴现场，查明事件情况；

（2）初步判定为一般事件：立即通知事发地环保部门，组织开展应急监测、监控和处置工作；

（3）初步判定为重大事件：立即向应急领导小组组长、副组长报告，根据指令组织环境监察和环境监测部门开展应急处置工作；

（4）报请政府总值班室：调度公安、消防、交通等职能部门及防化部队、事件发生地政府开展应急处置救援工作；情况紧急时，直接通知上述职能部门开展应急处置救援工作；

（5）召集应急专家组：研究事件的处置对策；

（6）通知有资质的危险化学品应急处置公司赶赴事件现场。

3．建议

（1）建议事发地政府：组织所属部门，立即采取临时应急措施，堵截泄漏、制止排放、控制污染；调用一切应急救援物质和队伍，疏导人群，发放应急防护用品，保障群众安全；

（2）建议公安部门：实施交通管制，疏散车辆及人群；

（3）建议消防部门：采取合理消防措施，避免受污染消防水引发二次污染；

（4）建议交通部门：组织车辆运送群众；

（5）建议防化部门：协助地方政府开展应急处置。

4．指导

（1）指导事发地政府及其环保部门：开展应急监测、应急监控、现场处置和善后处理工作；

（2）指导事件发生交通运输单位：开展截断污染源、控制污染；

（3）指导处置单位：按照应急专家组建议，开展现场处理和善后处置工作。

5．应急指挥

（1）迅速开展应急监测和应急监控工作，根据事件的危害程度，按照应急处置工作程序，立即向当地环境监控指挥中心报告；

（2）根据应急领导小组的决策，向事发地政府、相关职能部门提出处置指导意见；

（3）必要时，应急领导小组成员及时赶赴现场，指挥应急处理工作；

（4）按应急处置程序，将处置结果及时上报有关部门。

6．应急监测

（1）应急监测人员和应急监测车接到命令后应立即出发前往污染现场，按应急处置程序开展监测工作；

（2）应急监测车应深入事件核心现场进行应急监测和分析，并立即报告现场污染物名称、毒性及污染严重程度；

（3）根据事件发生区域气象条件和有毒有害气体的特点，按照监测规范进行布点采样和监测，对可能影响人群安全的，应立即在敏感点加密监测，直至事件结束为止；

（4）及时将监测报告（包括初步报告和详细报告）报送环境监控指挥中心，当污染事件影响人群安全时，监测报告必须明确污染严重程度、影响范围和发展趋势。

7．处置监控

（1）环境监察部门应急监控人员和应急指挥车应立即赶赴事发现场；

（2）根据应急专家组建议和应急领导小组决策，指导事发地政府和应急处理单位，立即采取有效措施，堵截泄漏、控制污染，迅速将未泄漏的有毒有害物品转移到安全地点；

（3）根据应急处理需要，报应急领导小组同意，责令事发地政府开展应急处理工作；

（4）及时做好安全防护和调查取证工作；

（5）在应急专家组的指导下，采取措施减轻和消除有毒有害气体污染。

8．应急结束

通过跟踪监测结果全面分析，可以确保对环境和大众没有威胁后，可以宣告应急结束。

三、应急监测方法及设备

根据泄漏的污染物质类型查询手册其他章节的应急监测方法和人员防护措施，确保工作人员的人身安全并有效处理环境污染事故。

四、水源地保护措施

水源保护区水质执行国家地表水环境质量标准。保护目标：水域保护区内水质标准不得低于国家《地表水环境质量标准》（GB 3838—2002）的II类标准，并符合国家《生活饮用水卫生标准》（GB 5749—2006）的要求；陆域保护区内水质标准不得低于《地表水环境质量标准》的III类标准。

根据事故发生地点距离水源地远近采取不同的水源保护措施，具体主要措施如下：

（1）首先对交通事故进行现场调查，对产生的主要污染物进行定量监测，记录污染物类型及产生量，对可能产生二次污染的物质要进行详细说明。

（2）陆地交通事故发生后，应对有毒污染物进行现场处理，能够收集的进行分类收集，交付有毒污染物处理部门进行统一处理。同时要进行无害化处理，防止降雨产生径流进入市政污水处理管道，最终排入河流污染水体。

（3）需要冲洗路面进行处理的要调查清楚，下水管道的排污口距离饮水取水源地的远近和位置，位于取水口上游且距离较近的需要特殊处理，不能直接排入下水管，冲洗污水需通过引流措施引导至其他地方进行自然净化或工程净化。

（4）对于已经进入下水道的有毒有害污染物，要及时通知相关部门，弄清排污口在饮水源区的地理位置，要进行收集处理。

（5）污染物进入下水道排污口在水源地下游时，应通知下游最近的水源地保护区和自来水取水口的相关部分做好应急监测。

五、水源地水质监测布点原则

污染事故发生后，如果污染物进入水源地保护区，在城市自来水取水口上游必须设置监测断面，并连续不间断监测，直至水质达标后方可解除应急。

排污口在水源地下游时，应通知下游最近的水源地保护区和自来水取水口的相关部分做好应急监测，监测断面应该至少位于取水口上游 500 m 处，如果污染物毒性很大，应该相应增大上游监测断面的距离。

第二节　水域水运船舶污染事故及应急

水路运输存在着较高的污染损害事故风险，如船舶搁浅或碰撞等事故引发的溢油及化学品溢出事故、装卸储存货物泄漏事故等，往往会造成对航道和港口水域及邻近沿岸的不利环境影响。近年来分别发生在法国海岸和西班牙海域的“爱丽卡”、“威望号”特大溢油事故均给当地的生态环境和人民群众生活带来了巨大损失，再次向世人敲响了“有效地采取防范对策”的警钟。

随着我国经济持续快速的发展，水路运输进入了新的发展高潮，无论是航行范围和密度还是货物种类和运量，都出现了快速增长的势头。

船舶污染事故是指《中华人民共和国内河交通事故处理规则》中所述船舶交通事故引发的，或是其他原因造成同一起源的，一起或一系列已造成或可能造成油或其他污染物的排放，对辖区水环境构成或可能构成威胁，需要采取紧急行动措施的事故。

船舶污染事故可以分为油类污染事故、有毒有害物质污染事故、船舶垃圾污染事故等污染事故，按其可能造成的环境影响和动用的资源大小则分为四个级别：

一级：非持久性油类造成的污染事故；对敏感区域环境不会造成影响；发生污染事故的船舶、码头、装卸站自身即可控制、处理的污染事故。

二级：对敏感区域环境可能会造成影响；发生污染事故的船舶、码头、装卸站自身能力不能控制、处理的污染事故。

三级：会影响敏感区域，或需要动用的全部或大部分资源（包括航运系统以外的资源）才能应付的污染事故。

四级：可能会影响到其他地区的较大范围的船舶污染事故或会严重影响敏感区域，动用全部资源和部门尚不能从容应对的重大船舶污染事故。

一、船舶污染事故的污染物类型及应急措施

1．组织维护现场救援秩序，监督管理事故水域的航行、停泊秩序。

2．对事故地点水域采取临时性的交通管制。

3．属油类泄漏事故的，按以下要求处理：

（1）立即通知下游或附近船舶禁止使用烟火，防止引起火灾；

（2）向有关部门求援围油栏，并按规定使用消油剂；

（3）对事故船舶实施堵漏；

（4）立即通知消防部门赶赴现场，并协助救援。

4．属化学品、爆炸物，并引起燃烧的：

（1）通知消防部门赶赴现场，并协助灭火，抢救人员；

（2）疏散附近船舶、设施和人员到安全地点；

（3）通知公安部门到现场采取防护措施，并维护治安秩序；

（4）清理事故现场。

5．属有毒化学品、放射性物质落水的大事故以上事故时：

（1）立即通知当地人民政府采取紧急措施；

（2）疏散附近船舶、设施和人员；

（3）组织有关船舶打捞落水的有毒物品，并做好防护安全工作。

6．事故调查处理人员应立即赶赴现场进行调查取证

事故现场处理人员在应急行动中（从接到报告后开始，至全部工作结束时止）必须做好各项记录：

（1）记录事故原因、处理过程并整理各类专业表格和收集的各类数据；

（2）对水上污染事故的控制、监视、清除中所投入的人力资源、物力资源（派出人次、动用船艇的总艘次、调配防污染设备和器材的种类及数量、花费的时间和费用等），尽可能备份保存；

（3）对受污染的岸线所受的损害情况和对污染的清除工作过程（出动清污队伍的人次和时间、动用清污设施设备及器材的种类数量和时间、各协作部门的费用项目支出明细情况等），最好同时记录备份保存。

二、水运污染损害风险因素的识别

有可能导致或增加水运污染损害的风险因素主要涉及以下四个方面：（1）风险源；（2）风险诱因；（3）敏感环境资源；（4）应急防范对策。在进行风险识别时需要综合考虑各个方面可能的风险因素，采取相应的降低风险对策措施。常见风险因素示于图 6-2。

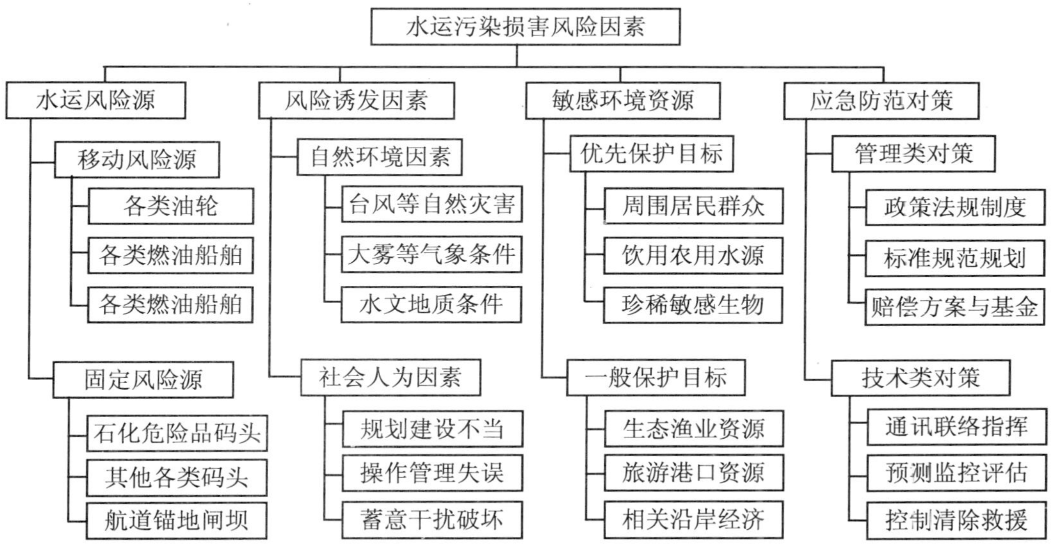

图 6-2 水运环境污染事故损害风险因素

三、水上危险货物事故应急反应处理

根据水上危险货物的种类，我们来分类处理。

1．爆炸物品应急反应处理

（1）尽快疏散周围的人员到安全地带，以便将人员伤亡降低到最低程度。

（2）迅速确认爆炸物品的品名、性质能不能与水发生反应，是液态或是固态。

（3）利用再次爆炸未到来的时间，全力扑救。大多数爆炸物品最有效扑救方法是用喷水（雾状水）。与水发生反应的爆炸物品扑救要按照托运人提供的方法进行。

（4）严禁使用酸碱性灭火剂，以免激活爆炸物品的反应性。

（5）水流采取吊射，避免强力水流冲击包装而造成倒码，继而引发二次爆炸。

（6）对集装箱装运的爆炸物品，要集中消防水对准集装箱受首次爆炸撕开的缺口进行扑救。

（7）扑救人员利用周围现成的掩蔽体或尽量采取卧姿等低姿态射水，同时尽可能保护好自己。

（8）对周围货物采取预防性措施，防止着火区进一步扩大。

（9）对泄漏流散液态爆炸物品，应采取惰性材料进行围堵、收集。

（10）散落地面的爆炸物品要安全处置，切不可回收，随货装运。

（11）有毒性爆炸物品，扑救人员要采取防毒措施，以防中毒。

2．压缩气体和液化气体应急反应处理

（1）疏散人员到上风或侧风安全地带。

（2）确认货物是否有毒或易燃气体。

（3）切不可盲目将火扑灭。若是有毒气体，燃烧也是控制、转移、消除其危害的一种有效方法，但尽可能冷却控制，以防燃烧恶化到爆燃再到爆炸或者容器爆炸。若是易燃气体，同样冷却控制燃烧使其稳定燃烧。

（4）用雾状水冷却容器和周围空气。

（5）扑救人员要采取有效防护措施，在水雾的保护下，关闭气体阀门或用相应的堵漏材料（如：黏合剂、弯管工具、气囊塞、橡皮塞、软木塞等）进行堵塞泄漏口。若一次堵漏失败，再组织堵漏需要一段时间时，应用较长点火棒将泄漏气体点燃，使其恢复稳定燃烧，以防泄漏大量气体与空气混合形成爆炸性混合物。

（6）若无法堵漏，应用水不断冷却控制，使其燃烧殆尽。

（7）在特殊情况下，只要判断进出阀门完好有效，也可将火扑灭，再关阀门。但必须注意要做好人员自身防护措施，以防中毒。

（8）遇水禁忌性压缩或液化气体要采用适宜的灭火剂。

（9）在扑救同时，用水冷却控制周围货物，防止着火区进一步扩大。

（10）控制火势人员要有一定的安全站位。

3．易燃液体应急反应处理

（1）诸如燃油、苯、醚等类密度比水轻又不溶于水的货物，可选用泡沫或干粉等灭火。也可用雾状水灭火。但不可用水柱，以免扩大着火区域。

（2）诸如二硫化碳等类密度比水重又不溶于水的货物，可用水扑救，但水层必须覆盖一定的厚度，方能压住火势。

（3）诸如甲醇、丙酮等类能溶于水或部分溶于水的货物，可用雾状水、抗溶性泡沫、干粉或大量的水（禁用水柱）扑救。火势不大时，用二氧化碳灭火。

（4）诸如乙酚氯、丙酚氯、烯丙基硫醇等类物质遇水发生化学反应的货物，可用二氧化碳、干粉灭火，但禁用水柱。

（5）对具有毒害性、麻醉性和腐蚀性的货物，扑救人员要穿戴相应的防护用具，尽可能处于上风或侧风位置。

（6）属管道着火，要立即停止作业，尽快关闭阀门，将火扑灭。

（7）属储罐着火，利用储罐上现有配套消防设施进行扑救。

（8）在扑救同时，尽快疏散人员，远离火灾现场，并处于上风位置。

（9）泄漏的货物，可用硅藻土、沙土进行围堵或覆盖，也可用惰性吸收材料加以吸收。若泄漏的货物流淌到地面燃烧时，可构筑围堤或在地面挖沟，拦截火势的蔓延去向，用干粉或高倍泡沫将其扑灭。

4．易燃固体、自燃物品、遇湿易燃物品应急反应处理

（1）二硝基苯甲醚、二硝基萘、萘是能升华的易燃固体，受热发出易燃蒸汽起火时，可用雾状水、泡沫扑救并切断火势蔓延途径，但应注意，不要以为火焰已灭，就万事大吉。事实上，受热产生易燃蒸汽仍在空中，应不断向其空间喷水，并持续一段时间。

（2）黄磷，自燃点很低，在空气中很快氧化升温并自燃。扑救火灾时，要用喷雾、开花水流，以免强流高压水冲击黄磷块飞溅，导致火灾扩大。收集散落的黄磷块粒时，用水压湿，回收到冷水容器中，泄漏处理人员穿戴防护用品。

（3）遇湿易燃物品能与潮湿、水发生化学反应而起火，有时即使没有明火也能着火或爆炸，一般采取以下应急对策：

① 首先了解清楚遇湿易燃物品的品名、数量、与其他货物间距离情况。

② 如果只有少量散落到地面上，可用大量的水或泡沫扑救，但要特别考虑实施场所情况，以免险情祸及其他货物。

③ 如果货物数量较多，绝对禁止用水或泡沫、酸碱等湿性灭火剂扑救，应该用干粉、二氧化碳、卤代烷扑救。

④ 金属钾、钠、铝、镁等货物不可用二氧化碳、卤代烷扑救，应该用石墨粉、氯化钠或专用轻金属灭火剂扑救。

⑤ 固体遇湿易燃物品可用水泥、石灰、干砂、干粉、硅藻土覆盖。

5．氧化剂和有机过氧化物应急反应处理

（1）疏散周围人员到安全地带。

（2）查明是氧化剂或是有机过氧化物、品名、数量、能否用水或泡沫扑救。

（3）几乎所有氧化剂、有机过氧化物都不能用酸碱灭火剂。

（4）绝大多数氧化剂只能用水扑救。

（5）部分氧化剂（如氟化物）能与水反应，扑救时，可用干粉、苏打粉，但扑救人员必须戴防毒面具。

（6）有机过氧化物可用干粉、二氧化碳、雾状水、泡沫扑救，禁用水柱。

（7）泄漏的氧化剂或有机过氧化物可用惰性吸收材料收集，但禁止使用锯末、棉纱等可燃物作吸收材料。泄漏物起火时，可用干砂、水泥、石灰覆盖火源。

6．毒害品应急反应处理

（1）扑救人员须穿防护服，尽量使用隔绝式氧气或空气面具。

（2）大多数货物起火时，可用雾状水、泡沫、干粉和二氧化碳扑救。

（3）氰化物与忌水性有毒物品禁止使用泡沫、水和酸碱灭火剂灭火。可用干粉、沙土、二氧化碳扑灭。

（4）二氧化硒，只能用大量的水、沙土扑灭。

（5）汞的化合物只能用水，禁止用干粉、二氧化碳、卤代烷。

（6）发生泄漏时，应将泄漏物品收集起来，撒漏处应及时洗刷消毒，并注意防止扩大污染。

（7）所使用的防护用品及用具，要集中起来消毒处理。

7．放射性物品应急反应处理

（1）若包装件卷入火中，应尽可能从上风向、远距离向包装件喷水，降低包装件温度，防止辐射屏蔽材料（如：铅）熔化。

（2）金属钍、金属铀采用干粉、苏打粉、石灰、沙土灭火。

（3）大多数化合物用干粉、二氧化碳、雾状水、泡沫灭火剂灭火。

（4）扑救人员应穿戴防护服，必要时戴上呼吸器。

（5）发现包装破损时，应由专门监测人员进行监测。当内容物未泄漏时，操作人员应对包装进行修复。当内容物泄漏而造成污染或环境水平增高时，应立即划定区域并作出标记，尽快进行处理。

（6）当人体受到污染物黏着时，应在辐射防护人员或医务人员指导下去污。

（7）必须妥善处理扑救后产生的放射性废物（一般采取深埋并加以标志）。

（8）灭火结束时，应对包装件或环境进行检测，有无泄漏。对使用过的防护用具要在卫生防疫部门的监督下进行消毒、清洗。扑救人员要彻底清洗干净。

8．腐蚀品应急反应处理

（1）绝大多数腐蚀品着火时，可使用干粉、泡沫和雾状水扑救。火势较小或小范围着火时，可用二氧化碳扑救。

（2）诸如浓硫酸、四氯化锆等类遇水剧烈反应、能燃烧、爆炸或放出有毒气体的货物，可用干粉、二氧化碳、沙土扑救，但禁用水。发烟硫酸禁用沙土，防止酸液飞溅。

（3）诸如含有氧化性的一级酸碱腐蚀品，只能用水扑灭，禁用干粉、二氧化碳、卤代烷。

（4）诸如硫化铵溶液、苄基二甲胺腐蚀品，要采用抗溶性泡沫、干粉、二氧化碳、雾状水灭火剂灭火。

（5）扑救人员应穿戴合适的防护用品。对卷入火中易散发腐蚀性蒸汽或有毒气体的货物，扑救时，还要戴上隔绝式呼吸器，要站在上风处进行扑救。

（6）发生泄漏时，可用惰性材料收集起来，并用大量水冲洗泄漏处所。

（7）发生大量泄漏时，酸性货物可用相应碱性稀溶液中和，碱性货物可用相应酸性稀溶液中和。

（8）扑救人员要冲洗干净，所使用的防护用具要清洗干净。

另外，为了尽可能消除污染、减轻危害，针对水上运输事故的特点，还要对泄漏物及污染环境进行监测，如空气监测、水体监测和漂浮物监测等。空气监测主要监测氧气，可燃、可爆气体的浓度和有毒物质的含量；水体监测主要监测水体中化学物质的浓度和污染区域的分布情况；表面漂浮物监测主要利用机载侧视雷达、紫外线扫描仪、红外扫描仪和前视红外影像仪等对漂浮化学品进行识别；对沉降物的监测，一般使用回声测深器进行相界锁定以确定污染的范围。二是对泄漏物进行回收和处理。对漂浮化学品的处理，通常是直接回收、向漂浮物喷洒泡沫再设法回收、使用吸附材料进行围堵和吸附，或是借助气泡屏障拦截漂浮物达到围控和回收的目的；对溶解性化学品的处理一般有两种：一是通过严格的排量监控实现自然中和，另一种是使用处理剂，主要有中和剂、絮凝剂、氧化剂、凝聚剂、凝胶剂、活性炭和离子交换剂等；处理沉降的化学品，主要采用气动提升、机械和水力式清挖技术，其中气动提升清挖技术最为有效。

四、危险货物预控管理措施

1. 完善法律制度，加快技术标准的修订工作

我国国内水路危险货物运输立法还不能适应国内运输发展需要，要加快进程。针对简易码头及仓储设施接卸危险货物的情况，应出台相应管理规定，通过采取必要的限制和强制措施，促使危险货物运输手段装备技术和管理水平的提高。还要抓紧对现有一些不适应要求的规章进行修订。

2. 加强人员培训，严格实行持证上岗制度

狠抓技术培训，努力提高从业人员素质，培训工作应该建立制度和机构，切实提高培训质量。对企业和船舶、码头的现场工作人员必须经培训合格并实行持证上岗，对违反规定和技术规范进行操作的人员应有严格的处罚制度。

3. 加强危险货物日常管理

无论是在危险货物包装、运输过程中，还是在码头装卸时，都更应注意日常管理和安全操作。必须要遵守《危险货物安全管理条例》和国际、港口国的规定，确保日常工作的安全。

4. 加快口岸各部门的计算机系统的应用和网络建设

目前国内危险货物运输信息化管理比较落后，大部分部门和单位依靠经验进行管理，远远不能适应形势发展的需要。根据信息化建设的需要，必须加快各大口岸的计算机推广应用的步伐，实施系统和网络建设，这不仅有利于提高危险货物的转运效率，更有利于强化监管力度。

5. 建立周密、完善、科学的应急预案

在危险货物运输、装卸过程中，难免发生比如破损、溢漏、火灾、爆炸等事故。应急预案就是根据不同的情况预先制订扑救、处理的针对性措施，万一发生事故，各有关部门可以按照预案设计，立即开展有效的急救。

危险货物安全运输是保障国民经济发展的一个重要环节，也是维护社会秩序稳定和人民生活安定的一个重要因素。水运危险货物，一旦发生事故，其涉及面广，危害严重，对社会公共安全也会造成很大的影响。因此，对安全问题的研究，还需要更广泛、深入的讨论，采取尽可能的措施，防止事故的发生，减少事故的危害。

五、水域水源保护

水源保护区水质执行国家地表水环境质量标准。保护目标：水域保护区内水质标准不得低于国家《地表水环境质量标准》（GB 3838—2002）的Ⅱ类标准，并符合国家《生活饮用水卫生标准》（GB 5749—2006）的要求。

因此，如果水运交通污染事故发生在城市饮水取水口上游时，应加强水域水源的保护。主要措施如下：

（1）发生污染事故后应及时调查清楚排放污染物类型及排放量。及时调查清楚污染物类型及排放量对采取针对性的处理措施非常重要。

（2）对于浮在水面的有机污染物，采取 FOA 浮油凝集剂（简称凝油剂）是利用丰富农副产物及石油化工产物研制而成的。它可以凝聚处理漂浮于水面上的各种浮油如原油、

机油、汽油、花生油等。除油率均＞99.7%，且凝油速度快，在 10 s 时间内即可完成凝聚过程。可在 pH 为 1～14 范围内，水温＜50℃全天候条件下使用。它对水质无影响，对人、水生物均无毒性。它比重小于水，可长期漂浮于水面，凝油后呈块状收集十分方便。

（3）可溶性有毒无机污染物，应该立刻关闭取水口取水，并在取水口上游进行水质监测，水质达标后方可再次取水。

六、水域水质监测布点原则

污染事故发生后，如果污染物进入水源地保护区，在城市自来水取水口上游必须设置监测断面，并连续不间断监测，直至水质达标后方可解除应急。

排污口在水源地下游时，应通知下游最近的水源地保护区和自来水取水口的相关部分做好应急监测，监测断面应该至少位于取水口上游 500 m 处，如果污染物毒性很大，应该相应增大上游监测断面的距离。

第三节　原油输送突发环境事故及应急

原油输送由输油管道（也称管线、管路）即油管与其附件所组成，配备相应的油泵机组，设计安装成一个完整的管道系统，用于完成油料接卸及输转任务。

泄漏是输油管道运行中的主要事故。在输油管道运行过程中，由于腐蚀穿孔及其他外力破坏等原因，泄漏事故时有发生，给油田造成了巨大的经济损失。严重干扰了正常的输油生产，也带来了重大安全隐患和环境污染风险。因此，必须防止泄漏事故发生，同时对突发性的泄漏事故也要做好应急工作。

一、泄漏检测方法简介

输油管道检漏方法主要有两类：直接方法和间接方法。直接方法就是利用预置在管道外的检测元件直接测出泄漏介质。这种方法可以检测到微小的渗漏，并能定位，但是要求在管道建设时与管道同时安装。间接方法就是通过检测管道运行参数的变化推断出泄漏的发生，这种方法的灵敏度不如直接方法高，适合检测较大的泄漏（一般 1%左右），优点是可在管道建设后不影响生产的情况下安装，并可不断升级。

另外，高精度管道泄漏监测定位技术，是一个多学科结合的集成技术。该系统集成了次声波管道泄漏定位技术、GIS（地理信息管理系统）和 GPS（全球卫星定位系统）。它是基于 GIS 技术的综合管理平台，适合长距离、多管段、复杂条件下的应用。系统以 GIS 为基础，建立可视化的生产信息管理平台，实现生产数据的集中管理和共享，适合于管道管理中对生产运营管理和安全管理要求。

以次声波法为核心的管道运行安全管理监测系统，可以进行管道异常泄漏的监测。此技术具有很高的监测灵敏度和定位精度。

二、突发性泄漏事故的应急程序及相应措施

（一）警报

1．油品泄漏。发现人立即找登记在册的就近的电话向正在输油的泵房打电话要求停止输油，简要说明事故情况。同时拨打就近的消防电话，以及油库报警电话，向消防值班人员说明事故地点、事故类型、泄漏油品名称、泄漏速度及估测泄漏量等事故概况。

2．通过电话向应急总指挥和副总指挥汇报事故情况。

3．事故如发生在夜间或节假日，报警人员向行政值班人员报警，由行政值班人员向总指挥及副总指挥报告事故情况。

（二）接报

1．消防值班人员、行政值班人员、总指挥、副总指挥为接报人员。输油管道必须成立应急小组，必须进行明确的分工。

2．接报人员应问清报告人姓名、单位、联系电话；问明事故发生时间、地点、事故原因、油品名称、泄漏量；向上级有关部门报告；做好电话记录。

（三）组建救援队伍

1．应急总指挥或副总指挥接到报警电话后，立即通知应急指挥领导小组所有成员到达事故现场。

2．应急领导小组各位成员接到通知后，立即组织起本组的工作人员及抢险装备，然后赶往事故现场，向现场总指挥报到，接受任务，了解现场灾害情况，实施统一的救援工作。

（四）设立临时指挥部及急救医疗点及选址

1．各部门救援队伍进入事故现场后，选择有利地形设立现场指挥部及医疗急救站。

2．地点应选在上风向的非污染区域或交通路口，但不能远离事故现场。各救援队伍尽可能靠近现场指挥部，随时保持与指挥部的联系。

3．指挥部、各救援组、医疗组均应设置醒目的标志，悬挂标牌或旗帜，方便救援人员和伤员识别。

（五）抢险救援

进入现场的各支救援队伍要尽快按照各自的职责和任务开展救援工作。

1．现场指挥部：尽快开通通讯网络；迅速查明事故原因和危害程度，制订救援方案；根据事故灾情严重程度，决策是否需要外部援助；组织指挥救援行动。

2．泄漏源控制

应在事故的第一时间由作业人员停止输油作业，关闭泄漏管线两端的阀门。抢险抢修组的堵漏人员佩戴空气呼吸器（或滤毒罐式防毒面具）、穿防静电工作服进入现场堵漏，采用合适的材料和技术手段堵住泄漏处，通常采用临时堵漏管卡进行堵漏。

3．泄漏油品的处理

围堤堵截：抢险抢修人员 2～3 人一组，集体行动，相互照应，就地取土筑堤堵截泄漏油品或引流到安全地点。

稀释与覆盖：消防灭火组做好随时扑救火灾的准备，展开操作，消防车就位，水带展开，消防司泵待命；向油蒸气喷射消防水雾，加速油气向高空扩散，并利用水雾掩护抢险堵漏人员；用消防泡沫将泄漏的油品覆盖住，抑制油蒸气的挥发。

收集泄漏油品：在现场挖出集油坑，电气人员接好机动抽油泵的电，选用防爆型油泵或隔膜泵将泄漏的油品抽入大桶内或槽车内，交通运输组调集足够数量的油罐车到达现场。

（六）现场警戒

1．安全技术人员迅速测量现场的油气浓度，确定事故的危害区域，提供有关数据。

2．警戒疏散组根据划定的危害区域做好现场警戒，在通往事故现场的主要干道上实行交通管制。在警戒区的边界设置警示标识，禁止其他人员及车辆靠近，防止人员中毒及引发火灾。

3．交警部门负责交通管制，同时通知铁路部门严禁火车在此通行。

（七）现场医疗急救

1．医疗救护组在事故初起阶段应与当地医院取得联系，说明事故情况及人员伤亡情况，做好紧急救护的准备。

2．医疗救护组必须在第一时间对伤员在现场进行处理急救，急救时按先重后轻的原则治疗。

3．经现场处理后，迅速护送至医院救治。

4．送医院时做好伤员的交接，防止危重病人的多次转院。

（八）疏散撤离

1．安全警戒疏散工作人员需事先设立好安全区域。

2．警戒疏散工作人员和指挥引导污染区人员撤离事故现场。

3．立即向输油管线周围的群众宣传油品泄漏的危险性，要求消除明火、火源，切断电源，并组织群众的疏散，将大家撤离到安全区域。

4．警戒疏散工作人员通知其他工作组成员及周围群众油品的危险性、防止油气中毒、火灾爆炸的安全措施。采用湿毛巾捂住口、鼻等措施防止中毒。油气浓度监测方法见表 6-1。

表 6-1　应急监测方法及设备

污染物种类	监测指标	应急监测	检测范围
油气	油气浓度	油气浓度检测仪 （便携式 RBBJ-T 系列）	$0\sim100\times10^{-6}$、$0\sim1\,000\times10^{-6}$或 0～100 LEL

三、急救措施

（一）触电急救

1. 脱离电源

触电者触及低压带电设备，救护人员应设法迅速切断电源，如拉开电源开关或刀闸，拔除电源插头等；或使用绝缘工具、干燥的木棒、木板、绳索等不导电的东西解脱触电者；也可抓住触电者干燥而不贴身的衣服，将其拖开，切记要避免碰到金属物体和触电者的裸露身躯；也可戴绝缘手套或将手用干燥衣物等包起绝缘后解脱触电者；救护人员也可站在绝缘垫上或干木板上，绝缘自己进行救护。为使触电者与导电体解脱，最好用一只手进行。如果电流通过触电者入地，并且触电者紧握电线，可设法用干木板塞到身下，与地隔离，也可用干木把斧子或有绝缘柄的钳子等将电线剪断。剪断电线要分相，一根一根地剪断，并尽可能站在绝缘物体或干木板上。

触电者触及高压带电设备，救护人员应迅速切断电源，或用适合该电压等级的绝缘工具（戴绝缘手套、穿绝缘靴子并用绝缘棒）解脱触电者。救护人员在抢救过程中应注意保持自身与周围带电部分必要的安全距离。

如果触电者触及断落在地上的带电高压导线，且尚未确证线路无电，救护人员在未做好安全措施（如穿绝缘靴或临时双脚并紧跳跃地接近触电者）前，不能接近断线点至 8～10 m 范围内，防止跨步电压伤人。触电者脱离带电导线后也应迅速带至 8～10 m 范围以外后立即开始触电急救。只有在确证线路已经无电，才可在触电者离开触电导线后，立即就地进行急救。

救护触电伤员切除电源时，有时会同时使照明失电，因此应考虑事故照明、应急灯等临时照明。新的照明要符合使用场所防火、防爆的要求。但不能因此延误切除电源和进行急救。

2. 伤员脱离电源后的处理

触电伤员如神志清醒者，应使其就地躺平，严密观察，暂时不要站立或走动。触电伤员如神志不清醒者，应就地仰面躺平，且确保气道通畅，并用 5 s 时间呼叫伤员或轻拍其肩部，以判定伤员是否意识丧失。禁止摇动伤员头部呼叫伤员。

3. 心肺复苏法

触电伤员呼吸和心跳停止时，应立即按心肺复苏法支持生命的三项基本措施，正确进行就地抢救。

（1）通畅气道；

（2）口对口人工呼吸；

（3）胸外按压。

4. 口对口人工呼吸

在保持伤员气道通畅的同时，救护人员用放在伤员额上的手指捏住伤员鼻翼，救护人员深吸气后，与伤员口对口紧合，在不漏气的情况下，先连续大口吹气两次，每次 1～1.5 s。如两次吹气后试测颈动脉仍无搏动，可判断心跳已经停止，要立即同时进行胸外按压。

触电伤员如牙关紧闭，可口对鼻人工呼吸。口对鼻人工呼吸吹气时，要将伤员嘴唇紧闭，防止漏气。

5．胸外按压

使触电伤员仰面躺在平硬的地方，救护人员立或跪在伤员一侧肩旁，救护人员的两肩位于伤员胸骨正上方，两臂伸直，肘关节固定不屈，两手掌根相叠，手指翘起，不接触伤员胸壁；以髋关节为支点，利用上身的重力，垂直将正常成人胸骨压陷 3～5 cm（儿童和瘦弱者酌减）；压至要求程度后，立即全部放松，但放松时救护人员的掌根不得离开胸壁。按压必须有效，有效的标志是按压过程中可以触及颈动脉搏动。

操作频率：胸外按压要以均匀速度进行，每分钟 80 次左右，每次按压和放松的时间相等；胸外按压与口对口（鼻）人工呼吸同时进行，气节奏为：单人抢救时，每按压 15 次后吹气 2 次（15∶2），反复进行；双人抢救时，每按压 5 次后由另一人吹气 1 次（5∶1），反复进行。在医务人员未接替抢救前，现场抢救人员不得放弃现场抢救。

6．抢救过程中伤员的移动与转院

（1）心肺复苏法应在现场就地坚持进行，不要为方便而随意移动伤员，如确需要移动时，抢救中断时间不应超过 30 s。

（2）移动伤员或将伤员送医院时，除应使伤员平躺在担架上并在其背部垫平硬阔木板，移动或送医院过程中应继续抢救，心跳、呼吸停止者要继续心肺复苏法抢救，在医务人员未接替救治前不能终止。

（二）创伤急救

1．创伤急救的基本要求

创伤急救原则上是先抢救，后固定，再送医院，并注意采取措施，防止伤情加重或污染。需要送医院救治的，应立即做好保护伤员措施后送医院救治。

外部出血立即采取止血措施，防止失血过多而休克。外观无伤，但呈休克状态，神智不清，或昏迷者，要考虑胸腹部内脏或脑部受伤的可能性。

为防止伤口感染，应用清洁布片覆盖。救护人员不得用手直接接触伤口，更不得在伤口内填塞任何东西或随便使用药。

搬运时应使伤员平躺在担架上，腰部束在担架上，防止跌下。平地搬运时伤员头部在后，上楼、下楼、下坡时头部在上，搬运中应严密观察伤员，防止伤情突变。

2．止血

伤口渗血：用较伤口稍大的消毒纱布数层覆盖伤口，然后进行包扎。若包扎后仍有较多渗血，可再加绷带适当加压止血。

伤口出血呈喷射状或鲜红血液涌出时，立即用清洁手指压迫出血点上方（近心端），使血流中断，将出血肢体抬高或举高，以减少出血量。

用止血带或弹性较好的布带等止血时，应先用柔软布片或伤员的衣袖等数层垫在止血带下面，再扎紧止血带以刚使肢端动脉搏动消失为度。上肢每 60 min，下肢每 80 min 放松一次，每次放松 1～2 min 开始扎紧与放松的时间均与书面标明在止血带旁。扎紧时间不宜超过 4 h。不要在上臂中 1/3 处和腋窝下使用止血带，以免损伤神经。若放松时观察已无大出血可暂停使用。

高处坠落、撞击、挤压可能有胸腹内脏破裂出血。受伤者外观无出血但常表现面色苍白，脉搏细微，气促，冷汗淋漓，四肢发冷，烦躁不安，甚至神志不清等休克状态，应迅速躺平，抬高下肢，保持温暖，速送医院救治。若送院途中时间较长，可给伤员饮用少量糖盐水。

（三）烧伤、烫伤急救

（1）对危重的伤员，特别是对呼吸、心跳不好或停止的伤员立即就地紧急救护，待情况好转后再送医院。

（2）烧伤急救就是采用各种有效的措施灭火，使伤员尽快脱离热源，尽量缩短烧伤时间。

（3）伤员的衣服鞋袜用剪刀剪开后除去。伤口全部用清洁布片覆盖，防止污染。四肢烧伤时，先用清洁冷水冲洗，然后用清洁布片消毒纱布覆盖送往医院。

（4）对爆炸冲击波烧伤的伤员要注意有无脑颅损伤、腹腔损伤和呼吸道损伤。

（5）送医院途中，可给伤员多次少量口服精盐水。

（四）油气中毒急救

将中毒者移至空气新鲜处，应判断呼吸、心跳状况，立即进行人工呼吸或心脏胸外挤压，并尽快送医院抢救。如遇到严重中毒情况，一边常规救助一边打电话联系医院寻求有效的急救措施，并取得医院的宝贵的经验，将事故的损失降到最低。

第四节 加油站突发性环境事故及应急

一、应急目的

加油站数量众多，火灾事故时有发生，导致巨大的经济损失和人员伤亡。因此对加油站的环境污染事故进行预防及突发性事故的应急具有重要意义。应急目的主要包括规范加油站应急管理和应急响应程序，迅速有效地控制和处置突发性事故，降低事故造成人员伤亡和财产损失。

二、加油站危险性分析

经营过程中的加油站可能出现的危险目标及对危险目标的评估如下：

油品的性质：加油站主要对社会车辆提供车用燃料油，即各种汽油、柴油。汽油、柴油均为易燃、易爆、易蒸发、易渗漏、易产生静电和具有一定毒性的液体物质。

油品的危险性：其蒸汽与空气形成爆炸性混合物，遇明火、高热易引起燃烧、爆炸。

危害程度的范围：以加油站为中心，50 m 为半径的建筑物、设备及人员有受到危害的可能。

对建筑物设备危害程度预测：汽油、柴油一旦着火，具有爆炸后的燃烧可能，燃烧中又有爆炸的特点，并且伴有较强的震荡、冲击波和同时散发大量的热量。汽油造成的火灾具有强烈的突发性，高热辐射性及燃爆转换发生的特点。对建筑物、设备有较大的破坏力。

对人员危害程度预测：一旦发生泄漏或爆炸，人员会导致轻度中毒、急性中毒、吸入中毒、轻度烧伤、严重烧伤及生命危险。

主要危险部位是：加油现场、卸油作业区、配电室、变电柜。

可能发生火灾种类有：加油站火灾、爆炸；车辆火灾；电气火灾。

三、应急流程及组织安排

- 加油站经理负责现场的总体协调指挥。
- 加油站安全计量员负责拉闸断电。
- 加油站核算员负责通讯、报警联络。
- 加油站加油班长负责现场组织人员扑救或施救。
- 加油站当班员工负责执行现场指挥的调配，完成交办的任务。

四、预防与预警

工作人员发现险情，经过加油站当班班长以上任意一名管理人员确认险情后，即启动应急处置程序。

加油站经理（或值班经理）应当根据现场情况和事态的发展，命令通讯组向不同级别的上级领导报告。

同时拨打火警电话119，并通知当地最近的应急指挥中心。

如果事态扩大，情况紧急，要及时与周边企业、附近居民小区街道办事处联络，告知加油站出现的紧急情况，请求配合疏散及救援。

报警时应讲清以下内容：

（1）着火单位名称、详细地址；

（2）着火部位、着火物质、火情大小；

（3）报警人姓名、报警电话号码。

五、事故应急响应程序与应急措施

（一）加油机火灾处置方案

（1）加油站经理得到加油机起火报告后，迅速启动应急预案；

（2）计量员立即到配电室切断电源，然后加入灭火队伍；

（3）加油班长带领加油员马上携带灭火器冲向起火地点，消灭加油机火情；

（4）核算员根据经理命令，确定是否报警，然后迅速撤至安全区；

（5）营业员整理好自己账目后，交到核算员手中，然后作为医疗组人员参与救护工作；

（6）火情完全消除，加油站经理确认安全后，宣布重新营业。

（二）卸油区火灾应急

1．可能出现的起火状况：

（1）加油站送油罐车在加油站油罐区卸油过程中起火；

（2）加油站送油罐车在加油站油罐区静止过程中起火；

（3）加油站卸油罐车在加油站卸油终止后起火；

（4）加油站储油油罐计量口起火；

（5）加油站储油油罐卸油口起火；

（6）因其他原因（雷电）等油罐区起火。

2．处理措施：

（1）加油站经理切断加油站电源总开关，指挥油罐车司机迅速把着火罐车驶离油站危险区域进行扑救。

（2）抢险小组成员（当班加油员）使用灭火毯堵住罐口，隔绝空气灭火，火势较猛时，先用灭火器对准罐口将大火扑灭，再用灭火毯覆盖罐口。

（3）抢险小组组长（加油站安全计量员）关闭卸油罐车卸油口和油罐卸油口阀门，使用灭火毯封住油罐计量口（卸油口）。

（4）严紧使用水直接扑救，以免水激飞溅油品扩大着火范围。

（5）当班加油员立即停止加油，疏散现场加油车辆及闲散人员，引导司机将车辆开往与着火点上风口的方向，并要求远离 100 m 以外。

（6）立即疏散周边群众，对附近住户或人群进行口头通告，要求立即远离着火点 100 m 以外的地方。

（7）消防队赶赴现场后，主动配合消防人员进行扑救，避免火灾扩大。

3．注意事项：

如人身上不小心溅上油火时，立即用灭火器进行扑灭，或快速脱下衣服，将火扑灭；如来不及脱下衣服，应就地打滚，把火扑灭；或迅速跳进附近的水池中灭火，然后现场人员帮他脱下衣服。着火人员不要惊慌，乱跑乱跳，这样不仅影响救助而且可能扩大火情。救火时切忌用衣服扫帚来回扑打，以免使油火扩大着火范围。有人员伤亡，同时启动《加油站人员伤亡应急处置预案》。

（三）加油站油罐区火灾应急

（1）员工发现油罐区起火后，迅速报告站经理。站经理下令启动应急预案。

（2）计量员切断加油站电源总开关，然后迅速加入现场灭火组开始灭火抢险（如果当时正在卸油，计量员应迅速关闭油罐车阀门，报告加油站经理发生火情后，指挥油罐车司机把着火罐车驶离油站危险区域并进行扑救，加油站经理负责切断加油站电源总开关）。

（3）当班班长使用灭火毯堵住罐口，隔绝空气。其他员工用灭火器进行灭火。火势较猛时，先用灭火器对准罐口将大火扑灭，再用灭火毯覆盖罐口。

（4）计量员负责关闭油罐卸油口阀门，使用灭火毯封住油罐计量口（量油口）。

（5）当班加油员立即停止加油，在进口处设立警戒标志，疏散现场加油车辆及闲散人员，引导司机将车辆迅速驶离加油站。并注意引导消防车辆进站灭火。

（6）核算员应根据加油站经理命令，在第一时间报警并通知周边群众撤离。同时携带账册撤至安全区域。

（7）火情消除后，加油站经理宣布关闭预案。确保安全后，重新营业。

注意事项：

如人身上不小心溅上油火时，应立即用灭火器进行扑灭，或快速脱下衣服，将火扑灭。如来不及脱下衣服，应就地打滚，把火扑灭或迅速跳入附近的水池中灭火，然后现场人员冷静地帮他脱下衣服。救火时勿用衣物、扫帚来回扑打，以免使油火扩大着火范围。着火人也不要惊慌，乱跑乱跳、跑动，这样既影响救助，又可能扩大火情。有人员伤（亡）时，同时启动《加油站人员伤亡应急处置预案》。

（四）加油站电器火灾应急

（1）发生电器火灾时，发现者马上通知站经理。加油站经理宣布启动预案。

（2）计量员迅速跑至配电室，切断电源开关后，迅速回到火场加入扑救。

（3）灭火组（当班加油员）取来离火场最近的手提式灭火器进行扑救。

（4）当班班长和核算员把火源周围的重要物品及可能引发更大火灾的可燃、助燃物移至安全地带，直到火情被完全控制。此时若火灾尚未扑灭，核算员按照加油站经理命令，马上报警。然后携带账册撤至安全区域。

（5）加油班长在进站口设立警示标识，顺序组织站内加油车辆快速驶离加油站。

（6）火灾扑灭后，加油站经理宣布关闭预案，并迅速将情况上报上级相关主管部门。

（7）安全主管部门速派专业维修人员到站对电气线路进行维修，恢复正常的生产、生活。

（8）确保安全后，重新营业。

注意事项：

在消防灭火的同时，首先应保证自己的人身安全。当消防队赶到现场后，协助消防队进行灭火。

（五）加油站车辆火灾处置方案

（1）发现加油车辆站内着火时，立即报告站经理。站经理宣布启动应急预案。

（2）计量员迅速跑至配电室，切断电源开关后，回到现场加入扑救。

（3）灭火组（当班加油员）用灭火器开展扑救，火情消除后，将起火车辆推出站外。

（4）核算员按照加油站经理命令，拨打报警电话，携带账册撤至安全区域。

（5）加油班长在进站口设立警示标识，顺序组织站内其他车辆安全驶离加油站。

（6）火情消除后，加油站经理宣布关闭应急预案。确保安全后，重新营业。

注意事项：

（1）在可能的情况下，将着火车辆驶离到站外处理。

（2）车辆出现冒烟时，不可在站内打开机器盖。应当推出站外，进行处理。

（六）加油站人员烧伤、烫伤急救程序

（1）烧伤急救就是采用各种有效的措施灭火，使伤员尽快脱离热源，尽量缩短烧伤时间。

（2）对已灭火而未脱衣服的伤员必须仔细检查全身情况，保持伤口清洁。伤员的衣服鞋袜用剪刀剪开后除去，伤口全部用清洁布片覆盖，防止污染。

（3）四肢烧伤时，先用清洁冷水冲洗，然后用清洁布片、消毒纱布覆盖并送往医院。

注意事项：

对爆炸冲击波烧伤的伤员要注意有无脑颅损伤、腹腔损伤和呼吸道损伤。

第五节　化学危险品库事故及应急

一、化学危险品及其特征概述

化学危险品指的是具有爆炸、易燃、毒害、腐蚀、放射性等危险性质，在运输、装卸、生产、使用、储存、保管过程中，于一定条件下能引起燃烧、爆炸，导致人身伤亡和财产损失等事故的化学物品，统称为化学危险物品。目前常见的、用途较广的约有 2 200 余种。

我国国家技术监督局将危险物品分为九个大类。

第 1 类：爆炸品

一般指发生化学性爆炸的物品。本类化学品指在外界作用下（如受热、受压、撞击等），能发生剧烈的化学反应，瞬时产生大量的气体和热量，使周围压力急骤上升，发生爆炸，对周围环境造成破坏的物品。也包括无整体爆炸危险，但具有燃烧、抛射及较小爆炸危险的物品。或仅产生热、光、音响或烟雾等一种或几种作用的烟火物品。比如：火药、炸药、烟花爆竹等，都属于爆炸品。

第 2 类：压缩气体和液化气体

压缩气体和液化气体是指储存于耐压容器中的压缩、液化或加压溶解的气体。在钢瓶中处于气体状态的气体称为压缩气体，处于液体状态的气体称为液化气体。

（一）压缩气体和液化气体主要特征如下

1. 易燃烧爆炸

在《易燃易爆化学物品消防安全监督管理品名表》中列举的压缩气体和液化气体，超过半数是易燃气体，易燃气体的主要危险特性就是易燃易爆，处于燃烧浓度范围之内的易燃气体，遇着火源都能着火或爆炸，有的甚至只需极微小能量就可燃爆。易燃气体与易燃液体、固体相比，更容易燃烧，且燃烧速度快，一燃即尽。简单成分组成的气体比复杂成分组成的气体易燃、燃速快、火焰温度高、着火爆炸危险性大。氢气、一氧化碳、甲烷的爆炸极限的范围分别为：4.1%～74.2%、12.5%～74%、5.3%～15%。同时，由于充装容器为压力容器，受热或在火场上受热辐射时还易发生物理性爆炸。

2. 扩散性

压缩气体和液化气体由于气体的分子间距大，相互作用力小，所以非常容易扩散，能自发地充满任何容器。气体的扩散性受比重影响：比空气轻的气体在空气中可以无限制地扩散，易与空气形成爆炸性混合物；比空气重的气体扩散后，往往聚集在地表、沟渠、隧道、厂房死角等处，长时间不散，遇着火源发生燃烧或爆炸。掌握气体的比重及其扩散性，对指导消防监督检查，评定火灾危险性大小，确定防火间距，选择通风口的位置都有实际意义。

3. 可缩性和膨胀性

压缩气体和液化气体的热胀冷缩比液体、固体大得多，其体积随温度升降而胀缩。因此容器（钢瓶）在储存、运输和使用过程中，要注意防火、防晒、隔热，在向容器（钢瓶）内充装气体时，要注意极限温度压力，严格控制充装，防止超装、超温、超压造成事故。

4. 静电性

压缩气体和液化气体从管口或破损处高速喷出时，由于强烈的摩擦作用，会产生静电。带电性也是评定压缩气体和液化气体火灾危险性的参数之一，掌握其带电性有助于在实际消防监督检查中，指导检查设备接地、流速控制等防范措施是否落实。

5. 腐蚀毒害性

主要是一些含氢、硫元素的气体具有腐蚀作用。如氢、氨、硫化氢等都能腐蚀设备，严重时可导致设备裂缝、漏气。对这类气体的容器，要采取一定的防腐措施，要定期检验其耐压强度，以防万一。压缩气体和液化气体，除了氧气和压缩空气外，大都具有一定的毒害性。

6. 窒息性

压缩气体和液化气体都有一定的窒息性（氧气和压缩空气除外）。易燃易爆性和毒害性易引起注意，而窒息性往往被忽视，尤其是那些不燃无毒气体，如二氧化碳、氮气、氦、氩等惰性气体，一旦发生泄漏，均能使人窒息死亡。

7. 氧化性

压缩气体和液化气体的氧化性主要有两种情况：一种是明确列为助燃气体的，如：氧气、压缩空气、一氧化二氮；另一种是列为有毒气体，本身不燃，但氧化性很强，与可燃气体混合后能发生燃烧或爆炸的气体，如氯气与乙炔混合即可爆炸，氯气与氢气混合见光可爆炸，氟气遇氢气即爆炸，油脂接触氧气能自燃，铁在氧气、氯气中也能燃烧。因此，在消防监督中不能忽视气体的氧化性，尤其是列为有毒气体的氯气、氟气，除了注意其毒害性外，还应注意其氧化性，在储存、运输和使用中要与其他可燃气体分开。

（二）消防注意事项

1. 严禁超量灌装，防止钢瓶受热。

2. 压缩气体和液化气体不允许泄漏，其原因除剧毒、易燃外，还因有些气体相互接触后会发生化学反应引起爆炸。因此，内容物性质相互抵触的气瓶应分库储存。例如，氢气钢瓶与液氯钢瓶、氢气钢瓶与氧气钢瓶、液氯钢瓶与液氨钢瓶等，均不得同室混放。易燃气体不得与其他种类化学危险物品共同储存。此外气瓶应直立放置整齐，最好用框架或栅栏围护固定，并留出通道。

3. 油脂等可燃物在高压纯氧的冲击下极易起火燃烧，甚至爆炸。因此，应严禁氧气钢瓶与油脂类接触，如果瓶体沾着油脂时，应立即用四氯化碳揩净。

4. 仓库应阴凉通风，远离热源、火种，防止日光暴晒，严禁受热。库内照明应采用防爆照明灯。库房周围不得堆放任何可燃材料。

5. 气瓶入库验收要注意包装外形无明显外伤；附件齐全；封闭紧密，无漏气现象；超过使用期限不准延期使用。

6. 装卸时必须轻装轻卸，严禁碰撞、抛掷、溜坡或横倒在地上滚动等。搬运时不可把钢瓶阀对准人身，注意防止钢瓶安全帽跌落。搬运氧气瓶时，工作服和装卸工具不得沾有油污。

7. 储运中钢瓶阀门应旋紧，不得泄漏。储存中如发现钢瓶漏气，应迅速打开库门通风，拧紧钢瓶阀，并将钢瓶立即移至安全场所。若是有毒气体，应戴上防毒面具。失火时应尽快将钢瓶移出火场，若搬运不及，可用大量水冷却钢瓶降温，以防高温引起钢瓶爆炸。灭火人员应站立在上风处和钢瓶侧面。

8．运输时必须戴好钢瓶上的安全帽。钢瓶一般应平放，并应将瓶口朝向同一方向，不可交叉；高度不得超过车辆的防护拦板，并用三角木垫卡牢，防止滚动。

9．为了便于区分钢瓶中所灌装的气体，国家有关部门已统一规定了钢瓶的标志，包括钢瓶的外表面颜色、所用字样和字样颜色等，应按照规定执行。

10．各种钢瓶必须严格按照国家规定，进行定期技术检验。钢瓶在使用过程中，如发现有严重腐蚀或其他严重损伤，应提前进行检验。

11．平时在储运气瓶时应检查：

（1）气瓶上的漆色及标志与各种单据上的品名是否相符，包装、标志、防震胶圈是否齐备，气瓶钢印标志的有效期。

（2）安全帽是否完整、拧紧，瓶壁是否有腐蚀、损坏、凹陷、鼓泡和伤痕等。

（3）耳听钢瓶是否有“咝咝”漏气声。

（4）凭嗅觉检测现场有否强烈刺激性臭味或异味。

第3类：易燃液体

易燃液体是指易燃的液体、液体混合物或含有固体物质的液体，但不包括由于其危险特性已列入其他类别的液体。其闭杯试验闪点等于或低于61℃。

按照闪点大小可分为三类：1．低闪点液体。指闭杯试验闪点＜－18℃的液体；2．中闪点液体。指－18℃≤闭杯试验闪点＜23℃的液体；3．高闪点液体。指23℃≤闭杯试验闪点≤61℃的液体。

（一）特性

1．易燃性

易燃液体的燃烧是通过其挥发的蒸汽与空气形成可燃混合物，达到一定的浓度后遇火源而实现的，实质上是液体蒸汽与氧发生的氧化反应。由于易燃液体的沸点都很低，易燃液体很容易挥发出易燃蒸汽，其着火所需的能量极小，因此，易燃液体都具有高度的易燃性。

2．蒸汽的爆炸性

由于易燃液体具有挥发性，挥发的蒸汽易与空气形成爆炸性混合物，所以易燃液体存在着爆炸的危险性。挥发性越强，爆炸的危险就越大。不同的液体的蒸发速度因温度、沸点、比重、压力的不同而发生变化。

3．热膨胀性

易燃液体和其他液体一样，也有受热膨胀性。储存于密闭容器中的易燃液体受热后，体积膨胀，蒸汽压力增加，若超过容器的压力限度，就会造成容器膨胀，以致爆破。因此，利用易燃液体的热膨胀性，可以对易燃液体的容器进行检查，检查容器是否留有不少于5%的空隙，夏天是否储存在阴凉处或是否采取了降温措施加以保护。

4．流动性

易燃液体的黏度一般都很小，不仅本身极易流动，还因渗透、浸润及毛细现象等作用，即使容器只有极细微裂纹，易燃液体也会渗出容器壁外，扩大面积，并源源不断地挥发，使空气中的易燃液体蒸汽浓度增高，从而增加了燃烧爆炸的危险性。

5．静电性

多数易燃液体都是电介质，在灌注、输送、流动过程中能够产生静电，静电积聚到一定程度时就会放电，引起着火或爆炸。易燃液体的静电特性，在实际的消防监督检查中，可以确定易燃液体的火灾危险性，可以检查是否采取了消除静电危害的防范措施，如是否采用材质好且光滑的运输管道，设备、管道是否可靠接地，对流速是否加以了限制等。

6．毒害性

易燃液体大多本身（或蒸汽）具有毒害性。不饱和芳香族碳氢化合物和易蒸发的石油产品比饱和的碳氢化合物、不易挥发的石油产品的毒性大。

另外，石油产品还有沸溢喷溅性，即具有宽沸点范围的重质油品由于其黏度大，油品中含有乳化或悬浮状态的水或者在油层下有水层，发生火灾后，在辐射热的作用下产生高温层作用，导致油品发生沸溢或喷溅。沸溢性油品是指含水率为0.3%～4%的原油、渣油、重油等油品。

（二）应急注意事项

1．闪点低于23℃的易燃液体，其仓库温度一般不得超过30℃，低沸点的品种须采取降温式冷藏措施。大量储存（如苯、醇、汽油等），一般可用储罐存放。储罐可露天，但气温在30℃以上时应采取降温措施。机械设备必须防爆，并有导除静电的接地装置。

2．装卸和搬运中，严禁滚动、摩擦、拖拉等危及安全的操作。作业时禁止使用易发生火花的铁制工具及穿带铁钉的鞋。

3．一般不得与其他化学危险品混放。实验室少量瓶装易燃液体可设危险品柜，按性质分格储放，同一格内不得混放氧化剂等性质相抵触的物品。

4．热天最好在早晚进出库和运输。在运输、泵送灌装时要有良好的接地装置，防止静电积聚。运输易燃液体的槽车应有接地链，槽内可设有孔隔板以减少震荡产生的静电。

5．绝大多数易燃液体的蒸汽具有一定的毒性，会从呼吸道侵入人体造成危害。应特别注意易燃液体的包装必须完好。在作业中应加强通风措施。在夏季或发生火灾的情况下，空气中毒蒸汽浓度加大，更应注意防止中毒。

第4类：易燃固体、自燃物品和遇湿易燃品

易燃固体是指燃点低，对热、撞击、摩擦敏感，易被外部火源点燃，燃烧迅速，并可能散发出有毒烟雾或有毒气体的固体，但不包括已列入爆炸品的物质。

（一）易燃固体的特性、分类、应急注意事项

1．特性

（1）燃点低，易点燃

易燃固体的着火点都比较低，一般都在300℃以下，在常温下只要有很小能量的着火源就能引起燃烧。有些易燃固体当受到摩擦、撞击等外力作用时也能引起燃烧。

（2）遇酸、氧化剂易燃易爆

绝大多数易燃固体与酸、氧化剂接触，尤其是与强氧化剂接触时，能够立即引起着火或爆炸。

（3）本身或燃烧产物有毒

很多易燃固体本身具有毒害性，或燃烧后产生有毒的物质。

（4）自燃性

易燃固体中的赛璐珞、硝化棉及其制品等在积热不散时，都容易自燃起火。

2．分类

易燃固体按燃点的高低、易燃性的大小可分为两类：一级易燃固体和二级易燃固体。一级易燃固体的燃点和自燃点较低，容易燃烧爆炸，燃烧速度快，燃烧产物毒性大；二级易燃固体的燃烧性比一级易燃固体差一些，燃烧速度慢，有的燃烧产物毒性也小些。

3．应急注意事项

（1）有些品种如硝化棉制品等，平时应注意通风散热，防止受潮发霉，并应注意储存期限。

（2）对含有水分或乙醇作稳定剂的硝化棉等应经常检查包装是否完好，发现损坏要及时修理；要经常检查稳定剂干燥情况，必要时添加稳定剂，润湿必须均匀。搬运时应特别注意轻拿轻放，防止包装破损。

（3）在储存中，对不同品种的事故应区别对待。如发现赤磷冒烟，应立即将冒烟的赤磷抢救出仓，用黄砂、干粉等扑灭，因赤磷从冒烟到起火有一段时间，可以来得及抢救。但如发现散装硫黄则应及时用水扑救；而镁、铝等金属粉末燃烧，只能用干砂、干粉灭火，严禁用水、酸碱灭火剂、泡沫灭火剂以及二氧化碳。

（二）自燃物品的特性、分类、应急注意事项

指自燃点低，在空气中易于发生氧化反应，放出热量，而自行燃烧的物品。自燃物品包括发火物质和自热物质两类。发火物质是指与空气接触不足 5 min 便可自行燃烧的液体、固体或液体混合物。自热物质是指与空气接触不需要外部热源便自行发热而燃烧的物质。

1．特性

（1）遇空气自燃性

自燃物品大部分非常活泼，具有极强的还原性，接触空气中的氧气时会产生大量的热，达到自燃点而着火、爆炸。

（2）遇湿易燃易爆性

有些自燃物品遇水或受潮后能分解引起自燃或爆炸。

（3）积热自燃性

2．分类

根据自燃物品发生自燃的难易程度，自燃物品可分为两类：一级自燃物品、二级自燃物品。

3．应急防护注意事项

自燃物品种类不多，在化学结构上无规律性，同时由于不同物质的分子组成不同，又导致性质的不同，因而引起自燃的原因和如何防止自燃也就有所不同。因此应根据不同自燃物品的不同特性采取相应的措施以保证物资的安全。有关要求，有下列几点：

（1）黄磷在储运时应始终浸没在水中；忌水的三乙基铝等包装必须严密，不得受潮。

（2）应结合自燃物品的不同特性和季节气候，经常检查库内及垛间有无异状及异味，

包装有无渗漏、破损、及时妥善处理。

（3）运输时应按各类品种的性质区别对待。铁桶包装的一级自燃物品（黄磷除外）与铁器部位及每层之间应用木板等衬垫牢固，防止摩擦、移动。

（三）遇湿易燃物品的特性、分类、应急注意事项

指遇水或受潮时，发生剧烈化学反应，放出大量的易燃气体和热量的物品。有些甚至不需明火，即能燃烧或爆炸。

1．特性

（1）遇水易燃性——这是这类物质的共性。

（2）遇氧化剂、酸着火爆炸性——这种化学反应比遇水的反应更剧烈，危险性更大。

（3）自燃危险性。

（4）毒害性和腐蚀性。

2．分类

遇湿易燃物品可分为两个危险级别：一级遇湿易燃物品、二级遇湿易燃物品。

3．应急注意事项

（1）此类物品严禁露天存放。仓库必须干燥，严防漏水或雨雪浸入。注意下水道畅通，暴雨或潮汛期间必须保证不进水。

（2）库房附近不得存放盐酸、硝酸等散发酸雾的物品。

（3）钾、钠等活泼金属绝对不允许露置在空气中，必须浸没在煤油中保存，容器不得渗漏。

（4）不得与其他类化学危险品，特别是酸类、氧化剂、含水物资、潮解性物资混储混运。

（5）雨雪天如无防雨设备不准作业。运输车、船必须干燥，并有良好的防雨设施。

（6）电石桶入库时，要检查容器是否完好，对未充氮的铁桶应放气。

（7）此类物品灭火时严禁用水式、酸碱、泡沫灭火剂；活泼金属火灾则不能用二氧化碳灭火。

第5类：氧化剂和有机过氧化物

氧化剂是指处于高氧化态，具有强氧化性，易分解并放出氧和热量的物质。包括含有过氧基的无机物，其本身不一定可燃，但能导致可燃物燃烧，与松软的粉末状可燃物能组成爆炸性化合物，对热、震动或摩擦较敏感。

有机过氧化物是指分子组成中含有过氧基的有机物，其本身易燃易爆，极易分解，对热、震动或摩擦极为敏感。

1．特性

氧化剂的危险特性主要表现在8个方面：

①强烈的氧化性；②受热撞击分解性；③可燃性；④与可燃物质作用的自燃性；⑤与酸作用的分解性；⑥与水作用的分解性；⑦强氧化剂与弱氧化剂作用的分解性；⑧腐蚀毒害性。

有机过氧化物的特性：

①分解爆炸性；②易燃性；③伤害性。

2．分类

氧化剂一般分为两个级别：一级氧化剂、二级氧化剂。

3．消防注意事项

（1）仓库不得漏水，并应防止酸雾侵入。严禁与酸类、易燃物、有机物、还原剂、自燃物品、遇湿易燃物品等混存混运。

（2）不同品种的氧化剂，应根据其性质及灭火方法的不同，选择适当的库房分类存放以及分类运输。

（3）储运过程中，力求避免摩擦、撞击，防止引起爆炸。对氯酸盐、有机过氧化物等物更应特别注意。

（4）仓库储存前后及运输车辆装卸前后，均应清扫、清洗。严防混入有机物、易燃物等杂质。

第6类：毒害品和感染性物品

特性与分项

毒害品系指少量侵入人体，即能引起人体中毒或致病的物品。按其危害性的不同，本类物品分为两项：

1．毒害品：本项又划分为一级毒害品（剧毒品）和二级毒害品（有毒品）；

2．感染性物品。

毒害品系指少量误服、吸入或皮肤接触后，能与体液和组织发生生物化学作用或生物物理学变化，扰乱或破坏肌体的正常生理功能，引起暂时性或持久性的病理状态，甚至危及生命的物品。有的毒害品遇酸或受热能放出有毒的气体或烟雾；许多有机毒害品（特别是乳剂农药）具有易燃性，且易于渗漏、挥发，污染环境。

感染性物品系指含有会使人或动物致病的活性微生物的物质，能引起病态，甚至致人、畜死亡的物品。

应急注意事项：

包装：易挥发的液态毒品容器应气密封口，其他的应液密封口，固态的应严密封口。

装卸与搬运：装卸前应先行通风。装卸搬运时严禁肩扛、背负，要轻拿轻放，不得撞击、摔碰、翻滚，防止包装破损。装卸易燃毒害品时，设备应有防止发生火花的措施。作业时必须穿戴防护用品，严防皮肤破损处接触毒物。作业完毕及时清洁身体后方可进食和吸烟。

存放与保管：应存放在阴凉、通风、干燥的库内，不得露天存放。与酸类应隔离存放，严禁与食品同库存放。必须加强管理，严防丢失和发生误交付。

撒漏处理和消防：固态毒品撒漏时，应谨慎收集；液态毒品渗漏时，可先用沙土、锯末等物吸收，妥善处理。被毒品污染的机具、车辆及仓库地面，应进行洗刷除污。

发生火灾时，对遇水能发生危险反应的毒害品（如金属铊、锑粉、铍粉、磷化锌、磷化铝、氟化汞、氟化铅、四氰基乙烯等）不能用水灭火；对无机氰化物（如氰化钠、氰化钾、氰化亚铜等）不能用酸碱灭火器灭火，以免产生剧毒氰化氢气体。

处理撒漏毒害品和扑救毒害品火灾时，必须穿戴防护服、口罩、手套或防护面具，施救人员要站在上风处。发现头晕、恶心、呕吐等现象，要立即转移至空气新鲜处。

第 7 类：放射性物品

通俗地讲，放射性物品就是含有放射性核素，并且物品中的总放射性含量和单位质量的放射性含量均超过免于监管的限值的物品。目前国家规定的豁免值是指不超过国家标准《放射性物质安全运输规程》（GB 11806—2004）中放射性核素的基本限值。存放放射性货物的仓库（或专用货位）应通风良好、干燥、地面平坦。仓库应有专人管理，放射性包装件必须按规定码放。

遇到燃烧、爆炸可能危及放射性货物安全时，应迅速将放射性货物转移至安全位置，并派专人看管。

泄漏应急措施：

运输中发生货包破裂，内容物撒漏时，应立即向有关部门报告，由安全防护人员测量并划出安全区域，悬挂明显标志。

当人体受污染时，应在防护人员指导下，迅速进行去污。若人员受到过量照射时，应立即送医救治。放射性矿石、矿砂的包装件破裂时，应换包后方可继续运输，撒落的矿砂等应收集后交托运人处理。

放射性物品泄漏及火灾事故应急的基本对策：

（1）先派出精干人员携带放射性测试仪器，测试辐射（剂）量和范围。测试人员应尽可能地采取防护措施。

①对辐射（剂）量超过 0.038 7 C/kg 的区域，应设置写有“危及生命、禁止进入”的文字说明警告标志牌。

②对辐射（剂）量小于 0.038 7 C/kg 的区域，应设置写有“辐射危险、请勿接近”警告标志牌。测试人员还应进行不间断巡回监测。

（2）对辐射（剂）量大于 0.038 7 C/kg 的区域，灭火人员不能深入辐射源纵深灭火进攻。对辐射（剂）量小于 0.038 7 C/kg 的区域，可快速出水灭火或用泡沫、二氧化碳、干粉、卤代烷扑救，并积极抢救受伤人员。

（3）对燃烧现场包装没有被破坏的放射性物品，可在水枪的掩护下佩戴防护装备，设法疏散，无法疏散时，应就地冷却保护，防止造成新的破损，增加辐射（剂）量。对已破损的容器切忌搬动或用水流冲击，以防止放射性污染范围扩大。

第 8 类：腐蚀品

本类物品系指能灼伤人体组织，并对金属等物品能造成损坏的固体或液体。与皮肤接触在 4 h 内可见坏死现象。有些腐蚀品挥发出蒸汽能刺激眼睛、黏膜，吸入后会中毒；有些腐蚀品受热或遇水会形成有毒烟雾；有些无机酸性腐蚀品具有较强氧化性，接触可燃物易引起燃烧；有的有机腐蚀品有易燃性。

分类：

1.酸性腐蚀品：本项又划分为一级酸性腐蚀品与二级酸性腐蚀品；

2.碱性腐蚀品：本项又划分为一级碱性腐蚀品与二级碱性腐蚀品；

3.其他腐蚀品：本项又划分为一级其他腐蚀品与二级其他腐蚀品。

应急措施：

包装：应选用耐腐蚀的容器，并按所装物品状态采用气密封口，液密封口或严密封口，防止泄漏、潮解或撒漏。外包装必须坚固。

装卸与搬运：作业前应穿戴耐腐蚀的防护用品，对易散发有毒蒸汽或烟雾的腐蚀品装卸作业，还应备有防毒面具。卸车前先通风。货物堆码必须平稳牢固，严禁肩扛、背负、撞击、拖拉、翻滚。车内应保持清洁，不得留有稻草、木屑、煤炭、油脂、纸屑、碎布等可燃物。

存放与保管：应存放在清洁、通风、阴凉、干燥场所，防止日晒、雨淋。堆放要牢固。应保持堆放处清洁，不得残留有可燃物、氧化剂等。

撒漏处理和消防：发现液体酸性腐蚀品撒漏应及时撒上干沙土，清除干净后，再用水冲洗污染处；大量酸液溢漏时，可用石灰水中和。

着火时不可用柱状水，以防腐蚀液体飞溅伤人；对遇水能剧烈反应及引起燃烧、爆炸或放出有毒气体的腐蚀品，禁用水灭火。

火灾现场的强酸，应尽力抢救，以防高温爆炸，酸液飞溅。无法抢救搬离火灾现场时，可用大量水浇洒降温。扑救人员必须穿戴防护用品，对易散发腐蚀性蒸汽和有毒气体的物品，必须使用防毒面具。

第 9 类：杂类

本类货物系指在储存过程中呈现的危险性质不包括上述第一类至第八类危险性的物品。

二、化学危险品突发火灾应急灭火禁忌及正确灭火措施

1．禁止沙土覆盖的物品

爆炸物品一旦着火，一般来讲，只要不堆积过高，不装在密封容器内，散装不一定会形成爆炸。

可以用密集的水流或喷雾水枪扑救。切忌用沙土覆盖，阻碍气体扩散，加速爆炸反应，增大爆炸威力。

2．禁止用水（包括含水的泡沫灭火）的物品

（1）遇水燃烧物品火灾，不能用水和含水的泡沫灭火，因为遇水燃烧物品的化学性质活泼，能置换水中的氢，产生可燃气体，同时放了热量。如金属钾、金属钠遇水后，能置换水中的氢，产生的热量达到氢的燃点。

其他如三乙基铝、三异丁基铝、铝粉、镁粉等都有类似情况。有的物品遇水后产生可燃的碳氢化合物（气体），同时放出热量引起燃烧、爆炸。如碳化钙遇水产生乙炔气，三丁基硼遇水产生丁醇。

上述物品发生火灾后，主要用干沙土扑救。

（2）氧化剂中的过氧化物与水反应，能放出氧加速燃烧。如过氧化钠、过氧化钾、过氧化钙、过氧化钡等。起火后不能用水扑救，要用干沙土、干粉扑救。

（3）硫酸、硝酸等酸类腐蚀物品，遇加压密集水流，会立即沸腾起来，使酸液四处飞溅。所以，发烟硫酸、氯磺酸、浓硝酸等发生火灾后，宜用雾状水、干沙土、二氧化碳灭火剂扑救。

（4）有的化学危险物品遇水能产生有毒或腐蚀性的气体

（5）硫酸、硝酸等酸类腐蚀物品，遇密集水流，会立刻沸腾起来，使酸液四处飞溅。所以，发现硫酸、氯磺酸、浓硝酸等发生火灾后，宜用雾状水、干沙土、二氧化碳灭火剂

扑救。

（6）有的化学危险物品遇水能产生有毒或腐蚀性的气体，如甲基二氯硅烷、三氧甲基硅烷、磷化锌、磷化铝、三氯化磷、氯化硫等遇水后，能和水中的氢生成有毒或有腐蚀性的气体。

（7）粉状物品如硫黄粉，有机颜料、粉剂农药等起火，不能用加压水冲击，以防粉末飞扬，扩大事故。可用雾状水。

（8）比重小于 1，且不溶水的易燃液体有机氧化剂发生火灾，不能用水扑救。因水会沉在液体下面，可能形成喷溅、漂流而扩大火灾。

上述物品的火灾，宜用泡沫、干粉、二氧化碳等扑救。

3．禁用泡沫灭火的物品

一部分毒害品中的氰化物，如氰化钠、氰化钾及其他氰化物等，遇泡沫中酸性物质能生成剧毒气体氰化氢。因此，不能用化学泡沫灭火，可用水及沙土扑救。

4．禁止使用二氧化碳灭火的物品

遇水燃烧物品中锂、钠、钾、铯、锶、镁、铝粉等，因为它们的金属性质十分活泼，能夺取二氧化碳中的氧，起化学反应而燃烧。这类物品起火后，目前只通用干沙土扑救，也可以用 1211（1211 灭火器利用装在筒内的氮气压力将 1211 灭火剂喷射出灭火，它属于储压式一类，1211 是二氟一氯一溴甲烷的代号，是我国目前生产和使用最广的一种卤代烷灭火剂，以液态罐装在钢瓶高内。1211 灭火剂是一种低沸点的液化气体，具有灭火效率高、毒性低、腐蚀性小、久储不变质、灭火后不留痕迹、不污染被保护物、绝缘性能好等优点）扑救。

易燃固体中闪光粉、镁粉、铝粉、铝、镍合金氢化催化剂等，也不能用二氧化碳灭火。

另外，要禁止站在下风方向和不佩戴氧气呼吸器或空气呼吸器等防毒面具，扑救无机毒品中的氰化物、磷、砷、硒的化合物及大部分有机毒品火灾。

三、化学危险品库事故应急流程

化学危险品库事故应急流程是指针对化学危险物品储存库等由于各种原因造成或可能造成众多人员伤亡及其他较大社会危害，为及时控制危险源，抢救受伤人员，指导群众防护和组织撤离，消除危害后果而制订的一套救援程序和措施。

（一）应急目标

1．控制危险源。及时控制造成事故的危险源是编制危险品事故应急救援工作的首要任务，只有及时控制住危险源，防止事故的继续扩展，才能及时、有效地进行救援。特别是对发生在城市或人口稠密地区的化学事故，应尽快组织工程抢险队与事故单位技术人员一起及时堵源，控制事故继续扩展。

2．抢救受害人员。抢救受害人员是实施事故应急救援的重要任务。在实施事故应急救援行动中，及时、有序、有效地进行现场急救与安全转送伤员是降低伤亡率，减少事故损失的关键。

3．指导群众防护，组织群众撤离。由于化学危险品事故发生突然、扩散迅速、涉及范围广、危害大，应及时指导和组织群众采取各种措施进行自身防护，并向上风方向迅速撤离出危险区或可能受到危害的区域。在撤离过程中应积极组织群众开展自救和互救工作。

4．做好现场洗消，消除危害后果。对事故外泄的有毒物质和可能对人和环境继续造成危害的物质，应及时组织人员予以消除，消除危害后果，防止对人的继续危害和对环境的污染。

5．查清事故原因，估算危害程度。事故发生后应及时调查事故的发生原因和事故性质，估算出事故的危害波及范围和危险程度，查明人员伤亡情况，做好事故调查。

（二）事故应急救援基本形式

可采取三种不同的救援形式。

1．事故单位自救。事故单位自救是实施事故应急救援最基本、最重要的救援形式，这是因为事故单位最了解事故的现场情况，即使事故危害已经扩大到事故单位以外区域，事故单位仍须全力组织自救，特别是尽快控制危险源。

2．对事故单位的社会救援。对事故单位的社会救援主要是指事故危害虽然局限于事故单位内，但危害程度较大或危害范围已经影响周围邻近地区，依靠本单位以及消防部门的力量不能控制事故或不能及时消除事故后果而组织的社会救援。

3．对事故单位以外危害区域的社会救援，指事故危害超出本事故单位区域，其危害程度较大或事故危害跨区、县或需要各救援力量协同作战而组织的社会救援。

（三）化学危险品事故应急救援特点

1．危险性。实施事故应急救援工作常常是处在一个高度的危险环境中，特别是事故原因不明，危险源尚未有效控制的情况下，随时可能造成新的人员伤害。这就要求救援人员树立临危不惧、勇于作战和对人民高度负责的精神。

2．复杂性。复杂性表现在事故原因的复杂性，救援环境的复杂性，以及救援工作具有高度的危险性，这就为实施救援工作带来一定的困难，因此，救援工作必须采取科学的态度和方法，避免蛮干和防止人海战术。在救援过程中发扬灵活机动的战略战术，根据事故原因、环境、气象因素和自身技术、装备条件，科学地实施救援。

3．突发性。事故的突发性使实施事故应急处理工作面临任务重，工作突击性强。面对条件差，人手少，任务重的情况，要求救援人员发扬不怕苦和连续作战的精神。以最小的代价，取得最大的效果。

（四）实施应急的部门的基本装备

应急装备是实施应急工作必不可少的条件。为保证应急措施有效实施，各部门都应制定应急装备的配备标准。平时做好应急装备的保管工作，保证装备处于良好的使用状态，一旦发生事故就能立即投入使用。

1．应急装备的配备原则

应急装备的配备应根据各自承担的任务和要求选配。选择应急装备要从实用性、功能性、耐用性和安全性，以及客观条件上配置。

2．基本应急装备的分类

基本应急装备可分为两大类：基本装备和专用装备。基本装备，一般指所需的通讯装备、交通工具、照明装备和防护装备等；专用装备，主要指各专业队伍所用的专用工具及器件。

（1）通讯装备。目前，我国救灾所用的通讯装备一般分为有线和无线两类，在实施应急工作中，常采用无线和有线两套装置配合使用。电话是通讯中常用的工具，由于使用方便，拨打迅速，在实施应急中已成为常用的工具。在近距离的通讯联系中，也可使用对讲机。另外，传真机的应用使工作所需要的有关资料能及时传送到事故现场。

（2）交通工具。良好的交通工具是迅速实施应急工作的可靠保证。

（3）照明装置。事故现场情况较为复杂，常常需有良好的照明。因此，需配备必要的照明工具，有利于工作的顺利进行。照明装置的种类较多，在配备照明工具时除了应考虑照明的亮度外，还应根据事故现场的特点，注意其安全性能。

（4）防护装备。有效地保护自己，才能取得工作的成效。在实施化学事故应急救援行动中，对各类人员均需配备个人防护装备。个人防护装备可分为防毒面罩和防护服。指挥人员、医务人员和其他不进入污染区域的人员多配备过滤式防毒面罩；防护服与防毒手套和防毒靴等配套使用。其目的是在执行任务中，防止风向的突然变化或穿越污染区域时的应急自我保护。对于进入污染区域的人员应配备密闭型防毒面罩。目前，常用正压式空气呼吸器。防护服应能防酸碱。

（5）快速监测装备。应具有快速、准确的特点，现多采用检测管和专用气体检测仪。

医疗急救器械和急救药品的选配应根据需要，有针对性地加以配置。急救药品，特别是特殊解毒药品的配备，应根据当地化学毒物的种类备好一定的数量。为便于紧急调用，需编制化学事故医疗急救器械和急救药品配备标准，以便按标准合理配置。

3．应急装备的保管和使用

做好应急装备的保管工作，保持良好的使用状态是一项重要工作。各部门都应制定应急装备的保管、使用制度和规定，指定专人负责，定时检查。做好应急装备的交接清点工作和装备的调度使用，严禁装备被随意挪用，保证事故应急救援的顺利实施。

四、化学危险品事故应急措施实施

重大事故应急处理的组织与实施直接关系到整个应急、救援工作的成败，在错综复杂的应急工作中，组织工作显得尤为重要。

（一）事故报警

事故报警的及时与准确是能否及时实施应急救援的关键。发生事故的单位，除了积极组织自救外，必须及时将事故向有关部门报告。对于重大或灾害性的事故，以及尚不能及时控制的事故，应尽早争取社会救援，以便尽快控制事态的发展。报警内容包括：事故单位、事故发生的时间、地点、危险物名称和数量、事故原因、事故性质（化学毒品外溢、爆炸、燃烧）、危害程度和对救援的要求，以及报警人与联系电话等。为了做好事故的报警工作，在一些国家和地区还规定了事故的报警电话号码。

（二）实施事故应急救援基本程序

事故应急救援实施可按以下的基本步骤进行：

1．接报

指接到执行救援的批示或要救援的报告。接报是实施救援工作的第一步，对成功实施救援起到重要的作用。接报人一般应由总值班担任。接报人应做好以下几项工作：

（1）问清报告人姓名、单位部门和联系电话；

（2）问明事故发生的时间、地点、事故单位、事故原因、主要毒物、事故性质（毒物外溢、爆炸、燃烧）、危害波及范围和程度、对救援的要求，同时做好电话记录；

（3）按救援程序，派出救援队伍；

（4）向上级有关部门报告；

（5）保持与急救队伍的联系，并监视事故发展状况，必要时派出后继梯队予以增援。

2．设点

指各救援队伍进入事故现场，选择有利地形（地点）设置现场救援指挥部或救援、急救医疗点。各救援点的位置选择关系到能否有序地开展救援和保护自身的安全。救援指挥部、救援和医疗急救点的设置应考虑以下各项因素：

（1）地点：应选在上风向的非事故威胁区域，但注意不要远离事故现场，便于指挥和救援工作的实施。

（2）位置：各救援队伍应尽可能在靠近现场救援指挥部的地方设点并随时保持与指挥部的联系。

（3）路段：应选择交通路口，利于救援人员或转送伤员的车辆通行。

（4）条件：指挥部、救援或急救医疗点，可设在室内或室外，应便于人员行动或群众伤员的抢救，同时要尽可能利用原有通讯、水和电等资源，有利救援工作的实施。

（5）标志：指挥部、救援或医疗急救点，均应设置醒目的标志，方便救援人员和伤员识别。悬挂的旗帜应轻质面料制作，以便救援人员随时掌握现场风向。

3．报到

各救援队伍进入救援现场后，向现场指挥部报到。其目的是接受任务，了解现场情况，便于统一实施救援工作。

4．救援

进入现场的救援队伍要尽快按照各自的职责和任务开展工作。

（1）现场救援指挥部：应尽快地开通通讯网络；迅速查明事故原因和危害程度；制订救援方案；组织指挥救援行动；

（2）快速监测队：应快速监测化学危险物品的性质及危害程度，测定出事故的危害区域，提供有关数据；

（3）工程救援队：应尽快救灾（灭火、抑爆、堵塞毒品泄漏源）；将伤员救离危险区域；协助做好群众的组织撤离和疏散，做好毒物的清消工作；

（4）现场急救医疗队：应尽快将伤员就地简易分类，按类急救和做好安全转送。同时应对救援人员进行医学监护，并为现场救援指挥部提供医学咨询。

5．撤点

指救援中的临时性转移或应急救援工作结束后离开现场。在救援行动中应随时注意气象和事故发展的变化，一旦发现所处的区域受到灾害威胁时，应立即向安全区转移。在转移过程中应注意安全，保持与救援指挥部和各救援队的联系。救援工作结束后，各救援队撤离现场前须取得现场救援指挥部的同意。撤离前要做好现场的清理工作，并注意安全。

6．总结

每一次执行救援任务后都应做好救援小结，总结经验与教训，积累资料，以利再战。

（三）实施事故应急工作中需注意的有关事项

1．应急及救援人员的安全防护。应备好防毒面罩和防护服。在应急、救援行动中，随时注意现场风向的变化，做好自身防护，注意安全，避免发生伤亡。

2．进入污染区注意事项：

（1）进入毒气污染区前，必须戴好防毒面罩和穿好防护服；

（2）执行救援任务时，应以2～3人为一组，集体行动，互相照应；

（3）带好通讯联系工具，随时保持通讯联系。

3．工程应急救援中注意事项：

（1）工程救援队在救援抢险过程中，尽可能地和事故单位的自救队或技术人员协同作战，以便熟悉现场情况和生产工艺，有利堵源工作的实施；

（2）在营救伤员、转移危险物品和化学泄漏物的清消处理中，与公安、消防和医疗急救等专业队伍协调行动，互相配合，提高救援的效果；

（3）救援所用的工具应具备防爆功能。

4．现场医疗急救中需注意问题：

（1）化学重大灾害事故造成的人员伤害具有突发性、群体性、特殊性和紧迫性，现场医务力量和急救的药品、器材相对不足，应合理使用有限的卫生资源，在保证重点伤员得到有效救治的基础上，兼顾到一般伤员的处理。在急救方法上可对群体性伤员实行简易分型（按照轻、中、重进行简易分型）的急救处理，在急救措施上按照先重后轻的治疗原则，实行共性处理和个性处理相结合的救治方法；

（2）注意保护伤员的眼睛；

（3）对救治后的伤员实行一人一卡，将处理意见记录在卡上，并挂在伤员的胸前，以便做好交接，有利伤员的进一步转诊救治；

（4）合理调用救护车辆。在现场医疗急救过程中，常因伤员多而车辆不够用，因此，合理调用车辆迅速转送伤员也是一项重要的工作。在救护车辆不足的情况下，对危重伤员可以在医务人员的监护下，由监护型救护车护送，而中度伤员实行几人合用一辆车。轻伤员则可用公交车或卡车集体护送；

（5）合理选送医院。伤员转送过程中，实行就近转送医院的原则。但在医院的选配上，应根据伤员的人数和伤情，以及医院的医疗特点和救治能力，有针对性地合理调配，特别要注意避免危重伤员的多次转院；

（6）妥善处理好伤员的污染衣物。及时清除伤员身上的污染衣物，还需对清除下来的污染衣物集中妥善处理，防止发生继发性损害；

（7）统计工作。统计工作是现场医疗急救的一项重要内容，特别是在忙乱的急救现场，更应注意统计数据的准确性和可靠性，也为日后总结和分析积累可靠的数据。

5．组织和指挥污染区群众撤离事故现场。在组织和指导污染区群众撤离事故现场的过程中需注意：

（1）指导群众做好个人防护后，再撤离危险区域。发生化学事故后，应立即组织和指导污染区的群众就地取材，采用简易有效的防护措施保护自己。如用透明的塑料薄膜袋套在头部，用毛巾或布条扎住颈部，用湿毛巾或布料捂住口、鼻，同时用雨衣、塑料布、毯子或大衣等物，把暴露的皮肤保护起来免受伤害，并向上风方向快速转移至安全区域。也可就近进入民防地下工事，关闭防护门，防止事故的伤害。对于污染区已经无法撤出的群众，可指导他们紧闭门窗，用湿布将门、窗的缝隙塞严，关闭空调等通风设备和熄灭火源，等待时机再作转移；

（2）防止继发性伤害。组织群众撤离危险区域时，应选择安全的撤离路线，避免横穿危险区域。进入安全区后，尽快去除污染衣物，防止继发性伤害。一旦皮肤或眼睛受到污染应立即用清水冲洗，并就近医治；

（3）发扬互助互救的精神。发扬群众性的互帮互助和自救互救精神，帮助同伴一起撤离，对于做好救援工作，减少人员伤亡起到重要的作用。对危重伤员应立即搬离污染区，需就地实施急救。

（四）实施事故应急的网络体系

实施事故应急工作涉及众多部门和多种应急及救援队伍的协调配合，为有序实施事故应急处置，应建立起行之有效的实施体系。网络体系应包括指挥体系，各救援部门的通讯网络，以及与上级部门的联系网络。除此之外，还应与本区域的安监、公安、消防、卫生、环保、交通等部门建立起协调关系，以便协同作战。

另外，建立毒物资料库或信息网，以及专家联络网。对行动中可能涉及的毒物，应建立起资料信息库，内容包括：毒物的理化性质、毒物数据、泄漏物清消方法、消防措施、中毒临床表现、急救处理、卫生标准及注意事项等。或者与国内有关毒物咨询中心建立起固定的联系，便于救援时咨询。建立专家库或专家联系名单，是为了在救援过程中及时得到技术指导。

（五）宣传与教育

做好重大灾害事故应急的宣传与教育工作，让危险化学品库区群众懂得发生事故时，如何做好自救与互救工作，有着重要的现实意义。平时应利用各种形式，如黑板报、广播、电视、宣传小册子等，向群众广泛开展事故应急救援的宣传和教育。对接触化学危险物品的人员举办安全操作和自救互救知识的培训，提高群众的防护意识和自救能力，共同配合和实施事故应急救援。

第六节 油库突发性事故及应急

一、油库简介

凡是用来接收、储存和发放原油或原油产品的企业和单位都称为油库。同时，油库也指用以储存油料的专用设备，因油料具有的特异性用以相对应的油库进行储藏。油库是协调原油生产、原油加工、成品油供应及运输的纽带，是国家石油储备和供应的基地，它对于保障国防和促进国民经济高速发展具有相当重要的意义。

油库主要储存可燃的原油和石油产品。大多数储存汽油、柴油等轻油料，有些库还储存润滑油、燃料油等重质油料。油库的储油容量越大、轻质油料越多、业务范围越广，其危险性就越大；一旦发生火灾或爆炸等事故，影响范围大，对企业和人民的生命财产造成的损失也大。

二、油库主要突发事故危险物毒性及应急处置措施

油库的环境风险物主要有以下几种：

（1）汽油

汽油属混合烃类，为脂肪烃、环烃和芳香烃 3 种烃的混合物。本品为无色或淡黄色液体，具有特殊气味。汽油也是工业用途很广的溶剂和燃料。

毒性：经呼吸道、消化道吸收，皮肤吸收很少。汽油是一种麻醉性毒物，能引起中枢神经系统功能障碍。

中毒表现：吸入高浓度汽油蒸汽后，出现头痛、头晕、四肢无力、恶心、呕吐、视物模糊、步态不稳，眼睑、舌、手指细微震颤、易激动等。严重者可迅速出现意识丧失、呼吸停止。吸入汽油可引起吸入性肺炎。汽油蒸汽对黏膜有刺激性，引起流泪、流涕、咳嗽、结膜充血等。口服者可出现口腔、胸骨后烧灼感，恶心、呕吐、腹痛、腹泻，呕吐物或大便带血。

应急防护及治疗：皮肤接触：立即脱去被污染的衣着，用肥皂水和清水彻底冲洗皮肤。就医；眼睛接触：立即提起眼睑，用大量流动清水或生理盐水彻底冲洗至少 15 min。就医；吸入：迅速脱离现场至空气新鲜处。保持呼吸道通畅。如呼吸困难，给输氧。如呼吸停止，立即进行人工呼吸。就医；食入：给饮牛奶或用植物油洗胃和灌肠。就医；灭火方法：喷水冷却容器，可能的话将容器从火场移至空旷处。灭火剂：泡沫、干粉、二氧化碳。用水灭火无效。

（2）柴油

主要是由烷烃、烯烃、环烷烃、芳香烃、多环芳烃与少量硫（2～60g/kg）、氮（<1g/kg）及添加剂组成的混合物。以燃料油为例：白色或淡黄色液体。相对密度 0.85。熔点−29.56℃。沸点 180～370℃。闪点 40℃。蒸汽密度 4。蒸汽压 4.0 kPa。蒸汽与空气混合物可燃限 0.7%～5.0%。不溶于水。遇热、火花、明火易燃，可蓄积静电，引起电火花。分解和燃烧产物为一氧化碳、二氧化碳和硫氧化物，对环境污染较大。

侵入途径：吸入，可经皮肤黏膜吸收。

毒性：对皮肤和黏膜有刺激作用。也可有轻度麻醉作用。柴油为高沸点物质，吸入蒸汽而致毒害的机会较少。

（3）煤油

纯品为无色透明液体，含有杂质时呈淡黄色。略具臭味。沸程180～310℃（不是绝对的，在生产时常需根据具体情况变动）。平均分子量在 200～250 之间，闪点40℃以上。不溶于水，易溶于醇和其他有机溶剂。易挥发。易燃。挥发后与空气混合形成爆炸性的混合气。爆炸极限2%～3%。燃烧完全，亮度足，火焰稳定，不冒黑烟，不结灯花，无明显异味，对环境污染小。

侵入途径：吸入，可经皮肤黏膜吸收。

毒性：急性中毒极为少见，多为误服中毒，主要表现为口腔、咽喉和胃肠道的刺激症状，如恶性、呕吐、呛咳、上腹不适、腹痛和腹泻等。严重者可见粪便带血。

吸入中毒表现胃呼吸道刺激症状，如咳嗽、呼吸困难、呼吸频而浅、胸部不适和胸痛，可有肺部干罗音等体征。严重者会发生化学性肺炎。煤油所致的化学性肺炎为渗出性出血性的支气管炎。有剧烈咳嗽、咯血痰，有时为血性泡沫痰，呼吸困难，胸痛，听诊可闻湿性罗音，体温升高，X 线检查有助于早期诊断。

中枢神经系统症状多见于吸入中毒，经口中毒多发生于大量煤油服入时（30 ml 以上）。临床表现可有短暂的兴奋，随即转入抑制状态。常见症状为乏力、酩酊状态、意识恍惚、震颤、共济失调，严重者烦躁不安、谵妄、意识模糊、昏迷、惊厥。其他方面如心血管系统也常受累，尤其是心室颤动常为死因之一。也有肾脏（主要是肾小管）损害。

应急防护及治疗：急性吸入中毒患者应立即移至新鲜空气处，吸氧、保暖，并采取对症治疗。对于口服中毒者，若食入少量，不需催吐和洗胃。误服大量时，应在做了有套管的气管插管后进行洗胃。婴幼儿不宜催吐和洗胃，以免吸入毒物而致肺炎，必要时用细胃管小心抽吸。年长儿进行洗胃时，亦应小心进行，使之侧卧，头向前倾，先注入液体石蜡或橄榄油使毒物溶解，然后将油抽出，再用温水洗净，直至无味为止。如无上述油类，亦可用微温开水或植物油（如花生油等）洗胃，继用活性炭悬液灌入，吸附剩余毒物。然后再由胃管注入 50%硫酸钠或硫酸镁适量导泻。

口服牛奶、蛋清保护胃黏膜。洗胃时应避免吸入，导致肺炎。

发生晕厥时应尽快注射苯甲酸钠咖啡因。

呼吸困难者应吸氧，必要时做人工呼吸。

血压下降应给升压药，忌用肾上腺素。

应用抗生素预防和治疗肺炎。其他为积极进行一般对症治疗。

预防：凡有出血倾向者，可多吃含维生素 C、K 的食物。维生素 C 广泛分布于蔬菜、水果中，尤其以鲜枣、辣椒、柑橘、雪里红、青蒜、金花菜、菜花及绿叶蔬菜中含量最丰富，动物内脏如肝、肾等含量也较多，应注意服食。维生素 C 缺乏，使结缔组织形成不良，以致毛细血管壁不健全，脆性增加，易于出血。维生素 K 可促进凝血酶原的合成，苜蓿类植物及绿色蔬菜中，维生素 K 的含量较高，植物油中亦有相当的含量，均应注意食之。

病人的出血量、体温、呼吸、脉搏、血压、小便、神志及全身状况的变化，都须注意密切观察。若大量出血、面色苍白、四肢厥冷、血压下降、尿少尿闭、烦躁不安、焦虑淡漠、意识模糊甚至昏迷，此为失血性休克，应及时急送医院抢救。

限制进水量。正常人一天 24 h 尿量为 1 500 ml，水肿严重者多同时少尿，此时不但需限制食盐，也应同时限制进水量。对轻度水肿，进水量控制在 1 000 ml 左右；如水肿严重而尿少者，进水量应减至 500 ml 左右为宜。

（4）润滑油

涂在机器轴承或者人体某个部位等运动部分表面的油状液体。有减少摩擦、避免发热、防止机器磨损以及医学用途等作用。一般是分馏石油的产物；也有从动植物油中提炼的。亦称“润滑脂”。不挥发的油状润滑剂。按其来源分动、植物油，石油润滑油和合成润滑油三大类。石油润滑油的用量占总用量 97%以上，因此润滑油常指石油润滑油。主要用于减少运动部件表面间的摩擦，同时对机器设备具有冷却、密封、防腐、防锈、绝缘、功率传送、清洗杂质等作用。主要依赖自原油蒸馏装置的润滑油馏分和渣油馏分为原料，通过溶剂脱沥青、溶剂脱蜡、溶剂精制、加氢精制或酸碱精制、白土精制等工艺，除去或降低形成游离碳的物质、低黏度指数的物质、氧化安定性差的物质、石蜡以及影响成品油颜色的化学物质等组分，得到合格的润滑油基础油，经过调和并加入添加剂后即成为润滑油产品。

毒性：急性中毒极为少见，多为误服中毒，主要表现为口腔、咽喉和胃肠道的刺激症状，如恶心、呕吐、呛咳、上腹不适、腹痛和腹泻等。严重者可见粪便带血。

三、油库主要风险物的特征数据

油库主要风险物的闪电和自燃温度如表 6-2 所示：

表 6-2　油库主要风险物的闪点和自燃温度

液体名称	闪点/℃	自燃温度/℃
汽油	−58～10	415～530
柴油	80～120	350～380
煤油	28～45	380～425
润滑油	108～210	300～350

闪点：燃油在规定结构的容器中加热挥发出可燃气体与液面附近的空气混合，达到一定浓度时可被火星点燃时的燃油温度。闪点是表示油品蒸发性的一项指标。油品的馏分越轻，蒸发性越大，其闪点也越低。反之，油品的馏分越重，蒸发性越小，其闪点也越高。同时，闪点又是表示石油产品着火危险性的指标。油品的危险等级是根据闪点划分的，闪点在 45℃以下为易燃品，45℃以上为可燃品。

四、油库应急程序及预防措施

油库突发事故应急程序如下：

（1）一旦发现火警立即报警、灭火，切断加油机电源。

（2）在部或公司应急救援指挥中心领导到来之前，油库现场由班组长组织指挥，班组长不在由当班加油工指挥。

（3）火灾从发现到灭火持续 5～10 min 还没有扑灭火灾，就要立即通报公司应急救援指挥中心，启动公司应急救援预案，进行预警。

（4）为了防止燃烧的油罐发生爆炸，可用消防水向油罐体部喷水降温，至火灾扑灭为止。

（5）如果发现油罐漏油，立即以漏油罐 50 m 为半径设警戒区，禁止任何人员和车辆进入，并通知公司总调，公司安环部、保卫处，由公司应急救援指挥中心制定安全防范措施。

（6）在确保安全的情况下，将重油区的油料全部运到指定的安全位置。

（7）迅速控制事态，对事故造成的危害进行检测、监测、测定事故危害区域，危害性质及危害程度。

（8）消除危害后果，做好现场恢复。

（9）查清事故原因，评估危害程度。

油库突发事故预防措施如下：

（1）对油库所有机电照明线路定期检查，对防爆不良的线路、灯具及时更换，对加油设备定期保养，专人专管，做到安全运转，正常工作。

（2）对油库区域的避雷设施定期检测，发现不符合规范要及时更换调整，至正常使用。

（3）长期坚持做好油库区域降温工作，特别是夏季，每天坚持降温数次，实际地面温度不超过规定的 30℃范围。

五、应急监测、监测设备及监测方法

表 6-3 中列出了油库突发性污染事故预防及应急快速监测设备及检测范围。

表 6-3 应急监测设备与监测方法及监测指标

污染物种类	监测指标	快速监测设备及检测范围	
		快速监测设备	检测范围
—	油温度	煤油温度计	−50～100℃
大气	油气浓度	油气浓度检测仪（便携式 RBBJ-T 系列）	$0\sim100\times10^{-6}$、$0\sim1\,000\times10^{-6}$ 或 0～100LEL

第七章　化学品相关行业突发性环境污染事故及应急

化学品是指各种元素（也称化学元素）、由元素组成的化合物和混合物，无论是天然的还是人造的，都属于化学品。主要包括药品和生物技术制造、煤炭加工、天然气加工、涂料制造、氮肥生产、磷肥生产、农药制造、石油基聚合物、石油炼制、大宗石化有机产品制造、大宗无机化合产品和煤焦油馏化行业等。

第一节　尿素生产工艺突发性环境污染事故及应急

一、尿素生产工艺简介

工业上用液氨和二氧化碳为原料，在高温高压条件下直接合成尿素，化学反应分为两步。第一步生成液体氨基甲酸铵，是一个快速的强烈放热的可逆反应，需要防止反应过于剧烈而发生爆炸。第二步反应为甲胺脱水的反应，是一个微吸热的可逆反应，反应速率缓慢。其反应式如下：

$$2NH_3\text{（l）}+CO_2\text{（g）}\rightarrow NH_2COONH_4\text{（l）}+119.2\ \text{kJ/mol}$$

$$NH_2COONH_4\text{（l）}\rightarrow CO(NH_2)_2\text{（l）}+H_2O\text{（l）}-15.5\ \text{kJ/mol}$$

二、工艺流程及事故点位

尿素生产工艺流程及环境污染事故风险点位见图 7-1。

由界外送来液氨经高压氨泵加压后经氨预热器送入尿素合成塔，由界外送来二氧化碳经二氧化碳压缩机压缩，送入气提塔。氨和二氧化碳在塔内反应，合成塔操作压力 25 MPa，顶部温度 200℃，氨/二氧化碳为 4，水/二氧化碳为 0.37，二氧化碳转化率为 71.7%。这时由于大量的放热，而且是高压反应，需要防护爆炸。利用显热使部分氨和二氧化碳汽化，然后分两路同时进入换热器和再沸器，再回到低压分解塔下部填料段，与上升的二氧化碳气逆流接触，进行气提，使甲铵进一步分解成氨和二氧化碳。从低压分解塔底部出来含有少量氨和二氧化碳的尿素溶液继续减压，进入气体分离塔上部。利用显热进行氨和二氧化碳分离。尿液经填料与由尾气循环鼓风机送来的空气逆流接触进行气提，使氨和二氧化碳分离。从气体分离塔底部出来的尿素溶液，由尿液泵送到结晶器，进行结晶，并离心。从离心机出来的粉状尿素进入气流干燥器，经送风机及造粒塔顶的气流干燥器引风机抽吸，将尿素经气流输送管送至塔顶，进入旋风分离器，将尿素分离下来，送入熔融器，将尿素熔融后送至造粒塔喷头造粒。

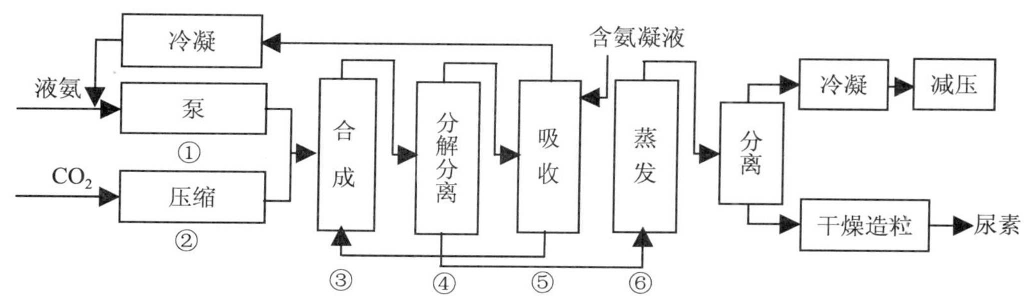

图 7-1　尿素生产工艺流程及环境污染事故风险点位

①泄漏，腐蚀性；②爆炸；③爆炸，腐蚀性；④泄漏，腐蚀性；⑤泄漏，腐蚀性；⑥泄漏，腐蚀性

三、生产工艺产生的污染物特征及其危害

根据尿素生产工艺流程（图 7-1），表 7-1 列出了突发性环境污染事故产生的主要污染物特征及其危害。

表 7-1　尿素生产工艺产生的污染物特征及其危害

风险点位	主要污染物	现象及特征	危害对象及途径
①	氨气	氨气：有强烈的刺激气味，腐蚀性，有毒。 二氧化碳：无色气体，使人窒息。 氨基甲酸铵：高温分解成尿素和水。 尿素：呈微碱性，加热至 160℃分解，产生剧毒物质	氨气：吸入是接触的主要途径。低浓度的氨对眼和潮湿的皮肤能迅速产生刺激作用。皮肤接触可引起严重疼痛和烧伤，并能发生咖啡样着色。高浓度蒸汽对眼睛有强刺激性，可引起疼痛和烧伤，导致明显的炎症并可能发生水肿、上皮组织破坏、角膜混浊和虹膜发炎。 二氧化碳：大量的气体使人窒息。在高温下和金属镁会发生反应产生爆炸。 尿素：尿素在酸、碱、酶作用下（酸、碱需加热）能水解生成氨和二氧化碳。在高温下分解产生剧毒物质产生氨气和氰酸
②	二氧化碳		
③	氨气 二氧化碳 氨基甲酸铵		
④～⑥	氨气 二氧化碳 氨基甲酸铵 尿素		

四、应急防护措施、防护设备及应急处理

为了保障工人以及环保工作人员的身心健康和环境安全，表 7-2 指出了尿素生产工艺流程中发生突发环境污染事故的污染物种类，应急防护措施，防护设备及应急处理技术。

表 7-2　污染物的应急防护措施、防护设备及应急处理技术

污染物种类	应急防护措施	防护设备		应急处理方法
		常用基础设备	特异性设备	
氨气	戴防毒面具	防腐蚀的塑胶鞋、手套、衣服等	防毒面具	迅速撤离泄漏污染区人员至安全区，并立即隔离 150 m，严格限制出入。建议应急处理人员戴自给正压式呼吸器，穿防酸碱工作服。不要直接接触泄漏物。尽可能切断泄漏源，氨气泄漏用水雾防止在空气中扩散，地面冲刷水用酸性物质中和
氨基甲酸铵				
尿素				

五、应急监测、监测设备及监测方法

突发环境污染事故应尽量携带便携式的污染物监测仪器，如还未配备，则可以采样回实验室采用国家标准分析方法进行污染物的监测。

表 7-3 应急监测设备与监测方法及监测指标

污染物种	监测物种	监测指标	应急监测设备	量程范围
大气	氨气	氨气	氨气检测仪	$0\sim990\times10^{-6}$
大气	二氧化碳	二氧化碳	二氧化碳检测仪	$0\sim10\,000\times10^{-6}$
水体	氨基甲酸铵	总氮	多功能水质监测仪	5～150 mg/L
水体	尿素	总氮	多功能水质监测仪	5～150 mg/L
水体	氨水	酸碱度	便携式 pH 计	0～14.0

第二节 硝酸铵工艺突发性环境污染事故及应急

一、硝酸铵生产工艺简介

硝酸铵的生产方法有中和法和转化法，但我国常用的是常压中和法进行生产。中和法采用氨气中和硝酸而获得。以氨气或含氨气体（合成氨中的弛放气、储罐气、尿素生产中的蒸馏尾气）及 60%浓度下的稀硝酸作为硝铵生产的原料。原料中氯化物、油分、有机物不应超过允许值，且不能含有增加热分解和引起爆炸的其他物质。

其反应式为：

$$NH_3 + HNO_3 = NH_4NO_3$$

二、工艺流程及事故点位

硝酸铵生产工艺流程及环境污染事故风险点位见图 7-2。

氨气和硝酸进行中和。反应放出的热量与所用的硝酸的浓度以及与原料温度有关，其放出的热量取决于所用硝酸的浓度以及硝酸和氨气的温度，温度和浓度越高，放出的热量越多。一般将中和热进行利用，所以其生产流程为先制取硝酸铵稀溶液，然后利用中和热再蒸发的多段流程。

中和压力接近常压，蒸汽压力为 0.12 MPa，直接利用合成氨车间氨冷器蒸发出来的 0.15～0.25 MPa 氨气，并预热到 60℃，原料硝酸浓度为 45%～49%，且不需要预热。中和器出口的硝铵液浓度为 62%～65%，中和反应区温度为 120℃，利用反应热在一段蒸发器内使溶液浓缩到 82%～85%。常压下一次或两次利用反应热的中和流程很简单，不仅能避免硝酸的分解，而且还可以利用反应热制取较高浓度的硝铵溶液。

由于中和是放热反应，且硝酸是强氧化性酸，在高温下容易分解，所以要注意控制反应流速和添加的量。防止高温产生大量气体引起爆炸。液氨和硝酸都是强腐蚀性的物质，

保存时一定要防止泄漏等事故。硝铵易分解，尤其是固态时，防止撞击，防止和还原性物质，有机物质放在一起，以免发生危险。

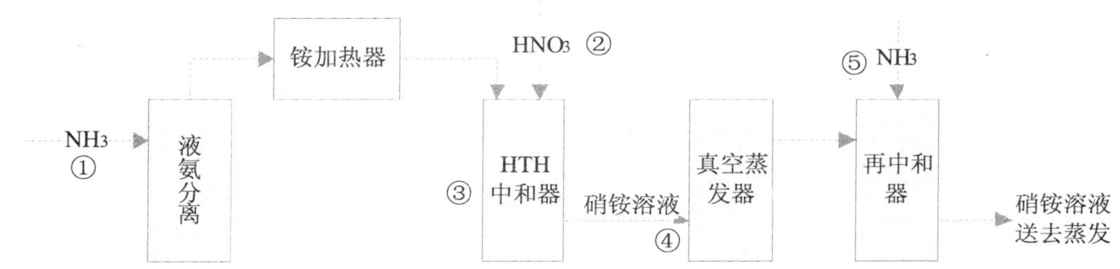

图 7-2 硝酸铵生产工艺流程及环境污染事故风险点位

①泄漏，有毒，腐蚀；②泄漏，有毒，腐蚀；③高温，爆炸，有毒；④泄漏，腐蚀；⑤泄漏，腐蚀

三、生产工艺产生的污染物特征及其危害

根据硝酸铵生产工艺流程（图 7-2），表 7-4 列出了突发性环境污染事故产生的主要污染物特征及其危害。

表 7-4 硝酸铵生产工艺产生的污染物特征及其危害

<table>
<tr><th>风险点位</th><th>主要污染物</th><th>现象及特征</th><th>危害对象及途径</th></tr>
<tr><td>①</td><td>氨气</td><td rowspan="5">氨气：无色有刺激性恶臭的气体，极易溶于水。有强烈的腐蚀性和吸水性，遇水大量放热，与易燃物和可燃物接触会发生剧烈反应，甚至引起燃烧。
硝酸：是一种有强氧化性、强腐蚀性的无机酸，易溶于水。
硝铵：无色晶体，易溶于水，溶水时吸热、易吸湿和结块，易发生热分解。在高温、高压和有可被氧化的物质存在下会发生爆炸。</td><td rowspan="5">氨气：氨对接触的皮肤组织有腐蚀和刺激作用，可以吸收皮肤组织中的水分，使组织蛋白变性，并使组织脂肪皂化，破坏细胞膜结构。其溶解度极高，所以主要对动物或人体的上呼吸道有刺激和腐蚀作用，被吸入肺后容易通过肺泡进入血液，与血红蛋白结合，破坏运氧功能。
硝酸：腐蚀性很强，能灼伤皮肤，也能损害黏膜和呼吸道。与蛋白质接触，生成一种鲜明的黄蛋白酸黄色物质。是无机化学工业中三大强酸之一。
硝铵：对呼吸道、眼及皮肤有刺激性。接触后可引起恶心、呕吐、头痛、虚弱、无力和虚脱等。大量接触可引起高铁血红蛋白血症，影响血液的携氧能力，出现绀紫、头痛、头晕、虚脱，甚至死亡。口服引起剧烈腹痛、呕吐、血便、休克、全身抽搐、昏迷，甚至死亡。
高温：灼伤，引起局部组织损伤，并通过受损的皮肤、黏膜组织导致全身病理生理改变</td></tr>
<tr><td>②</td><td>硝酸</td></tr>
<tr><td>③</td><td>氨气
硝酸
硝铵
高温</td></tr>
<tr><td>④</td><td>硝铵
硝酸</td></tr>
<tr><td>⑤</td><td>氨气</td></tr>
</table>

四、应急防护措施、防护设备及应急处理

为了保障工人以及环保工作人员的身心健康和环境安全，表 7-5 给出了硝酸铵生产工艺流程中发生突发环境污染事故的污染物种类，应急防护措施，防护设备及应急处理技术。

表 7-5　污染物的应急防护措施、防护设备及应急处理技术

<table>
<tr><th rowspan="2">污染物种类</th><th rowspan="2">应急防护措施</th><th colspan="2">防护设备</th><th rowspan="2">应急处理方法</th></tr>
<tr><th>常用基础设备</th><th>特异设备</th></tr>
<tr><td>氨气</td><td rowspan="3">戴防毒面具</td><td rowspan="4">防腐蚀的塑胶鞋、手套、衣服等</td><td rowspan="4">—</td><td rowspan="4">迅速撤离泄漏污染区人员至安全区，并立即隔离 150 m，严格限制出入。建议应急处理人员戴自给正压式呼吸器，穿防酸碱工作服。不要直接接触泄漏物。尽可能切断泄漏源。不要直接接触泄漏物。防止流入下水道、排洪沟等限制性空间。小量泄漏：用沙土、干燥石灰或苏打灰混合。也可以用大量水冲洗，经水稀释后放入废水系统。大量泄漏：构筑围堤或挖坑收容。用泵转移至槽车或专用收集器内，回收或运至废物处理场所处置。
硝酸：皮肤接触：马上用大量清水冲洗，再用 0.01%苏打水（或稀氨水）浸泡；误食：催吐，用牛奶或蛋清。
硝铵：皮肤接触：　脱去污染的衣着，用大量流动清水冲洗。
眼睛接触：　提起眼睑，用流动清水或生理盐水冲洗。就医。
吸入：　迅速脱离现场至空气新鲜处。保持呼吸道通畅。如呼吸困难，给输氧。如呼吸停止，立即进行人工呼吸。就医。
小量泄漏：小心扫起，收集于干燥、洁净、有盖的容器中。大量泄漏：收集回收或运至废物处理场所处置。
高温：①迅速脱离热源。如邻近有凉水，可先冲淋或浸浴以降低局部温度。②避免再损伤局部。伤处的衣裤袜之类应剪开取下，不可剥脱。转运时，伤处向上以免受压。③ 减少沾染，用清洁的被单、衣服等覆盖创面或简单包扎</td></tr>
<tr><td>硝酸</td></tr>
<tr><td>硝铵</td></tr>
<tr><td>高温</td><td>高温防护</td></tr>
</table>

五、应急监测、监测设备及监测方法

突发环境污染事故应尽量携带便携式的污染物监测仪器，如还未配备，则可以采样回实验室采用国家标准分析方法进行污染物的监测。

表 7-6　应急监测设备与监测方法及监测指标

污染物种	监测物种	监测指标	应急监测设备	量程范围
大气	氨气	氨气	氨气检测仪	$0\sim990\times10^{-6}$
水体	硝酸	酸度	便携式 pH 计	0-14
大气	温度	温度	一般煤油温度计	−50℃～+100℃
水体	硝铵	总氮	多功能水质监测仪	5～150 mg/L

第三节　过磷酸钙（磷肥）工艺突发性环境污染事故及应急

一、过磷酸钙生产工艺简介

过磷酸钙一般采用酸法生产，即用酸分解磷矿而制成的磷肥或氮磷复合肥料。硫酸分

解磷矿制造过磷酸钙生产原理分为两阶段。

第一阶段，硫酸分解磷矿，生成磷酸和半水物硫酸钙：

$$Ca_5F(PO_4)_3+7H_2SO_4+3H_2O=3[Ca(H_2PO_4)_2\cdot H_2O]+7CaSO_4+2HF$$

这一阶段的反应进行很快，一般在0.5h，或更短时间内即可完成。此反应为放热反应，反应物料的温度很快升高到100 ℃以上，因此在很短时间内，半水物硫酸钙结晶转变为无水物。

$$2CaSO_4\cdot 0.5H_2O\rightarrow 2CaSO_4+H_2O$$

第二阶段硫酸消耗后，生成的磷酸分解磷矿而形成磷酸一钙：

$$Ca_5F(PO_4)_3+7H_3PO_4+5H_2O=5Ca(H_2PO_4)2\cdot H_2O+2HF$$

反应生成的磷酸一钙溶解在磷酸中，当溶液被磷酸一钙饱和后，随着分解反应的进行，从溶液中不断地析出$Ca(H_2PO_4)_2\cdot H_2O$结晶。这一阶段的反应速率比第一阶段要慢很多，因为磷酸的分解能力比硫酸要小，并且反应已有颗粒表面移向内部，表面有被反应生产的硫酸钙所覆盖。同时，随反应进行，酸的浓度逐渐降低，以致需要6～15 d才能达到较高的转化率。

二、工艺流程及事故点位

过磷酸钙连续生产工艺流程及环境污染事故风险点位见图7-3。

连续操作过磷酸钙生产流程包括4个主要工序：①酸与磷矿粉混合；②料浆在化成室内固化；③过磷酸钙在仓库内熟化；④从含氟废气中回收氟。目前工业上多采用连续生产。

磷矿粉、硫酸分别计量后送入混合器，经1～5 min反应后形成料浆，料浆进入化成室固化。固化后的物料从化成室移出并切碎，送至熟化仓库。在熟化期中，需要不断进行翻堆，使水分进一步蒸发并降低物料温度，促进第二阶段反应进行并改善产品物理性能。熟化期限一般约为3～15d，熟化后的过磷酸钙还含有5.5%～8%的游离酸，需添加石灰，铵盐或用氨气进行中和。过磷酸钙中和后，产品的物理性能得到改善，减少吸湿及结块性；铵化后的过磷酸钙增加了含氮量，使肥效进一步增加。中和后的过磷酸钙经包装后得到粉状产品；也可送去造粒。

在生产中酸性物质的大量应用需要防止其泄漏影响环境和生命健康。对反应器的材质要时刻检查，防止腐蚀老化，造成酸性物质泄漏。也要防止硫酸和钢铁反应产生氢气，与室内气体混合，引起爆炸。在第一阶段反应过程中会产生高温，控制流量和加入速度，以及搅拌均匀，防止局部温度过高，造成爆炸。氟化氢气体是具有很强的腐蚀性的物质，其对玻璃、陶瓷都有腐蚀性。所以对反应设备要定期查看，防止腐蚀损坏。

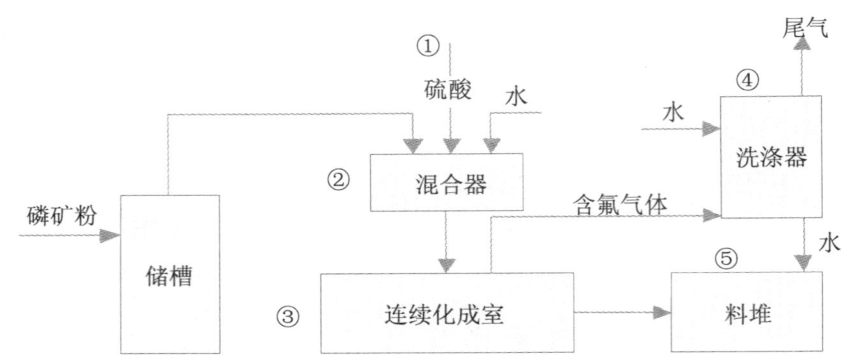

图 7-3 过磷酸钙生产工艺流程及环境污染事故风险点位

①泄漏，腐蚀；②泄漏，腐蚀；③泄漏，腐蚀，有毒；④泄漏，腐蚀，有毒；⑤泄漏，腐蚀

三、生产工艺产生的污染物特征及其危害

根据过磷酸钙生产工艺流程（图 7-3），表 7-7 列出了突发性环境污染事故产生的主要污染物特征及其危害。

表 7-7 过磷酸钙生产工艺产生的污染物表征及其危害

风险点位	主要污染物	现象及特征	危害对象及途径
①	硫酸	硫酸：有强烈的腐蚀性和吸水性，遇水大量放热，可发生沸溅，与易燃物和可燃物接触会发生剧烈反应，甚至引起燃烧。 磷酸：有刺激性气味的黄绿色的气体，有毒的有害物质 氢氟酸：无色透明有刺激性臭味的液体。与水混溶，化学性质比较稳定	浓硫酸：对皮肤、黏膜等组织有强烈的刺激和腐蚀作用。对眼睛可引起结膜炎、水肿、角膜混浊，以致失明；引起呼吸道刺激症状，重者发生呼吸困难和肺水肿；高浓度引起喉痉挛或声门水肿而死亡。口服后引起消化道的烧伤以致溃疡形成。遇大量水稀释后形成稀硫酸，污染水体和土壤，使 pH 值降低，生物死亡。 磷酸：蒸汽或雾对眼、鼻、喉有刺激性。口服液体可引起恶心、呕吐、腹痛、血便或休克。皮肤或眼接触可致灼伤。慢性影响：鼻黏膜萎缩、鼻中隔穿孔。长期反复皮肤接触，可引起皮肤刺激。 氢氟酸：对皮肤有强烈的腐蚀作用，能穿透皮肤向深层渗透，形成坏死和溃疡，且不易治愈。眼接触高浓度氢氟酸可引起角膜穿孔。接触其蒸汽，可发生支气管炎、肺炎等。长期接触可发生呼吸道慢性炎症，引起牙周炎、氟骨病
②	硫酸 磷酸 氢氟酸		
③	硫酸 磷酸 氢氟酸		
④	氢氟酸		
⑤	硫酸 磷酸		

四、应急防护措施、防护设备及应急处理

为了保障工人以及环保工作人员的身心健康和环境安全，表 7-8 给出了过磷酸钙生产工艺流程中发生突发环境污染事故的污染物种类，应急防护措施，防护设备及应急处理技术。

表 7-8　污染物的应急防护措施、防护设备及应急处理技术

<table>
<tr><th rowspan="2">污染物种类</th><th rowspan="2">应急防护措施</th><th colspan="2">防护设备</th><th rowspan="2">应急处理方法</th></tr>
<tr><th>常用基础设备</th><th>特异性设备</th></tr>
<tr><td>浓硫酸</td><td rowspan="3">戴防毒面具</td><td rowspan="3">防腐蚀的塑胶鞋、手套、衣服等</td><td rowspan="3">—</td><td rowspan="3">迅速撤离泄漏污染区人员至安全区，并立即隔离 150 m，严格限制出入。建议应急处理人员戴自给正压式呼吸器，穿防酸碱工作服。不要直接接触泄漏物。尽可能切断泄漏源。不要直接接触泄漏物。防止流入下水道、排洪沟等限制性空间。小量泄漏：用沙土、干燥石灰或苏打灰混合。也可以用大量水冲洗，经水稀释后放入废水系统。大量泄漏：构筑围堤或挖坑收容。用泵转移至槽车或专用收集器内，回收或运至废物处理场所处置。
浓硫酸：皮肤接触：先用干布拭去，然后用大量水冲洗，最后用 3%～5%$NaHCO_3$溶液冲洗，切勿直接清洗，严重时应立即送医院。眼睛接触：立即提起眼睑，用大量流动清水或生理盐水彻底冲洗至少 15 min。就医。
磷酸：皮肤接触：脱去污染的衣着，立即用流动清水彻底冲洗。若有灼伤，按酸灼伤处理。眼睛接触：立即提起眼睑，用流动清水或生理盐水冲洗至少 15 min。就医。
氢氟酸：皮肤接触：脱去污染的衣着，用流动清水冲洗 10 min 或用2%碳酸氢钠溶液冲洗。若有灼伤，就医治疗。眼睛接触：提起眼睑，用流动清水或生理盐水冲洗至少 15 min。就医。
吸入：迅速脱离现场至空气新鲜处。保持呼吸道通畅。呼吸困难时给输氧。给予 2%～4%碳酸氢钠溶液雾化吸入。就医。</td></tr>
<tr><td>磷酸</td></tr>
<tr><td>氢氟酸</td></tr>
</table>

五、应急监测、监测设备及监测方法

突发环境污染事故应尽量携带便携式的污染物监测仪器，如还未配备，则可以采样回实验室采用国家标准分析方法进行污染物的监测。

表 7-9　应急监测设备与监测方法及监测指标

污染物种	监测物种	监测指标	应急监测设备	量程范围
大气	氢氟酸	氟化氢	便携式氟化氢监测仪	0.25×10^{-6}～10×10^{-6}
大气	硫酸	硫酸	硫酸气体报警器	0～$1\,000\times10^{-6}$
水体	氢氟酸	氢氟酸	氢氟酸浓度计	0%～30%
水体	浓硫酸	硫酸	在线检测硫酸浓度仪	5～150 mg/L
水体	磷酸	磷酸	便携式磷酸盐浓度测定仪	0.00～2.50 mg/L

第四节　敌百虫生产工艺突发性环境污染事故及应急

一、敌百虫生产工艺简介

敌百虫的生产，国内绝大多数厂家采用的是三氯化磷、甲醇和三氯乙醛“三合一”的

生产方法，其反应式如下：

$$PCl_3 + 3\,CH_3OH + CCl_3CHO \longrightarrow (CH_3O)_2P(=O)-CH(OH)-CCl_3 + CH_3Cl + 2HCl$$

二、工艺流程及事故点位

敌百虫生产工艺流程及环境污染事故风险点位见图 7-4。

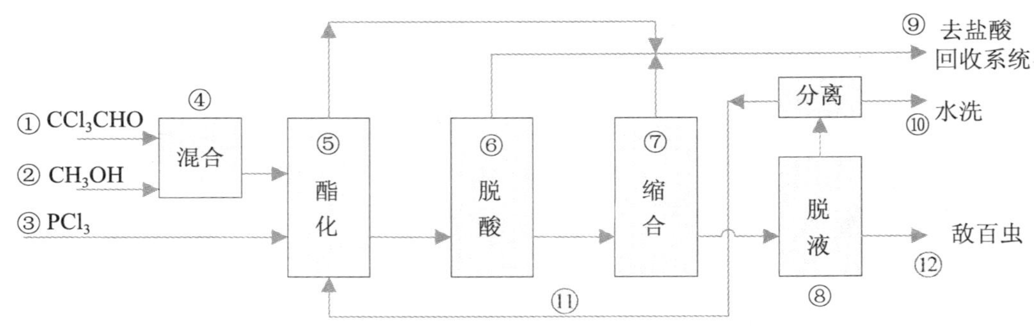

图 7-4 敌百虫生产工艺流程及环境污染事故风险点位

①泄漏；②泄漏，易燃；③泄漏，腐蚀性；④泄漏，易燃；⑤泄漏，腐蚀性，易燃；⑥泄漏，腐蚀性；⑦泄漏，有毒；⑧泄漏，有毒；⑨泄漏，腐蚀性；⑩泄漏，易燃；⑪泄漏，有毒；⑫泄漏，有毒

三氯乙醛、甲醇按照配比混合冷却进入酯化罐而三氯化磷按比例直接进入酯化罐，酯化罐的真空度控制在 80 kPa 以上。酯化产生的尾气（含氯化氢、氯甲烷、甲醇等低沸物）进入尾气冷却器冷凝，凝液返回酯化罐，未凝气体去盐酸吸收系统。由于三氯化磷遇水进行剧烈反应，所有系统中防止水蒸气的进入。酯化产物进行脱酸，脱酸尾气进入去盐酸吸收系统。脱酸后的中间体进入缩合罐，缩合真空度控制在 80 kPa 以上，温度为 90±5℃。缩合产物进入升膜蒸发器进行液气分离，温度为 120～140℃。所得液体为敌百虫产物。

三、生产工艺产生的污染物特征及其危害

根据敌百虫生产工艺流程（图 7-4），表 7-10 列出了突发性环境污染事故产生的主要污染物特征及其危害。

四、应急防护措施、防护设备及应急处理

为了保障工人以及环保工作人员的身心健康和环境安全，表 7-11 给出了敌百虫生产工艺流程中发生突发环境污染事故的污染物种类，应急防护措施，防护设备及应急处理技术。

表 7-10 敌百虫生产工艺产生的污染物特征及其危害

<table>
<tr><th>风险点位</th><th>主要污染物</th><th>现象及特征</th><th>危害对象及途径</th></tr>
<tr><td>①</td><td>三氯乙醛</td><td rowspan="10">三氯乙醛：无色易挥发油状液体，有刺激性气味。
甲醇：无色易挥发，甲醇易燃，其蒸汽与空气能形成爆炸混合物
三氯化磷：易燃，具强腐蚀性、强刺激性，可致人体灼伤
氯化氢：刺激性酸，遇水呈强腐蚀性
氯甲烷：无色、可燃、有毒气体
亚磷酸二甲酯：无色流动性液体
敌百虫：白色结晶，有毒，受热分解，放出氧化磷和氯化物的毒性气体</td><td rowspan="10">三氯化磷：三氯化磷在空气中可生成盐酸雾。对皮肤、黏膜有刺激腐蚀作用。遇水猛烈分解，产生大量的热和浓烟，甚至爆炸。
氯化氢：对眼和呼吸道黏膜有强烈的刺激作用。
甲醇：它经消化道、呼吸道或皮肤摄入都会产生毒性反应，甲醇蒸汽能损害人的呼吸道黏膜和视力。
三氯乙醛：适量的三氯乙醛对人有镇静和催眠作用；用量大时，先是引起兴奋，随后产生深度麻醉，同时麻痹、抑制中枢神经导致死亡。三氯乙醛对农作物有害。
氯甲烷：本品属低毒性，主要是对中枢神经系统的刺激和麻醉作用，也可累及肝、肾。遇明火、高热能引起燃烧爆炸，并生成剧毒的光气。
敌百虫：短期内接触大量引起急性中毒。表现有头痛、头昏、食欲减退、恶心、呕吐、腹痛、腹泻、流涎、瞳孔缩小、呼吸道分泌物增多、多汗、肌束震颤等。个别严重病例可发生迟发性猝死。可引起皮炎</td></tr>
<tr><td>②</td><td>甲醇</td></tr>
<tr><td>③</td><td>三氯化磷</td></tr>
<tr><td>④</td><td>三氯乙醛
甲醇</td></tr>
<tr><td>⑤，⑥</td><td>三氯化磷
三氯乙醛
甲醇 盐酸
氯甲烷
亚磷酸二甲酯</td></tr>
<tr><td>⑦，⑧</td><td>敌百虫
亚磷酸二甲酯
三氯乙醛
甲醇 氯化氢</td></tr>
<tr><td>⑨</td><td>氯化氢</td></tr>
<tr><td>⑩</td><td>甲醇</td></tr>
<tr><td>⑪</td><td>三氯乙醛</td></tr>
<tr><td>⑫</td><td>敌百虫</td></tr>
</table>

表 7-11 污染物的应急防护措施，防护设备及应急处理技术

<table>
<tr><th rowspan="2">污染物种类</th><th rowspan="2">应急防护措施</th><th colspan="2">防护设备</th><th rowspan="2">应急处理方法</th></tr>
<tr><th>常用基础设备</th><th>特异性设备</th></tr>
<tr><td>三氯化磷</td><td rowspan="7">戴防毒面具</td><td rowspan="7">防腐蚀的塑胶鞋、手套、衣服等</td><td rowspan="7">防毒面具</td><td rowspan="7">迅速撤离泄漏污染区人员至安全区，并立即隔离150 m，严格限制出入。建议应急处理人员戴自给正压式呼吸器，穿防酸碱工作服。不要直接接触泄漏物。尽可能切断泄漏源。
三氯化磷小量泄漏：用沙土、蛭石或其他惰性材料吸收。大量泄漏：构筑围堤或挖坑收容，避免与水接触。
甲醇泄漏：切断火源。防止流入下水道、排洪沟等限制性空间。小量泄漏：用沙土或其他不燃材料吸附或吸收。也可以用大量水冲洗。大量泄漏：构筑围堤或挖坑收容。用泡沫覆盖，降低蒸汽灾害。用防爆泵转移至槽车或专用收集器内，回收或运至废物处理场所处置。
氯甲烷：迅速撤离泄漏污染区人员至上风处，并隔离直至气体散尽，切断火源。建议应急处理人员戴正压自给式呼吸器。切断气源，喷雾状水稀释、溶解，然后抽排（室内）或强力通风（室外）。如有可能，将残余气或漏出气用排风机送至水洗塔或与塔相连的通风橱内。漏气容器不能再用，且要经过技术处理以清除可能剩下的气体。
敌百虫：切断火源。小量泄漏：避免扬尘，用洁净的铲子收集于干燥、洁净、有盖的容器中。也可以用大量水冲洗，经水稀释后放入废水系统。大量泄漏：收集回收或运至废物处理场所处置</td></tr>
<tr><td>氯化氢</td></tr>
<tr><td>甲醇</td></tr>
<tr><td>敌百虫</td></tr>
<tr><td>氯甲烷</td></tr>
<tr><td>亚磷酸二甲酯</td></tr>
<tr><td>三氯乙醛</td></tr>
</table>

五、应急监测、监测设备及监测方法

突发环境污染事故应尽量携带便携式的污染物监测仪器，如还未配备，则可以采样回实验室采用国家标准分析方法进行污染物的监测。

表 7-12　应急监测设备与监测方法及监测指标

污染物种	监测指标	应急监测设备	量程范围
大气	氯化氢	便携式氯化氢监测仪	$0\sim20\times10^{-6}$
大气	三氯化磷	三氯化磷探测器	$0\sim50\times10^{-6}$
大气	甲醇	甲醇快速检测仪	$0.5\times10^{-6}\sim200\times10^{-6}$
大气	氯甲烷	一氯甲烷检测计	$0\sim990\times10^{-6}$
水体	敌百虫	YH-96A 农药残留检测仪	0.1～3.0 mg/kg
水体	氢氟酸	氢氟酸浓度计	0%～30%
水体	总磷	便携式磷酸盐浓度测定仪	0.00～2.50 mg/L
水体	磷酸	便携式磷酸盐浓度测定仪	0.00～2.50 mg/L
水体	三氯乙醛	采样送实验室分析，分析方法参照国标方法	

第五节　西玛津生产工艺突发性环境污染事故及应急

一、西玛津生产工艺简介

西玛津，为高效选择性除草剂，多用于防除玉米、高粱、甘蔗、茶园、果园等由种子繁殖的一年生和越年生阔叶杂草和多数单子叶杂草，还可用于铁路、公路、油田灭生性除草。

工业上用由三聚氯氰与乙胺在酸接受体存在下反应而得。如果以水为反应介质，具有易发生水解、产品收率不高，废水处理量大等缺点。工业上多用氯苯作溶剂，则在 0～5 ℃左右加料反应，然后在 50℃进一步反应。其反应式如下：

$$\text{(Cl)}_3\text{C}_3\text{N}_3 + 2CH_3CH_2NH_2 \longrightarrow \text{(Cl)}_2\text{C}_3\text{N}_3(NHH_5C_2) + CH_3CH_2NH_2\cdot HCl$$

$$\text{(Cl)}_2\text{C}_3\text{N}_3(NHH_5C_2) + CH_3CH_2NH_2 + NaOH \longrightarrow \text{Cl}\,\text{C}_3\text{N}_3(C_2H_5HN)(NHH_5C_2) + NaCl + H_2O$$

二、工艺流程及事故点位

西玛津生产工艺流程及环境污染事故风险点位见图 7-5。

氯苯作为溶剂三聚氯氰和乙胺在合成塔内进行反应。乙胺取代三聚氯氰中的一个氯，而乙胺同时作为缚酸剂，加入量的 1/2 形成乙胺盐酸盐。此反应需要在低温下进行，用冷冻盐水作为温度的恒温剂。碱液与乙胺盐酸盐反应将乙胺置换出来，进一步与生成的一取代物在蒸馏反应器进行二取代反应。此时反应温度为 50℃，需要热蒸汽进行加热。并利用此热量蒸馏蒸出氯苯和水，经分离、干燥回收氯苯，釜内科料经降温、离心分离、水洗后，进行干燥，即为原料。

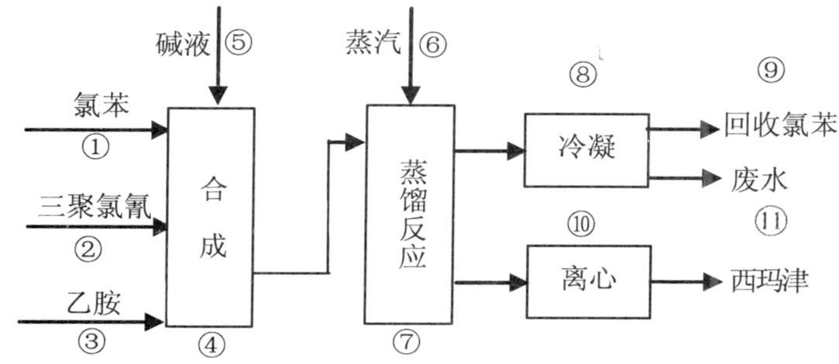

图 7-5 西玛津生产工艺流程及环境污染事故风险点位

①泄漏，有毒，腐蚀；②泄漏，腐蚀；③泄漏，爆炸，腐蚀性；④泄漏，腐蚀性；⑤泄漏，腐蚀性；⑥泄漏，烫伤；⑦泄漏，腐蚀性，有毒；⑧泄漏，有毒，腐蚀；⑨泄漏，有毒，腐蚀；⑩泄漏，有毒；⑪泄漏，有毒

三、生产工艺产生的污染物特征及其危害

根据西玛津生产工艺流程（图 7-5），表 7-13 列出了突发性环境污染事故产生的主要污染物特征及其危害。

表 7-13 西玛津生产工艺产生的污染物表征及其危害

<table>
<tr><th>风险点位</th><th>主要污染物</th><th>现象及特征</th><th>危害对象及途径</th></tr>
<tr><td>①</td><td>氯苯</td><td rowspan="6">氯苯：无色透明液体，具有不愉快的苦杏仁味。易燃，遇明火、高热或与氧化剂接触，有引起燃烧爆炸的危险。
三聚氯氰：不易燃。具有辛辣气味的结晶体，微溶于水。遇水和热都会产生有毒挥发性氯化氢气体。
乙胺基三聚氯氰：具有辛辣气味的结晶体，微溶于水</td><td rowspan="6">氯苯：对中枢神经系统有抑制和麻醉作用；对皮肤和黏膜有刺激性。急性中毒：接触高浓度可引起麻醉症状，甚至昏迷。
三聚氯氰：有毒。吸入、食入、经皮肤吸收均会引起中毒。对眼睛、皮肤和呼吸道有强腐蚀性。易吸潮发热，能被水分解释出有毒性和腐蚀性的氯化氢气体。
碱液：本品有强烈刺激和腐蚀性。皮肤和眼与 NaOH 直接接触会引起灼伤；误服可造成消化道灼伤，黏膜糜烂、出血和休克</td></tr>
<tr><td>②</td><td>三聚氯氰</td></tr>
<tr><td>③</td><td>乙胺</td></tr>
<tr><td>④</td><td>氯苯
三聚氯氰
乙胺
碱液
氯化氢</td></tr>
<tr><td>⑤</td><td>碱液</td></tr>
<tr><td>⑥</td><td>水蒸气</td></tr>
</table>

<table>
<tr><th>风险点位</th><th>主要污染物</th><th>现象及特征</th><th>危害对象及途径</th></tr>
<tr><td>⑦</td><td>氯苯
乙胺基三聚氯氰
（一取代物）
乙胺
碱液
西玛津</td><td rowspan="3">碱液：无色，具有强腐蚀性。
乙胺：易燃，挥发性，具刺激性。
水蒸气：无色，高温。
西玛津：白色晶体，易燃。
氯化氢：刺激性酸，遇水呈强腐蚀性</td><td rowspan="3">乙胺基三聚氯氰：易燃，高温下与水接触产生腐蚀性气体，对皮肤和黏膜有刺激性。
乙胺：接触乙胺蒸汽可产生眼部刺激、角膜损伤和上呼吸道刺激。液体溅入眼内，可致严重灼伤；皮肤接触可致灼伤。
水蒸气：直接接触易烫伤。
西玛津：易燃。
氯化氢：对眼和呼吸道黏膜有强烈的刺激作用</td></tr>
<tr><td>⑧⑨</td><td>氯苯</td></tr>
<tr><td>⑩⑪</td><td>乙胺　西玛津</td></tr>
</table>

四、应急防护措施、防护设备及应急处理

为了保障工人以及环保工作人员的身心健康和环境安全，表 7-14 给出了西玛津生产工艺流程中发生突发环境污染事故的污染物种类，应急防护措施，防护设备及应急处理技术。

表 7-14　污染物的应急防护措施、防护设备及应急处理技术

<table>
<tr><th rowspan="2">污染物种类</th><th rowspan="2">应急防护措施</th><th colspan="2">防护设备</th><th rowspan="2">应急处理方法</th></tr>
<tr><th>常用基础设备</th><th>特异性设备</th></tr>
<tr><td>乙胺</td><td rowspan="8">戴防毒面具</td><td rowspan="8">防腐蚀的塑胶、手套、衣服等</td><td>正压呼吸式防毒面具</td><td rowspan="8">迅速撤离泄漏污染区人员至安全区，并立即隔离 150 m，严格限制出入。建议应急处理人员戴自给正压式呼吸器，穿防酸碱工作服。不要直接接触泄漏物。尽可能切断泄漏源和火源。防止流入下水道、排洪沟等限制性空间。小量泄漏：用沙土或其他不燃材料吸附或吸收。也可以用不燃性分散剂制成的乳液刷洗，洗液稀释后放入废水系统。大量泄漏：构筑围堤或挖坑收容。用泡沫覆盖，降低蒸汽灾害。用防爆泵转移至槽车或专用收集器内，回收或运至废物处理场所处置。
乙胺泄漏，若是气体，用工业覆盖层或吸附/吸收剂盖住泄漏点附近的下水道等地方，防止气体进入。合理通风，加速扩散。喷雾状水稀释、溶解。构筑围堤或挖坑收容产生的大量废水。如有可能，将残余气或漏出气用排风机送至水洗塔或与塔相连的通风橱内。若是液体，用沙土、蛭石或其他惰性材料吸收。
三聚氯氰、西玛津、乙胺基三聚氯氰泄漏用洁净的铲子收集于干燥、洁净、有盖的容器中，转移至安全场所。若大量泄漏，收集回收或运至废物处理场所处置，倒至空旷场地覆盖小苏打，混合后用大量水冲洗，经稀释的污水放入废水系统。
碱液泄漏利用酸中和</td></tr>
<tr><td>氯苯</td><td>自吸过滤式防毒面具</td></tr>
<tr><td>三聚氯氰</td><td>防尘面具，防毒面具</td></tr>
<tr><td>乙胺基三聚氯氰</td><td rowspan="5"></td></tr>
<tr><td>碱液</td></tr>
<tr><td>水蒸气</td></tr>
<tr><td>西玛津</td></tr>
<tr><td>氯化氢</td></tr>
</table>

五、应急监测、监测设备及监测方法

突发环境污染事故应尽量携带便携式的污染物监测仪器，如还未配备，则可以采样回实验室采用国家标准分析方法进行污染物的监测。

表 7-15　应急监测设备与监测方法及监测指标

污染物种	监测指标	应急监测设备	量程范围
大气	乙胺	便携式乙胺监测仪	0%～100%LEL
大气	氯苯	气体检测管法	5×10^{-6}～50×10^{-6}
大气	氯化氢	便携式氯化氢监测仪	0～20×10^{-6}
水体	三聚氯氰	采样送实验室分析，见附录	
水体	西玛津	YH-96A 农药残留监测仪	0.1～3.0 mg/kg
水体	氢氧化钠	便携式 pH 计	0.0～14.0

第六节　杀虫双工艺突发性环境污染事故及应急

一、杀虫双生产工艺简介

杀虫双是白色结晶物质，易潮解，易溶于水。具有胃毒、触杀、内吸传导作用。一般使用 3-氯丙烯和二甲胺烃化后氯化得到 1-二甲胺基-2，3-二氯丙烷，然后与硫代硫酸钠发生磺化得杀虫双。

反应式如下：

$$CH_2{=}CHCH_2Cl + (CH_3)_2NH \xrightarrow{OH^-} (CH_3)_2NCH_2{-}CH{=}CH_2$$

$$(CH_3)_2NCH_2{-}CH{=}CH_2 + Cl_2 \xrightarrow{HCl} (CH_3)_2NCH_2{-}\underset{\substack{|\\Cl}}{CH}{-}\underset{\substack{|\\Cl}}{CH_2}$$

$$(CH_3)_2NCH_2{-}\underset{\substack{|\\Cl}}{CH}{-}\underset{\substack{|\\Cl}}{CH_2} + Na_2S_2O_3 \xrightarrow[HCl]{OH^-} \begin{array}{l}CH_3\ CH_2SSO_3Na\\ \ |\qquad | \\ N{-}CH\\ \ |\qquad | \\ CH_3\ CH_2SSO_3Na\end{array}$$

二、工艺流程及事故点位

杀虫双生产工艺流程及环境污染事故风险点位见图 7-6。

在烃化反应釜中，加入 3-氯丙烯，搅拌并冷却至 0℃。滴加二甲胺，同时滴加 40%液碱，控制温度在 15℃，于 40～60 min 内滴完。然后让其自然升温至恒定后，于 45℃恒温反应 2h，冷却至室温，静置，放出下层废液。

反应物料转入氯化反应釜，加水并通氯化氢，酸化至 pH 为 2，降温到 0～10℃，通入氯气进行氯化，在氯化过程中分三次加水。用 0.1 mol/L 高锰酸钾试验，于 5℃加液碱调

pH 至 3～4，制得 1-二甲氨基-2,3-二氯丙烷。

在磺化反应釜中，加入上述制得的 1-二甲胺基-2,3-二氯丙烷，搅拌下升温至 40℃，加入硫代硫酸钠和适量的水，再升温至 60℃，加入计量 3/5 的液碱，于 70 ℃保温搅拌反应 3h，再加入余下的液碱，搅拌 0.5h。于 63～65℃，7.3×10^4～8.0×10^4 Pa 下真空脱水，将脱下水后的产物过滤得到 30%的杀虫双水溶液。

在此生产工艺中，需要催化加成、磺化反应，应该控制进料速度和控温系统，防止反应速度过快，造成意外事故。产生废气中含有易挥发性的含氯气体，容易发生有毒物质污染。此外，生产过程中有大量易燃易爆物质，防止明火和注意通风。

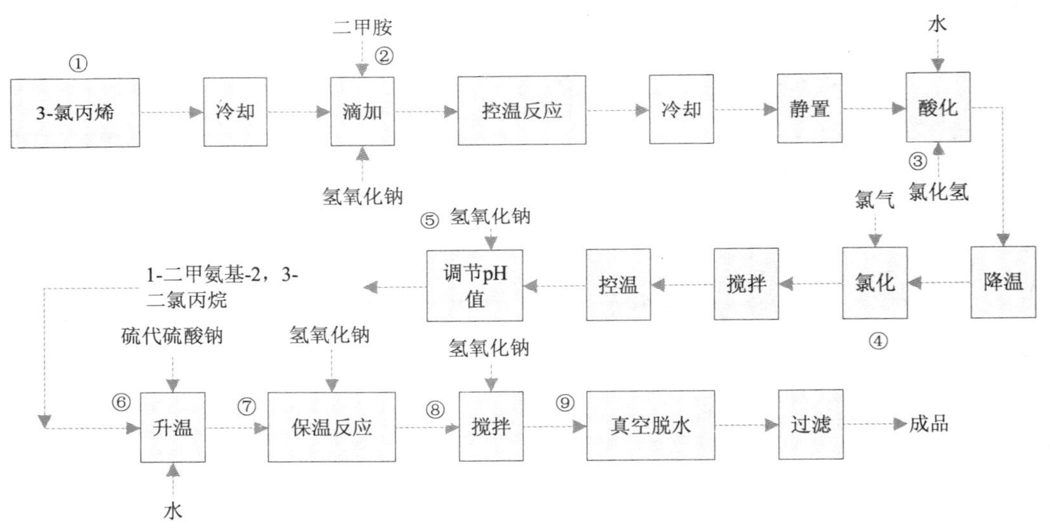

图 7-6 杀虫双生产工艺流程及环境污染事故风险点位

①泄漏，有毒；②泄漏，有毒；③泄漏，有毒；④泄漏，有毒；⑤泄漏，腐蚀；⑥泄漏，有毒，腐蚀性；⑦泄漏，有毒；⑧泄漏，有毒；⑨泄漏，有毒

三、生产工艺产生的污染物特征及其危害

根据杀虫双生产工艺流程（图 7-6），表 7-16 列出了突发性环境污染事故产生的主要污染物特征及其危害。

表 7-16 杀虫双生产工艺产生的污染物表征及其危害

风险点位	主要污染物	现象及特征	危害对象及途径
①	3-氯丙烯	3-氯丙烯：无色透明液体，有不愉快的刺激性气味 二甲胺：无色气体，高浓度的带有氨味，低浓度的有烂鱼味	3-氯丙烯：高浓度对皮肤黏膜具有刺激性，并有轻度麻醉作用。接触者觉咽干、鼻子发呛、胸闷，可出现头晕、头沉、嗜睡、全身无力等。溅入眼内，出现流泪、疼痛等严重眼刺激症状。慢性中毒：引起中毒性多发性神经炎。出现手足麻木，小腿酸痛力弱，四肢对称性手套袜套样分布痛觉、触觉、音叉振动觉障碍。跟腱反射减弱或消失。神经-肌电图示神经原性损害。可致肝损害。
②	3-氯丙烯； 二甲胺； 氢氧化钠； 丙烯二甲基胺		
③	丙烯二甲基胺； 氯化氢		

风险点位	主要污染物	现象及特征	危害对象及途径
④	丙烯二甲基胺； 氯化氢； 氯气； 1-二甲氨基-2,3-二氯丙烷	氢氧化钠：有强烈的腐蚀性，有吸水性 丙烯二甲基胺： 氯化氢：无色有刺激性气味的气体 氯气：有刺激性气味的黄绿色的气体 1-二甲氨基-2,3-二氯丙烷： 硫代硫酸钠：无色透明单斜晶体，无臭、味咸 杀虫双：纯品为白色结晶，工业品为茶褐色或棕红色单水溶液，有特殊臭味，易吸潮	二甲胺：对眼和呼吸道有强烈的刺激作用。皮肤接触液态二甲胺可引起坏死，眼睛接触可引起角膜损伤、混浊。 氢氧化钠：有强烈刺激和腐蚀性。粉尘或烟雾会刺激眼和呼吸道，腐蚀鼻中隔；皮肤和眼与 NaOH 直接接触会引起灼伤；误服可造成消化道灼伤，黏膜糜烂、出血和休克。 氯化氢：本品对眼和呼吸道黏膜有强烈的刺激作用。急性中毒：出现头痛、头昏、恶心、眼痛、咳嗽、痰中带血、声音嘶哑、呼吸困难、胸闷、胸痛等。重者发生肺炎、肺水肿、肺不张。眼角膜可见溃疡或混浊。皮肤直接接触可出现大量粟粒样红色小丘疹而呈潮红痛热。慢性影响：长期较高浓度接触，可引起慢性支气管炎、胃肠功能障碍及牙齿酸蚀症。 氯气：起病及病情变化一般均较迅速，可发生咽喉炎、支气管炎、肺炎或肺水肿，表现为咽痛、呛咳、咯少量痰、气急、胸闷或咯粉红色泡沫痰、呼吸困难等症状，肺部可无明显阳性体征或有干、湿性罗音。有时伴有恶心、呕吐等症状，重症者尚可出现急性呼吸窘迫综合征，有进行性呼吸频速和窘迫、心动过速，顽固性低氧血症，用一般氧疗无效，少数患者有哮喘样发作，出现喘息，肺部有哮喘音，极高浓度时可引起声门痉挛或水肿、支气管痉挛或反射性呼吸中枢抑制而致迅速窒息死亡，并发症主要有肺部继发感染、心肌损害及气胸、纵隔气肿等，X 线检查：可无异常，或有两侧肺纹理增强、点状或片状边界模糊阴影或云雾状、蝶翼状阴影，血气分析：病情较重者动脉血氧分压明显降低，心电图检查：中毒后由于缺氧、肺动脉高压以及植物神经功能障碍等，可导致心肌损害及心律失常。 硫代硫酸钠：强还原性，不能和氧化性的物质相接触。 杀虫双：对黏膜、皮肤无明显刺激作用。无致畸、致癌、致突变作用
⑤	氯化氢； 氯气； 1-二甲氨基-2,3-二氯丙烷； 氢氧化钠		
⑥	1-二甲氨基-2,3-二氯丙烷； 氢氧化钠 硫代硫酸钠 杀虫双		
⑦	1-二甲氨基-2,3-二氯丙烷； 氢氧化钠 硫代硫酸钠 杀虫双		
⑧	氢氧化钠 杀虫双		
⑨	氢氧化钠 杀虫双		

四、应急防护措施、防护设备及应急处理

为了保障工人以及环保工作人员的身心健康和环境安全，表 7-17 给出了杀虫双生产工艺流程中发生突发环境污染事故的污染物种类，应急防护措施，防护设备及应急处理技术。

表 7-17 污染物的应急防护措施、防护设备及应急处理技术

<table>
<tr><th rowspan="2">污染物种类</th><th rowspan="2">应急防护措施</th><th colspan="2">防护设备</th><th rowspan="2">应急处理方法</th></tr>
<tr><th>常用基础设备</th><th>特异性设备</th></tr>
<tr><td>3-氯丙烯</td><td rowspan="8">戴防毒面具</td><td rowspan="8">防腐蚀的塑胶鞋、手套、衣服等</td><td rowspan="8">—</td><td rowspan="8">迅速撤离泄漏污染区人员至安全区，并立即隔离150 m，严格限制出入。建议应急处理人员戴自给正压式呼吸器，穿防酸碱工作服。不要直接接触泄漏物。尽可能切断泄漏源。不要直接接触泄漏物。防止流入下水道、排洪沟等限制性空间。小量泄漏：用沙土、干燥石灰或苏打灰混合。也可以用大量水冲洗，经水稀释后放入废水系统。大量泄漏：构筑围堤或挖坑收容。用泵转移至槽车或专用收集器内，回收或运至废物处理场所处置。
氯气，氯化氢泄漏用水雾防止在空气中扩散，地面冲刷水用石灰中和。
硫代硫酸钠，大量泄漏可以回收。小量泄漏，大量水重洗。有强还原性，避免和氧化性物质接触，防止发生爆炸</td></tr>
<tr><td>二甲胺</td></tr>
<tr><td>氢氧化钠</td></tr>
<tr><td>丙烯二甲基胺</td></tr>
<tr><td>氯化氢</td></tr>
<tr><td>氯气</td></tr>
<tr><td>1-二甲氨基-2,3-二氯丙烷</td></tr>
<tr><td>硫代硫酸钠</td></tr>
</table>

五、应急监测、监测设备及监测方法

突发环境污染事故应尽量携带便携式的污染物监测仪器，如还未配备，则可以采样回实验室采用国家标准分析方法进行污染物的监测。

表 7-18 应急监测设备与监测方法及监测指标

<table>
<tr><th>污染物种</th><th>监测指标</th><th>应急监测设备</th><th>量程范围</th></tr>
<tr><td>大气</td><td>3-氯丙烯</td><td colspan="2">采样送实验室分析，分析方法见附录</td></tr>
<tr><td>大气</td><td>二甲胺</td><td>二甲胺检测管</td><td>$0\sim20\times10^{-6}$</td></tr>
<tr><td>大气</td><td>丙烯二甲基胺</td><td colspan="2">采样送实验室分析，分析方法见附录</td></tr>
<tr><td>大气</td><td>氯化氢</td><td>便携式氯化氢监测仪</td><td>$0\sim20\times10^{-6}$</td></tr>
<tr><td>大气</td><td>氯气</td><td>氯气检测仪</td><td>$0\sim200\times10^{-6}$</td></tr>
<tr><td>大气</td><td>1-二甲氨基-2,3-二氯丙烷</td><td colspan="2">采样送实验室分析，分析方法见附录</td></tr>
<tr><td>水体</td><td>氢氧化钠</td><td>便携式 pH 计</td><td>0.0～14.0</td></tr>
<tr><td>水体</td><td>硫代硫酸钠</td><td colspan="2">采样送实验室分析，分析方法见附录</td></tr>
<tr><td>水体</td><td>杀虫双</td><td>YH-96A 农药残留检测仪</td><td>0.1～3.0 mg/kg</td></tr>
</table>

第七节　氯乙烯工艺突发性环境污染事故及应急

一、氯乙烯生产工艺简介

氯乙烯又名乙烯基氯是一种应用于高分子化工的重要的单体，可由乙烯或乙炔制得。为无色、易液化气体，有毒，易燃易爆物质。氯乙烯单体一般由乙炔和氯化氢在催化剂 $HgCl_2$ 存在下气相加成而成。

反应式　$CH\equiv CH+HCl\rightarrow CH_2=CHCl+124.8\ kJ/mol$

二、工艺流程及事故点位

氯乙烯生产工艺流程及环境污染事故风险点位见图 7-7。

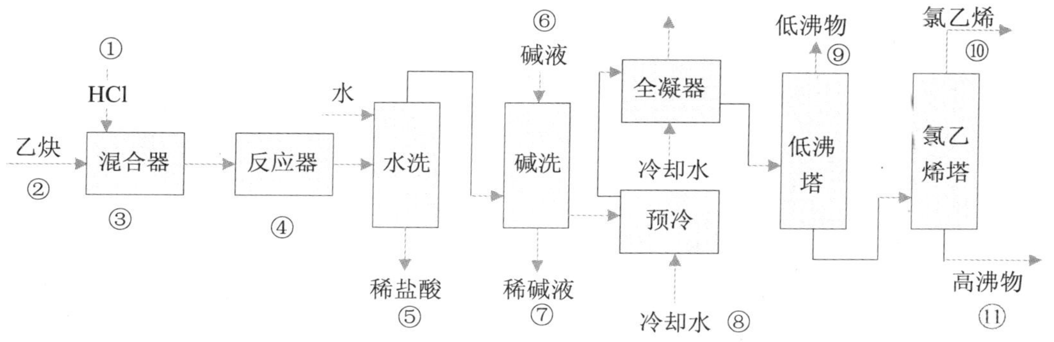

图 7-7　氯乙烯生产工艺流程及环境污染事故风险点位

①泄漏，腐蚀性；②泄漏，易燃；③爆炸，易燃；④泄漏，腐蚀性；⑤泄漏，易燃，有毒；⑥泄漏，腐蚀性；⑦泄漏，易燃，有毒；⑧泄漏，低温；⑨泄漏，有毒，易燃；⑩泄漏，有毒，易燃；⑪泄漏，有毒，易燃

经净化处理的干燥精乙炔通过沙封与干燥的氯化氢气体在混合器中进行混合均匀，进入反应器中，在催化剂的作用下进行加成反应。反应温度为 130～180℃，压力为常压。此反应为放热，需要控制温度，防止放热过快引起爆炸。反应后的气体先经过水洗塔除去氯化氢，再经过碱洗塔除去残留的氯化氢和二氧化碳，然后在预冷器中用水间接降温，可将水冷凝分离出来，其余气体在全凝器中用－35℃的盐水间接降温使氯乙烯和二氯乙烷等全部冷凝。凝液送入低沸塔使乙醛等低沸物及乙炔等气体从塔顶蒸出，釜液送入氯乙烯塔，塔顶馏出液为精氯乙烯单体，釜液是二氯乙烷等高沸物，可另行回收。

三、生产工艺产生的污染物特征及其危害

根据氯乙烯生产工艺流程（图 7-7），表 7-19 列出了突发性环境污染事故产生的主要污染物特征及其危害。

表 7-19　氯乙烯生产工艺产生的污染物表征及其危害

<table>
<tr><th>风险点位</th><th>主要污染物</th><th>现象及特征</th><th>危害对象及途径</th></tr>
<tr><td>①</td><td>氯化氢</td><td rowspan="11">氯化氢：刺激性酸，遇水呈强腐蚀性
乙炔：无色无味的易燃、易爆
氯乙烯：为无色、有醚味、易液化气体，易与空气形成爆炸混合物
二氯乙烷：酸性腐蚀品
乙醛：无色易流动液体，有刺激性气味，极易燃
氢氧化钠：氢氧化钠：常温下是一种白色晶体，具有强腐蚀性。易溶于水，其液体是一种无色，有涩味和滑腻感的液体
冷却水：冻伤</td><td rowspan="11">氯化氢：对眼和呼吸道黏膜有强烈的刺激作用。
乙炔：微毒性，窒息性气体。
三氯化磷：三氯化磷在空气中可生成盐酸雾。对皮肤、黏膜有刺激腐蚀作用。遇水猛烈分解，产生大量的热和浓烟，甚至爆炸。
氯乙烯：急性毒性表现为麻醉作用，急性中毒：轻度中毒时病人出现眩晕、胸闷、嗜睡、步态蹒跚等；严重中毒可发生昏迷、抽搐，甚至造成死亡。皮肤接触氯乙烯液体可致红斑、水肿或坏死。慢性中毒：表现为神经衰弱综合征、肝肿大、肝功能异常、消化功能障碍。
二氯乙烷：对眼睛及呼吸道有刺激作用；吸入可引起肺水肿；抑制中枢神经系统、刺激胃肠道和引起肝、肾和肾上腺损害。急性中毒：其表现有两种类型，一类为头痛、恶心；另一类型以胃肠道症状为主，呕吐、腹痛、腹泻，严重者可发生肝坏死和肾病变。易燃，其蒸汽与空气可形成爆炸性混合物，遇明火、高热能引起燃烧爆炸。受高热分解产生有毒的腐蚀性烟气。与氧化剂接触发生反应，遇明火、高热易引起燃烧，并放出有毒气体。其蒸汽比空气重，能在较低处扩散到相当远的地方，遇火源会着火回燃。
乙醛：低浓度引起眼、鼻及上呼吸道刺激症状及支气管炎。高浓度吸入尚有麻醉作用。表现有头痛、嗜睡、神志不清及支气管炎、肺水肿、腹泻、蛋白尿肝和心肌脂肪性变。可致死。
氢氧化钠：本品有强烈刺激和腐蚀性。粉尘或烟雾会刺激眼和呼吸道，腐蚀鼻中隔；皮肤和眼与氢氧化钠直接接触会引起灼伤；误服可造成消化道灼伤，黏膜糜烂、出血和休克。遇水和水蒸气大量放热，形成腐蚀性溶液</td></tr>
<tr><td>②</td><td>乙炔</td></tr>
<tr><td>③</td><td>氯化氢
乙炔
氯乙烯
二氯乙烷</td></tr>
<tr><td>④</td><td>氯化氢
乙炔
氯乙烯
二氯乙烷
乙醛</td></tr>
<tr><td>⑤</td><td>稀盐酸</td></tr>
<tr><td>⑥</td><td>氢氧化钠</td></tr>
<tr><td>⑦</td><td>乙炔
氯乙烯
二氯乙烷
乙醛
氢氧化钠</td></tr>
<tr><td>⑧</td><td>冷却水</td></tr>
<tr><td>⑨</td><td>乙炔
氯乙烯
二氯乙烷
乙醛</td></tr>
<tr><td>⑩</td><td>氯乙烯
二氯乙烷</td></tr>
<tr><td>⑪</td><td>氯乙烯</td></tr>
</table>

四、应急防护措施、防护设备及应急处理

为了保障工人以及环保工作人员的身心健康和环境安全，表 7-20 给出了氯乙烯生产工艺流程中发生突发环境污染事故的污染物种类，应急防护措施，防护设备及应急处理技术。

表 7-20 污染物的应急防护措施、防护设备及应急处理技术

污染物种类	应急防护措施	防护设备		应急处理方法
		常用基础设备	特异性设备	
氯化氢	戴防毒面具	防腐蚀的塑胶鞋、手套、衣服等	正压式呼吸器	迅速撤离泄漏污染区人员至安全区，并进行隔离，严格限制出入。切断火源。建议应急处理人员戴自给正压式呼吸器，穿防静电工作服。尽可能切断泄漏源。防止流入下水道、排洪沟等限制性空间。小量泄漏：用沙土或其他不燃材料吸附或吸收。也可以用大量水冲洗，经水稀释后放入废水系统。大量泄漏：构筑围堤或挖坑收容。用泡沫覆盖，降低蒸汽灾害。用防爆泵转移至槽车或专用收集器内，回收或运至废物处理场所处置。 乙醛泄漏首先要用水冲洗。经稀释的洗水放入废水系统。 氯乙烯泄漏，喷雾状水稀释、溶解。构筑围堤或挖坑收容产生的大量废水。如有可能，将残余气或漏出气用排风机送至水洗塔或与塔相连的通风橱内。 氢氧化钠泄漏后，勿使泄漏物与可燃物质（木材、纸、油等）接触，避免扬尘，小心扫起，逐次以小量加入大量水中，静置，稀释液放入废水系统。如果大量泄漏，最好不用水处理，在技术人员指导下清除
乙炔				
氯乙烯				
二氯乙烷				
乙醛				
氢氧化钠				

五、应急监测及监测设备

突发环境污染事故应尽量携带便携式的污染物监测仪器，如还未配备，则可以采样回实验室采用国家标准分析方法进行污染物的监测。

表 7-21 应急监测设备与监测方法及监测指标

污染物种	监测指标	应急监测设备	量程范围
大气	氯化氢	便携式氯化氢监测仪	$0\sim20\times10^{-6}$
大气	乙炔	乙炔快速检测管	0.05%～0.1%
大气	氯乙烯	快速检测管	$0.4\times10^{-6}\sim40.6\times10^{-6}$
大气	二氯乙烷	便携式二氯乙烷测定仪	$0\sim100\times10^{-6}$
大气	乙醛	乙醛检测管	$1\times10^{-6}\sim20\times10^{-6}$
水体	氢氧化钠	便携式 pH 计	0.0～14.0

第八节 乙苯工艺突发性环境污染事故及应急

一、乙苯生产工艺简介

乙苯是一个芳香族的有机化合物，主要用途是在石油化学工业作为生产苯乙烯的中间体。乙苯生产方法主要是以苯、氯乙烷和乙烯为原料，以三氯化铝为催化剂，直接反应得到乙苯。

反应式 $$C_6H_6+C_2H_4 \rightarrow C_6H_5C_2H_5$$

$$C_6H_5C_2H_5 \xrightarrow{催化剂} C_6H_5C_2H_3+H_2\uparrow$$

二、工艺流程及事故点位

乙苯生产工艺流程及环境污染事故风险点位见图 7-8。

苯烷基化生产乙苯的工艺流程由催化络合物的配制、烷基化反应、络合物的沉降与分离，中和除酸、粗乙苯的精制与分离等工序组成。

向装有搅拌器的催化剂配制槽中依次加入干燥过的苯、多乙苯、$AlCl_3$ 和 C_2H_5Cl。加热至 333～343K，并搅拌。配制好的催化络合物连续加入烷基化反应器中。

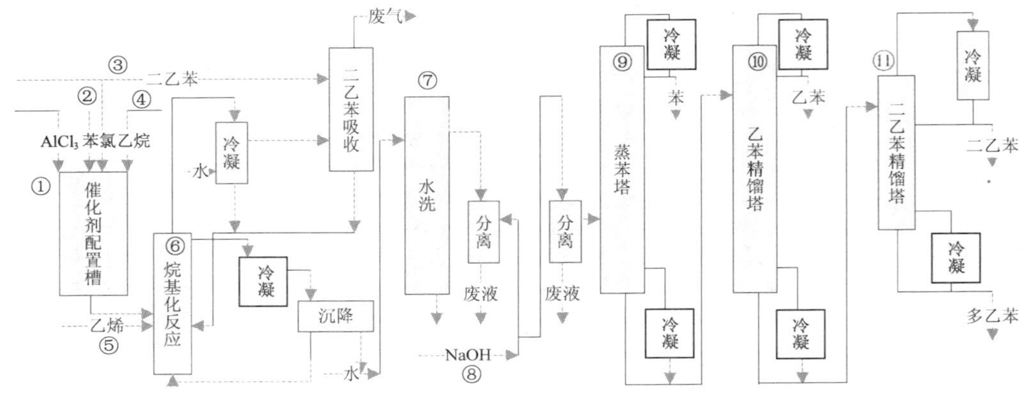

图 7-8 乙苯生产工艺流程及环境污染事故风险点位

①泄漏，有毒，易燃；②泄漏，有毒，易燃；③泄漏，有毒，易燃；④泄漏，有毒，易燃；⑤泄漏，易燃，有毒；⑥泄漏，易燃；⑦泄漏，易燃，有毒；⑧泄漏，腐蚀性；⑨爆炸，有毒，易燃；⑩爆炸，有毒，易燃；⑪爆炸，有毒，易燃

原料苯、乙烯及吸收苯后的二乙苯混合物均从反应器下部通入。加入二乙苯的作用主要是因为催化络合物与反应产物间产生烷基的置换作用，使多烷基苯进行烷基转移。烷基化是放热反应，控制好反应温度，防止事故发生。

从烷基化反应器顶部出来的气体主要是苯蒸汽，经冷凝后，苯液回流反应器回收利用，未冷凝气体用二乙苯在吸收塔中进行洗涤，进一步回收气体中的苯，剩余气体作为废气放空或作燃料。

烷基化液自反应器上部溢出，经冷凝器冷却至 40℃左右流入沉降器，其中催化络合物因密度较烷基化液大而沉于下层，并返回反应器。上层烷基化液与水混合，在水洗塔中进一步把催化络合物分解。为避免腐蚀精馏系统设备，用 50%的碱液中和烷基化液的酸性。碱液可用泵循环使用，至浓度低于 30%时再排出更新。烷基化液经中和、沉降除去络合物后送蒸馏系统。

粗乙苯精馏按三塔系统进行，根据各馏分的挥发度顺序，先蒸出轻组分，后蒸出重组分。粗乙苯进行蒸苯塔，塔顶温度于 90℃左右蒸出苯，经冷凝冷却后供烷基化用。塔釜温度约 150℃，塔釜含乙苯和多乙苯的混合物再送入乙苯精馏塔。控制乙苯精馏塔塔顶温度为 135℃，塔釜温度为 290℃，从塔顶蒸出纯度为 98%以上的精乙苯，经冷凝冷却至 35℃左右，用碱干燥后即为产品。釜底产物含二乙苯和多乙苯的混合物送二乙苯精馏塔。二乙苯精馏塔为真空操作（0.905M～0.96 MPa），塔顶温度为 80～85℃，塔顶蒸出的二乙苯用于洗涤反应器顶部排出的废气后，再循环使用。塔釜产物主要为多乙苯和焦油，可送烷基转移反应器中进行烷基转移处理。这三个蒸馏装置由于需要高温操作，所以容易发生安全事故。

三、生产工艺产生的污染物特征及其危害

根据乙苯生产工艺流程（图 7-8），表 7-22 列出了突发性环境污染事故产生的主要污染物特征及其危害。

表 7-22　乙苯生产工艺产生的污染物特征及其危害

风险点位	主要污染物	现象及特征	危害对象及途径
①	$AlCl_3$ 苯 二乙苯 氯乙烷	$AlCl_3$：无色透明晶体或白色结晶性粉末，溶于许多有机溶剂。水溶液呈酸性。 氯化氢：刺激性酸，遇水呈强腐蚀性。 苯：苯是一种无色、有芳香味的碳氢化合物，透明、易挥发、易燃、易爆。 二乙苯：无色液体；不溶于水，溶于多种有机溶剂。 氯乙烷：常温常压下为易燃气体，低毒，有麻醉性。 乙烯：无色可燃性气体，几乎不溶于水。易燃，与空气混合能形成爆炸性混合物。 氯化氢：无色气体，有刺激性气味。遇水时有强腐蚀性。 乙苯：无色液体，易燃，微溶于水。 氢氧化钠：常温下是一种白色晶体，具有强腐蚀性。易溶于水，其液体是一种无色，有涩味和滑腻感的液体	$AlCl_3$：对皮肤和黏膜有刺激作用，吸入高浓度可引发支气管炎。慢性影响：长期接触可引起头痛、头晕、食欲减退、咳嗽、鼻塞、胸痛等症状。 氯化氢：对眼和呼吸道黏膜有强烈的刺激作用。 苯：中毒原理为由呼吸道侵入人体。吸入高浓度的苯蒸汽以及大量苯液污染皮肤或误服均可引起急性中毒。其毒性作用是抑制中枢神经系统，另外对造血、呼吸系统也有损害。 二乙苯：蒸汽或雾对眼、黏膜和上呼吸道有刺激性。对皮肤有刺激性。 氯乙烷：通过吸入对人体产生危害。有刺激和麻醉作用。高浓度损害心、肝、肾。皮肤接触后可因局部迅速降温，造成冻伤。 乙烯：通过吸入对人体产生危害。具有较强的麻醉作用。 氯化氢：对眼和呼吸道黏膜有强烈的刺激作用。长期较高浓度接触，可引起慢性支气管炎、胃肠功能障碍及牙齿酸蚀症。 乙苯：对皮肤、黏膜有较强刺激性，高浓度有麻醉作用。轻度中毒有头晕、头痛、恶心、呕吐、步态蹒跚、轻度意识障碍及眼和上呼吸道刺激症状。重者发生昏迷、抽搐、血压下降及呼吸循环衰竭。可有肝损害。直接吸入本品液体可致化学性肺炎和肺水肿。 氢氧化钠：本品有强烈刺激和腐蚀性。粉尘或烟雾会刺激眼和呼吸道，腐蚀鼻中隔；皮肤和眼与氢氧化钠直接接触会引起灼伤；误服可造成消化道灼伤，黏膜糜烂、出血和休克。遇水和水蒸气大量放热，形成腐蚀性溶液
②	苯		
③	二乙苯		
④	氯乙烷		
⑤	乙烯		
⑥	$AlCl_3$ 苯 二乙苯 氯乙烷 乙苯 氯化氢		
⑦	苯 二乙苯 乙苯 氯化氢		
⑧	氢氧化钠		
⑨	苯 二乙苯 乙苯		
⑩	二乙苯 氯乙烷 乙苯		
⑪	二乙苯 氯乙烷		

四、应急防护措施、防护设备及应急处理

为了保障工人以及环保工作人员的身心健康和环境安全，表 7-23 给出了生产工艺流程中发生突发环境污染事故的污染物种类，应急防护措施，防护设备及应急处理技术。

表 7-23　污染物的应急防护措施、防护设备及应急处理技术

<table>
<tr><th rowspan="2">污染物种类</th><th rowspan="2">应急防护措施</th><th colspan="2">防护设备</th><th rowspan="2">应急处理方法</th></tr>
<tr><th>常用设备</th><th>特异性设备</th></tr>
<tr><td>氯化氢</td><td rowspan="8">戴防毒面具</td><td rowspan="8">防腐蚀的塑胶鞋、眼镜、手套、衣服等</td><td rowspan="8">正压式呼吸器</td><td rowspan="8">迅速撤离泄漏污染区人员至安全区，并进行隔离，严格限制出入。切断火源。建议应急处理人员戴自给正压式呼吸器，穿防静电工作服。尽可能切断泄漏源。防止流入下水道、排洪沟等限制性空间。小量泄漏：用沙土或其他不燃材料吸附或吸收。也可以用大量水冲洗，经水稀释后放入废水系统。大量泄漏：构筑围堤或挖坑收容。用泡沫覆盖，降低蒸汽灾害。用防爆泵转移至槽车或专用收集器内，回收或运至废物处理场所处置。
氯化氢泄漏，合理通风，加速扩散。喷氨水或其他稀碱液中和。构筑围堤或挖坑收容产生的大量废水。
氯乙烯泄漏，喷雾状水稀释、溶解。构筑围堤或挖坑收容产生的大量废水。如有可能，将残余气或漏出气用排风机送至水洗塔或与塔相连的通风橱内。
氢氧化钠泄漏后，勿使泄漏物与可燃物质（木材、纸、油等）接触，避免扬尘，小心扫起，逐次以小量加入大量水中，静置，稀释液放入废水系统。如果大量泄漏，最好不用水处理，在技术人员指导下清除</td></tr>
<tr><td>$AlCl_3$</td></tr>
<tr><td>苯</td></tr>
<tr><td>二乙苯</td></tr>
<tr><td>氯乙烷</td></tr>
<tr><td>乙烷</td></tr>
<tr><td>氯化氢</td></tr>
<tr><td>氢氧化钠</td></tr>
</table>

五、应急监测、监测设备及监测方法

突发环境污染事故应尽量携带便携式的污染物监测仪器，如还未配备，则可以采样回实验室采用国家标准分析方法进行污染物的监测。

表 7-24　应急监测设备与监测方法及监测指标

污染物种	监测物种	监测指标	应急监测设备	量程范围
大气	氯化氢	氯化氢	便携式氯化氢监测仪	$0\sim20\times10^{-6}$
大气	苯	苯	苯快速检测仪	0.00～20.00 mg/m³
大气	二乙苯	二乙苯	二乙苯气体检测管	$0\sim1\,000\times10^{-6}$
大气	氯乙烷	氯乙烷	氯乙烷检测计	$0\sim200\times10^{-6}$
大气	乙烯	乙烯	采样送实验室分析，分析方法见附录	
大气	乙苯	乙苯	乙苯快速检测仪	$2\times10^{-6}\sim100\times10^{-6}$
水体	氢氧化钠	pH 值	便携式 pH 计	0.0～14.0
水体	氯化氢	pH 值	便携式 pH 计	0.0～14.0

第九节 异丙苯工艺突发性环境污染事故及应急

一、异丙苯生产工艺简介

异丙苯，俗称枯烯（Cumene），是难溶于水的无色液体。可溶于乙醇、乙醚、苯、四氯化碳，存在于原油中，具可燃性。异丙苯绝大部分（98%以上）用于生产苯酚、丙酮，一小部分用于提高烯料油辛烷值的添加剂、合成香料、聚合反应引发剂等。由苯与丙烯进行烷基化反应而得。通常采用三氯化铝为催化剂、氯化氢为促进剂，反应在常压和 95℃左右进行。除生成异丙苯外，还有二异丙苯、三异丙苯等多烷基副产物生成。

$$C_6H_6 + CH_2{=}CHCH_3 \xrightarrow{\text{催促}} C_6H_5CH(CH_3)_2$$

二、工艺流程及事故点位

异丙苯生产工艺流程及环境污染事故风险点位见图 7-9。

将气态丙烯和苯按照（0.3～0.5）：1 的比例，丙烷-丙烯馏分和原料苯分别进入混合器进行混合，然后进入热交换器进行预热。预热后进入蒸发器蒸发，并加入少量水蒸气。经蒸发后的混合气体，通过载于氧化铝或硅酸铝上的磷酸催化床层，进行催化烷基化。反应压力 1.5～4.0 MPa，温度约 250℃。在烷基化过程中除生成异丙苯外，同时副产二异丙苯。同时，向丙烯中引入丙烷，使丙烷与丙烯之比达到 2，以避免烯烃齐聚，并有利于反应热的移出。反应热主要由过量的苯和丙烷带走。烷基化产物经闪蒸精馏塔除去丙烷后，依次送入脱苯塔、异丙苯塔，分离出异丙苯。

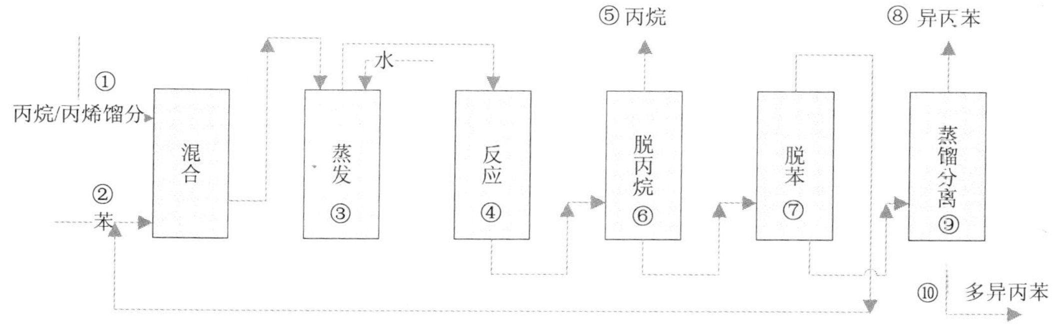

图 7-9 异丙苯生产工艺流程及环境污染事故风险点位

①泄漏，有毒，易爆；②泄漏，有毒，易爆；③爆炸，易燃，有毒；④泄漏，易燃；⑤泄漏，易燃；⑥泄漏，易燃；⑦泄漏，易燃；⑧泄漏，易燃；⑨泄漏，易燃；⑩泄漏，易燃

反应过程是一个放热，高压反应，需要控制好温度，防止冷凝管被堵。而且控制加入

的原料气的量，让多余的热量被原料气带走。防止局部过热，产生爆炸。控制空速，防止催化剂凝固堵住反应器，产生其他危险。反应的原料中有苯，防止其泄漏，产生有毒的苯蒸汽，而且易和空气形成爆炸性混合物。涉及其他易燃易爆的有机物，注意防火和漏电等。

三、生产工艺产生的污染物特征及其危害

根据异丙苯生产工艺流程（图 7-9），表 7-25 列出了突发性环境污染事故产生的主要污染物特征及其危害。

表 7-25　异丙苯生产工艺产生的污染物表征及其危害

风险点位	主要污染物	现象及特征	危害对象及途径
①	丙烷 丙烯	丙烷：无色，气体，易燃 丙烯：为无色、无臭、稍带有甜味的气体，易燃 异丙苯：难溶于水的无色液体，可燃 苯：苯是一种无色、有芳香味的碳氢化合物，透明、易挥发、易燃、易爆。 磷酸：无色透明或略带浅黄色、稠状液体 多异丙苯：易燃液体	丙烷，丙烯：本品有单纯性窒息及麻醉作用。接触高浓度时可出现麻醉状态、意识丧失；极高浓度时可致窒息。与空气混合能形成爆炸性混合物，遇热源和明火有燃烧爆炸的危险。气体比空气重，能在较低处扩散到相当远的地方，遇火源会着火回燃。对环境有危害，对水体、土壤和大气可造成污染。 异丙苯：吸入、食入、经皮肤吸收，急性中毒表现与苯、甲苯相似，但麻醉作用出现较慢而持久。表现有黏膜刺激症状以及头晕、头痛、恶心、呕吐、步态蹒跚等。严重中毒可发生昏迷、抽搐等。易燃，遇明火、高热或与氧化剂接触，有引起燃烧爆炸的危险。 苯：中毒原理为由呼吸道侵入人体。吸入高浓度的苯蒸汽以及大量苯液污染皮肤或误服均可引起急性中毒。其毒性作用是抑制中枢神经系统，另外对造血、呼吸系统也有损害。 磷酸：蒸汽或雾对眼、鼻、喉有刺激性。口服液体可引起恶心、呕吐、腹痛、血便或休克。皮肤或眼接触可致灼伤。 多异丙苯：吸入、食入、经皮肤吸收，急性中毒表现与苯、甲苯相似，但麻醉作用出现较慢而持久。表现有黏膜刺激症状以及头晕、头痛、恶心、呕吐、步态蹒跚等。遇明火、高温、强氧化剂可燃；燃烧排放刺激烟雾
②	苯		
③	丙烷 丙烯 苯		
④	丙烷 丙烯 苯 多异丙苯 磷酸 异丙苯		
⑤	丙烷		
⑥	异丙苯 苯 多异丙苯 丙烷		
⑦	异丙苯 苯 多异丙苯		
⑧	异丙苯		
⑨	异丙苯 多异丙苯		
⑩	多异丙苯		

四、应急防护措施、防护设备及应急处理

为了保障工人以及环保工作人员的身心健康和环境安全，表 7-26 给出了异丙苯生产工艺流程中发生突发环境污染事故的污染物种类，应急防护措施，防护设备及应急处理技术。

表 7-26 污染物的应急防护措施，防护设备及应急处理技术

<table>
<tr><th rowspan="2">污染物种类</th><th rowspan="2">应急防护措施</th><th colspan="2">防护设备</th><th rowspan="2">应急处理方法</th></tr>
<tr><th>常用基础设备</th><th>特异性设备</th></tr>
<tr><td>丙烷</td><td rowspan="6">戴防毒面具，正压式呼吸器</td><td rowspan="6">防腐蚀的塑胶鞋、手套、衣服等</td><td rowspan="2">穿防静电工作服</td><td rowspan="6">迅速撤离泄漏污染区人员至安全区，并进行隔离，严格限制出入。切断火源。建议应急处理人员戴自给正压式呼吸器，穿防静电工作服。尽可能切断泄漏源。防止流入下水道、排洪沟等限制性空间。小量泄漏：用沙土或其他不燃材料吸附或吸收。也可以用大量水冲洗，经水稀释后放入废水系统。大量泄漏：构筑围堤或挖坑收容。用泡沫覆盖，降低蒸汽灾害。用防爆泵转移至槽车或专用收集器内，回收或运至废物处理场所处置。
丙烷，丙烯泄漏如有可能，将漏出气用排风机送至空旷地方或装设适当喷头烧掉。漏气容器要妥善处理，修复、检验后再用</td></tr>
<tr><td>丙烯</td></tr>
<tr><td>苯</td><td>—</td></tr>
<tr><td>异丙苯</td><td rowspan="2">穿防毒物渗透工作服，戴防苯耐油手套</td></tr>
<tr><td>多异丙苯</td></tr>
<tr><td>磷酸</td><td>—</td></tr>
</table>

五、应急监测、监测设备及监测方法

突发环境污染事故应尽量携带便携式的污染物监测仪器，如还未配备，则可以采样回实验室采用国家标准分析方法进行污染物的监测。见表 7-27。

表 7-27 应急监测设备与监测方法及监测指标

<table>
<tr><th>污染物种</th><th>监测物种</th><th>监测指标</th><th>应急监测设备</th><th>量程范围</th></tr>
<tr><td>大气</td><td>苯</td><td>苯</td><td>苯快速检测仪</td><td>0.00～20.00 mg/m³</td></tr>
<tr><td>大气</td><td>丙烷</td><td>丙烷</td><td>丙烷检测计</td><td>$0～1\,000\times10^{-6}$</td></tr>
<tr><td>大气</td><td>丙烯</td><td>丙烯</td><td>丙烯检测计</td><td>$50\times10^{-6}～1\,000\times10^{-6}$</td></tr>
<tr><td>大气</td><td>异丙苯</td><td>异丙苯</td><td>异丙苯气体泄漏报警器</td><td>$0～200\times10^{-6}$</td></tr>
<tr><td>水体</td><td>多异丙苯</td><td>多异丙苯</td><td colspan="2">采样送实验室分析，色谱法，参照附录</td></tr>
<tr><td>水体</td><td>磷酸</td><td>磷酸</td><td>便携式磷酸盐浓度测定仪</td><td>0.00～2.50 mg/L</td></tr>
</table>

第十节 光气工艺突发性环境污染事故及应急

一、光气生产工艺简介

光气是“光成气”的简称，化学名为氯代甲酰氯。通常采用一氧化碳与氯气的反应得到光气。这是一个强烈放热的反应，装有活性炭的合成器应有水冷却夹套，控制反应温度200℃左右。为了获得高质量的光气和减少设备的腐蚀，经过彻底干燥的一氧化碳在与氯气混合时，应保持适当过量。将混合气从合成器上部通入，经过活性炭层后，很快转化为光气。

反应式 $CO + Cl_2 \rightarrow COCl_2$

二、工艺流程及事故点位

光气生产工艺流程及环境污染事故风险点位见图 7-10。

该生产过程中，由于光气容易水解，应保证反应系统内的干燥。该反应会放出大量的热量，需用夹层水冷却，应防止水管破裂，造成反应系统温度过高，引起爆炸。

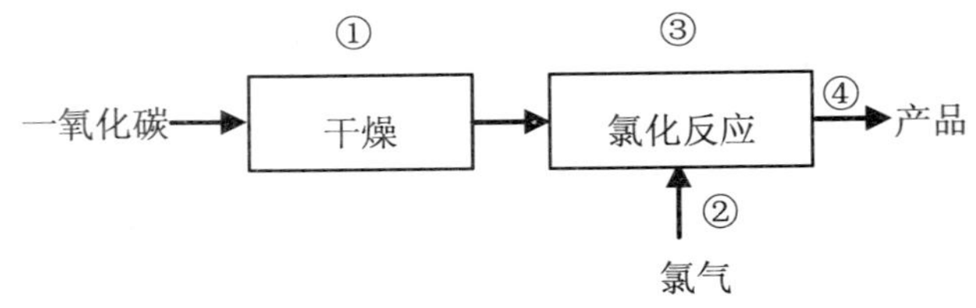

图 7-10 光气生产工艺流程及环境污染事故风险点位

①有毒物质泄漏，爆炸；②有毒物质泄漏；③爆炸；④有毒物质泄漏

三、生产工艺产生的污染物特征及其危害

根据光气生产工艺流程（图 7-10），表 7-28 列出了突发性环境污染事故产生的主要污染物特征及其危害。

表 7-28 光气生产工艺产生的污染物表征及其危害

<table>
<tr><th>风险点位</th><th>主要污染物</th><th>现象及特征</th><th>危害对象及途径</th></tr>
<tr><td>①</td><td>一氧化碳</td><td rowspan="4">一氧化碳：无色，有毒，遇火燃烧或爆炸。
氯气：有刺激性气味的黄绿色的气体，有毒的有害物质。
光气：剧毒，无色或略带黄色气体，当浓缩时，具有强烈刺激性气味或窒息性气味，不可燃，水解产生强腐蚀性物质</td><td rowspan="4">一氧化碳：经呼吸道进入人体造成头痛、头昏、心悸、恶心等症状，重者死亡。易燃烧和爆炸。
氯气：它主要通过呼吸道侵入，对上呼吸道黏膜造成有害的影响，所以氯气中毒的明显症状是发生剧烈的咳嗽。症状重时使循环作用困难而致死亡。由食道进入人体的氯气会使人恶心、呕吐、胸口疼痛和腹泻。遇水或湿空气反应。
光气：可吸入、经皮吸收，主要损害呼吸道，导致化学性支气管炎、肺炎、肺水肿。轻度中毒，患者有流泪、畏光、咽部不适、咳嗽、胸闷等；中度中毒，除上述症状加重外，患者出现轻度呼吸困难、轻度绀紫；重度中毒出现肺水肿或成人呼吸窘迫综合征，患者剧烈咳嗽、咯大量泡沫痰、呼吸窘迫、明显绀紫</td></tr>
<tr><td>②</td><td>氯气</td></tr>
<tr><td>③</td><td>光气
一氧化碳
氯气</td></tr>
<tr><td>④</td><td>光气</td></tr>
</table>

四、应急防护措施、防护设备及应急处理

为了保障工人以及环保工作人员的身心健康和环境安全，表 7-29 给出了光气生产工艺流程中发生突发环境污染事故的污染物种类，应急防护措施，防护设备及应急处理技术。

表 7-29 污染物的应急防护措施、防护设备及应急处理技术

污染物种类	应急防护措施	防护设备		应急处理方法
		常用基础设备	特异性设备	
一氧化碳	应该佩戴过滤式防毒面具			一氧化碳泄漏应严禁明火和防止电火花引起爆炸，通风。
氯气		防腐蚀的塑胶鞋、手套、衣服等	防毒面具	氯气泄漏用水雾防止在空气中扩散，地面冲刷水用石灰中和。
光气				对于光气泄漏迅速撤离泄漏污染区人员至上风处，并立即进行隔离，小泄漏时隔离 150 m，大泄漏时隔离 450 m，严格限制出入。建议应急处理人员戴自给正压式呼吸器，穿防毒服。从上风处进入现场。尽可能切断泄漏源。合理通风，加速扩散。喷氨水或其他稀碱液中和。构筑围堤或挖坑收容产生的大量废水。漏气容器要妥善处理，修复、检验后再用

五、应急监测、监测设备及监测方法

突发环境污染事故应尽量携带便携式的污染物监测仪器，如还未配备，则可以采样回实验室采用国家标准分析方法进行污染物的监测。

表 7-30 应急监测设备与监测方法及监测指标

污染物种	监测指标	应急监测设备	量程范围
大气	一氧化碳	泵吸式一氧化碳、二氧化碳检测仪（产品型号：GD80-CO）	$0\sim100\times10^{-6}$、500×10^{-6}、$2\ 000\times10^{-6}$可选
大气	氯气	氯气检测仪	$0\sim200\times10^{-6}$
大气	光气	光气快速检测管	$0.05\times10^{-6}\sim20\times10^{-6}$

第十一节 三氯化磷工艺突发性环境污染事故及应急

一、三氯化磷生产工艺简介

三氯化磷是将干燥的氯气通入磷和三氯化磷的混合溶液中，再经蒸馏精制而成。首先，将黄磷加热熔融后，由专用的黄磷液下往复泵输入到已经加有适量三氯化磷作母液的反应器内。然后，通氯，进行放热反应，生成的三氯化磷蒸气进入精馏塔精馏，得三氯化磷流入贮罐。

反应式

$$2P + 3Cl_2 \rightarrow 2PCl_3 + 313.95\ kJ/mol$$

二、工艺流程及事故点位

三氯化磷生产工艺流程及环境污染事故风险点位见图 7-11。

该生产过程中，由于黄磷是自燃物品，需贮于水中，黄磷的熔点甚低，加热温度不必太高，需用夹层热水加热。黄磷与氯气在反应器中反应，生成三氯化磷会放出大量的热，危险性很大。反应时必须先加入适量的三氯化磷，使黄磷与三氯化磷混合后，再通入氯气进行反应。生产中还必须定期测定“底磷”的含量，勿使过少，以免反应过于剧烈，引起爆炸。而且黄磷与氯气的比例必须适当，如果黄磷量不足，则氯气与三氯化磷作用，将生成五氯化磷。后者为白色固体，往往堵塞管道，导致事故的发生。若五氯化磷量已较多，在投入黄磷时，则立即与黄磷猛烈反应而还原成大量三氯化磷。在反应过程中，因产生高温，三氯化磷大量汽化，以致压力升高，容易发生冲料。冲料后，将使黄磷一起喷出，黄磷遇空气即自燃，容易引起火灾；有时来不及冲料就发生爆炸，后果极为严重。在生产中已有事故教训，必须充分警惕。

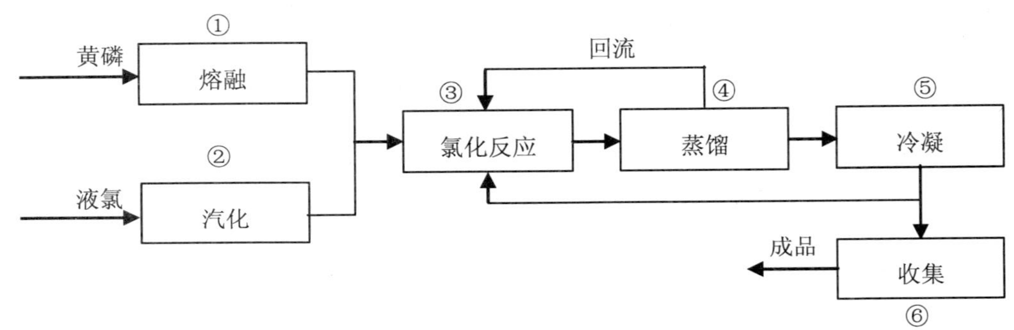

图 7-11　三氯化磷生产工艺流程及环境污染事故风险点位

①泄漏，自燃；②有毒物质泄漏；③爆炸；④泄漏，爆炸；⑤泄漏，爆炸；⑥泄漏，爆炸

反应产生大量热量，必须及时冷却。冷却方法宜将冷水沿反应器壁四面喷淋，不宜采用夹层通冷水的方法，以防万一器壁渗漏，夹层冷却水的压力使水进入反应器中，与三氯化磷猛烈反应而引起爆炸。

通氯气的管道必须插入反应液底部。如果管道折断，氯气在液面上与三氯化磷反应生成五氯化磷，则在加入熔磷时极易发生爆炸或冲料。

从反应器出来的热的汽化了的三氯化磷在精馏塔中精馏，取得三氯化磷冷凝液，进入贮槽。若三氯化磷含游离磷高，在脱酸及下一步化合反应时会因黄磷自燃而引起燃烧爆炸，所以应严格控制三氯化磷的质量。

三、生产工艺产生的污染物特征及其危害

根据三氯化磷生产工艺流程（图 7-11），表 7-31 列出了突发性环境污染事故产生的主要污染物特征及其危害。

表 7-31　三氯化磷生产工艺产生的污染物表征及其危害

<table>
<tr><th>风险点位</th><th>主要污染物</th><th>现象及特征</th><th>危害对象及途径</th></tr>
<tr><td>①</td><td>黄磷</td><td rowspan="4">黄磷：易燃，在 34℃即自行燃烧，无机剧毒品。
氯气：有刺激性气味的黄绿色的气体，有毒的有害物质。
三氯化磷：不燃，具强腐蚀性、强刺激性，可致人体灼伤。
五氯化磷：酸性腐蚀品。
氯化氢：刺激性酸，遇水呈强腐蚀性。
亚磷酸：腐蚀性酸，加热到 180℃时分解成正磷酸和磷化氢（剧毒）</td><td rowspan="4">黄磷：易燃而导致爆炸。与氯酸盐等氧化剂混合发生爆炸。其碎片和碎屑接触皮肤干燥后即着火，可引起严重的皮肤灼伤。急性吸入中毒表现有呼吸道刺激症状、头痛、无力、呕吐、心动过缓、上腹疼痛、黄疸、肝肿大。重者发生肝、肾功能衰竭等。
氯气：它主要通过呼吸道侵入，对上呼吸道黏膜造成有害的影响，所以氯气中毒的明显症状是发生剧烈的咳嗽。症状重时使循环作用困难而致死亡。由食道进入人体的氯气会使人恶心、呕吐、胸口疼痛和腹泻。遇水或湿空气反应。
三氯化磷：三氯化磷在空气中可生成盐酸雾。对皮肤、黏膜有刺激腐蚀作用。遇水猛烈分解，产生大量的热和浓烟，甚至爆炸。
五氯化磷：可被由吸入、食入、经皮吸收。其蒸汽与烟尘可引起眼结膜刺激症状。刺激咽喉引起灼痛、失音或吞咽困难，并可引起支气管炎、肺炎与肺水肿。遇水发热、冒烟甚至燃烧爆炸。
氯化氢：对眼和呼吸道黏膜有强烈的刺激作用。
亚磷酸：蒸汽或雾对眼、鼻、喉有刺激性。口服液体可引起恶心、呕吐、腹痛、血便或休克。皮肤或眼接触可致灼伤。慢性影响：鼻黏膜萎缩、鼻中隔穿孔</td></tr>
<tr><td>②</td><td>氯气</td></tr>
<tr><td>③</td><td>黄磷
氯气
三氯化磷
五氯化磷
氯化氢
亚磷酸</td></tr>
<tr><td>④
～
⑥</td><td>三氯化磷
黄磷
氯气
氯化氢
亚磷酸</td></tr>
</table>

四、应急防护措施、防护设备及应急处理

为了保障工人以及环保工作人员的身心健康和环境安全，表 7-32 给出了三氯化磷生产工艺流程中发生突发环境污染事故的污染物种类，应急防护措施，防护设备及应急处理技术。

表 7-32　污染物的应急防护措施、防护设备及应急处理技术

<table>
<tr><th rowspan="2">污染物种类</th><th rowspan="2">应急防护措施</th><th colspan="2">防护设备</th><th rowspan="2">应急处理方法</th></tr>
<tr><th>常用基础设备</th><th>特异性设备</th></tr>
<tr><td>黄磷</td><td rowspan="5">戴防毒面具</td><td rowspan="6">防腐蚀的塑胶鞋、手套、衣服等</td><td rowspan="5">防毒面具</td><td rowspan="6">黄磷小量泄漏用水、潮湿的沙或泥土覆盖。收入金属容器并保存于水或矿物油中。大量泄漏：在专家指导下清除。
氯气泄漏用水雾防止在空气中扩散，地面冲刷水，用石灰中和。
三氯化磷小量泄漏：用沙土、蛭石或其他惰性材料吸收。大量泄漏：构筑围堤或挖坑收容，避免与水接触。
五氯化磷泄漏后，勿使泄漏物与可燃物质（木材、纸、油等）接触，避免扬尘，小心扫起，逐次以小量加入大量水中，静置，稀释液放入废水系统。如果大量泄漏，最好不用水处理，在技术人员指导下清除</td></tr>
<tr><td>氯气</td></tr>
<tr><td>三氯化磷</td></tr>
<tr><td>五氯化磷</td></tr>
<tr><td>氯化氢</td></tr>
<tr><td>亚磷酸</td><td>—</td><td>—</td></tr>
</table>

五、应急监测、监测设备及监测方法

突发环境污染事故应尽量携带便携式的污染物监测仪器，如还未配备，则可以采样回实验室采用国家标准分析方法进行污染物的监测。见表 7-33。

表 7-33 应急监测设备与监测方法及监测指标

污染物种	监测物种	监测指标	应急监测设备	量程范围
大气	氯气	氯气	氯气检测仪	$0 \sim 200\times10^{-6}$
大气	五氯化磷	五氯化磷	五氯化磷分析仪	$0 \sim 1\,000\times10^{-6}$
大气	三氯化磷	三氯化磷	三氯化磷探测器	0.1%～2%（v/v）
水体	黄磷	总磷	采样送实验室分析，分析方法见附录	
大气	氯化氢	氯化氢	便携式氯化氢监测仪	$0 \sim 20\times10^{-6}$
水体	亚磷酸	亚磷酸	便携式磷酸盐浓度测定仪	0.00～2.50 mg/L

第十二节 硫酸工艺突发性环境污染事故及应急

一、硫酸生产工艺简介

接触法的基本原理是应用固体催化剂，以空气中的氧直接氧化二氧化硫。其生产过程通常分为二氧化硫的制备、二氧化硫的转化和三氧化硫的吸收三部分。硫铁矿等通过高温处理，产生二氧化硫气体。将二氧化硫气体通于转化器中，在催化剂钒存在下进行催化氧化：

$$SO_2+\frac{1}{2}O \xrightarrow{\text{催化剂}} SO_3+99.0\text{ kJ}$$

转化工序生成的三氧化硫经冷却后在填料吸收塔中被 98.3%硫酸吸收。

$$SO_3+H_2O \longrightarrow H_2SO_4+132.5\text{kJ}$$

二、工艺流程及事故点位

硫酸生产工艺流程及环境污染事故风险点位见图 7-12。

三、生产工艺产生的污染物特征及其危害

根据硫酸生产工艺流程（图 7-12），表 7-34 列出了突发性环境污染事故产生的主要污染物特征及其危害。

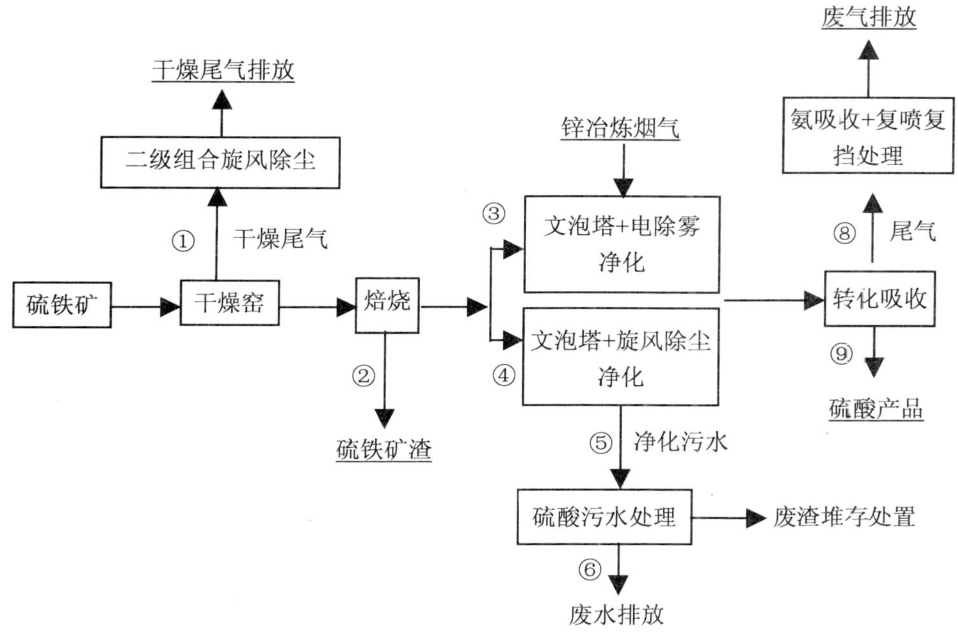

图 7-12　硫酸生产工艺流程及环境污染事故风险点位

①泄漏，有毒；②高温；③泄漏，腐蚀性；④泄漏，腐蚀性；⑤泄漏，腐蚀性；⑥泄漏，腐蚀性；⑦泄漏，腐蚀性；⑧泄漏，腐蚀性；⑨泄漏，腐蚀性

表 7-34　硫酸生产工艺产生的污染物表征及其危害

风险点位	主要污染物	现象及特征	危害对象及途径
①	二氧化硫	二氧化硫：对眼及呼吸道黏膜有强烈的刺激。 高温矿渣：高温，遇易燃易爆物质燃烧或爆炸。 三氧化硫：具强腐蚀性、强刺激性，可致人体灼伤。与水发生爆炸性剧烈反应，放热。与有机材料如木、棉花或草接触，会着火。吸湿性极强，在空气中产生有毒的白烟。遇潮时对大多数金属有强腐蚀性。 稀硫酸：酸性，腐蚀性。遇金属会产生氢气，易引起燃烧或爆炸。 氨水：氨对接触的皮肤组织都有腐蚀和刺激作用	二氧化硫：对眼及呼吸道黏膜有强烈的刺激作用。大量吸入可引起肺水肿、喉水肿、声带痉挛而致窒息。对大气可造成严重污染，在空气中通过氧化作用制造酸雨。 高温矿渣：烫伤，引起爆炸。矿渣中含有重金属离子，通过水淋，渗漏会污染地表及地下水。 三氧化硫：对皮肤、黏膜等组织有强烈的刺激和腐蚀作用。口服后引起消化道的烧伤以至溃疡形成。在空气中和水蒸气接触形成硫酸，进而形成酸雾。消防废水中形成硫酸，使土壤酸化。 稀硫酸：污染地表水体，导致水体生物死亡，使土壤酸化。 氨水：氨对接触的皮肤组织都有腐蚀和刺激作用，可以吸收皮肤组织中的水分破坏细胞膜结构。氨的溶解度极高，所以主要对动物或人体的上呼吸道有刺激和腐蚀作用，常被吸附在皮肤黏膜和眼结膜上，从而产生刺激和炎症。可麻痹呼吸道纤毛和损害黏膜上皮组织，使病原微生物易于侵入。
②	高温矿渣		
③，④，⑦	二氧化硫 三氧化硫		
⑤，⑥	稀硫酸		
⑧	二氧化硫 三氧化硫 氨水		
⑨	浓硫酸 三氧化硫		

风险点位	主要污染物	现象及特征	危害对象及途径
⑨	浓硫酸 三氧化硫	对动物或人体的上呼吸道有刺激和腐蚀作用。易挥发，氨水遇碱性物质时，常以氨气形式释放，易形成爆炸性混合气体。 浓硫酸：有强烈的腐蚀性和吸水性，遇水大量放热，可发生沸溅，与易燃物和可燃物接触会发生剧烈反应，甚至引起燃烧	减弱人体对疾病的抵抗力。短期内吸入大量氨气后会出现流泪、咽痛、咳嗽、胸闷、呼吸困难、头晕、呕吐、乏力等。以氨气的形式释放在空气中污染大气。大量的氨水可污染水体和土壤，导致其 pH 值增加，生物死亡。 浓硫酸：对皮肤、黏膜等组织有强烈的刺激和腐蚀作用。对眼睛可引起结膜炎、水肿、角膜混浊，以致失明；引起呼吸道刺激症状，重者发生呼吸困难和肺水肿；高浓度引起喉痉挛或声门水肿而死亡。口服后引起消化道的烧伤以致溃疡形成。遇大量水稀释后形成稀硫酸，污染水体和土壤，使 pH 值降低，生物死亡

四、应急防护措施、防护设备及应急处理

为了保障工人以及环保工作人员的身心健康和环境安全，表 7-35 给出了硫酸生产工艺流程中发生突发环境污染事故的污染物种类，应急防护措施，防护设备及应急处理技术。

表 7-35 污染物的应急防护措施、防护设备及应急处理技术

污染物种类	应急防护措施	防护设备		应急处理方法
		常用基础设备	特异性设备	
浓硫酸	戴防毒面具	防腐蚀的塑胶鞋、手套、衣服等	防毒面具	迅速撤离泄漏污染区人员至安全区，并立即隔离 150 m，严格限制出入。建议应急处理人员戴自给正压式呼吸器，穿防酸碱工作服。不要直接接触泄漏物。尽可能切断泄漏源。防止流入下水道、排洪沟等限制性空间。小量泄漏：用沙土、干燥石灰或苏打灰混合。也可以用大量水冲洗，经水稀释后放入废水系统。大量泄漏：构筑围堤或挖坑收容。用泵转移至槽车或专用收集器内，回收或运至废物处理场所处置。 二氧化硫，三氧化硫，氨水泄漏，喷雾状水稀释、溶解。构筑围堤或挖坑收容产生的大量废水。 高温炉渣泄漏：冷却水处理
二氧化硫				
三氧化硫				
氨水				
高温炉渣	—	高温防护服	—	

五、应急监测、监测设备及监测方法

突发环境污染事故应尽量携带便携式的污染物监测仪器，如还未配备，则可以采样回实验室采用国家标准分析方法进行污染物的监测。

表 7-36　应急监测设备与监测方法及监测指标

污染物种	监测指标	应急监测设备	量程范围
大气	二氧化硫	泵吸式二氧化硫检测仪（产品型号：GD80-SO_2）	0～10×10^{-6}、20×10^{-6}、100×10^{-6}、$2\,000\times10^{-6}$、$5\,000\times10^{-6}$可选
大气	硫酸	在线检测硫酸浓度仪	5～150 mg/L
水体	硫酸	在线检测硫酸浓度仪	5～150 mg/L
水体	氨	便携式总氮浓度测定仪	0.00～2.50 mg/L
水体	汞、铅等重金属	重金属快速检测仪	0～45 mg/L

第十三节　苯酚工艺突发性环境污染事故及应急

一、苯酚生产工艺简介

苯酚是重要的有机化工原料，主要用于生产酚醛树脂，环己烷，双酚 A 等。苯酚的生产方法有磺化法、氯苯水解法等，由于环境污染严重，所以国内外目前主要采用异丙苯法生产。其生产过程包括由苯和丙烯烷基化制取异丙苯，异丙苯氧化成过氧氢异丙苯，过氧化氢异丙苯分解为苯酚和丙酮。反应式如下：

$$C_6H_6 + CH_3HC{=}CH_2 \longrightarrow C_6H_5\text{—}CH(CH_3)_2$$

$$C_6H_5\text{—}CH(CH_3)_2 + O_2 \longrightarrow C_6H_5\text{—}(CH_3)_2COOH$$

$$C_6H_5\text{—}(CH_3)_2COOH \longrightarrow C_6H_5\text{—}OH + CH_3COCH_3$$

二、工艺流程及事故点位

苯酚生产工艺流程及环境污染事故风险点位见图 7-13。

异丙苯由丙烯和苯在三氯化铝的络合物作为催化剂，在反应温度为 80～90℃，常压下进行烷基化的。产物经过水洗将其中溶消除络合物质和其他杂质。异丙苯经过精馏，将重的焦油除去，其中的苯返回进入烷基化系统，获得纯的异丙苯，通过空气氧化，在 95～110℃之间，由于反应是强放热的，因此应及时地移去反应热，控制反应温度及生成物浓度。为了防止氧化反应阶段过氧化氢异丙苯的分解，在氧化阶段一定要避免酸性物质的存在。因此，此过程要加入稀碳酸钠溶液，以中和可能产生的任何酸性物质。空气的月量只需满足氧化的需氧量，一般的压力为 0.4～0.5 MPa。反应产物除了过氧化氢异丙苯外，还有甲醇、甲醛、苯酚、丙酮等副产物。用减压蒸馏的方法除去异丙苯，将氧化产物浓缩至过氧化氢异丙苯约为 80%～90%，回收的异丙苯再循环返回到反应器中。

过氧化氢异丙苯在 60～80℃，用稀硫酸分解为苯酚和丙酮，此外还生成二甲基苯甲醇、α-甲基苯乙烯、苯丙酮和其他副产物产生的有机酸。分解反应是一个放热很大很快的过程，需要用大量的冷反应产物来稀释过氧化物，起溶剂和缓和剂作用。

本过程氧化和分解都是放热过程，必须注意防止超出正常的工艺条件，否则将引起过氧化氢丙苯自发的热分解而引起爆炸的危险。

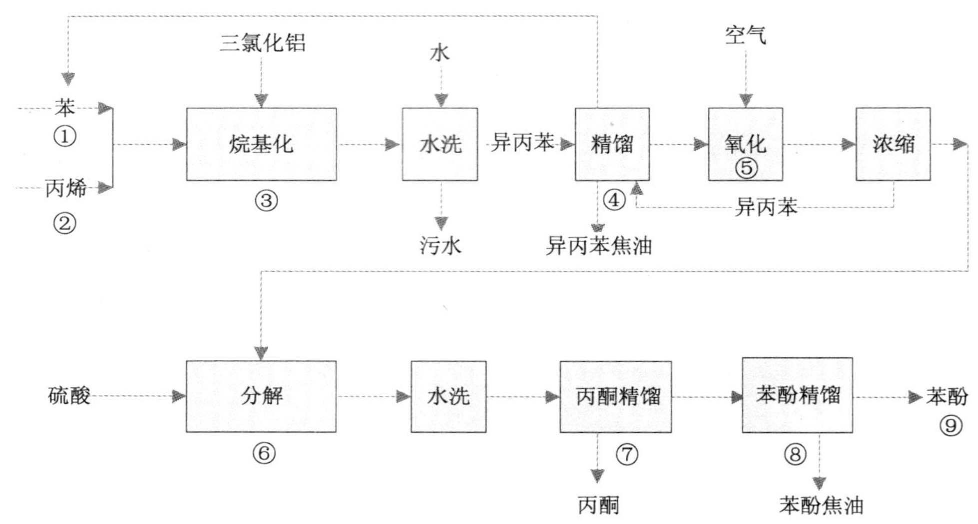

图 7-13 苯酚生产工艺流程及环境污染事故风险点位

①泄漏，有毒；②泄漏，易燃；③爆炸，易燃；④泄漏，易燃；⑤爆炸，易燃；⑥爆炸，易燃；⑦泄漏，易燃；⑧泄漏，有毒；⑨泄漏，有毒

三、生产工艺产生的污染物特征及其危害

根据聚苯酚产工艺流程（图 7-13），表 7-37 列出了突发性环境污染事故产生的主要污染物特征及其危害。

四、应急防护措施、防护设备及应急处理

为了保障工人以及环保工作人员的身心健康和环境安全，表 7-38 给出了苯酚生产工艺流程中发生突发环境污染事故的污染物种类，应急防护措施，防护设备及应急处理技术。

表 7-37　苯酚生产工艺产生的污染物表征及其危害

<table>
<tr><th>风险点位</th><th>污染物</th><th>现象及特征</th><th>危害对象及途径</th></tr>
<tr><td>①</td><td>苯</td><td rowspan="8">苯：一种无色、有甜味的透明液体，并具有强烈的芳香气味。苯可燃，有毒，也是一种致癌物质。
丙烯：常温下为无色、无臭、稍带有甜味的气体。不溶于水，溶于有机溶剂，是一种属低毒类物质。易燃物品。
焦油：一种黑色或黑褐色黏稠状液体，具有特殊的臭味，可燃并有腐蚀性。
过氧化氢异丙苯：在酸性条件下能分解生成苯酚和丙酮，产生污染。
甲醇：是无色有酒精气味易挥发的液体。有毒，误饮 5～10 mL 能双目失明，大量饮用会导致死亡。
甲醛：一种无色，有强烈刺激性气味的气体。
苯酚：常温下为一种无色晶体。有毒。有腐蚀性，常温下微溶于水，易溶于有机溶液；当温度高于 65℃时，能跟水以任意比例互溶，其溶液沾到皮肤上用酒精洗涤。暴露在空气中呈粉红色。
丙酮：无色液体，有特殊气味，对人体没有特殊的毒性，但是吸入后可引起头痛，支气管炎等症状
硫酸：一种无色无味油状液体，是一种高沸点难挥发的强酸，易溶于水，能以任意比与水混溶。
二甲基苯甲醇：无色液体，具有淡栀子花香味。低于室温时凝结。
异丙苯：无色液体。有特殊芳香气味。易燃，遇明火、高热或与氧化剂接触，有引起燃烧爆炸的危险</td><td rowspan="8">苯：由于苯的挥发性大，暴露于空气中很容易扩散。人和动物吸入或皮肤接触大量苯进入体内，会引起急性和慢性苯中毒。
甲醇：它经消化道、呼吸道或皮肤摄入都会产生毒性反应，甲醇蒸汽能损害人的呼吸道黏膜和视力。
甲醛：它的主要危害表现为对皮肤黏膜的刺激作用。皮肤直接接触甲醛可引起过敏性皮炎、色斑、坏死，吸入高浓度甲醛时可诱发支气管哮喘。
异丙苯：急性中毒表现与苯、甲苯相似，但麻醉作用出现较慢而持久。表现有黏膜刺激症状以及头晕、头痛、恶心、呕吐、步态蹒跚等。严重中毒可发生昏迷、抽搐等。本品对造血系统影响不明显。
丙烯：本品为单纯窒息剂及轻度麻醉剂。急性中毒：人吸入丙烯可引起意识丧失。慢性影响：长期接触可引起头昏、乏力、全身不适、思维不集中。
丙酮：吸入会刺激鼻、喉，严重时可致头痛并有头晕出现，高浓度导致失去知觉、昏迷和死亡；眼睛接触；会产生刺激，有轻度、暂时性刺激。液体会产生中毒刺激。皮肤刺激：液体会有轻度刺激，通过完好的皮肤吸收造成的危险很小。
苯酚：急性中毒：吸入高浓度蒸汽可引起头痛、头昏、乏力、视物模糊、肺水肿等表现。误服可引起消化道灼伤，出现烧灼痛，呼出气带酚气味，呕吐物或大便可带血，可发生胃肠道穿孔，并可出现休克、肺水肿、肝或肾损害。皮肤灼伤：创面初期为无痛性白色起皱，继而形成褐色痂皮。常见浅Ⅱ度灼伤。眼接触：可致灼伤。
二甲基苯甲醇：明火可燃；火场放出辛辣刺激烟雾。对眼睛有刺激性。
过氧化氢异丙苯：受热、撞击可爆，易燃。中毒。
硫酸：对皮肤、黏膜等组织有强烈的刺激和腐蚀作用。蒸汽或雾可引起结膜炎，以致失明；口服后引起消化道烧伤以致溃疡形成。溅入眼内可造成灼伤，甚至角膜穿孔、全眼炎以致失明。
焦油：作用于皮肤，引起皮炎、痤疮、毛囊炎、光毒性皮炎、中毒性黑皮病、疣赘及癌肿。可引起鼻中隔损伤。其蒸汽与空气可形成爆炸性混合物，遇明火、高热极易燃烧爆炸。本品易燃，为致癌物</td></tr>
<tr><td>②</td><td>丙烯</td></tr>
<tr><td>③</td><td>苯
丙烯
异丙苯
焦油</td></tr>
<tr><td>④</td><td>苯
丙烯
异丙苯
焦油</td></tr>
<tr><td>⑤</td><td>异丙苯
过氧化氢异丙苯
甲醇
甲醛
苯酚</td></tr>
<tr><td>⑥</td><td>过氧化氢异丙苯
苯酚
丙酮
二甲基苯甲醇
硫酸</td></tr>
<tr><td>⑦</td><td>苯酚
丙酮</td></tr>
<tr><td>⑧，⑨</td><td>苯酚</td></tr>
</table>

表 7-38 污染物的应急防护措施、防护设备及应急处理技术

<table>
<tr><th rowspan="2">污染物种类</th><th rowspan="2">应急防护措施</th><th colspan="2">防护设备</th><th rowspan="2">应急处理方法</th></tr>
<tr><th>常用基础设备</th><th>特异性设备</th></tr>
<tr><td>苯</td><td rowspan="11">戴防毒面具
戴防尘面具</td><td rowspan="11">防腐蚀的塑胶鞋、手套、衣服等</td><td rowspan="11">防毒面具
防腐蚀的塑胶鞋、手套、衣服等</td><td rowspan="11">泄漏迅速撤离泄漏污染区人员至安全区，并进行隔离，严格限制出入。切断火源。建议应急处理人员戴自给正压式呼吸器，穿防静电工作服。不要直接接触泄漏物。尽可能切断泄漏源。防止流入下水道、排洪沟等限制性空间。小量泄漏：用沙土或其他不燃材料吸附或吸收。也可以用大量水冲洗，经稀释后放入废水系统。大量泄漏：构筑围堤或挖坑收容。用泡沫覆盖，降低蒸汽灾害。用防爆泵转移至槽车或专用收集器内，回收或运至废物处理场所处置。
甲醇，丙烯，甲醛，丙酮 将漏出气用排风机送至空旷地方或装设适当喷头烧掉。漏气容器要妥善处理，修复、检验后再用。易燃物质，沉积在地势低的地方，防止气体比空气重，能在较低处扩散到相当远的地方，遇火源会着火回燃。
硫酸、苯酚小量泄漏用沙土、干燥石灰或苏打灰混合。也可以用大量水冲洗，经稀释后放入废水系统</td></tr>
<tr><td>丙烯</td></tr>
<tr><td>异丙苯</td></tr>
<tr><td>焦油</td></tr>
<tr><td>过氧化氢异丙苯</td></tr>
<tr><td>甲醇</td></tr>
<tr><td>甲醛</td></tr>
<tr><td>苯酚</td></tr>
<tr><td>丙酮</td></tr>
<tr><td>硫酸</td></tr>
<tr><td>二甲基苯甲醇</td></tr>
</table>

五、应急监测、监测设备及监测方法

突发环境污染事故应尽量携带便携式的污染物监测仪器，如还未配备，则可以采样回实验室采用国家标准分析方法进行污染物的监测。

表 7-39 应急监测设备与监测方法及监测指标

污染物种	监测物种	监测指标	应急监测设备	量程范围
大气	苯	苯	苯快速检测仪	0.00～20.00 mg/m^3
大气	丙烯	丙烯	丙烯检测管	50×10^{-6}～$1\,000\times10^{-6}$
大气	异丙苯	异丙苯	异丙苯气体泄漏报警器	5～50×10^{-6}
水体	焦油	焦油	目测	—
水体	过氧化氢异丙苯	过氧化氢异丙苯	采样送实验室分析，分析方法见附录	
大气	甲醇	甲醇	甲醇快速检测仪	0.5×10^{-6}～200×10^{-6}
大气	甲醛	甲醛	甲醛快速检测仪	0～200×10^{-6}
水体	苯酚	苯酚	快速检测试剂盒法	20～2 000 mg/L
大气	丙酮	丙酮	快速检测管	0.05%～1%
水体	硫酸	硫酸	在线检测硫酸浓度仪	5～150 mg/L
水体	二甲基苯醇	二甲基苯甲醇	采样送实验室分析，色谱法，见附录	

第十四节　硝基苯工艺突发性环境污染事故及应急

一、硝基苯生产工艺简介

硝基苯是精细化工中最重要的中间体之一。一般将来自于煤化工和石油化工中的苯采用混合酸法（由 HNO_3 和 H_2SO_4 组成）进行硝化。传统工艺常需要高浓度的酸进行硝化，硝化的温度较低为 50～60℃，要用大量的水将反应热移去。现在发明了绝热硝化。在绝热硝化中反应温度较高，所以低浓度的混合酸也能进行硝化。

反应式

$$C_6H_5\text{-}H + HNO_3 \xrightarrow{H_2SO_4} C_6H_5\text{-}NO_2 + H_2O$$

二、工艺流程及事故点位

硝基苯生产工艺流程及环境污染事故风险点位见图 7-14。

原料苯与产品粗硝基苯换热后进入硝化器，苯过量 10%，以确保硝酸完全转化。在硝化器中，由于反应的进行，温度可由 90 ℃升到 135 ℃，由于温度的上升增加了反应速度，所以可以使用浓度较低的酸（硝酸 3%～7.5%，硫酸 58.5%～66.5%，水 28%～37%）。粗硝基苯与废酸在分离器中分离后，经热交换、洗涤除去夹带的酸和微量的酚，蒸去未反应的苯即可得硝基苯。

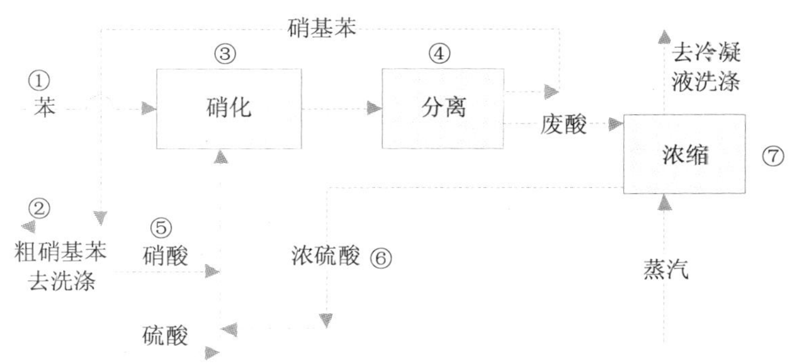

图 7-14　硝基苯生产工艺流程及环境污染事故风险点位

①泄漏，有毒；②泄漏，有毒，易燃；③爆炸，易燃，有毒；④泄漏，易燃，有毒；⑤泄漏，腐蚀性；⑥泄漏，腐蚀性；⑦泄漏，高温，腐蚀性

绝热反应的特点是反应热得到充分的利用，但是由于反应在高温中进行，安全性需要高度重视。所以硝化的过程是重要的危险点位。反应中所用的原料有毒，腐蚀性，产物也

是有毒物质，应防止泄漏。在废酸浓缩过程中，进入的高温蒸汽具有物理伤害，产生的浓硫酸需要防止泄漏。

三、生产工艺产生的污染物特征及其危害

根据硝基苯生产工艺流程（图 7-14），表 7-40 列出了突发性环境污染事故产生的主要污染物特征及其危害。

表 7-40 硝基苯生产工艺产生的污染物表征及其危害

<table>
<tr><th>风险点位</th><th>主要污染物</th><th>现象及特征</th><th>危害对象及途径</th></tr>
<tr><td>①</td><td>苯</td><td rowspan="6">苯：一种无色、有甜味的透明液体，并具有强烈的芳香气味。苯可燃，有毒，也是一种致癌物质。
硝基苯：淡黄色透明油状液体，有苦杏仁味，有毒，遇火种、高热能引起燃烧爆炸，与硝酸反应强烈。
硫酸：一种无色无味油状液体，是一种高沸点难挥发的强酸，易溶于水，能以任意比与水混溶。
硝酸：一种有强氧化性、强腐蚀性的无机酸常温下其稀溶液无色透明，浓溶液显棕色。
苯酚：常温下为一种无色晶体。有毒。有腐蚀性，常温下微溶于水，易溶于有机溶液；当温度高于 65 ℃时，能跟水以任意比例互溶，其溶液沾到皮肤上用酒精洗涤。暴露在空气中呈粉红色。
对二硝基苯：黄色结晶，有挥发性，微溶于水，溶于乙醇、乙醚、苯等。它是剧毒品</td><td rowspan="6">苯：由于苯的挥发性大，暴露于空气中很容易扩散。人和动物吸入或皮肤接触大量苯进入体内，会引起急性和慢性苯中毒。
硝基苯：多量吸入蒸汽或经皮肤吸收都会引起中毒；对眼有轻度刺激性，对皮肤由于刺激或过敏可产生皮炎。
硫酸：对皮肤、黏膜等组织有强烈的刺激和腐蚀作用。蒸汽或雾可引起结膜炎、结膜水肿、角膜混浊，以致失明；口服后引起消化道烧伤以致溃疡形成；严重者可能有胃穿孔、腹膜炎、肾损害、休克等。皮肤灼伤轻者出现红斑、重者形成溃疡，愈后瘢痕收缩影响功能。溅入眼内可造成灼伤，甚至角膜穿孔、全眼炎以至失明。慢性影响：牙齿酸蚀症、慢性支气管炎、肺气肿和肺硬化。
硝酸：硝酸液及硝酸蒸汽对皮肤和黏膜有强刺激和腐蚀作用。吸入硝酸烟雾可引起腐蚀性口腔炎和胃肠炎，可出现休克或肾功能衰竭等。皮肤或眼睛接触硝酸可引起灼伤。皮肤接触硝酸的部位呈褐黄色。
苯酚：吸入高浓度蒸气可引起头痛、头昏、乏力、视物模糊、肺水肿等表现；误服可引起消化道灼伤，出现烧灼痛，呼出气带酚气味，呕吐物或大便可带血，可发生胃肠道穿孔，并可出现休克、肺水肿、肝或肾损害。皮肤灼伤：创面初期为无痛性白色起皱，继而形成褐色痂皮；眼接触可致灼伤。
对二硝基苯：本品为强烈的高铁血红蛋白形成剂。易经皮肤吸收。急性中毒：有头痛、头晕、乏力、皮肤黏膜绀紫、手指麻木等症状；严重时可出现胸闷、呼吸困难、心悸，甚至心律紊乱、昏迷、抽搐、呼吸麻痹。有时中毒后出现溶血性贫血、黄疸、中毒性肝病。慢性中毒：可有神经衰弱综合征；慢性溶血时，可出现贫血、黄疸；可引起中毒性肝病</td></tr>
<tr><td>②</td><td>硝基苯
苯
硫酸
硝酸</td></tr>
<tr><td>③，④</td><td>苯
硝基苯
硝酸
硫酸
苯酚
对二硝基苯</td></tr>
<tr><td>⑤</td><td>硝酸</td></tr>
<tr><td>⑥</td><td>浓硫酸</td></tr>
<tr><td>⑦</td><td>硝酸
硫酸
对二硝基苯</td></tr>
</table>

四、应急防护措施、防护设备及应急处理

为了保障工人以及环保工作人员的身心健康和环境安全，表 7-41 给出了硝基苯生产工艺流程中发生突发环境污染事故的污染物种类，应急防护措施，防护设备及应急处理技术。

表 7-41 污染物的应急防护措施、防护设备及应急处理技术

污染物种类	应急防护措施	防护设备		应急处理方法
		常用基础设备	特异性设备	
苯 硝基苯 苯酚 硫酸 硝酸 对二硝基苯	戴防尘面具 戴防毒面具	防腐蚀的塑胶鞋、手套、衣服等	防毒服 防毒面具	苯的应急处理：切断火源。迅速撤离泄漏污染区人员至安全地带，并进行隔离，严格限制出入。建议应急处理人员戴自给正压式呼吸器，穿防毒服。尽可能切断泄漏源。防止进入下水道、排洪沟等限制性空间。小量泄漏：尽可能将溢漏液收集在密闭容器内，用沙土、活性炭或其他惰性材料吸收残液，也可以用不燃性分散剂制成的乳液刷洗，洗液稀释后放入废水系统。大量泄漏：构筑围堤或挖坑收容。用泡沫覆盖，降低蒸汽灾害。喷雾状水冷却和稀释蒸汽、保护现场人员。用防爆泵转移至槽车或专用收集器内，回收或运至废物处理所处理。 硫酸、硝酸和硝基苯泄漏，迅速撤离泄漏污染区人员至安全区，并进行隔离，严格限制出入。建议应急处理人员戴自给正压式呼吸器，穿防酸碱工作服。不要直接接触泄漏物。尽可能切断泄漏源。防止流入下水道、排洪沟等限制性空间。小量泄漏：用沙土、干燥石灰或苏打灰混合。也可以用大量水冲洗，经稀释后放入废水系统。大量泄漏：构筑围堤或挖坑收容。用泵转移至槽车或专用收集器内，回收或运至废物处理场所处置。 对二硝基苯泄漏时应隔离泄漏污染区，限制出入。切断火源。建议应急处理人员戴防尘面具（全面罩），穿防毒服。不要直接接触泄漏物。小量泄漏：用洁净的铲子收集于干燥、洁净、有盖的容器中。大量泄漏：收集回收或运至废物处理场所处置

五、应急监测、监测设备及监测方法

突发环境污染事故应尽量携带便携式的污染物监测仪器，如还未配备，则可以采样回实验室采用国家标准分析方法进行污染物的监测。

表 7-42 应急监测设备与监测方法及监测指标

污染物种	监测物种	监测指标	应急监测设备	量程范围
大气	苯	苯	检气管法	0.00～20.00 mg/m³
大气	硝基苯	硝基苯	硝基苯检测仪	0%～100%LEL
大气	对二硝基苯	对二硝基苯	对二硝基苯检测仪	0%～100%LEL
水体	硝基苯	硝基苯	采样送实验室分析，分析方法见附录	
水体	苯酚	苯酚	快速检测试剂盒法	20～2 000 mg/L
水体	硫酸	硫酸	在线检测硫酸浓度仪	5～150 mg/L
水体	硝酸	酸度	便携式 pH 计	0.0～14.0
水体	对二硝基苯	对二硝基苯	采样送实验室分析，分析方法见附录	

第十五节　甲烷氯化物工艺突发性环境污染事故及应急

一、甲烷氯化物生产工艺简介

甲烷氯化物是包括一氯甲烷（氯甲烷）、二氯甲烷、三氯甲烷（也称氯仿）、四氯化碳四种产品的总称，是有机产品中仅次于氯乙烯的大宗氯系产品，为重要的化工原料和有机溶剂。甲烷可经热氯化和光氯化两种方法生产甲烷氯化物，其中热氯化法在工业上占重要地位。其反应式为

$$CH_4+Cl_2 \xrightarrow[-HCl]{440℃} CH_3Cl+CH_2Cl_2+CHCl_3+CCl_4$$

二、工艺流程及事故点位

甲烷氯化物的生产工艺流程及环境污染事故风险点位见图 7-15。

将甲烷、氯、循环气以 2∶1∶9 的体积比，在混合器中混合后，进入反应器。在 380～450℃，接近常压下进行反应。反应混合物经冷却、水洗、碱洗、干燥、冷凝，然后送至分离器进行分离。不凝气体除一部分当作尾气经处理后放空外，其余部分循环使用。冷凝液经蒸馏即得到各种氯代甲烷。

此工艺的关键部位是氯化反应过程。应防止局部氯气过浓，造成反应激烈，甚至发生爆炸。甲烷氯化是一个强放热反应，反应开始后进行得非常之快，时刻保证大量的循环氯代甲烷进入，确保足够低的氯/甲烷进料比，防止反应过于激烈。因为配比越小，生成高氯化物越多，放出的热量越大。如不能及时移走反应热，当温度高于 500℃时，就会发生分解爆炸反应而生成碳。

原料和反应产物都为有毒物质和易燃物质，需要防止泄漏，污染。

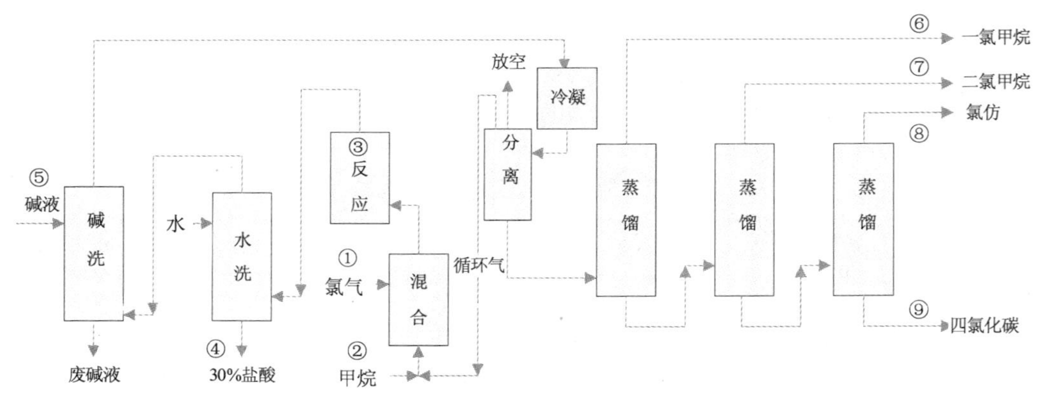

图 7-15　甲烷氯化物生产工艺流程及环境污染事故风险点位

①泄漏，有毒；②泄漏，易燃；③爆炸，易燃，有毒；④泄漏，腐蚀；⑤泄漏，腐蚀；⑥泄漏，易燃；⑦泄漏，易燃；⑧泄漏，易燃；⑨泄漏，易燃

三、生产工艺产生的污染物特征及其危害

根据甲烷氯化物生产工艺流程（图 7-15），表 7-43 列出了突发性环境污染事故产生的主要污染物特征及其危害。

表 7-43 甲烷氯化物生产工艺产生的污染物表征及其危害

风险点位	主要污染物	现象及特征	危害对象及途径
①	氯气	氯气：有刺激性气味的黄绿色的气体，有毒的有害物质。 甲烷：无色无嗅气体，易燃。 一氯甲烷：无色有微甜气味气体，极度易燃。 氯化氢：刺激性酸，遇水呈强腐蚀性。 碱液：无色，具有腐蚀性。 二氯甲烷：无色透明易挥发液体。具有类似醚的刺激性气味 氯仿：无色透明的重质液体，极易挥发，味辛甜而有特殊芳香气味。 四氯化碳：无色、易挥发、不易燃的液体。具氯仿的微甜气味。并具有一种令人愉快的气味。加热生成高毒光气烟	氯气：它主要通过呼吸道侵入，对上呼吸道黏膜造成有害的影响，所以氯气中毒的明显症状是发生剧烈的咳嗽。症状重时使循环作用困难而致死亡。由食道进入人体的氯气会使人恶心、呕吐、胸口疼痛和腹泻。遇水或湿空气反应。 甲烷：吸入。甲烷对人基本无毒，但浓度过高时，使空气中氧含量明显降低，使人窒息。当空气中甲烷达 25%～30%时，可引起头痛、头晕、乏力、注意力不集中、若不及时远离，可致窒息死亡。 一氯甲烷：对皮肤及黏膜有强烈的刺激性。能够经皮肤吸收后，侵蚀中枢神经，也作用于肺、心、肝、肾上腺和胃肠等内脏器官而引起中毒。 氯化氢：对眼和呼吸道黏膜有强烈的刺激作用。 碱液：本品有强烈刺激和腐蚀性。皮肤和眼与碱液直接接触会引起灼伤；误服可造成消化道灼伤，黏膜糜烂、出血和休克。 二氯甲烷：吸入、食入、经皮吸收，本品有麻醉作用，主要损害中枢神经和呼吸系统。遇明火高热可燃。受热分解能发出剧毒的光气。若遇高热，容器内压增大，有开裂和爆炸的危险。 氯仿：有害液体，能被皮肤吸收，吸入其蒸汽也是有害的。三氯甲烷主要作用于中枢神经系统，具有麻醉作用，对心、肝、肾有损害。急性中毒：吸入或经皮肤吸收引起急性中毒。误服中毒时，胃有烧灼感，伴恶心、呕吐、腹痛、腹泻。以后出现麻醉症状。液态可致皮炎、湿疹，甚至皮肤灼伤。与明火或灼热的物体接触时能产生剧毒的光气。 四氯化碳：吸入中毒者常伴有眼及上呼吸道刺激症状。有时可引起肺水肿。CCl_4 是典型的肝脏毒物，但接触浓度与频度可影响其作用部位及毒性。高浓度时，首先是中枢神经系统受累，随后累及肝、肾；而低浓度长期接触则主要表现肝、肾受累。CCl_4 在高温下与水反应会有有毒物质产生
②	甲烷		
③	一氯甲烷 二氯甲烷 甲烷 氯气 氯化氢		
④	盐酸		
⑤	碱液		
⑥	一氯甲烷		
⑦	二氯甲烷		
⑧	氯仿		
⑨	四氯化碳		

四、应急防护措施、防护设备及应急处理

为了保障工人以及环保工作人员应急监测工作时的身心健康和环境安全，表 7-44 给出了甲烷氯化物生产工艺流程中发生突发环境污染事故的污染物种类，应急防护措施，防护设备及应急处理技术。

表 7-44 污染物的应急防护措施、防护设备及应急处理技术

污染物种类	应急防护措施	防护设备		应急处理方法
		常用基础设备	特异性设备	
氯气	戴防毒面具	防腐蚀的塑胶鞋、手套、眼镜、衣服等	正压式呼吸器	迅速撤离泄漏污染区人员至安全区，并进行隔离，严格限制出入。切断火源。建议应急处理人员戴自给正压式呼吸器，穿防静电工作服。尽可能切断泄漏源。防止流入下水道、排洪沟等限制性空间。小量泄漏：用沙土或其他不燃材料吸附或吸收。也可以用大量水冲洗，经水稀释后放入废水系统。大量泄漏：构筑围堤或挖坑收容。用泡沫覆盖，降低蒸汽灾害。用防爆泵转移至槽车或专用收集器内，回收或运至废物处理场所处置。 氯气泄漏用水雾防止在空气中扩散，地面冲刷水用石灰中和。 甲烷泄漏，合理通风，加速扩散。喷雾状水稀释、溶解。构筑围堤或挖坑收容产生的大量废水。如有可能，将漏出气用排风机送至空旷地方或装设适当喷头烧掉。 四氯化碳泄漏合理通风。喷雾状水，减少蒸发，用活性炭或其他惰性材料吸收，然后运至处理场
甲烷				
一氯甲烷				
二氯甲烷				
氯化氢				
碱液				
氯仿				
四氯化碳				

五、应急监测、监测设备及监测方法

突发环境污染事故应尽量携带便携式的污染物监测仪器，如还未配备，则可以采样回实验室采用国家标准分析方法进行污染物的监测。

表 7-45 应急监测设备与监测方法及监测指标

污染物种	监测物种	监测指标	应急监测设备	量程范围
大气	氯气	氯气	氯气检测仪	$0\sim200\times10^{-6}$
大气	甲烷	甲烷	甲烷检测仪	0%～100%LEL
大气	一氯甲烷	一氯甲烷	一氯甲烷检测仪	$0\sim1\,000\times10^{-6}$
大气	二氯甲烷	二氯甲烷	气体速测管	$0\sim1\,000\times10^{-6}$
大气	氯化氢	氯化氢	便携式氯化氢监测仪	$0\sim20\times10^{-6}$
水体	碱液	碱液	精密 pH 试纸	7.0～14.0
大气	氯仿	氯仿	气体速测管	$0.5\times10^{-6}\sim2\times10^{-6}$
大气	四氯化碳	四氯化碳	检气管法	$0.5\times10^{-6}\sim2.5\times10^{-6}$

第十六节 顺丁烯二酸酐工艺突发性环境污染事故及应急

一、顺丁烯二酸酐生产工艺简介

顺丁烯二酸酐又称马来（酸）酐。顺酐是重要的有机化工中间体，可用于制作塑料工业中的增塑剂；造纸业中的纸张处理剂；合成树脂产业中的不饱和聚酯树脂；涂料业中的

醇酸型涂料；农药生产中的马拉硫磷的合成；医药产业中磺胺药品的生产等。工业上大都以五氧化二钒催化（氧气为原料）氧化苯环，在加热条件下氧化成顺丁烯二酸酐，其反应式为

$$C_6H_6 + O_2 \xrightarrow{\text{催化剂}} C_4H_2O_3 + H_2O + CO_2$$

二、工艺流程及事故点位

顺丁烯二酸酐的生产工艺流程及环境污染事故风险点位见图 7-16。

高纯度的原料苯经蒸发器蒸发后与空气混合，进入热交换器。预热后的原料气进入列管式固定床反应器，在催化剂作用下发生氧化反应，生成顺酐，控制反应温度为 623～723 K，空速为 2 000～4 000 h^{-1}，停留时间 0.1～0.2 s。借助反应器管间循环融盐导出反应热，并利用废热锅炉回收余热。副产高压蒸汽。

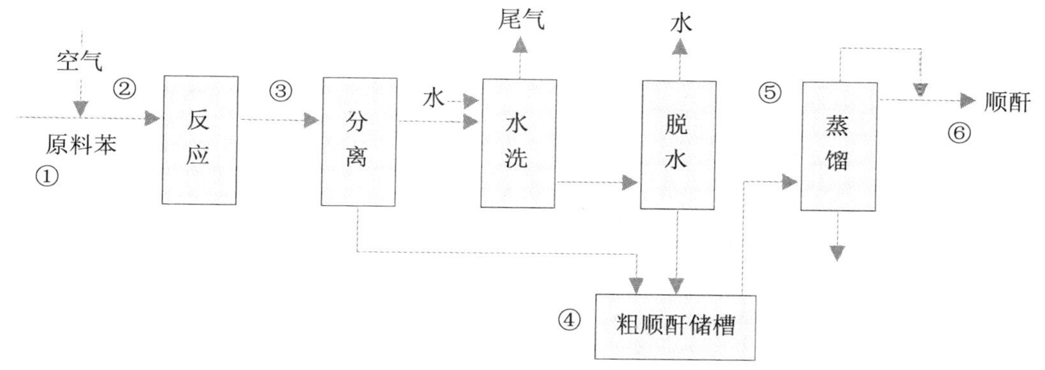

图 7-16　顺丁烯二酸酐物生产工艺流程及环境污染事故风险点位

①泄漏，有毒，爆炸；②爆炸，易燃，有毒；③泄漏，腐蚀；④泄漏，腐蚀；⑤泄漏，腐蚀；⑥泄漏，易燃

自反应器出来的产物通过三级冷却。第一级为废热锅炉冷却，同时产生蒸汽；第二级为热交换器冷却，同时预热原料气；第三级为反应产物在冷却器中用温水冷却冷凝，防止顺酐冷凝成固体堵塞冷却器。被冷凝后的顺酐在分离器分出后进入粗顺酐储槽，气体送入水洗塔，用水或顺丁烯二酸水溶液吸收未冷凝的顺酐。水吸收后尾气送燃烧，吸收液送入脱水塔。经脱水后的顺酐入粗顺酐储槽。脱水顺酐和冷凝顺酐由粗顺酐储槽送入蒸馏塔进行精制，即可得到熔融态顺丁烯二酸酐产品。

苯是最稳定的碳氢化合物之一，因此苯氧化除了活性较高的催化剂外，还需要较高的反应温度，但是温度过高容易发生深度氧化反应。氧化反应是强烈放热，如果反应热不及时移走，难以得到目的产物。通常用亚硝酸盐和硝酸盐的混合物作为热载体。

进料的苯蒸汽与空气混合容易形成爆炸性混合物，因此要控制它们的进料比。由于在反应过程中不仅原料苯可以直接氧化成大量一氧化碳和二氧化碳，而且产物顺酐也能进一步氧化生成一氧化碳和二氧化碳，因此合适的空速很重要。过低的空速会使反应热量缓慢地移出，容易产生爆炸等事故。

原料和反应产物都为有毒物质和易燃物质，需要防止泄漏，污染。

三、生产工艺产生的污染物特征及其危害

根据顺丁烯二酸酐生产工艺流程（图 7-16），表 7-46 列出了突发性环境污染事故产生的主要污染物特征及其危害。

表 7-46 顺丁烯二酸酐生产工艺产生的污染物表征及其危害

风险点位	主要污染物	现象及特征	危害对象及途径
①	苯	苯：在常温下为一种无色、有甜味的透明液体，并具有强烈的芳香气味。苯可燃，有毒，也是一种致癌物质。 顺丁烯二酸酐：白色颗粒状、针状、片状、棒状、块状或块团状，具有强刺激性，可燃、其蒸汽和粉尘与空气混合，可形成爆炸混合物。 对苯醌：对苯醌是黄色晶体，具有刺激性臭味，有毒，能腐蚀皮肤，能溶于醇和醚中 二氧化碳：无色，无味气体	苯：中毒原理为由呼吸道侵入人体。吸入高浓度的苯蒸汽以及大量苯液污染皮肤或误服均可引起急性中毒。其毒性作用是抑制中枢神经系统，另外对造血、呼吸系统也有损害。 顺丁烯二酸酐：对眼和上呼吸道黏膜有刺激和麻醉作用。高浓度时，立即引起眼及上呼吸道黏膜的刺激；严重者可有眩晕、步态蹒跚。眼部受顺丁烯二酸酐物液体污染时，可致灼伤。对呼吸道有刺激作用，长期接触有时引起阻塞性肺部病变。皮肤粗糙、皲裂和增厚。 对苯醌：有强烈的刺激性。高浓度强烈刺激黏膜、上呼吸道、眼睛和皮肤。接触后出现烧灼感、咳嗽、喘息、喉炎、气短、头痛、恶心和呕吐。口服可致死。 二氧化碳：在低处积累，容易使人和动物窒息死亡
②，③	苯 顺丁烯二酸酐 二氧化碳 对苯醌		
④	顺丁烯二酸酐 对苯醌		
⑤	顺丁烯二酸酐 对苯醌		
⑥	顺丁烯二酸酐		

四、应急防护措施、防护设备及应急处理

为了保障工人以及环保工作人员的身心健康和环境安全，表 7-47 给出了顺丁烯二酸酐生产工艺流程中发生突发环境污染事故的污染物种类，应急防护措施，防护设备及应急处理技术。

表 7-47 污染物的应急防护措施、防护设备及应急处理技术

污染物种类	应急防护措施	防护设备		应急处理方法
		常用基础设备	特异性设备	
顺丁烯二酸酐	戴防毒面具	防腐蚀的塑胶鞋、手套、眼镜、衣服等	正压式呼吸器	迅速撤离泄漏污染区人员至安全区，并进行隔离，严格限制出入。切断火源。建议应急处理人员戴自给正压式呼吸器，穿防静电工作服。尽可能切断泄漏源。防止流入下水道、排洪沟等限制性空间。小量泄漏：用沙土或其他不燃材料吸附或吸收。也可以用大量水冲洗，经水稀释后放入废水系统。大量泄漏：构筑围堤或挖坑收容。用泡沫覆盖，降低蒸汽灾害。用防爆泵转移至槽车或专用收集器内，回收或运至废物处理场所处置。二氧化碳泄漏，用风扇通风，使空气二氧化碳浓度降低
苯				
对苯醌				
二氧化碳				

五、应急监测、监测设备及监测方法

突发环境污染事故应尽量携带便携式的污染物监测仪器，如还未配备，则可以采样回实验室采用国家标准分析方法进行污染物的监测。

表 7-48　应急监测设备与监测方法及监测指标

污染物种	监测指标	应急监测设备	量程范围
大气	顺丁烯二酸酐	顺丁烯二酸酐检测管	$0.8\times10^{-6}\sim20\times10^{-6}$
大气	苯	苯快速检测仪	0.00～20.00 mg/m³
大气	对苯醌	采样送实验室分析，分析方法参见附录	
大气	二氧化碳	泵吸式一氧化碳、二氧化碳检测仪（产品型号：GD80-CO_2）	$0\sim100\times10^{-6}$、500×10^{-6}、$2\,000\times10^{-6}$可选
水体	顺丁烯二酸酐	采样送实验室分析，色谱仪色谱分析法	

第十七节　色酚工艺突发性环境污染事故及应急

一、色酚生产工艺简介

色酚 AS-PH 主要用于棉的染色，也用于维纶、黏胶纤维、蚕丝、锦纶、二醋酸纤维的染色，一般不用于印花。它的生产原理是将 2，3-酸在氯苯介质中成盐，脱水，然后在三氯化磷存在下与邻乙氧基苯胺缩合，经中和，蒸馏，过滤，干燥得成品。

反应式

OH, COONa + NH_2, OC_2H_5 $\xrightarrow{PCl_3,C_6H_5Cl}$ OH, CONH—, C_2H_5O

二、工艺流程及事故点位

色酚生产工艺流程及环境污染事故风险点位见图 7-17。

在成盐釜中加入氯苯 1 600 L 2,3-酸 450 kg 和碳酸钠 200 kg。加热 45℃，待 CO_2 逸出后，升温脱水，温度达 134～135℃，直至蒸出液透明无水时，停止加热。料液体积在 1 100 L 左右。在脱水过程中，由于温度较高，容易爆炸。防止管道的堵塞，气体无法排出。

在缩合釜中先压入上述成盐液，冷却 90℃。然后加入邻乙氧基苯胺，冷却，在 2 h 内加入三氯化磷-氯苯混合液，加完温度为 90℃，保温反应 2 h。此过程要防止水蒸气进入反应体系。

在蒸馏釜中加入水和碳酸钠，然后压入上述缩合液，搅拌 15 min，测定 pH=8～8.5。随后加热蒸馏，至残液体积约 3 000 L 时，改用直接蒸汽蒸馏，直至镏出液中无氯苯为止。再加入 90℃热水至料液达 5 000 L 左右，趁热过滤，滤饼用 90℃热水洗涤，至滤液澄清，

抽干水分，干燥得成品。

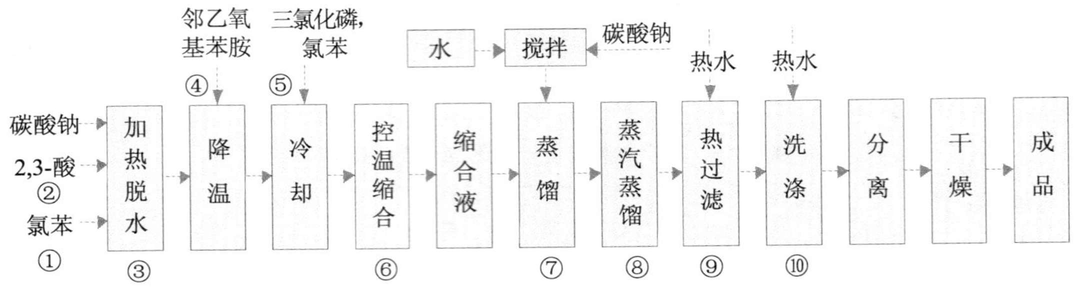

图 7-17 色酚生产工艺流程及环境污染事故风险点位

①泄漏，有毒；②泄漏，有毒；③爆炸，有毒；④泄漏，易燃；⑤泄漏，有毒；⑥泄漏，有毒；⑦泄漏，有毒；⑧泄漏，有毒；⑨泄漏，易燃；⑩泄漏，易燃

三、生产工艺产生的污染物特征及其危害

根据色酚生产工艺流程（图 7-17），表 7-49 列出了突发性环境污染事故产生的主要污染物特征及其危害。

表 7-49 色酚生产工艺产生的污染物表征及其危害

风险点位	主要污染物	现象及特征	危害对象及途径
①	2,3-酸	2,3-酸：可燃，蒸汽对人体眼睛，皮肤，上呼吸道有刺激作用。 氯苯：易燃，有腐蚀性对皮肤和黏膜有刺激性。 三氯化磷：不燃，具强腐蚀性、强刺激性，可致体灼伤 碳酸钠：具有腐蚀性和刺激性，直接接触可引起眼睛和皮肤的灼伤。 邻乙氧基苯胺： 无色至黄色油状液体，在空气中变成棕色。 色酚：淡黄色粉末。溶于氯苯和烧碱溶液，不溶于三和纯碱，其烧碱溶液呈黄色	2,3-酸：在一般情况下接触无明显危险性，其热蒸汽对眼睛、皮肤和上呼吸道有刺激作用。 三氯化磷：三氯化磷在空气中可生成盐酸雾。对皮肤、黏膜有刺激腐蚀作用。遇水猛烈分解，产生大量的热和浓烟，甚至爆炸。 氯苯：对眼睛和上呼吸道有刺激性，对中枢神经有抑制作用，致肝、肾损害。人在接触高浓度时，可表现虚弱、眩晕、呕吐。严重时损害肝脏，出现黄疸，肝损害可发展为肝坏死或肝硬化。长时间接触本品对皮肤有轻微刺激性，引起烧灼感。 碳酸钠：有刺激性和腐蚀性。直接接触可引起皮肤和眼睛灼伤。生产中吸入其粉尘和烟雾可引起呼吸道刺激和结膜炎，还可有鼻黏膜溃疡、萎缩及鼻中隔穿孔。长时间接触本品溶液可发生湿疹、皮炎、鸡眼状溃疡和皮肤松弛。接触本品的作业工人呼吸器官疾病发病率升高。误服可造成消化道灼伤、黏膜糜烂、出血和休克。 邻乙氧基苯胺：明火可燃；受热放出有毒苯胺类气体。 色酚：有毒性，可燃
②	氯苯		
③	2,3-酸 氯苯 碳酸钠		
④	邻乙氧基苯胺		
⑤	三氯化磷 氯苯		
⑥，⑦	三氯化磷 氯苯 2,3-酸 邻乙氧基苯胺 色酚		
⑧	氯苯 2,3-酸 邻乙氧基苯胺 色酚		
⑨	2,3-酸 邻乙氧基苯胺 色酚		
⑩	2,3-酸 邻乙氧基苯胺 色酚		

四、应急防护措施、防护设备及应急处理

为了保障工人以及环保工作人员的身心健康和环境安全，表 7-50 给出了色酚生产工艺流程中发生突发环境污染事故的污染物种类，应急防护措施，防护设备及应急处理技术。

表 7-50　污染物的应急防护措施、防护设备及应急处理技术

<table>
<tr><th rowspan="2">污染物种类</th><th rowspan="2">应急防护措施</th><th colspan="2">防护设备</th><th rowspan="2">应急处理方法</th></tr>
<tr><th>常用基础设备</th><th>特异性设备</th></tr>
<tr><td>2,3-酸</td><td rowspan="5">戴防化学品手套，戴防毒面具</td><td rowspan="6">防腐蚀的塑胶鞋、手套、衣服等</td><td rowspan="5">防毒面具化学安全防护镜，酸碱工作服等</td><td rowspan="6">迅速撤离泄漏污染区人员至安全区，并立即隔离 150 m，严格限制出入。建议应急处理人员戴自给正压式呼吸器，穿防酸碱工作服。不要直接接触泄漏物。尽可能切断泄漏源。
碳酸钠：隔离泄漏污染区，限制出入。建议应急处理人员戴防尘面具（全面罩），穿防毒服。避免扬尘，小心扫起，置于袋中转移至安全场所。若大量泄漏，用塑料布、帆布覆盖。收集回收或运至废物处理场所处置。
氯苯：迅速撤离泄漏污染区人员至安全区，并进行隔离，严格限制出入。切断火源。建议应急处理人员戴自给正压式呼吸器，穿防毒服。尽可能切断泄漏源。防止流入下水道、排洪沟等限制性空间。小量泄漏：用沙土、蛭石或其他惰性材料吸收。大量泄漏：构筑围堤或挖坑收容。用泡沫覆盖，降低蒸汽灾害。用防爆泵转移至槽车或专用收集器内，回收或运至废物处理场所处置。
三氯化磷小量泄漏：用沙土、蛭石或其他惰性材料吸收。大量泄漏：构筑围堤或挖坑收容，避免与水接触</td></tr>
<tr><td>氯苯</td></tr>
<tr><td>色酚</td></tr>
<tr><td>碳酸钠</td></tr>
<tr><td>邻乙氧基苯胺</td></tr>
<tr><td>三氯化磷</td><td>—</td><td>—</td></tr>
</table>

五、应急监测、监测设备及监测方法

突发环境污染事故应尽量携带便携式的污染物监测仪器，如还未配备，则可以采样回实验室采用国家标准分析方法进行污染物的监测。

表 7-51　应急监测设备与监测方法及监测指标

<table>
<tr><th>污染物种</th><th>监测物种</th><th>监测指标</th><th>应急监测设备</th><th>量程范围</th></tr>
<tr><td>大气</td><td>氯苯</td><td>氯苯</td><td>气体检测管</td><td>$5\times10^{-6}\sim200\times10^{-6}$</td></tr>
<tr><td>大气</td><td>三氯化磷</td><td>三氯化磷</td><td>三氯化磷探测器</td><td>0.1%～2%（v/v）</td></tr>
<tr><td>水体</td><td>碳酸钠</td><td>碳酸钠</td><td colspan="2" rowspan="4">采样送实验室分析，分析方法见附录</td></tr>
<tr><td>水体</td><td>邻乙氧基苯胺</td><td>邻乙氧基苯胺</td></tr>
<tr><td>水体</td><td>色酚</td><td>色酚</td></tr>
<tr><td>水体</td><td>2,3-酸</td><td>2,3-酸</td></tr>
</table>

第十八节 呋喃酚工艺突发性环境污染事故及应急

一、呋喃酚生产工艺简介

呋喃酚是合成氨基甲酸酯类农药克百威的重要中间体，以邻苯二酚和甲代烯丙基氯为主要原料，经醚化和环合反应制得粗呋喃酚，再经精制得到合格的呋喃酚产品。

分子式及反应式如下：

二、工艺流程及事故点位

呋喃酚生产工艺流程及环境污染事故风险点位见图 7-18。

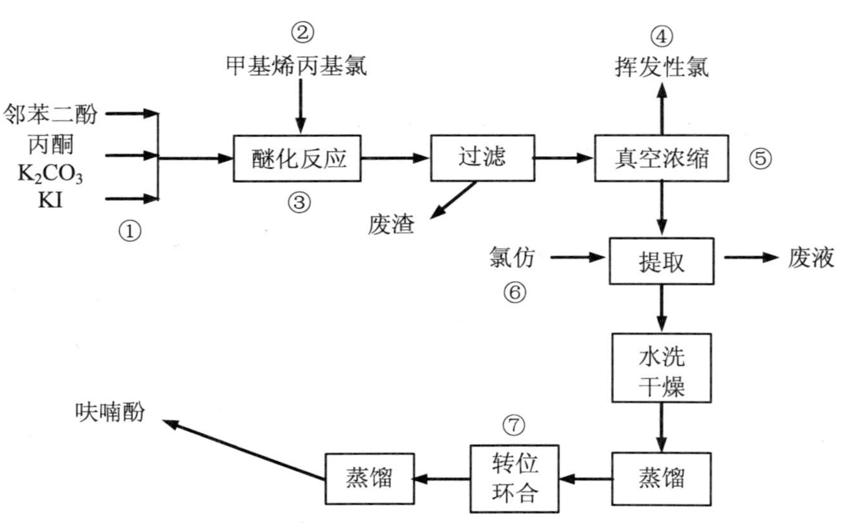

图 7-18 呋喃酚生产工艺流程及环境污染事故风险点位

①泄漏，有毒；②泄漏，有毒；③高温，爆炸，有毒；④泄漏，有毒；⑤易燃；⑥泄漏，有毒；⑦ 爆炸，有毒

首先是醚化反应，将邻苯二酚和丙酮、碳酸钾、碘化钾混合后采用滴加方式与甲基烯丙基氯在 95～108℃范围内进行醚化反应，滴加时间为 90 min，总反应时间为 3.0 h。使反应停止在非深度醚化阶段，提高反应的选择性。醚化后进行过滤，将其反应，然后进行过滤和真空浓缩，再用氯仿进行萃取。萃取的产物进一步进行水洗，蒸馏，再进行转位和环合。在进行环合要使用单一溶剂和催化剂。溶剂常为丙酮等，催化剂一般为主要有采用无水氯化铝、氯化锌等卤化物这一类 Lewis 酸等。环合温度应在高温下进行。反应产物经精馏制成纯度较高的产品。

在此生产工艺中，需要利用高温进行反应，应该控制进料速度和控温系统，防止反应速度过快，造成意外事故。产生废气中含有易挥发性的含氯气体，容易发生有毒物质污染。此外，生产过程中有大量易燃易爆物质，防止明火和注意通风。

三、生产工艺产生的污染物特征及其危害

根据呋喃酚生产工艺流程（图 7-18），表 7-52 列出了突发性环境污染事故产生的主要污染物特征及其危害。

表 7-52 呋喃酚生产工艺产生的污染物表征及其危害

风险点位	主要污染物	现象及特征	危害对象及途径
①	邻苯二酚 丙酮	邻苯二酚：无色结晶，见光或露置空气中变色，能升华 丙酮：无色透明液体，有特殊的辛辣气味 2-甲基烯丙基氯：无色透明液体，有特殊臭味 氯化氢：无色有刺激性气味的气体 2-甲代烯丙氧基苯酚：无色透明，有特殊气味 氯仿：无色透明易挥发液体，有特殊甜味 呋喃酚：无色液体，有毒	邻苯二酚：在生产中发生急性中毒较少见。急性中毒时症状与酚相似。接触工人丰体检发现呼吸道刺激症状及皮疹患病率增高，并见到儿茶酚胺代谢异常、血压升高、体温不稳定及肝、肾损害。 丙酮：对人体没有特殊的毒性，但是吸入后可引起头痛，支气管炎等症状。如果大量吸入，还可能失去意识。日常生活中主要用于脱脂，脱水，固定等。在血液和尿液中为重要检测对象。有些癌症患者尿样丙酮水平会异常升高。采用低碳水化合物食物疗法减肥的人血液、尿液中的丙酮浓度也异常高。丙酮以游离状态存在于自然界中，在植物界主要存在于精油中，如茶油、松脂精油、柑橘精油等；人尿和血液及动物尿、海洋动物的组织和体液中都含有少量的丙酮。糖尿病患者的尿中丙酮的含量异常的增多。 2-甲基烯丙基氯：口服，皮肤或眼接触都可能发生吸入性中毒。急性中毒：出现头痛、头昏、恶心、眼痛、咳嗽、痰中带血、声音嘶哑、呼吸困难、胸闷、胸痛等。重者发生肺炎、肺水肿、肺不张。眼角膜可见溃疡或混浊。皮肤直接接触可出现大量粟粒样红色小丘疹而呈潮红痛热。慢性影响：长期较高浓度接触，可引起慢性支气管炎、胃肠功能障碍及牙齿酸蚀症。 2-甲代烯丙氧基苯酚：口服，皮肤或眼接触都可能发生吸入性中毒。
②	甲基烯丙基氯		
③	邻苯二酚 丙酮 甲基烯丙基氯 2-甲代烯丙氧基苯酚		
④	氯化氢		
⑤	邻苯二酚； 丙酮； 甲基烯丙基氯； 2-甲代烯丙氧基苯酚		
⑥	氯仿		

风险点位	主要污染物	现象及特征	危害对象及途径
⑦	丙酮 呋喃酚 2-甲代烯丙氧基苯酚	—	氯仿：主要作用于中枢神经系统，具有麻醉作用，对心、肝、肾有损害。急性中毒：吸入或经皮肤吸收引起急性中毒。初期有头痛、头晕、恶心、呕吐、兴奋、皮肤湿热和黏膜刺激症状。以后呈现精神紊乱、呼吸表浅、反射消失、昏迷等，重者发生呼吸麻痹、心室纤维性颤动。同时可伴有肝、肾损害。误服中毒时，胃有烧灼感，伴恶心、呕吐、腹痛、腹泻。以后出现麻醉症状。液态可致皮炎、湿疹，甚至皮肤灼伤。慢性影响：主要引起肝脏损害，并有消化不良、乏力、头痛、失眠等症状，少数有肾损害及嗜氯仿癖。 呋喃酚：口服，皮肤或眼接触都可能发生吸入性中毒。轻度中毒症状可能包括轻头晕，头痛，乏力，恶心，其次由瞳孔缩小，视力模糊，过度流涎，腹部痉挛，呕吐，在严重的情况下昏迷，出汗，心动过缓，并导致肺水肿。死亡通常是由于呼吸衰竭引起的

四、应急防护措施、防护设备及应急处理

为了保障工人以及环保工作人员的身心健康和环境安全，表 7-53 给出了呋喃酚生产工艺流程中发生突发环境污染事故的污染物种类，应急防护措施，防护设备及应急处理技术。

表 7-53 污染物的应急防护措施、防护设备及应急处理技术

污染物种类	应急防护措施	防护设备		应急处理方法
		常用设备	特异性设备	
邻苯二酚 丙酮 甲基烯丙基氯 氯化氢 2-甲代烯丙氧基苯酚 氯仿 呋喃酚	戴防毒面具	防腐蚀的塑胶鞋、手套、衣服等		消除所有点火源。根据液体流动和蒸汽扩散的影响区域划定警戒区，无关人员从侧风、上风向撤离至安全区。建议应急处理人员戴自给正压式呼吸器，穿防静电服。作业时使用的所有设备应接地。禁止接触或跨越泄漏物。尽可能切断泄漏源。防止泄漏物进入水体、下水道、地下室或密闭性空间。小量泄漏：用沙土或其他不燃材料吸收。使用洁净的无火花工具收集吸收材料。大量泄漏：构筑围堤或挖坑收容。用飞尘或石灰粉吸收大量液体。用抗溶性泡沫覆盖，减少蒸发。喷水雾能减少蒸发，但不能降低泄漏物在受限制空间内的易燃性。用防爆泵转移至槽车或专用收集器内。喷雾状水驱散蒸汽、稀释液体泄漏物。 氯仿与明火或灼热的物体接触时能产生剧毒的光气。在空气、水分和光的作用下，酸度增加，因而对金属有强烈的腐蚀性。 有机物质泄漏，进行强制通风，避免明火。 氯化氢泄漏用水雾防止在空气中扩散，地面冲刷水用石灰中和

五、应急监测、监测设备及监测方法

突发环境污染事故应尽量携带便携式的污染物监测仪器，如还未配备，则可以采样回实验室采用国家标准分析方法进行污染物的监测。

表 7-54 应急监测设备与监测方法及监测指标

污染物种	监测物种	监测指标	应急监测设备	量程范围
大气	丙酮	丙酮	快速检测管	0.05%～1%
大气	氯仿	氯仿	气体速测管	0.5×10^{-6}～2×10^{-6}
大气	氯化氢	氯化氢	便携式氯化氢检测仪	0～20×10^{-6}
水体	2-甲代烯丙氧基苯酚	2-甲代烯丙氧基苯酚	采样送实验室分析，分析方法参见附录	
水体	呋喃酚	呋喃酚		
水体	甲基烯丙基氯	甲基烯丙基氯		
水体	邻苯二酚	邻苯二酚		

第十九节 偶氮二甲酰胺生产工艺突发性环境污染事故及应急

一、偶氮二甲酰胺生产工艺简介

工业生产发泡剂偶氮二甲酰胺（AC），由水合肼、尿素与硫酸缩合成中间体联二脲，再经氧化而得成品。反应方程式如下：

$$NH_2-NH_2\cdot 7H_2O+H_2SO_4\rightarrow NH_2-NH_2\cdot HSO_4+7H_2O$$

$$NH_2-NH_2\cdot HSO_4+2NH_2CONH_2\rightarrow NH_2CONH-NHCONH_2+(NH_4)_2SO_4$$

$$NH_2CONH-NHCONH_2+Cl_2\rightarrow NH_2CON{=}NCONH_2+2HCl$$

二、工艺流程及事故点位

偶氮二甲酰胺生产工艺流程及环境污染事故风险点位见图 7-19。

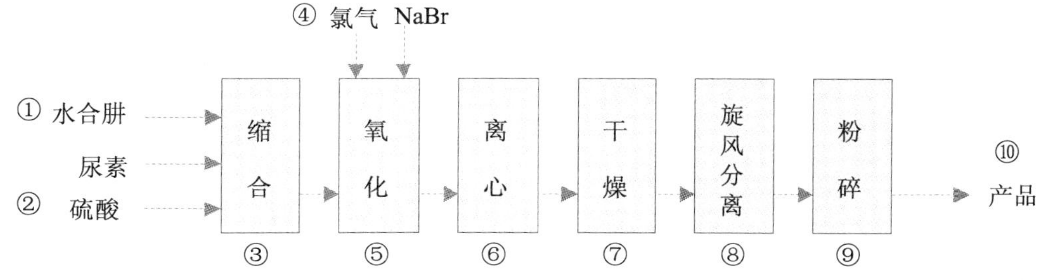

图 7-19 偶氮二甲酰胺生产工艺流程及环境污染事故风险点位

①泄漏，易燃；②泄漏，腐蚀性；③泄漏，易燃；④泄漏，有毒；⑤泄漏，有毒；⑥泄漏，腐蚀性，易燃；⑦泄漏，高温爆炸；⑧泄漏，高温爆炸；⑨泄漏，高温爆炸；⑩泄漏，高温爆炸

将尿素溶于2%水合肼溶液，加到反应锅。在搅拌下加硫酸使料液，加热，使pH值转为2～5。缩合成的联二脲进入反应锅中，加入溴化钠，通入氯气，反应温度控制在30～50℃，制得的偶氮二甲酰胺先用温水洗至中性，经离心机甩干干燥后，得成品。

三、生产工艺产生的污染物特征及其危害

根据偶氮二甲酰胺生产工艺流程（图7-19），表7-55列出了突发性环境污染事故产生的主要污染物特征及其危害。

表7-55 偶氮二甲酰胺生产工艺产生的污染物表征及其危害

风险点位	主要污染物	现象及特征	危害对象及途径
①	水合肼	水合肼：微有特殊的氨臭味，在湿空气中冒烟，具有强碱性和吸湿性。 硫酸：酸性，腐蚀性。遇金属会产生氢气，易引起燃烧或爆炸。 氯化氢，溴化氢：刺激性酸，遇水呈强腐蚀性。 氯气：刺激性气味的黄绿色的有毒气体。 溴气：红棕色发烟液体，具有独特的窒息感臭味。 次氯酸：无色，有刺激性气味。 偶氮二甲酰胺：该品为白色或淡黄色粉末，遇热产生大量的气体	水合肼：吸入、食入、经皮吸收。吸入本品蒸汽，刺激鼻和上呼吸道，可出现头晕、恶心和中枢神经系统兴奋。遇明火、高热可燃。具有强还原性。与氧化剂能发生强烈反应。引起燃烧或爆炸。 硫酸：污染地表水体，导致水体生物死亡，使土壤酸化。 氯化氢，溴化氢：对眼和呼吸道黏膜有强烈的刺激作用。 氯气：它主要通过呼吸道侵入人体，对上呼吸道黏膜造成有害的影响，刺激黏膜发生炎性肿胀，使呼吸道黏膜浮肿，大量分泌黏液，造成呼吸困难，所以氯气中毒的明显症状是发生剧烈的咳嗽。强氧化性，遇还原性物质发生剧烈反应。 溴气：一种对黏膜有强烈刺激性和腐蚀性的物质，组织损害程度一般较氯明显。 次氯酸：次氯酸不稳定，见光易分解。接触有腐蚀性。偶氮二甲酰胺：遇热爆炸
②	硫酸		
③	肼 硫酸		
④	氯气		
⑤，⑥	氯气 溴气 盐酸 溴化氢 偶氮二甲酰胺 次氯酸		
⑦，⑧	盐酸 偶氮二甲酰胺		
⑨，⑩	偶氮二甲酰胺		

四、应急防护措施、防护设备及应急处理

为了保障工人以及环保工作人员的身心健康和环境安全，表7-56列出了偶氮二甲酰胺生产工艺流程中发生突发环境污染事故的污染物种类，应急防护措施，防护设备及应急处理方法与技术。

表7-56 污染物的应急防护措施、防护设备及应急处理技术

污染物种类	应急防护措施	防护设备		应急处理方法
		常用基础设备	特异性设备	
水合肼	戴防毒面具	防腐蚀的塑胶鞋、手套、衣服等	防毒面具	迅速撤离泄漏污染区人员至安全区，并立即隔离150 m，严格限制出入。建议应急处理人员戴自给正压式呼吸器，穿防酸碱工作服。不要直接接触泄漏物。尽可能切断泄漏源。小量泄漏：用沙土、蛭石或其他惰性材料吸收。大量泄漏：构筑围堤或挖坑收容，避免与水接触。 硫酸，盐酸，溴化氢水溶液，次氯酸小量泄漏：用沙土、干燥石灰或苏打灰混合。
硫酸				
氯化氢，溴化氢				
氯气，溴气				

污染物种类	应急防护措施	防护设备		应急处理方法
		常用基础设备	特异性设备	
次氯酸	戴防毒面具	防腐蚀的塑胶鞋、手套、衣服等	防毒面具	氯气，溴气：迅速撤离泄漏污染区人员至上风处，并隔离直至气体散尽。建议应急处理人员戴正压自给式呼吸器。切断气源，喷雾状水稀释、溶解，然后抽排（室内）或强力通风（室外）。如有可能，将残余气或漏出气用排风机送至水洗塔或与塔相连的通风橱内。漏气容器不能再用，且要经过技术处理以清除可能剩下的气体。 偶氮二甲酰胺：切断火源
偶氮二甲酰胺				

五、应急监测、监测设备及监测方法

突发环境污染事故应尽量携带便携式的污染物监测仪器，如还未配备，则可以采样回实验室采用国家标准分析方法进行污染物的监测。

表 7-57　应急监测设备与监测方法及监测指标

污染物种	监测物种	监测指标	应急监测设备	量程范围
大气	水合肼	肼	检测管法	$0.5\times10^{-6}\sim10\times10^{-6}$
水体	硫酸	硫酸	在线检测硫酸浓度仪	5～150 mg/L
大气	氯化氢	氯化氢	便携式氯化氢监测仪	$0\sim20\times10^{-6}$
大气	溴化氢	溴化氢	便携式溴化氢监测仪	$0\sim20\times10^{-6}$
大气	氯气	氯气	氯气检测仪	$0\sim200\times10^{-6}$
大气	溴气	溴气	溴气检测仪	$0\sim200\times10^{-6}$
水体	次氯酸	次氯酸	在线次氯酸检测仪	0～10.00 mg/L
水体	偶氮二甲酰胺	偶氮二甲酰胺	采样送实验室分析，分析方法参见附录	
水体	水合肼	总氮	便携式总氮浓度测定仪	0.00～2.50 mg/L

第二十节　聚合氯化铝工艺突发性环境污染事故及应急

一、聚合氯化铝生产工艺简介

聚合氯化铝是一种重要的水处理剂，主要应用于饮用水和工业给水净化，以及工业废水处理。聚合氯化铝的工业生产主要有铝屑盐酸和沸腾热解两种工艺。其中酸溶法应用范围较广泛。

废铝屑、炼铝熔渣和浮皮在工业盐酸处理下进行水解、聚合、熟化生成聚合氯化铝。反应式如下

$$Al_2O_3 + 6HCl + 9H_2O \longrightarrow 2AlCl_3 \cdot 6H_2O$$

$$2AlCl_3 \cdot 6H_2O \longrightarrow Al_2(OH)_nCl_{6-n} + (12-n)H_2O + nHCl$$

$$mAl_2(OH)_nCl_{6-n} + mxH_2O \longrightarrow [Al_2(OH)_nCl_{6-n} \cdot xH_2O]m$$

二、工艺流程及事故点位

聚合氯化铝生产工艺流程及环境污染事故风险点位见图 7-20。

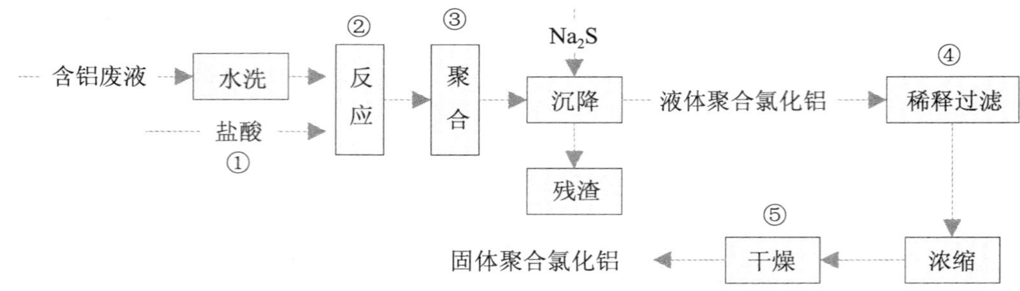

图 7-20 聚合氯化铝生产工艺流程及环境污染事故风险点位

① 盐酸泄漏；② 氯化氢、氢气泄漏；③ 盐酸泄漏；④ 盐酸泄漏；⑤高温气体

反应开始前，首先要处理铝屑，铝屑需经过水洗，水洗后的铝屑应立即投入反应釜，投料总体积一般不大于反应釜总容积的 2/3，以防投料过多反应物溢出。加入盐酸的量要计算准确，用洗水稀释到适当浓度，一次性加入反应釜中，再将处理过的铝屑加入反应釜中，搅拌均匀，盖上带有观察镜的盖板，数分钟后，反应激烈，氢气和氯化氢气体向外排出；此时应开启喷淋水，用水吸收氯化氢气体，直至反应缓慢停止无氯化氢气体溢出为止。反应过程中应补充水分，并不断搅拌，以免铝屑在釜底结块；反应温度控制在 96℃，整个反应持续 6～14 h。这个过程是最危险的点位。氢气容易扩散，易燃易爆。氯化氢的腐蚀性很强。搅拌器要防止断电，以免发生铝屑结块的事故。pH 达到 4～4.5，保温自燃反应、熟化 16～18 h。将反应溶液抽入沉降器，此时加入硫化钠溶液，搅拌均匀，沉降，以便除去金属杂质，沉降的残渣用水冲两次。

沉降 2～4 d 后的聚合氯化铝溶液，可以以液体成品出售。也可将液体聚合氯化铝经过稀释过滤、浓缩和干燥工序，制得固体聚合氯化铝成品。

三、生产工艺产生的污染物特征及其危害

根据聚合氯化铝生产工艺流程（图 7-20），表 7-58 表出了突发性环境污染事故产生的主要污染物特征及其危害。

表 7-58 聚合氯化铝生产工艺产生的污染物表征及其危害

<table>
<tr><th>风险点位</th><th>主要污染物</th><th>现象及特征</th><th>危害对象及途径</th></tr>
<tr><td>①，③，④</td><td>盐酸</td><td rowspan="3">盐酸：工业盐酸无色或黄色，具有挥发性。稀盐酸无色，都具有强腐蚀性
氯化氢：刺激性酸，遇水呈强腐蚀性
氢气：无色，易燃易爆气体</td><td rowspan="3">盐酸：接触其蒸汽或烟雾，可引起急性中毒，出现眼结膜炎，鼻及口腔黏膜有烧灼感。误服可引起消化道灼伤、溃疡形成，有可能引起胃穿孔、腹膜炎等。眼和皮肤接触可致灼伤。对环境有危害，对水体和土壤可造成污染。具有强腐蚀性。
氯化氢：吸入或接触，具有腐蚀性。对眼和呼吸道黏膜有强烈的刺激作用。
氢气：氢虽无毒，在生理上对人体是惰性的，但若空气中氢含量增高，将引起缺氧性窒息。氢气并有可能和空气一起形成爆炸混合物，引发燃烧爆炸事故</td></tr>
<tr><td>②</td><td>氯化氢
氢气</td></tr>
<tr><td>⑤</td><td>高温气体</td></tr>
</table>

四、应急防护措施、防护设备及应急处理

为了保障工人以及环保工作人员的身心健康和环境安全，表 7-59 给出了聚合氯化铝生产工艺流程中发生突发环境污染事故的污染物种类，应急防护措施，防护设备及应急处理技术。

表 7-59　污染物的应急防护措施、防护设备及应急处理技术

<table>
<tr><th rowspan="2">污染物种类</th><th rowspan="2">应急防护措施</th><th colspan="2">防护设备</th><th rowspan="2">应急处理方法</th></tr>
<tr><th>常用基础设备</th><th>特异性设备</th></tr>
<tr><td>盐酸</td><td rowspan="3">戴防毒面具</td><td rowspan="3">防腐蚀的塑胶鞋、手套、衣服等</td><td rowspan="3">—</td><td rowspan="3">迅速撤离泄漏污染区人员至安全区，并立即隔离 150 m，严格限制出入。建议应急处理人员戴自给正压式呼吸器，穿防酸碱工作服。不要直接接触泄漏物。尽可能切断泄漏源。
小量泄漏：用沙土、干燥石灰或苏打灰混合。也可以用大量水冲洗，经水稀释后放入废水系统。大量泄漏：构筑围堤或挖坑收容。用泵转移至槽车或专用收集器内，回收或运至废物处理场所处置。
氢气泄漏，立即切断污染源和火源，通风扩散。</td></tr>
<tr><td>氯化氢</td></tr>
<tr><td>氢气</td></tr>
</table>

五、应急监测、监测设备及监测方法

突发环境污染事故应尽量携带便携式的污染物监测仪器，如还未配备，则可以采样回实验室采用国家标准分析方法进行污染物的监测。

表 7-60　应急监测设备与监测方法及监测指标

污染物种	监测物种	监测指标	应急监测设备	量程范围
水体	盐酸	氯化氢	便携式 pH 计	0.0～14.0
大气	氯化氢	氯化氢	便携式氯化氢监测仪	$0～20×10^{-6}$
大气	氢气	氢气	氢气检测仪	$0～1\ 000×10^{-6}$

第二十一节　苯胺工艺突发性环境污染事故及应急

一、苯胺生产工艺简介

苯胺是一种重要的有机化工原料和化工产品，由其制得的化工产品和中间体有 300 多种。目前世界上苯胺的生产以硝基苯催化加氢法为主，其生产能力约占苯胺总生产能力的 85%。

反应式

$$C_6H_5NO_2+3H_2 \rightarrow C_6H_5NH_2+2H_2O$$

二、工艺流程及事故点位

苯胺生产工艺流程及环境污染事故风险点位见图 7-21。

苯胺生产中的原料氢与系统中的循环氢混合经氢压机增压至 0.12 MPa 后，与来自流化床顶的高温混合气在热交换器中进行热交换，被预热到约 180℃进入硝基苯汽化器，硝基苯经预热在汽化器中汽化与过量的氢气混合并过热到约 180～200℃，进入流化床反应器，与催化剂接触。硝基苯被还原，生成苯胺和水并放出大量热，利用流化床反应器中的余热锅炉中的软水汽化产生蒸汽带走反应热来控制反应温度在 250～270℃。反应后的混合气与催化剂分离，进热交换器与混合氢进行热交换，用水冷却，粗苯胺及水被冷凝，与过量的氢分离，过量氢循环使用，粗苯胺与饱和苯胺水进入连续分离器分离，粗苯胺进入脱水塔脱水，然后进精馏塔精馏得到成品苯胺。含少量苯胺的水进共沸塔回收苯胺，废水去污水车间进行二级生化处理。

其中有以下几个关键的危险点位。液体硝基苯加热到 180～200℃进入汽化器，在高摩尔比氢存在下，降膜蒸发汽化过程为物理过程，但是设计不合理及管理不善，同样会发生严重事故。硝基苯与苯胺在高温无催化剂情况下会发生缩合反应，生成高沸物，长时间高温加热易分解，结焦，造成汽化器堵塞。氢压机是苯胺生产的心脏。由于苯胺生产是长周期连续运行，一旦任何一台氢压机出现故障都直接危及安全和正常生产。苯胺生产的重要工艺参数之一是氢油比，若氢压机输出氢量低于标准将造成局部反应温度过高，轻者造成催化剂烧结，重则发生火灾和爆炸。流化床反应器是苯胺生产的核心设备，硝基苯和氢气在流化床中遇到催化剂瞬间即反应放出大量热，反应物料有毒有害、易燃易爆，属带压高温操作。一旦反应失控，轻者超温烧毁催化剂，重则物料泄漏酿成大祸。精馏回收后处理系统是纯物理加工系统，基本无化学反应，脱水精馏采用负压操作，物料基本对设备无腐蚀，回收系统常压操作，物料主要含苯胺，生产过程中发生最多的事故是残液蒸干造成堵管和溢料，会污染环境及造成人员中毒。

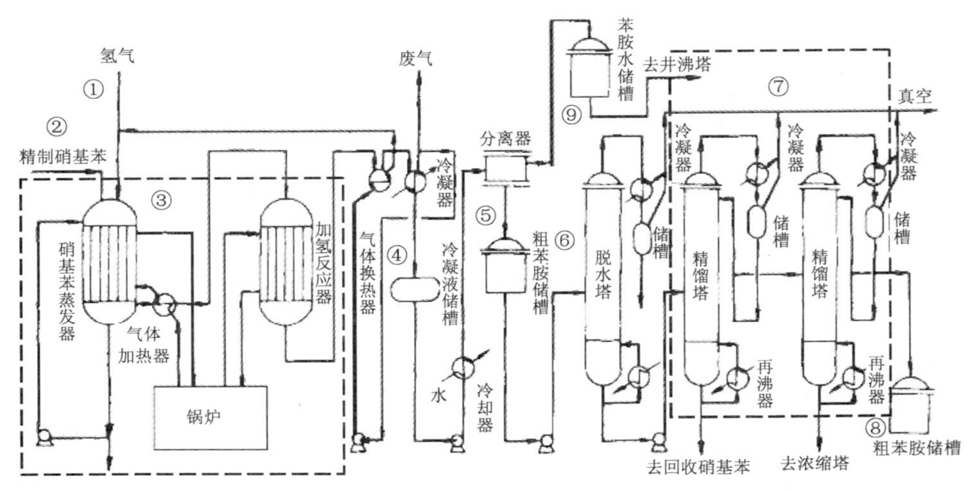

图 7-21　苯胺生产工艺流程及环境污染事故风险点位

①泄漏，爆炸；②泄漏，易燃，有毒；③爆炸，易燃，有毒；④泄漏，易燃，有毒；⑤泄漏，易燃，有毒；⑥泄漏，易燃，有毒；⑦泄漏，有毒；⑧泄漏，有毒；⑨泄漏，有毒

三、生产工艺产生的污染物特征及其危害

根据苯胺生产工艺流程（图 7-21），表 7-61 列出了突发性环境污染事故产生的主要污染物特征及其危害。

表 7-61 苯胺生产工艺产生的污染物表征及其危害

风险点位	主要污染物	现象及特征	危害对象及途径
①	氢气	氢气：无色，易燃易爆气体 硝基苯：淡黄色透明油状液体，有苦杏仁味，有毒，遇火种、高热能引起燃烧爆炸，与硝酸反应强烈。 苯胺：无色或淡黄色油状液体，特殊臭味	氢气：氢虽无毒，在生理上对人体是惰性的，但若空气中氢含量增高，将引起缺氧性窒息。氢气并有可能和空气一起形成爆炸混合物，引发燃烧爆炸事故。 硝基苯：多量吸入蒸汽或经皮肤吸收都会引起中毒 苯胺：具有很高的毒性，易经皮肤吸收以及经呼吸道吸入而中毒；中毒现象为头晕、乏力、嘴唇发黑、指甲发黑甚至呕吐；饮酒后更容易引起中毒；苯胺可燃，遇明火、强氧化剂、高温有火灾危险。
②	硝基苯		
③	氢气 硝基苯 苯胺		
④～⑦	硝基苯 苯胺		
⑧～⑨	苯胺		

四、应急防护措施、防护设备及应急处理

为了保障工人以及环保工作人员的身心健康和环境安全，表 7-62 指出了苯胺生产工艺流程中发生突发环境污染事故的污染物种类，应急防护措施，防护设备及应急处理技术。

表 7-62 污染物的应急防护措施、防护设备及应急处理技术

污染物种类	应急防护措施	防护设备		应急处理方法
		常用基础设备	特异性设备	
氢气	戴防毒面具	防腐蚀的塑胶鞋、手套、衣服等	—	迅速撤离泄漏污染区人员至安全区，并立即隔离 150 m，严格限制出入。建议应急处理人员戴自给正压式呼吸器，穿防酸碱工作服。不要直接接触泄漏物。尽可能切断泄漏源。 氢气泄漏，立即切断污染源和火源，通风扩散。 苯胺和硝基苯泄漏，应防止流入下水道、排洪沟等限制性空间。小量泄漏：用沙土或其他不燃材料吸附或吸收。大量泄漏：构筑围堤或挖坑收容。喷雾状水或泡沫冷却和稀释蒸汽、保护现场人员。用泵转移至槽车或专用收集器内，回收或运至废物处理场所处置
硝基苯				
苯胺				

五、应急监测、监测设备及监测方法

突发环境污染事故应尽量携带便携式的污染物监测仪器，如还未配备，则可以采样回实验室采用国家标准分析方法进行污染物的监测。

表 7-63 应急监测设备与监测方法及监测指标

污染物种	监测物种	监测指标	应急监测设备	量程范围
气体	氢气	氢气	氢气检测仪	$0\sim1\ 000\times10^{-6}$
气体	硝基苯	硝基苯	硝基苯检测仪	0%～100%LEL
气体	苯胺	苯胺	苯胺气体检测仪	0%～100%LEL
水体	苯胺	苯胺	采样送实验室分析，分析方法参见附录	

第二十二节 二氧化氯工艺突发性环境污染事故及应急

一、二氧化氯生产工艺简介

二氧化氯的氧化能力很强，常用于处理循环水、冷却水的杀菌剂，它能附着于菌体的细胞壁上，穿过细胞壁与含巯基的酶反应，抑制蛋白质的合成使细菌死亡。二氧化氯的生成工艺有多种，其中应用较广的是食盐法。该方法以氯化钠作为还原剂，还原氯酸钠，制得二氧化氯。

反应式

$$NaClO_3 + NaCl + H_2SO_4 \rightarrow ClO_2 + 0.5Cl_2 + H_2O + Na_2SO_4$$

二、工艺流程及事故点位

二氧化氯生产工艺流程及环境污染事故风险点位见图 7-22。

将氯化钠和氯酸钠的混合水溶液按 1∶1.05 的摩尔比送入反应器，加入质量分数为98%的硫酸进行反应，控制反应温度在 35～55℃，温度偏高，收率虽好，但是由于发生二氧化氯分解，故应避免高温反应。由于反应器中所生成的二氧化氯和氯气，由空气驱出。空气是经过流量计和调节阀后，通过设置在反应器底部的气体分散板而吹入反应器。氯化钠和氯酸钠的摩尔比要控制好，防止过量的氯化钠会将二氧化氯还原成氯气。由于浓硫酸的溶解放热和反应需放出大量的热，若控温不当，大量的热释放会产生爆炸。

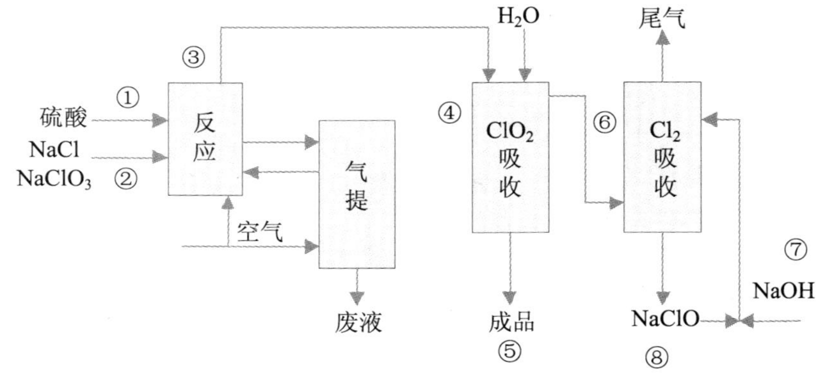

图 7-22 二氧化氯生产工艺流程及环境污染事故风险点位

①泄漏，腐蚀性；②泄漏，腐蚀性；③爆炸，腐蚀性，有毒；④泄漏，腐蚀性；⑤泄漏，腐蚀性；⑥泄漏，有毒；⑦泄漏，腐蚀性；⑧泄漏，腐蚀性

反应生成的二氧化氯和氯气的混合气体进入二氧化氯吸收塔，与吸收用水逆流接触，其中大部分二氧化氯和一部分氯气溶入水中，变成二氧化氯水溶液，而未被吸收的氯气则进入下一个氯气吸收塔，生成氯气水溶液，然后与氢氧化钠反应，生成次氯酸钠。从氯气吸收塔排出的尾气，用蒸汽喷射泵或鼓风机抽吸而排入大气中，含有硫酸钠和硫酸，可以进行回收，也可用于牛皮纸浆的生产中。

三、生产工艺产生的污染物特征及其危害

根据二氧化氯生产工艺流程（图 7-22），表 7-64 列出了突发性环境污染事故产生的主要污染物特征及其危害。

表 7-64　二氧化氯生产工艺产生的污染物表征及其危害

<table>
<tr><th>风险点位</th><th>主要污染物</th><th>现象及特征</th><th>危害对象及途径</th></tr>
<tr><td>①</td><td>浓硫酸</td><td rowspan="7">浓硫酸：有强烈的腐蚀性和吸水性，遇水大量放热，可发生沸溅，与易燃物和可燃物接触会发生剧烈反应，甚至引起燃烧。
氯气：有刺激性气味的黄绿色的气体，有毒的有害物质
氯酸钠：无色无臭结晶，强氧化剂。受强热或与强酸接触时即发生爆炸。
二氧化氯：黄红色气体，有刺激性气味。强氧化性，受热、震动、撞击、摩擦等易导致其分解发生爆炸。
氢氧化钠：常温下是一种白色晶体，具有强腐蚀性。易溶于水，其液体是一种无色，有涩味和滑腻感的液体</td><td rowspan="7">浓硫酸：对皮肤、黏膜等组织有强烈的刺激和腐蚀作用。对眼睛可引起结膜炎、水肿、角膜混浊，以致失明；引起呼吸道刺激症状，重者发生呼吸困难和肺水肿；高浓度引起喉痉挛或声门水肿而死亡。口服后引起消化道的烧伤以至溃疡形成。遇大量水稀释后形成稀硫酸，污染水体和土壤，使 pH 降低，生物死亡。
氯气：它主要通过呼吸道侵入，对上呼吸道黏膜造成有害的影响，所以氯气中毒的明显症状是发生剧烈的咳嗽。症状重时使循环作用困难而致死亡。由食道进入人体的氯气会使人恶心、呕吐、胸口疼痛和腹泻。遇水或湿空气反应。
氯酸钠：本品粉尘对呼吸道、眼及皮肤有刺激性。口服急性中毒，表现为高铁血红蛋白血症，胃肠炎，肝肾损伤，甚至发生窒息。
二氧化氯： 吸入、食入进入人体。接触后主要引起眼和呼吸道刺激。能致死。对皮肤有刺激性，有腐蚀作用。
氢氧化钠：本品有强烈刺激和腐蚀性。粉尘或烟雾会刺激眼和呼吸道，腐蚀鼻中隔；皮肤和眼与氢氧化钠直接接触会引起灼伤；误服可造成消化道灼伤，黏膜糜烂、出血和休克。遇水和水蒸气大量放热，形成腐蚀性溶液</td></tr>
<tr><td>②</td><td>次氯酸钠
氯气</td></tr>
<tr><td>③</td><td>硫酸
氯酸钠
氯气
二氧化氯</td></tr>
<tr><td>④</td><td>氯气
二氧化氯</td></tr>
<tr><td>⑤</td><td>二氧化氯</td></tr>
<tr><td>⑥</td><td>氯气
氢氧化钠</td></tr>
<tr><td>⑦，⑧</td><td>氢氧化钠</td></tr>
</table>

四、应急防护措施、防护设备及应急处理

为了保障工人以及环保工作人员的身心健康和环境安全，表 7-65 指出了二氧化氯生产工艺流程中发生突发环境污染事故的污染物种类，应急防护措施，防护设备及应急处理技术。

表 7-65 污染物的应急防护措施、防护设备及应急处理技术

<table>
<tr><th rowspan="2">污染物种类</th><th rowspan="2">应急防护措施</th><th colspan="2">防护设备</th><th rowspan="2">应急处理方法</th></tr>
<tr><th>常用基础设备</th><th>特异性设备</th></tr>
<tr><td>浓硫酸</td><td rowspan="3">戴防毒面具</td><td rowspan="5">防腐蚀的塑胶鞋、手套、衣服等</td><td rowspan="5">—</td><td rowspan="5">迅速撤离泄漏污染区人员至安全区，并立即隔离150 m，严格限制出入。建议应急处理人员戴自给正压式呼吸器，穿防酸碱工作服。不要直接接触泄漏物。尽可能切断泄漏源。防止流入下水道、排洪沟等限制性空间。小量泄漏：用沙土、干燥石灰或苏打灰混合。也可以用大量水冲洗，经水稀释后放入废水系统。大量泄漏：构筑围堤或挖坑收容。用泵转移至槽车或专用收集器内，回收或运至废物处理场所处置。
氯气泄漏用水雾防止在空气中扩散，地面冲刷水用石灰中和。
二氧化氯小量泄漏：疏散泄漏污染区人员至上风处，并隔离直到气体散尽。切断火源，喷洒雾状水稀释，抽排或强力通风。漏气容器不能再用，且要经过技术处理以清除可能剩下的气体</td></tr>
<tr><td>氯气</td></tr>
<tr><td>二氧化氯</td></tr>
<tr><td>氯酸钠</td><td rowspan="2">防尘面具（全面罩）</td></tr>
<tr><td>氢氧化钠</td></tr>
</table>

五、应急监测、监测设备及监测方法

突发环境污染事故应尽量携带便携式的污染物监测仪器，如还未配备，则可以采样回实验室采用国家标准分析方法进行污染物的监测。

表 7-66 应急监测设备与监测方法及监测指标

污染物种	监测物种	监测指标	应急监测设备	量程范围
水体	硫酸	硫酸	在线检测硫酸浓度仪	5～150 mg/L
气体	氯气	氯气	氯气检测仪	0～200×10^{-6}
气体	二氧化氯	二氧化氯	二氧化氯快速测试盒	0.05～2.0 mg/L
水体	氯酸钠	氯酸钠	采样送实验室分析，分析方法见附录	
水体	氢氧化钠	氢氧化钠	便携式 pH 计	0.0～14.0

第二十三节 十二烷基苯磺酸钠工艺突发环境污染事故及应急

一、十二烷基苯磺酸钠生产工艺简介

十二烷基苯磺酸钠，是阴离子型表面活性剂。因生产成本低、性能好，因而用途广泛，是家用洗涤剂用量最大的合成表面活性剂，也生产一部分镁、钙等无机盐及三乙醇胺等有机胺盐。在洗涤剂中使用的烷基苯磺酸钠有支链结构（ABS）和直链结构（LAS）两种，支链结构生物降解性小，会对环境造成污染，而直链结构易生物降解，生物降解性可大于

90%，对环境污染程度小。由直链烷基苯（LAB）用三氧化硫或发烟硫酸磺化生成烷基磺酸，再中和制成。其反应式为：

$$R-C_6H_5 + SO_3 \longrightarrow R-C_6H_4-SO_3H$$

$$R{=}CH_3-(CH_2)_x-\underset{|}{C}H-(CH_2)_yCH_3 \qquad x+y=9$$

二、工艺流程及事故点位

十二烷基苯磺酸钠的生产工艺流程及环境污染事故风险点位见图 7-23。

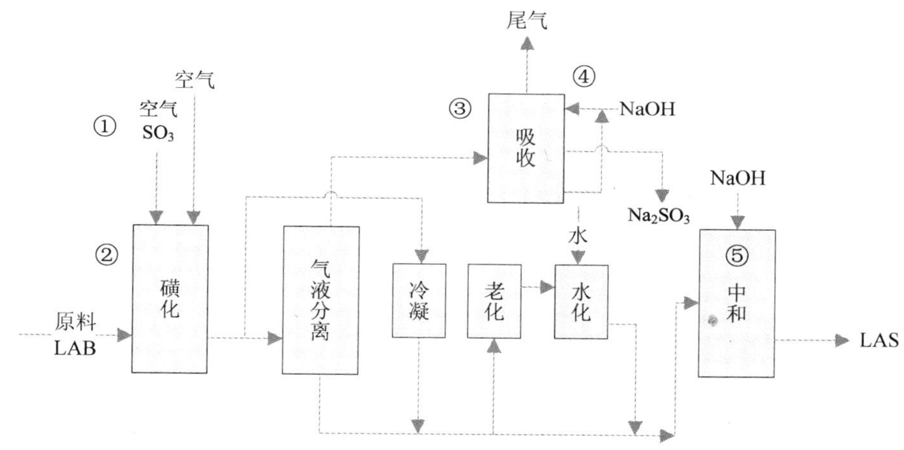

图 7-23　十二烷基苯磺酸钠物生产工艺流程及环境污染事故风险点位

①泄漏，腐蚀性；②爆炸，易燃，有毒；③泄漏，有毒；④泄漏，腐蚀；⑤泄漏，NaOH，十二烷基苯磺酸

原料十二烷基苯（LAB）由供料泵进入磺化器，与进入磺化器的三氧化硫（3%～5%），瞬间发生磺化反应，产物经气液分离器，循环泵，冷却器处理后，部分回到反应器底部，用于磺酸的急冷，部分反应产物被送入老化器，调整反应保持时间再进入水化器成酸，最后经中和器制得烷基磺酸钠（LAS）。尾气经除雾器去除酸雾，再经吸收塔吸收放空。

在进行磺化反应时，温度的控制很重要。由于磺化反应是强快速放热的反应，温度过高对反应不利，并有一定的危险。温度过低，由于产物的磺酸的黏度增加，对传热不利，造成局部过热，引起爆炸。反应的原料和产物大都具有腐蚀性，需防止泄漏污染。

三、生产工艺产生的污染物特征及其危害

根据十二烷基苯磺酸钠生产工艺流程（图 7-23），表 7-67 列出了突发性环境污染事故

产生的主要污染物特征及其危害。

表 7-67 十二烷基苯磺酸钠生产工艺产生的污染物表征及其危害

风险点位	主要污染物	现象及特征	危害对象及途径
①	SO_3	SO_3：具强腐蚀性、强刺激性，可致人体灼伤。与水发生爆炸性剧烈反应，放热。与有机材料如木、棉花或草接触，会着火。吸湿性极强，在空气中产生有毒的白烟。遇潮时对大多数金属有强腐蚀性。 十二烷基苯磺酸：棕色黏稠性液体 硫酸：酸性，腐蚀性。遇金属会产生氢气，易引起燃烧或爆炸。 砜：结晶状稳定化合物 二氧化硫：无色气体，有强烈刺激性气味 十二烷基苯：无色透明液体，有芳香味 NaOH：常温下是一种白色晶体，具有强腐蚀性。易溶于水，其液体是一种无色，有涩味和滑腻感的液体	SO_3：对皮肤、黏膜等组织有强烈的刺激和腐蚀作用。口服后引起消化道的烧伤以至溃疡形成。在空气中和水蒸汽接触形成硫酸，进而形成酸雾。消防废水中形成硫酸，使土壤酸化。 十二烷基苯磺酸：具有微毒性。 硫酸：对皮肤、黏膜等组织有强烈的刺激和腐蚀作用。蒸汽或雾可引起结膜炎、结膜水肿、角膜混浊，以致失明；引起呼吸道刺激，重者发生呼吸困难和肺水肿；高浓度引起喉痉挛或声门水肿而窒息死亡。口服后引起消化道烧伤以致溃疡形成；严重者可能有胃穿孔、腹膜炎、肾损害、休克等。皮肤灼伤轻者出现红斑、重者形成溃疡，愈后瘢痕收缩影响功能。溅入眼内可造成灼伤，甚至角膜穿孔、全眼炎以至失明。慢性影响：牙齿酸蚀症、慢性支气管炎、肺气肿和肺硬化。对水体和土壤可造成污染，具有助燃，强腐蚀性、强刺激性，可致人体灼伤。 砜：对眼睛和皮肤有刺激，可能引起呼吸道刺激。 二氧化硫：对眼及呼吸道黏膜有强烈的刺激作用。大量吸入可引起肺水肿、喉水肿、声带痉挛而致窒息。对大气可造成严重污染，在空气中通过氧化作用制造酸雨。 十二烷基苯：易燃液体，遇明火、高温、强氧化剂可燃；燃烧排放刺激烟雾。口服会中毒。 NaOH：有强烈刺激和腐蚀性。粉尘或烟雾会刺激眼和呼吸道，腐蚀鼻中隔；皮肤和眼与氢氧化钠直接接触会引起灼伤；误服可造成消化道灼伤，黏膜糜烂、出血和休克。遇水和水蒸气大量放热，形成腐蚀性溶液
②	SO_3 硫酸 二氧化硫 砜 十二烷基苯磺酸 十二烷基苯		
③	二氧化硫 NaOH		
④	NaOH		
⑤	NaOH 十二烷基苯磺酸		

四、应急防护措施、防护设备及应急处理

为了保障工人以及环保工作人员的身心健康和环境安全，表 7-68 列出了十二烷基苯磺酸钠生产工艺流程中发生突发环境污染事故的污染物种类，应急防护措施，防护设备及应急处理技术。

表 7-68 污染物的应急防护措施、防护设备及应急处理技术

污染物种类	应急防护措施	防护设备		应急处理方法
		常用基础设备	特异性设备	
SO_3	戴防毒面具	防腐蚀的塑胶鞋、手套、眼镜、衣服等	正压式呼吸器	迅速撤离泄漏污染区人员至安全区，并立即隔离 150 m，严格限制出入。建议应急处理人员戴自给正压式呼吸器，穿防酸碱工作服。不要直接接触泄漏物。尽可能切断泄漏源。防止流入下水道、排洪沟等限制性空间。小量泄漏：用沙土、干燥石灰或苏打灰混合。也可以用大量水冲洗，经水稀释后放入废水系统。大量泄漏：构筑围堤或挖坑收容。用泵转移至槽车或专用收集器内，回收或运至废物处理场所处置。 SO_3、二氧化硫泄漏喷雾状水稀释、溶解。构筑围堤或挖坑收容产生的大量废水。加入碱石灰处理。 硫酸：远离火种、热源，工作场所严禁吸烟。远离易燃、可燃物。防止蒸汽泄漏到工作场所空气中。避免与还原剂、碱类、碱金属接触。搬运时要轻装轻卸，防止包装及容器损坏。配备相应品种和数量的消防器材及泄漏应急处理设备。倒空的容器可能残留有害物。稀释或制备溶液时，应把酸加入水中，避免沸腾和飞溅
十二烷基苯磺酸				
硫酸				
砜				
二氧化硫				
十二烷基苯				
NaOH				

五、应急监测、监测设备及监测方法

突发环境污染事故应尽量携带便携式的污染物监测仪器，如还未配备，则可以采样回实验室采用国家标准分析方法进行污染物的监测。

表 7-69 应急监测设备与监测方法及监测指标

污染物种	监测物种	监测指标	应急监测设备	量程范围
气体	SO_3	硫酸	检气管法	5～150 mg/L
水体	十二烷基苯磺酸	十二烷基苯磺酸	采样送实验室分析，分析方法见附录	
水体	硫酸	硫酸	在线检测硫酸浓度仪	5～150 mg/L
水体	砜	砜	采样送实验室分析，分析方法见附录	
气体	二氧化硫	二氧化硫	泵吸式二氧化硫检测仪（产品型号：GD80-SO_2）	0～10×10^{-6}、20×10^{-6}、100×10^{-6}、2 000×10^{-6}、5 000×10^{-6}可选
水体	十二烷基苯	十二烷基苯	采样送实验室分析，分析方法见附录	
水体	氢氧化钠	氢氧化钠	便携式 pH 计	0～14

第二十四节 水杨酸工艺突发性环境污染事故及应急

一、水杨酸生产工艺简介

水杨酸是医药、香料、染料、橡胶助剂等精细化学品的重要原料。在医药工业中，水

杨酸本身用作消毒防腐药，用于局部角质增生及皮肤霉菌感染。一般采用苯酚与氢氧化钠反应生成苯酚钠，蒸馏脱水后，通二氧化碳进行羧基化反应，制得水杨酸钠盐，再用硫酸酸化，而得粗品。粗品经升华精制得成品。

反应式

$$C_6H_5OH + NaOH \longrightarrow C_6H_5ONa + H_2O$$

$$C_6H_5ONa + CO_2 \longrightarrow C_6H_4(OH)COONa$$

$$C_6H_4(OH)COONa + H_2SO_4 \longrightarrow C_6H_4(OH)COOH + Na_2SO_4$$

二、工艺流程及事故点位

水杨酸生产工艺流程及环境污染事故风险点位见图 7-24。

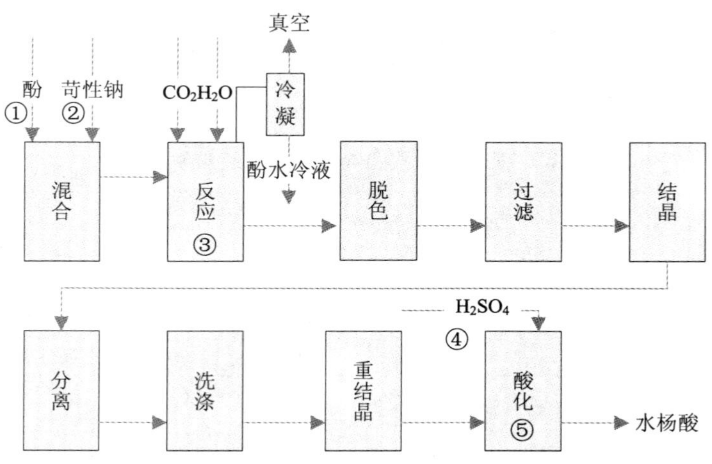

图 7-24 水杨酸生产工艺流程及环境污染事故风险点位

①泄漏，有毒；②泄漏，腐蚀性；③泄漏，爆炸；④泄漏，腐蚀性；⑤泄漏，腐蚀性

该生产过程中，将苯酚与 50%氢氧化钠热溶液先混合，然后加入具有加热和搅拌的反应器内，在常压 130℃下进行反应。然后在真空下蒸发，得到干燥研细的苯酚钠。干燥后温度降到 100℃，在搅拌下通入二氧化碳控制压力约 0.6 MPa 进行羧基化反应，为了避免树脂化和着色，所用的二氧化碳的量必须小于 0.1%。为了使反应完全，通常通入的二氧化碳过量，当吸收的二氧化碳达到要求时，停止通气，将物料在 150～170℃加热几个小时，

然后泄压，用真空蒸馏回收苯酚。反应过程涉及高温，和高压反应，容易发生泄漏、爆炸等问题。

高压釜内的水杨酸粗品经冷却，加水溶解以形成30%的水杨酸钠水溶液，并放入脱色槽中，加入锌粉和活性炭以除去有色杂质。所得的溶液进行压虑，清液送至沉淀槽，加入晶体中进行结晶制得六水水杨酸钠结晶，然后与母液分离，用冷水洗去杂质。经重结晶得到药用级水杨酸钠。将所得的水杨酸钠溶于水，用硫酸酸化，即可析出药用级水杨酸。

三、生产工艺产生的污染物特征及其危害

根据水杨酸生产工艺流程及风险点位（图7-24），表7-70指出了突发性环境污染事故产生的主要污染物特征及其危害。

表7-70　水杨酸生产工艺产生的污染物表征及其危害

<table>
<tr><th>风险点位</th><th>主要污染物</th><th>现象及特征</th><th>危害对象及途径</th></tr>
<tr><td>①</td><td>酚</td><td rowspan="5">酚：无色晶体，在空气中放置及光照下变粉红，有特殊气味，有毒，有腐蚀性
氢氧化钠：有刺激性气味的黄绿色的气体，有毒的有害物质
硫酸：无色无味油状液体，难挥发的强酸
水杨酸：白色结晶性粉末，无臭，味先微苦后转辛</td><td rowspan="5">酚：低浓度酚能使蛋白变性，高浓度能使蛋白沉淀。对皮肤、黏膜有强烈的腐蚀作用，也可抑制中枢神经系统或损害肝、肾功能。
氢氧化钠：有强烈刺激和腐蚀性。粉尘或烟雾会刺激眼和呼吸道，腐蚀鼻中隔；皮肤和眼与$NaOH$直接接触会引起灼伤；误服可造成消化道灼伤，黏膜糜烂、出血和休克。
硫酸：对皮肤、黏膜等组织有强烈的刺激和腐蚀作用。蒸汽或雾可引起结膜炎、结膜水肿、角膜混浊，以致失明；引起呼吸道刺激，重者发生呼吸困难和肺水肿；高浓度引起喉痉挛或声门水肿而窒息死亡。口服后引起消化道烧伤以致溃疡形成；严重者可能有胃穿孔、腹膜炎、肾损害、休克等。皮肤灼伤轻者出现红斑、重者形成溃疡，愈后瘢痕收缩影响功能。溅入眼内可造成灼伤，甚至角膜穿孔、全眼炎以致失明。慢性影响：牙齿酸蚀症、慢性支气管炎、肺气肿和肺硬化。
水杨酸：可以抑制外毛细胞运动蛋白的活性，因而具有耳毒性对于缺锌的患者可能导致暂时性失聪，过量的水杨酸可导致代谢性酸中毒和呼吸性碱中毒</td></tr>
<tr><td>②</td><td>氢氧化钠</td></tr>
<tr><td>③</td><td>酚
氢氧化钠
水杨酸</td></tr>
<tr><td>④</td><td>硫酸
酚
水杨酸</td></tr>
<tr><td>⑤</td><td>硫酸
酚
水杨酸</td></tr>
</table>

四、应急防护措施、防护设备及应急处理

为了保障工人以及环保工作人员的身心健康和环境安全，表7-71指出了水杨酸生产工艺流程中发生突发环境污染事故的污染物种类，应急防护措施，防护设备及应急处理技术。

表 7-71 污染物的应急防护措施、防护设备及应急处理技术

<table>
<tr><th rowspan="2">污染物种类</th><th rowspan="2">应急防护措施</th><th colspan="2">防护设备</th><th rowspan="2">应急处理方法</th></tr>
<tr><th>常用设备</th><th>特异性设备</th></tr>
<tr><td>酚</td><td rowspan="4">戴防毒面具</td><td rowspan="4">防腐蚀的塑胶鞋、手套、衣服等</td><td rowspan="4">防毒面具</td><td rowspan="4">疏散泄漏污染区人员至安全区，禁止无关人员进入污染区，切断火源。建议应急处理人员戴自给式呼吸器，穿化学防护服。合理通风，不要直接接触泄漏物，在确保安全情况下堵漏。喷水雾能减慢挥发（或扩散），但不要对泄漏物或泄漏点直接喷水。用活性炭或其他惰性材料吸收，然后收集运至废物处理场所处置。如大量泄漏，利用围堤收容，最好不用水处理，然后收集、转移、回收或无害处理后废弃</td></tr>
<tr><td>氢氧化钠</td></tr>
<tr><td>硫酸</td></tr>
<tr><td>水杨酸</td></tr>
</table>

五、应急监测、监测设备及监测方法

突发环境污染事故应尽量携带便携式的污染物监测仪器，如还未配备，则可以采样回实验室采用国家标准分析方法进行污染物的监测。

表 7-72 应急监测设备与监测方法及监测指标

<table>
<tr><th>污染物种</th><th>监测物种</th><th>监测指标</th><th>应急监测设备</th><th>量程范围</th></tr>
<tr><td>水体</td><td>酚</td><td>酚</td><td>快速检测试剂盒法</td><td>20～2 000 mg/L</td></tr>
<tr><td>水体</td><td>氢氧化钠</td><td>氢氧化钠</td><td>便携式 pH 计</td><td>0.0～14.0</td></tr>
<tr><td>水体</td><td>硫酸</td><td>硫酸</td><td>便携式 pH 计</td><td>0.0～14.0</td></tr>
<tr><td>水体</td><td>水杨酸</td><td>水杨酸</td><td colspan="2">采样送实验室分析，分析方法见附录</td></tr>
</table>

第二十五节 阿斯匹林工艺突发性环境污染事故及应急

一、阿斯匹林生产工艺简介

阿斯匹林的化学名为乙酰水杨酸，一般为白色结晶或结晶性粉末。是应用最为广泛的解热镇痛和抗风湿药。阿司匹林的生产工艺是由水杨酸酰化制得的。

反应式如下

$$C_6H_4(OH)COOH + (CH_3CO)_2CO \xrightarrow{75\sim80℃} C_6H_4(OCOCH_3)COOH$$

二、工艺流程及事故点位

阿斯匹林生产工艺流程及环境污染事故风险点位见图 7-25。

在陶瓷反应器中加入母液与醋酐，在搅拌下加入水杨酸进行酰化反应。反应时逐步升温至 75～80 ℃，保温 5 h，反应结束后，缓慢冷却至析出结晶。用离心分离得乙酰水杨酸结晶，母液循环使用。晶体经洗涤、甩干并在气流干燥器中干燥，得乙酰水杨酸。

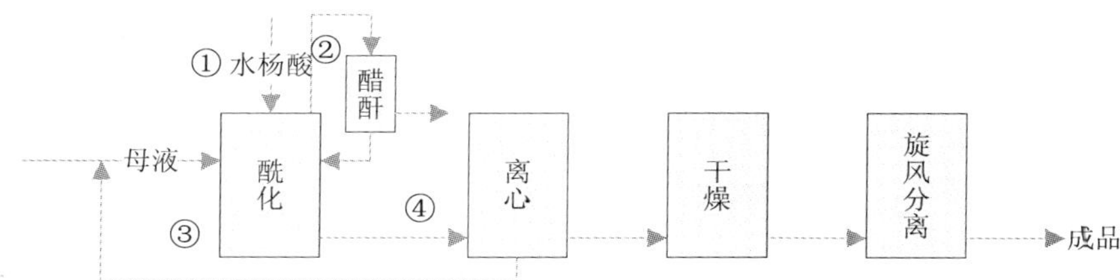

图 7-25　阿斯匹林生产工艺流程及环境污染事故风险点位

①泄漏，腐蚀性；②泄漏，腐蚀性；③泄漏，腐蚀性；④高速，物理伤害

三、生产工艺产生的污染物特征及其危害

根据阿斯匹林生产工艺流程（图 7-25），表 7-73 列出了突发性环境污染事故产生的主要污染物特征及其危害。

表 7-73　阿斯匹林生产工艺产生的污染物表征及其危害

风险点位	主要污染物	现象及特征	危害对象及途径
①	水杨酸	水杨酸：白色结晶性粉末，无臭，味先微苦后转辛 醋酐：无色透明液体，有刺激性气味(类似乙酸)，其蒸汽为催泪毒气 乙酰水杨酸：为乳白色均匀粉末，用温开水溶解后呈牛奶样液，置空气中易吸湿分解 醋酸：易挥发。是一种具有强烈刺激性气味的无色液体	水杨酸：可以抑制外毛细胞运动蛋白的活性，因而具有耳毒性对于缺锌的患者可能导致暂时性失聪，过量的水杨酸可导致代谢性酸中毒和呼吸性酸中毒。 醋酐：吸入后有刺激作用，引起咳嗽、胸痛、呼吸困难。眼直接接触可致灼伤；蒸汽对眼有刺激性。皮肤接触可引起灼伤。口服灼伤口腔和消化道，出现腹痛、恶心、呕吐和休克等。 乙酰水杨酸：三氯化磷在空气中可生成盐酸雾。对皮肤、黏膜有刺激腐蚀作用。遇水猛烈分解，产生大量的热和浓烟，甚至爆炸。 醋酸：吸入后对鼻、喉和呼吸道有刺激性。对眼有强烈刺激作用。皮肤接触，轻者出现红斑，重者引起化学灼伤。误服浓乙酸，口腔和消化道可产生糜烂，重者可因休克而致死
②	醋酐		
③	水杨酸 醋酐 乙酰水杨酸 醋酸		
④	水杨酸 乙酰水杨酸 醋酸		

四、应急防护措施、防护设备及应急处理

为了保障工人以及事故应急环保工作人员的身心健康和环境安全，表 7-74 指出了阿斯匹林生产工艺流程中发生突发环境污染事故的污染物种类，应急防护措施，防护设备及应急处理技术。

表 7-74 污染物的应急防护措施、防护设备及应急处理技术

<table>
<tr><th rowspan="2">污染物种类</th><th rowspan="2">应急防护措施</th><th colspan="2">防护设备</th><th rowspan="2">应急处理方法</th></tr>
<tr><th>常用基础设备</th><th>特异性设备</th></tr>
<tr><td>水杨酸</td><td rowspan="4">戴防毒面具</td><td rowspan="4">防腐蚀的塑胶鞋、手套、衣服等</td><td rowspan="4">防毒面具</td><td rowspan="4">疏散泄漏污染区人员至安全区，禁止无关人员进入污染区，切断火源。建议应急处理人员戴自给式呼吸器，穿化学防护服。合理通风，不要直接接触泄漏物，在确保安全情况下堵漏。喷水雾能减慢挥发（或扩散），但不要对泄漏物或泄漏点直接喷水。用活性炭或其他惰性材料吸收，然后收集运至废物处理场所处置。如大量泄漏，利用围堤收容，最好不用水处理，然后收集、转移、回收或无害处理后废弃。
废弃物的处置建议用焚烧法</td></tr>
<tr><td>醋酐</td></tr>
<tr><td>乙酰水杨酸</td></tr>
<tr><td>醋酸</td></tr>
</table>

五、应急监测、监测设备及监测方法

突发环境污染事故应尽量携带便携式的污染物监测仪器，如还未配备，则可以采样回实验室采用国家标准分析方法进行污染物的监测。

表 7-75 应急监测设备与监测方法及监测指标

<table>
<tr><th>污染物种</th><th>监测物种</th><th>监测指标</th><th>应急监测设备</th><th>量程范围</th></tr>
<tr><td>水体</td><td>醋酐</td><td>pH</td><td>便携式 pH 计</td><td>0.0～14.0</td></tr>
<tr><td>水体</td><td>醋酸</td><td>pH</td><td>便携式 pH 计</td><td>0.0～14.0</td></tr>
<tr><td>水体</td><td>乙酰水杨酸</td><td>水杨酸</td><td colspan="2">采样送实验室分析，分析方法参见附录</td></tr>
<tr><td>水体</td><td>水杨酸</td><td>水杨酸</td><td colspan="2">采样送实验室分析，分析方法参见附录</td></tr>
</table>

第二十六节 乙醇工艺突发性环境污染事故及应急

一、乙醇生产工艺简介

乙醇（酒精）除用合成法生产外，对饮料、溶剂用酒精国内仍采用发酵法制取，发酵的原料可分为三类：淀粉质原料，纤维素原料和糖分原料。国内主要以农产品作为发酵原料。以淀粉质为原料，利用酶菌（一般为黑曲菌）和酵母菌这两种微生物在新陈代谢中产生的酶，把淀粉转化成糖，再转化为酒精，其反应式如下：

$$(C_6H_{10}O_5)_n + nH_2O \xrightarrow[\text{（固体曲或液曲）}]{\text{糖化酶}} nC_6H_{12}O_6$$

$$C_6H_{12}O_6 \xrightarrow[\text{（酒化酶）}]{\text{酵母}} 2C_2H_5OH + 2CO_2$$

二、工艺流程及事故点位

乙醇生产工艺流程及环境污染事故风险点位见图 7-26。

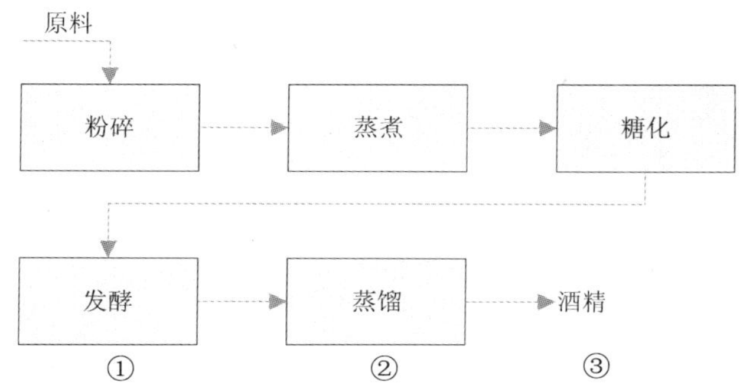

图 7-26　乙醇生产工艺流程及环境污染事故风险点位

①泄漏，富营养化；②泄漏，燃烧；③泄漏，燃烧

原料降杂后粉碎至 1.5 mm，使之易于糊化、水解。粉碎后的原料加水搅拌，温度控制在 73～75℃，使淀粉发生膨化，然后将其送入蒸煮锅中进行蒸煮。在高温高压下，植物组织和细胞壁破裂，淀粉完全溶解出来，最后得到糊化物。蒸煮时，加水比例控制在 1∶(2.8～3.2)。在 90℃预热 1 h，升温 120～150℃，蒸煮 70～75 min。然后在蒸煮物中加入一定数量的糖化剂（麦曲、液曲、酶制剂），利用糖化剂中的淀粉酶，使溶解状态的淀粉转化为葡萄糖。一般糖化时间为 10～20 min，pH 范围为 4.5～5.5，温度低于 60℃。

糖化后，一般要升温杀菌，以杀死从糖化剂带来的杂菌。灭菌温度为 80～85℃，时间是 1h。接种是采用大酒母连续分割法接种酒母，即开工时第一个酒母的种子来于卡氏罐。培养成熟后，分割一部分给第二个酒母，剩下的下罐发酵；第二个酒母成熟后，分割一部分给第三个酒母，如此循环，一至二周换种一次。分割时的接种量为 6%～8%，培养时间均为 8h，整个操作中要严格执行无菌操作规则。

总发酵时间和糖化物的浓度有关。酒母酶是厌氧菌，因此应在缺氧的条件下进行发酵，这时糖酵解产生酒精和二氧化碳。如果在通气的环境下发酵，则葡萄糖被彻底地分解成水和二氧化碳，生成的酒精就很少。发酵中供给的营养物质，酵母的主要碳源就是葡萄糖和麦芽糖，氮源是有机氮和无机氮，二氨基酸和磷酸盐对酵母菌的繁殖有利。

由发酵槽中流出的熟醪仅含 6%～10%的酒精，可应用蒸馏分出。熟醪流经换热器后，泵入粗馏塔。塔底是酒精，少量的水分和醛类的混合物。将此混合物导入脱醛塔，低沸点的醛由塔顶馏出，酒精液进入分馏塔，从靠近塔顶处得到 95%～95.6%的酒精，而塔底得到高沸点的杂醇油。

由于生物发酵的条件很温和，所以在整个过程中没有特别需要注意的危险点位。但是在发酵工艺产生的有机废水较多，容易引起环境的污染，滋生病毒，排入水体中引起富营养化。由于醛类和醇类都具有易燃易爆，醛类具有一定的毒性，所以在蒸馏的过程中，应防止泄漏和管道的堵塞等，防止发生事故。

三、生产工艺产生的污染物特征及其危害

根据乙醇生产工艺流程（图 7-26），表 7-76 列出了突发性环境污染事故产生的主要污染物特征及其危害。

表 7-76 乙醇生产工艺产生的污染物表征及其危害

<table>
<tr><th>风险点位</th><th>主要污染物</th><th>现象及特征</th><th>危害对象及途径</th></tr>
<tr><td>①</td><td>有机物废水</td><td rowspan="3">有机物：可燃，稳性差，反速率比较慢，应产物复杂
酒精：无色液体，有酒香
乙醛：无色易流动液体，有刺激性气味</td><td rowspan="3">有机物：分解过程中消耗水中大量的溶解氧，一旦水体中氧气补给不足；则将使氧化作用停止。引起有机物的嫌气发酵，分解出甲烷、氢、硫化氢、硫醇及氨等腐臭气体，散发出恶臭，污染环境，毒害水生生物。它是水体污染最主要的方面。
酒精：会削弱中枢神经系统，并通过激活抑制性神经原（伽马氨基丁酸）和抑制激活性神经原（谷氨酸盐、尼古丁）造成大脑活动迟缓；会导致心血管疾病、神经纤维和肌肉纤维的损害、肝脏疾病、消化道癌症。遇热源和明火有燃烧爆炸的危险。
乙醛：极易燃，微毒。遇热源和明火有燃烧爆炸的危险</td></tr>
<tr><td>②</td><td>酒精
乙醛</td></tr>
<tr><td>③</td><td>酒精</td></tr>
</table>

四、应急防护措施、防护设备及应急处理

为了保障工人以及污染事故应急的环保工作人员的身心健康和环境安全，表 7-77 列出了乙醇生产工艺流程中发生突发环境污染事故的污染物种类，应急防护措施，防护设备及应急处理技术。

表 7-77 污染物的应急防护措施、防护设备及应急处理技术

<table>
<tr><th rowspan="2">污染物种类</th><th rowspan="2">应急防护措施</th><th colspan="2">防护设备</th><th rowspan="2">应急处理方法</th></tr>
<tr><th>常用基础设备</th><th>特异性设备</th></tr>
<tr><td>有机物</td><td rowspan="3">戴防毒面具</td><td rowspan="3">防腐蚀的塑胶鞋、手套、衣服等</td><td rowspan="3">防毒面具</td><td rowspan="3">疏散泄漏污染区人员至安全区，禁止无关人员进入污染区，切断火源。建议应急处理人员戴自给式呼吸器，穿化学防护服。合理通风，不要直接接触泄漏物，在确保安全情况下堵漏。喷水雾能减慢挥发（或扩散），但不要对泄漏物或泄漏点直接喷水。用活性炭或其他惰性材料吸收，然后收集运至废物处理场所处置。如大量泄漏，利用围堤收容，最好不用水处理，然后收集、转移、回收或无害处理后废弃</td></tr>
<tr><td>酒精</td></tr>
<tr><td>乙醛</td></tr>
</table>

五、应急监测、监测设备及监测方法

突发环境污染事故应尽量携带便携式的污染物监测仪器，如还未配备，则可以采样回实验室采用国家标准分析方法进行污染物的监测。

表 7-78 应急监测设备与监测方法及监测指标

污染物种	监测物种	监测指标	应急监测设备	量程范围
水体	有机物废水	化学需氧量（COD）	COD 快速检测分析仪	5～2 000 mg/L，超过 2 000 mg/L 可稀释测定
水体	酒精	酒精	酒精检测仪	10%～80%
水体	乙醛	乙醛	乙醛检测管	$1\sim20\times10^{-6}$

第二十七节 聚氯乙烯工艺突发性环境污染事故及应急

一、聚氯乙烯生产工艺简介

聚氯乙烯是氯乙烯的均聚物，是仅次于聚乙烯的第二位大吨位塑料品种。目前工业上采用的氯乙烯聚合方法有四种，其中悬浮合成成本低、产品质量好、用途广、适于大规模生产，是目前各国生产聚氯乙烯的最主要的方法。

氯乙烯在引发剂过氧化二碳酸二异丙酯和悬浮剂聚乙烯醇存在下，其聚合反应式为：

$$n\mathrm{H_2C{=}\underset{\underset{Cl}{|}}{C}H} \longrightarrow -[\mathrm{CH_2}-\underset{\underset{Cl}{|}}{\mathrm{C}}\mathrm{H}]_n-$$

二、工艺流程及事故点位

聚氯乙烯生产工艺流程及环境污染事故风险点位见图 7-27。

将计量的软水加入反应釜中，启动搅拌，加入分散剂、引发剂和助剂，使之溶解和分散均匀，然后停止搅拌，并将釜内空气用氮气进行置换，然后将氯乙烯加入釜中，在 0.66～0.86 MPa 下加热至 47～58℃，同时进行搅拌和聚合反应。聚合反应温度只能允许波动范围很小，因此采用向釜夹套通入冷却水移出反应热，或釜顶冷凝器进行回流冷凝排出反应热。经过 12～14 h 的聚合，转化率达 85%～95%时，将压力降至 0.46～0.56MPa，即可准备出料。

聚合结束后利用聚合釜内余压将聚合物悬浮液压入沉析槽中，让未反应单体返回气柜。聚氯乙烯则在沉析槽中进行碱处理，以破坏低分子聚合物，中和其中的酸性物质，并水解其中的引发剂等。然后进行脱水洗涤和干燥，即得聚氯乙烯合格产品。

聚氯乙烯悬浮聚合的主要过程在聚合釜中进行。由于反应釜的传热面积与容积比较小，所以需要很好的冷却和搅拌系统。如果没有很好的冷却和搅拌系统，那么产生的热量无法传出去，很容易造成事故。

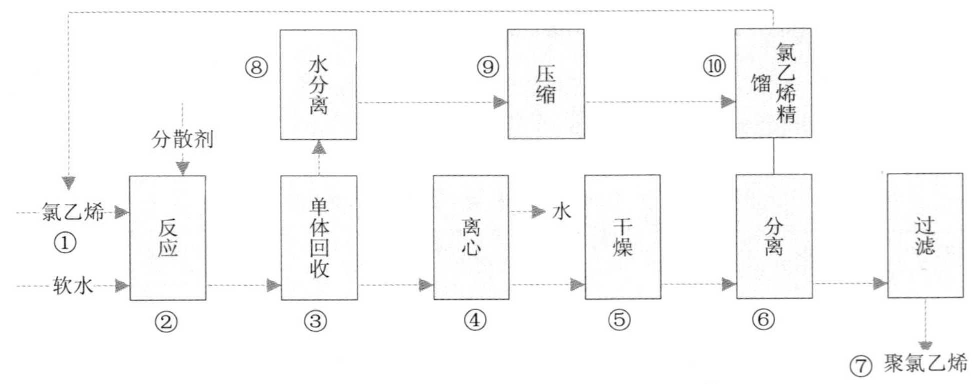

图 7-27 聚氯乙烯生产工艺流程及环境污染事故风险点位

①泄漏，有毒；②爆炸，有毒；③泄漏，有毒；④高速；⑤易燃；⑥易燃；⑦易燃；⑧泄漏，有毒；⑨泄漏，有毒；⑩泄漏，有毒

三、生产工艺产生的污染物特征及其危害

根据聚氯乙烯产工艺流程（图 7-27），表 7-79 列出了突发性环境污染事故产生的主要污染物特征及其危害。

表 7-79 聚氯乙烯生产工艺产生的污染物表征及其危害

<table>
<tr><th>风险点位</th><th>主要污染物</th><th>现象及特征</th><th>危害对象及途径</th></tr>
<tr><td>①</td><td>氯乙烯</td><td rowspan="8">酚：无色针状结晶或白色结晶熔块，在空气中放置及光照下变粉红，有特殊气味，有毒，有腐蚀性。
氢氧化钠：白色不透明固体，易潮解；液体为无色油状。
硫酸：纯品为无色透明油状液体，一般为黄色、黄棕色或混浊状，低温易结晶。
水杨酸：白色结晶性粉末，无臭，味先微苦后转辛</td><td rowspan="8">酚：低浓度酚能使蛋白变性，高浓度能使蛋白沉淀。对皮肤、黏膜有强烈的腐蚀作用，也可抑制中枢神经系统或损害肝、肾功能。
氢氧化钠：本品有强烈刺激和腐蚀性。粉尘或烟雾会刺激眼和呼吸道，腐蚀鼻中隔；皮肤和眼与 NaOH 直接接触会引起灼伤；误服可造成消化道灼伤，黏膜糜烂、出血和休克。
硫酸：对皮肤、黏膜等组织有强烈的刺激和腐蚀作用。蒸汽或雾可引起结膜炎、结膜水肿、角膜混浊，以致失明；引起呼吸道刺激，重者发生呼吸困难和肺水肿；高浓度引起喉痉挛或声门水肿而窒息死亡。口服后引起消化道烧伤以致溃疡形成；严重者可能有胃穿孔、腹膜炎、肾损害、休克等。皮肤灼伤轻者出现红斑、重者形成溃疡，愈后瘢痕收缩影响功能。溅入眼内可造成灼伤，甚至角膜穿孔、全眼炎以致失明。慢性影响：牙齿酸蚀症、慢性支气管炎、肺气肿和肺硬化。对水体和土壤可造成污染，具有助燃，强腐蚀性、强刺激性，可致人体灼伤。
水杨酸：可以抑制外毛细胞运动蛋白的活性，因而具有耳毒性对于缺锌的患者可能导致暂时性失聪，过量的水杨酸可导致代谢性酸中毒和呼吸性碱中毒</td></tr>
<tr><td>②</td><td>氯乙烯
聚氯乙烯
聚乙烯醇</td></tr>
<tr><td>③</td><td>氯乙烯
聚氯乙烯
聚乙烯醇</td></tr>
<tr><td>④</td><td>聚氯乙烯
聚乙烯醇
氯乙烯</td></tr>
<tr><td>⑤</td><td>聚氯乙烯
氯乙烯</td></tr>
<tr><td>⑥</td><td>聚氯乙烯
氯乙烯</td></tr>
<tr><td>⑦</td><td>聚氯乙烯</td></tr>
<tr><td>⑧～⑩</td><td>氯乙烯</td></tr>
</table>

四、应急防护措施、防护设备及应急处理

为了保障工人以及环保工作人员的身心健康和环境安全，表 7-80 指出了聚氯乙烯生产工艺流程中发生突发环境污染事故的污染物种类，应急防护措施，防护设备及应急处理技术。

表 7-80 污染物的应急防护措施、防护设备及应急处理技术

污染物种类	应急防护措施	防护设备		应急处理方法
		常用基础设备	特异性设备	
酚 氢氧化钠 硫酸 水杨酸	戴防毒面具	防腐蚀的塑胶鞋、手套、衣服等	防毒面具	疏散泄漏污染区人员至安全区，禁止无关人员进入污染区，切断火源。建议应急处理人员戴自给式呼吸器，穿化学防护服。合理通风，不要直接接触泄漏物，在确保安全情况下堵漏。喷水雾能减慢挥发（或扩散），但不要对泄漏物或泄漏点直接喷水。用活性炭或其他惰性材料吸收，然后收集运至废物处理场所处置。如大量泄漏，利用围堤收容，最好不用水处理，然后收集、转移、回收或无害处理后废弃。废弃物的处置建议用焚烧法。 硫酸：远离火种、热源，工作场所严禁吸烟。远离易燃、可燃物。防止蒸汽泄漏到工作场所空气中。避免与还原剂、碱类、碱金属接触。搬运时要轻装轻卸，防止包装及容器损坏。配备相应品种和数量的消防器材及泄漏应急处理设备。倒空的容器可能残留有害物。稀释或制备溶液时，应把酸加入水中，避免沸腾和飞溅

五、应急监测、监测设备及监测方法

突发环境污染事故应尽量携带便携式的污染物监测仪器，如还未配备，则可以采样回实验室采用国家标准分析方法进行污染物的监测。

表 7-81 应急监测设备与监测方法及监测指标

污染物种	监测物种	监测指标	应急监测设备	量程范围
水体	酚	酚	快速检测试剂盒法	20～2 000 mg/L
水体	氢氧化钠	氢氧化钠	便携式 pH 计	0.0～14.0
水体	硫酸	硫酸	在线检测硫酸浓度仪	5～150 mg/L
水体	水杨酸	水杨酸	采样送实验室分析，分析方法参见附录	

第二十八节 尼龙6工艺突发性环境污染事故及应急

一、尼龙 6 生产工艺简介

尼龙 6 是常用的纤维制品，化学名叫聚酰胺 6，一般由己内酰胺开环聚合的。已内酰

胺在高温及有水、醇、胺、有机酸或碱金属存在下开环聚合。在水作为引发剂进行聚合，实际上是己内酰胺与水作用生成氨基己酸起引发作用的，其聚合过程为：

$$\text{O}=\!\!\!\bigcirc\!\text{-N} + H_2O \rightleftharpoons H_2N(CH_2)_5COOH$$

$$H_2N(CH_2)_5COOH + (n-1)\ \text{O}=\!\!\!\bigcirc\!\text{-N} \rightleftharpoons H\!-\!\!\left[NH(CH_2)_5CO\right]_n\!\!-OH$$

二、工艺流程及事故点位

尼龙 6 生产工艺流程及环境污染事故风险点位见图 7-28。

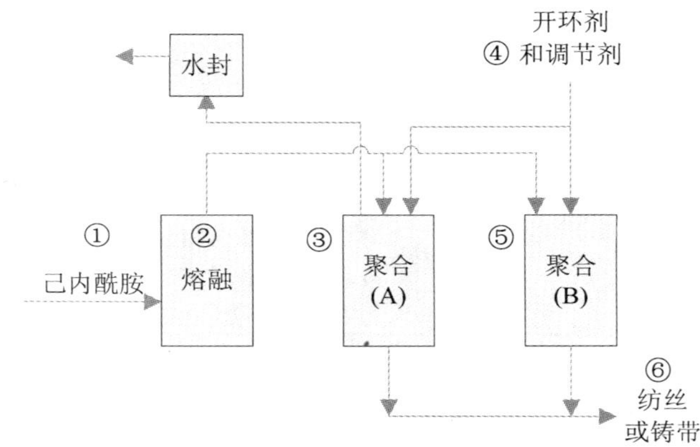

图 7-28　尼龙 6 生产工艺流程及环境污染事故风险点位

①泄漏，易燃；②爆炸，易燃；③泄漏，有毒，易燃；④泄漏，腐蚀性；⑤泄漏，有毒，易燃；⑥易燃

投料前先用氮气排除聚合管内的空气，将己内酰胺加入至熔融（90～100 ℃）状态经过过滤后，用计量泵送入连续聚合管 A（直型），B（U 形）中。开环剂水和调节分子量的调节剂乙酸同时加入聚合。聚合温度为 230～265 ℃，分段进行聚合，在第一段，己内酰胺引发开环并初步聚合，经过第二、第三段时，完成聚合反应。反应过程中的水分不断从反应器的顶部排出，物料在管内平均停留时间约为 20～24 h，熔融高聚物可直接纺丝。加热载体为联苯-联苯醚。

聚合过程需要的温度较高，是一个很危险的点位。加热剂为有毒物质，防止泄漏。调节剂为乙酸，有一定的腐蚀性，防止泄漏腐蚀设备，引起气体安全事故。聚合物和单体都是易燃物质，注意防止明火和漏电。

三、生产工艺产生的污染物特征及其危害

根据尼龙 6 产工艺流程（图 7-28），表 7-82 列出了突发性环境污染事故产生的主要污

染物特征及其危害。

表 7-82　尼龙 6 生产工艺产生的污染物表征及其危害

风险点位	主要污染物	现象及特征	危害对象及途径
①，②	己内酰胺	己内酰胺：白色晶体，溶于水，溶于乙醇、乙醚、氯仿等多数有机溶剂。 乙酸：易挥发。是一种具有强烈刺激性气味的无色液体。 联苯：无色或淡黄色、片状晶体，略带甜嗅味。 聚酰胺：韧性角状半透明或乳白色结晶性树脂，具有很高的机械强度，软化点高，耐热，摩擦系数低，耐磨损，自润滑性，吸震性和消音性，耐油，耐弱酸，耐碱和一般溶剂，电绝缘性好，有自熄性，无毒，无臭，耐候性好，染色性差。缺点是吸水性大	己内酰胺：经常接触可致神衰综合征，可引起鼻出血、鼻干、上呼吸道炎症及胃灼热感等及引起皮肤损害，接触者出现皮肤干燥、角质层增厚、皮肤皲裂、脱屑等，可发生全身性皮炎，易经皮肤吸收。 乙酸：吸入后对鼻、喉和呼吸道有刺激性。对眼有强烈刺激作用。皮肤接触，轻者出现红斑，重者引起化学灼伤。误服浓乙酸，口腔和消化道可产生糜烂，重者可因休克而致死 联苯：对皮肤、黏膜有轻度刺激性，高浓度吸入、主要损害神经系统和肝脏，可致过敏性或接触性皮炎。急性中毒主要表现为神经系统和消化系统症状，如头晕、头痛、眩晕、嗜睡、恶心、呕吐等，有时可出现肝功能障碍。高浓度接触，对呼吸道和眼睛有明显刺激，长期接触可引起头痛、乏力、失眠等以及呼吸道刺激症状。 聚酰胺：易燃
③，⑤	己内酰胺 乙酸 联苯 聚酰胺		
④	乙酸		
⑥	聚酰胺		

四、应急防护措施、防护设备及应急处理

为了保障工人以及环保工作人员的身心健康和环境安全，表 7-83 指出了尼龙 6 生产工艺流程中发生突发环境污染事故的污染物种类，应急防护措施，防护设备及应急处理技术。

表 7-83　污染物的应急防护措施、防护设备及应急处理技术

污染物种类	应急防护措施	防护设备		应急处理方法
		常用基础设备	特异性设备	
乙酸	戴防毒面具	防腐蚀的塑胶鞋、手套、衣服等	防毒面具	隔离泄漏污染区，周围设警告标志，切断火源。应急处理人员戴自给式呼吸器，穿化学防护服。不要直接接触泄漏物，用清洁的铲子收集于干燥洁净有盖的容器中，运至废物处理场所。如大量泄漏，收集回收或无害处理后废弃。 乙酸泄漏，切断火源，穿戴好防护眼镜、防毒面具和耐酸工作服，用大量水冲洗溢漏物，使之流入航道，被很快稀释，从而减少对人体的危害。 联苯泄漏，隔离泄漏污染区，周围设警告标志，切断火源
联苯				
聚酰胺	—	—	—	
己内酰胺				

五、应急监测、监测设备及监测方法

突发环境污染事故应尽量携带便携式的污染物监测仪器，如还未配备，则可以采样回实验室采用国家标准分析方法进行污染物的监测。

表 7-84 应急监测设备与监测方法及监测指标

污染物种	监测物种	监测指标	应急监测设备	量程范围
气体	乙酸	乙酸	快速检测管	$1\sim100\times10^{-6}$
水体	乙酸	乙酸	便携式 pH 计	0.0～14.0
水体	联苯	联苯	采样送实验室分析，分析方法参见附录	
水体	聚酰胺	聚酰胺		
水体	己内酰胺	己内酰胺		

第二十九节　五氯酚钠可溶性粉剂生产工艺环境污染事故及应急

一、五氯酚钠可溶性粉剂生产行业简介

五氯酚钠可溶性粉剂是一种中等毒性、触杀性的农药制剂，除广泛用作除草剂、防腐剂、杀虫剂、杀菌剂外，还大量应用于我国南方 13 省市的杀钉螺防治血吸虫病及南方水稻主产区的杀灭福寿螺等。该产品由国家农业部、国家发展和改革委员会统一颁发农药登记证和生产许可证。

五氯酚钠可溶性粉剂在水稻田和沟渠中能有效地控制钉螺、福寿螺及蚂蝗等有害生物的危害，能有效控制水生动物的危害；还能用于柑橘、梨、葡萄、柿、梅、桃等果树的疮痂、黑星、黑斑、炭疽和褐斑病等多种病害的防治，还能同时兼治果树红蜘蛛，是一种一药多用的好农药。其优点如下：

（1）进一步改进了工艺，由原来的高毒改成了中毒，残留期缩短，在太阳光下容易分解，由农业部、化工部颁发生产许可证。

（2）该产品是杀灭钉螺防治血吸虫病的首选药剂之一，钉螺发生区每平方米喷洒 5～10 g，杀灭率可达 100%。

（3）水稻本田移植后 5～15 d，用于防治福寿螺、钉螺、蚂蝗。每亩用量 200～300 g，拌颗粒肥料或细土 10～20 kg 均匀撒施，水深 3～4 cm，保持 5～7 d，对福寿螺、钉螺、蚂蝗杀灭率可达 98%。

（4）浙江省德清，江苏等人工养虾地区，在当地水产养殖部门的指导下，已经在虾塘中使用多年，并且取得了很好的效益，一是帮助虾脱壳，按每亩水深 80 cm，用本品 300 g，用药后 3～4 h 灌水；二是清塘用 1 000 g；许多木材生产企业还作木材杀菌剂使用，用 65% 五氯酚钠（螺消）可溶性粉剂兑水 500 倍在水泥槽中浸泡木材 12 h 以上，可以明显起到木材防腐作用。

（5）该产品又是触杀型灭生型除草剂，对各种杂草均有触杀作用，萌芽期效果更好。

稻田主要利用其残效期短，在阳光下迅速分解，对水稻毒性基本消失。因此，在水稻秧田、直播田，播种前 4～5 d 用药，就能控制未萌发的杂草，可以保证稻谷安全。

（6）该产品通常在果树休眠期作病菌铲除剂使用，对防治葡萄黑痘病、炭疽病、梨锈病、桃缩叶病、炭疽病等均有很好的防治效果，并能兼治早期落叶病及其他越冬病源和越冬红蜘蛛。

二、工艺流程与风险点位

将计量好的苯酚液化后投入吸收罐中，同时上次作为吸收液的苯酚进入搪瓷反应釜。搪瓷反应釜通入氯气进行氯化反应，反应温度控制在 90～100℃之间，反应时间在 20 h 左右，反应生成五氯酚和氯化氢气体。氯化氢、未反应的少量氯气和少量反应物五氯酚进入二级吸收罐，吸收罐中装有苯酚用于吸收氯气。经吸收罐的尾气由尾气吸收塔水喷淋吸收和碱液吸收处理后外排，尾气吸收塔产生的吸收液即为副产品盐酸，碱液吸收塔产生的吸收液即为副产品次氯酸钠。

氯化反应结束后，五氯酚由釜底放出，进入水淬池冷却。冷却后的五氯酚计量投入碱化反应锅再和氢氧化钠溶液进行碱化反应生成五氯酚钠。在反应过程中不断通入蒸汽确保反应温度控制在 80℃左右，反应时间在 5～6 h。

碱化反应生成的五氯酚钠进入蒸发器浓缩，浓缩生成的水蒸气经冷凝器冷凝后进入水池作为下次碱化用水。浓缩时间在 6～7 h 时，温度约 100℃。

浓缩后的五氯酚钠经离心脱水后包装出厂。

（1）苯酚液化

装有苯酚的化苯槽放置在暖房内将苯酚溶化，暖房控制在 41℃以上。其间会有少量无组织苯酚废气外排。

（2）氯化工序

在氯化釜中，加入溶化的苯酚，徐徐通入氯气，控制反应温度在 100℃以内，反应 20 h，在反应末期，反应温度可达到 180℃。该工序有尾气产生，尾气中主要成分为反应生成的 HCl 气体、过量的氯气以及极少量挥发的酚类。

（3）水淬工序

水淬工序的目的是用水迅速冷却五氯酚，以确保五氯酚不结块。由于水淬水仅作冷却使用，使用后其水质基本不变，并可循环使用。

（4）碱化工序

冷却后的五氯酚计量投入碱化反应锅再和氢氧化钠溶液进行碱化反应生成五氯酚钠。由于该工序是半封闭，反应温度在 80℃左右，因此有少量无组织的五氯酚钠、五氯酚随水蒸气一起外逸。

（5）浓缩工序

碱化反应生成的五氯酚钠进入蒸发器浓缩，在 100℃条件下，保持反应 6～7 h，该工序有含五氯酚钠的水蒸气产生。

（6）离心脱水工序

浓缩后的五氯酚钠经离心脱水形成含水约 32%～33%的五氯酚钠可溶性粉剂，离心脱水产生的母液返回碱化工序。

（7）吸收罐

氯化工序产生的尾气均进入吸收罐，吸收罐中装有苯酚，尾气中的氯气被苯酚吸收生成 HCl 气体和五氯酚，其温度控制在 90℃左右。吸收罐中的苯酚又可作为下一次反应的原料加入反应釜中。

五氯酚钠可溶性粉剂生产流程及主要污染物产生风险点位见图 7-29：

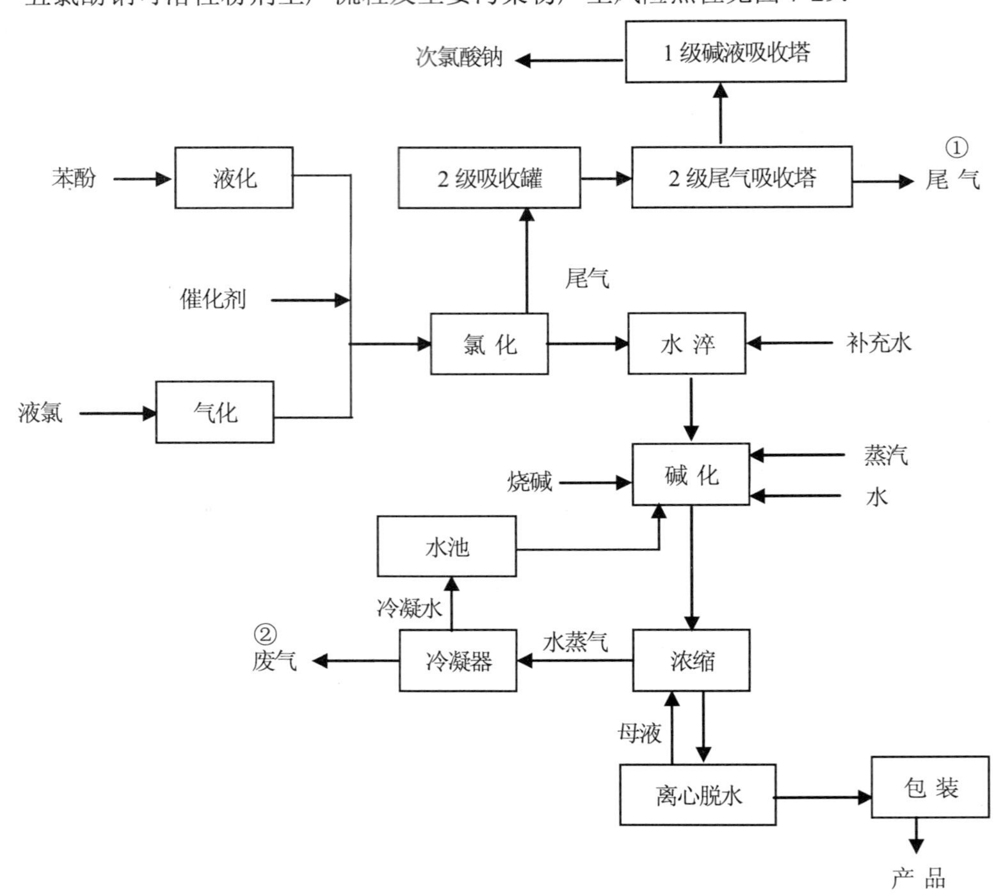

图 7-29 五氯酚钠可溶性粉剂生产工艺流程及产污环节

①尾气；②尾气

三、五氯酚钠可溶性粉剂生产污染物表征及危害

根据的工艺流程（图 7-29），表 7-85 详细指出了工艺过程中突发环境污染事故主要污染物、污染物的表征、危害对象及危害途径等。

四、应急防护措施、防护设备及应急处理

对污染事故首先应采取预防措施，五氯酚钠可溶性粉剂生产行业主要预防措施如下：

（1）制定定时巡检制度，对废气处理设施非正常情况及时发现、及时处理，尽量减少污染物外排，杜绝突发性事故排放。

表 7-85 五氯酚钠可溶性粉剂生产行业环境污染事故的风险点位及危害描述

风险点位	主要污染物	污染物特征	危害途径及辨识
①	尾气	主要污染物为 HCl、氯气，淡黄绿色气体，强腐蚀性	氯气：是一种有毒气体，它主要通过呼吸道侵入人体并溶解在黏膜所含的水分里，生成次氯酸和盐酸，对上呼吸道黏膜造成有害的影响：次氯酸使组织受到强烈的氧化；盐酸刺激黏膜发生炎性肿胀，使呼吸道黏膜浮肿，大量分泌黏液，造成呼吸困难，所以氯气中毒的明显症状是发生剧烈的咳嗽。症状严重时，会发生肺水肿，使循环作用困难而致死亡。由食道进入人体的氯气会使人恶心、呕吐、胸口疼痛和腹泻。1L 空气中最多可允许含氯气 0.001 mg，超过这个量就会引起人体中毒。 氯化氢：接触氯化氢气体可引起急性中毒，出现眼结膜炎，鼻及口腔黏膜有烧灼感，鼻衄、齿龈出血，气管炎等。误服可引起消化道灼伤、溃疡形成，有可能引起胃穿孔、腹膜炎等。眼和皮肤接触可致灼伤。慢性影响：长期接触，引起慢性鼻炎、慢性支气管炎、牙齿酸蚀症及皮肤损害
②	尾气	水蒸气及五氯酚钠	五氯酚钠：对眼和呼吸道有刺激性。人长期接触，偶见周围神经炎。对黏膜有刺激作用，溶液浓度超过 1%时，对皮肤有刺激作用。急性中毒：主要因皮肤接触或误饮污染的水引起。症状有乏力、头昏、恶心、呕吐、腹泻等；严重者体温高达 40℃以上，大汗淋漓、口渴、呼吸增快、心动过速、烦躁不安、肌肉强直性痉挛、血压下降，昏迷、可致死。皮肤接触可致接触性皮炎

（2）加强安全管理，建立岗位责任制，避免因管理不当、操作失误等，造成不达标排放。

（3）对水泵、阀门等定期检修维护，防止跑、冒、滴、漏。

（4）对各种化学药品的储存与使用，要严守管理制度与操作要求，严防泄漏、着火等意外事故，消除安全隐患。

（5）根据火灾危险性等级和防火、防爆要求，建筑物的防火等级均采用国家现行规范要求按一、二级耐火等级设计，满足建筑防火要求。凡禁火区均设置明显标志牌。易燃易爆物料均储存在阴凉、通风处，远离火源；安放易发生爆炸设备的房间，不允许任何人员随便入内，操作全部在控制室进行。安全出口及安全疏散距离应符合《建筑设计防火规范》（GB 50016—2006）的要求。

（6）废气治理设施在设计、施工时，严格按照工程设计规范要求进行，选用标准管材，并做必要的防腐处理。

（7）贮存化学品的建筑内根据实际条件安装自动监测和火灾报警系统。

（8）加强治理设施的运行管理和日常维护，发现异常应及时找出原因及时维修。

为了保障工人以及现场监测环保工作人员的身心健康和环境安全，表 7-86 指出了五氯酚钠可溶性粉剂行业突发环境污染事故的主要污染物，应急防护措施，应急监测指标以及基本防护设备配置等。

表 7-86 应急防护措施、设备及应急处理技术方法

<table>
<tr><th rowspan="2">序号</th><th rowspan="2">污染物</th><th rowspan="2">防护措施</th><th colspan="3">防护装备及应急处理技术方法</th></tr>
<tr><th>特异装备</th><th>常用装备</th><th>应急处理技术</th></tr>
<tr><td>1</td><td>氯化氢</td><td>—</td><td>—</td><td>正压式呼吸器、化学防护服</td><td rowspan="3">氯化氢：迅速撤离泄漏污染区人员至上风处，并立即进行隔离，小泄漏时隔离 150 m，大泄漏时隔离 300 m，严格限制出入。建议应急处理人员戴自给正压式呼吸器，穿化学防护服。从上风处进入现场。尽可能切断泄漏源。合理通风，加速扩散。喷氨水或其他稀碱液中和。构筑围堤或挖坑收容产生的大量废水。如有可能，将残余气或漏出气用排风机送至水洗塔或与塔相连的通风橱内。漏气容器要妥善处理，修复、检验后再用。
氯气：迅速脱离现场至空气新鲜处。当液氯蒸发用完后，所用容器均须用水和碱水冲洗，以除去被三氯化氮污染的液氯后，方能修理和使用。氯是剧毒物，生产中对受压容器等设备应严格要求，防止氯气泄漏。空气中氯气允许浓度不大于 1×10^{-6}。
吸入气体者立即脱离现场至空气新鲜处，保持安静及保暖。眼或皮肤接触液氯时立即用清水彻底冲洗。吸入后有症状者至少观察 12 h，对症处理。吸入量较多者应卧床休息，吸氧，给舒喘灵气雾剂、喘乐宁或 5%碳酸氢钠加地塞米松等雾化吸入。
五氯酚钠：隔离泄漏污染区，周围设警告标志，切断火源。应急处理人员戴好防毒面具，穿化学防护服。不要直接接触泄漏物，用洁净的铲子收集于干燥洁净有盖的容器中，运至废物处理场所。如大量泄漏，收集回收或无害处理后废弃。皮肤接触：脱去污染的衣着，用大量流动清水彻底冲洗。眼睛接触：立即翻开上下眼睑，用流动清水或生理盐水冲洗。吸入：迅速脱离现场至空气新鲜处。保持呼吸道通畅。呼吸困难时给输氧。呼吸停止时，立即进行人工呼吸。就医。中毒时，可用湿毛巾缠身，酒精擦浴降温；切勿用阿托品、巴比妥类药物。可用 25～30 mg 氯丙嗪溶于 500 mL 葡萄粮生理盐水中，静脉滴注，必要时输氧。心力衰竭、肺水肿应对症治疗</td></tr>
<tr><td>2</td><td>氯气</td><td>戴防毒面具</td><td>—</td><td>防毒面具</td></tr>
<tr><td>3</td><td>五氯酚钠</td><td>戴防毒面具</td><td>防酸碱工作服</td><td>防毒面具</td></tr>
</table>

五、应急监测、监测设备及监测方法

表 7-87 详细列出了应急快速监测设备及仪器检测范围。实验室分析方法的具体步骤请参照手册附件。

表 7-87　应急监测设备与监测方法及监测指标

污染物种类	监测指标	快速监测设备及检测范围	
		快速监测设备	检测范围
大气	氯化氢	便携式氯化氢监测仪	$0\sim20\times10^{-6}$
	氯气	氯气检测仪	$0\sim200\times10^{-6}$
水体	五氯酚钠	进行实验室分析，气相色谱法，参见附录 3	
水体	pH 值	便携式 pH 计	0～14

第三十节　草甘膦生产工艺突发性环境污染事故及应急

一、草甘膦生产工艺简介

草甘膦（英文通用名称 Glyphosate）又称农达、农民乐等，属芽后内吸非选择性高效广谱除草剂，具有广谱、低毒和无残留的特点。

草甘膦具有其他除草剂所不具备的许多优点：药效好、能杀死地球上很多多年生深根性难除杂草；毒性低、无残留，在动物和水生生物中不积累，在土壤中遇二价金属离子形成络合物而失活，能被微生物降解，不会造成土地和地下水源的污染。由于它的多种优异性能，市场需求日益增加，现在草甘膦是全世界农药产品中产量最大的品种，达到 35 万 t/a，占世界除草剂产量的 1/3。

但是草甘膦生产过程会因燃能排放二氧化硫、灰尘，以及氯甲烷、甲醇等副产物之类的大气污染物，同时也会排放一定量的有机污水，化学需氧量较高，也会排放磷元素，磷是造成水体富营养化主要营养元素之一。其结构式如下：

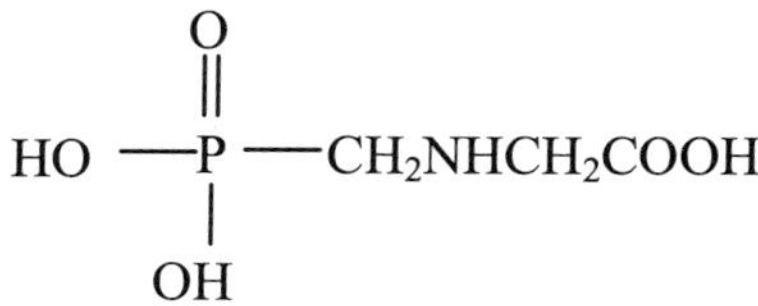

分子式：$C_3H_8NO_5P$，分子量 169.07

二、工艺流程及事故点位

以甘氨酸、甲醛和二甲酯为主要原材料生产草甘膦的技术主要包括：合成、缩合、水解、结晶、过滤、溶剂等工序。草甘膦生产工艺流程及环境污染事故风险点位见图 7-30。

主要特征是一些场地废气，粉尘，可能含有其他流程环节产生的废气。

草甘膦工艺废渣主要有氯化钠盐渣、废包装材料、污水处理污泥以及职工生活垃圾。

本工程废水污染源主要有以下几个方面：

（1）甲醇塔出口酸性废水 W1：该部分废水主要为酸性甲醇废水回收过程中产生的加热料液，该废水中含有少量的甲醇、甲缩醛、甘氨酸和三乙胺，但该部分废水的可生化性较强。由于生产工艺中对酸性甲醇废水中的有机溶剂进行回收利用，减少了酸性废水的排放，从而降低了排放的废水浓度。

（2）草甘膦母液浓缩冷凝废水 W2：主要含有三乙胺、甲醇等，且含有一定浓度原药。

（3）草甘膦水冲泵水 W3：该部分废水为冲洗泵产生的废水，主要含有少量的草甘膦酸、甲醇。

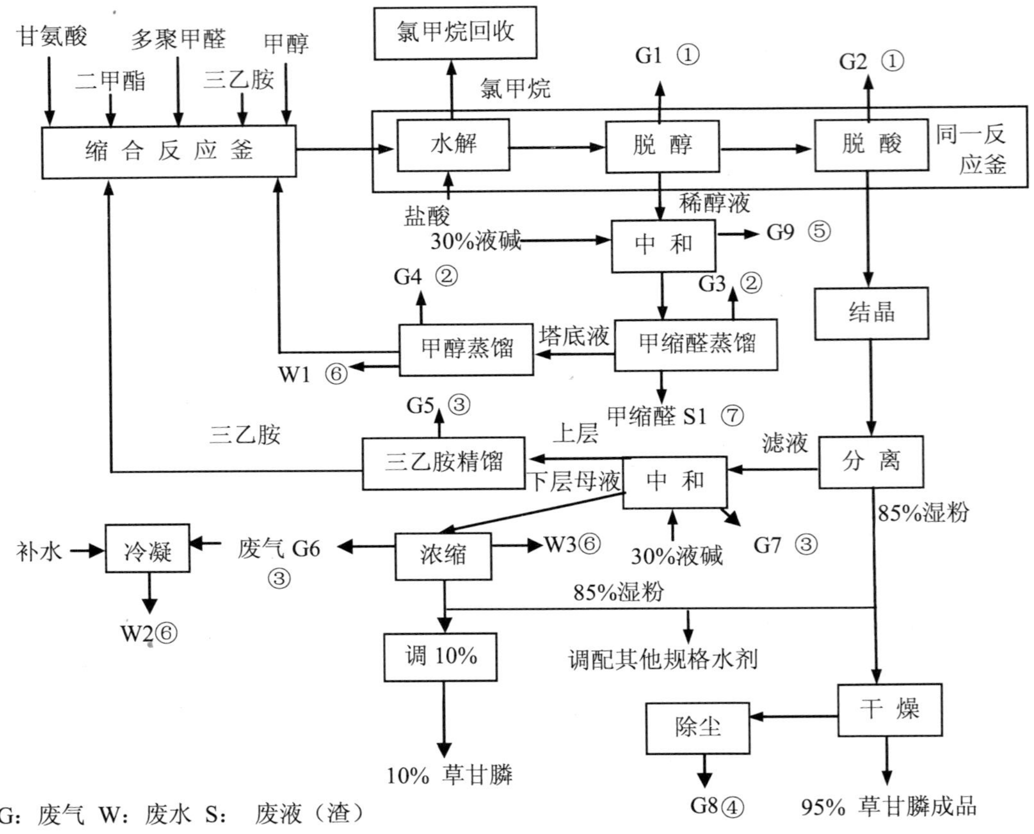

图 7-30 草甘膦生产工艺及污染点位

①废气（氯化氢）；②废气（甲缩醛和甲醇）；③废气（三乙胺）；④粉尘；⑤无组织排放废气；⑥废水；⑦废渣

草甘膦工艺废气污染源主要有以下几个方面：

（1）水解冷凝废气和氯化氢吸收尾气（G1、G2）

在水解工段蒸馏脱出的甲缩醛和甲醇溶液，含有一定的氯化氢气体，经中和至中性或偏碱性后，先送甲缩醛塔蒸馏回收甲缩醛，再送甲醇蒸馏塔蒸馏回收甲醇。在甲缩醛和甲醇冷凝过程中，由于甲缩醛的沸点仅有 42.3℃，甲醇沸点为 64.55℃，将有一定的未冷凝废气产生。

（2）溶剂甲缩醛和甲醇回收尾气（G3、G4）

在水解工段蒸馏脱出的甲缩醛和甲醇溶液，含有一定的 HCl，经中和至中性或偏碱性后，先送甲缩醛塔蒸馏回收甲缩醛，釜液送甲醇蒸馏塔蒸馏回收甲醇。在甲缩醛和甲醇脱除过程中，由于甲缩醛的沸点仅为 42.3℃，甲醇沸点为 64.55℃，不可避免地将有一定的尾气产生。甲缩醛塔顶尾气 G3 主要含甲缩醛和甲醇，甲醇塔顶尾气 G4 主要含甲醇。

（3）三乙胺精馏废气（G5）

在分离工段出来的母液经中和至中性和偏碱性后，送三乙胺塔蒸馏回收三乙胺，蒸馏过程有少量含三乙胺排放。

（4）母液蒸发废气（G6）

草甘膦母液蒸发浓缩生产水剂，浓缩过程有少量含三乙胺、水蒸气等的废气产生。

（5）氯甲烷废气（G7）

草甘膦生产过程中的水解工序来的氯甲烷（CH_3Cl）气体，含有一定量的 HCl 气和少量其他有机杂质。

（6）草甘膦干燥（G8）

湿草甘膦拟采用盘式连续干燥器，草甘膦原药干燥排放气主要为水蒸气，干燥后期有少量粉尘外排。

（7）无组织废气收集（G9）

三、生产工艺产生的污染物特征及其危害

根据草甘膦生产工艺流程，表 7-88 列出了突发性环境污染事故产生的主要污染物特征及其危害。

表 7-88　草甘膦生产工艺产生的污染物表征及其危害

<table>
<tr><th>风险点位</th><th>主要污染物</th><th>现象及特征</th><th>危害对象及途径</th></tr>
<tr><td>①</td><td>氯化氢蒸汽</td><td rowspan="7">氯化氢：无色有刺激性气味的气体。
二甲胺：无色气体，高浓度的带有氨味，低浓度的有烂鱼味。
三乙胺：易燃，易爆。有毒，具强刺激性。
甲醇：无色易挥发，甲醇易燃，其蒸汽与空气能形成爆炸混合物。
草甘膦：不可燃、不爆炸，常温贮存稳定。对中炭钢、镀锌铁皮有腐蚀作用。
氯气：有刺激性气味的黄绿色的气体。
固废：产生恶臭气体，占用土地、污染水和大气及土壤</td><td rowspan="7">三乙胺：侵入途径：吸入、食入、经皮吸收。健康危害：对呼吸道有强烈的刺激性，吸入后可引起肺水肿甚至死亡。口服腐蚀口腔、食道及胃。眼及皮肤接触可引起化学性灼伤。
氯化氢：本品对眼和呼吸道黏膜有强烈的刺激作用。急性中毒：出现头痛、头昏、恶心、眼痛、咳嗽、痰中带血、声音嘶哑、呼吸困难、胸闷、胸痛等。重者发生肺炎、肺水肿、肺不张。眼角膜损伤等。
甲醇：它经消化道、呼吸道或皮肤摄入都会产生毒性反应，甲醇蒸气能损害人的呼吸道黏膜和视力。
草甘膦：对人畜毒性低。少量接触不会造成明显损伤
甲缩醛：侵入途径：吸入、食入、经皮吸收。健康危害：本品对黏膜有刺激性，有麻醉作用。吸入蒸汽可引起鼻和喉刺激；高浓度吸入出现头晕等。对眼有损害，损害可持续数天。长期皮肤接触可致皮肤干燥。其蒸汽与空气可形成爆炸性混合物。遇明火、高热及强氧化剂易引起燃烧。与氧化剂接触会猛烈反应。接触空气或在光照条件下可生成具有潜在爆炸危险性的过氧化物。
固废：产生渗滤液污染水和土壤，同时产生恶臭气体污染大气</td></tr>
<tr><td>②</td><td>甲缩醛
甲醇</td></tr>
<tr><td>③</td><td>三乙胺</td></tr>
<tr><td>④</td><td>粉尘
草甘膦</td></tr>
<tr><td>⑤</td><td>粉尘
三乙胺
甲缩醛
甲醇</td></tr>
<tr><td>⑥</td><td>三乙胺、甲醇、草甘膦、化学需氧量等</td></tr>
<tr><td>⑦</td><td>氯化钠盐渣、包装废料、生活垃圾等固体废物</td></tr>
</table>

四、应急防护措施、防护设备及应急处理

为了保障工人以及环保工作人员的身心健康和环境安全，表 7-89 中给出了草甘膦生产工艺中发生突发环境污染事故的污染物类型，应急防护措施，防护设备及应急处理技术。

表 7-89 污染物的应急防护措施、防护设备及应急处理技术

污染物	应急措施	防护设备		应急处理技术
		基础设备	特异设备	
氯化氢蒸汽 甲缩醛 甲醇 三乙胺 草甘膦 粉尘 化学需氧量 氯化钠盐渣、包装废料、生活垃圾等固体废物	防腐蚀的塑胶鞋、手套、衣服等佩戴防毒面具	防腐蚀的塑胶鞋、手套、衣服等	防毒面具、呼吸器	迅速撤离泄漏污染区人员至安全区，并进行隔离，严格限制出入。建议应急处理人员戴防毒面具，穿防腐蚀工作服。尽可能切断泄漏源。防止流入下水道、排洪沟等限制性空间。小量泄漏：用沙土或其他不燃材料吸附或吸收。也可以用大量水冲洗，经水稀释后放入废水系统。大量泄漏：构筑围堤或挖坑收容。固废的处理：可以进行回收或运至废物处理场所处置。 甲醇泄漏：切断火源。防止流入下水道、排洪沟等限制性空间。小量泄漏：用沙土或其他不燃材料吸附或吸收。也可以用大量水冲洗。大量泄漏：构筑围堤或挖坑收容。用泡沫覆盖，降低蒸汽灾害。用防爆泵转移至槽车或专用收集器内，回收或运至废物处理场所处置。 草甘膦：虽然低毒，但是应该谨防草甘膦通过皮肤渗入体内，因此需要清洗，接触量过度需要就医。 三乙胺：可能接触其蒸汽时，佩戴导管式防毒面具。紧急事态抢救或撤离时，应该佩戴氧气呼吸器或空气呼吸器。工作现场禁止吸烟、进食和饮水。可能接触液体时穿防毒物渗透工作服。 甲缩醛：可能接触其蒸汽时，佩戴导管式防毒面具。穿防毒物渗透工作服。工作现场禁止吸烟、进食和饮水。可能接触液体时穿防毒物渗透工作服

五、应急监测、监测设备及监测方法

突发环境污染事故应尽量携带便携式的污染物监测仪器，如还未配备，则可以采样回实验室采用国家标准分析方法进行污染物的监测，应急快速监测设备及其检测范围见表 7-90。

表 7-90 应急监测设备与监测方法及监测指标

污染物种	监测指标	应急监测设备	量程范围
大气	粉尘	CCHZ-1000 全自动粉尘测定仪	0～1 000 mg/m^3
大气	氯化氢	便携式氯化氢监测仪	0～20×10^{-6}
大气	化学需氧量（COD）	COD 快速检测分析仪	5～2 000 mg/L，超过 2 000 mg/L 可稀释测定
大气	甲缩醛	BX170 便携式甲缩醛检测仪	0%～100%LEL（可燃性气体）
水体	甲醇	甲醇快速检测仪	0.5×10^{-6}～200×10^{-6}
水体	草甘膦	YH-96A 农药残留检测仪	0.1～3.0 mg/kg

第三十一节 催化裂化工艺突发性环境污染事故及应急

一、催化裂化工艺简介

催化裂化是二次加工过程，是重油轻质化的重要手段，是使原料油在适宜的温度、压力和催化剂存在的条件下，进行分解、异构化、氢转移、芳构化、缩合等一系列化学反应，原料油转化成气体、汽油、柴油等主要产品及油浆、焦炭的生产过程。催化裂化的原料油来源广泛，主要是常、减压的馏分油、常压渣油、减压渣油及丙烷脱沥青油、蜡膏、蜡下油等。随着石油资源的短缺和原油的日趋变重，重油催化裂化有了较快发展，处理的原料可以是全常渣甚至是全减渣。在含硫量较高时，则需要用加氢脱硫装置进行处理。催化裂化过程具有轻质油收率高，汽油辛烷值高，气体产品中烯烃含量高等特点。

催化裂化的流程包括三个部分：原料油催化裂化；产物分离；催化剂再生。原料经换热后与回炼油混合喷入提升管反应器下部，在此处与高温催化剂混合、汽化并发生反应。反应温度480～530℃，压力0.14 MPa（表压）。反应油气与催化剂在沉降器和旋风分离器（简称旋分器）分离后，进入分馏塔分出汽油、柴油和重质回炼油。裂化气经压缩后去气体分离系统。结焦的催化剂在再生器用空气烧去焦炭后循环使用，再生温度为600～730℃。

二、工艺流程及事故点位

催化裂化工艺流程及环境污染事故风险点位见流程图7-31。

催化裂化装置通常由三大部分组成，即反应再生系统、分馏系统和吸收稳定系统。其中反应-再生系统是全装置的核心，现对几大系统分述如下：

1. 反应-再生系统

新鲜原料（减压馏分油）经过一系列换热后与回炼油混合，进入加热炉预热到370℃左右，由原料油喷嘴以雾 化状态喷入提升管反应器下部，油浆不经加热直接进入提升管，与来自再生器的高温（约650～700℃）催化剂接触并立即汽化，油气与雾化蒸汽及预提升蒸汽一起携带着催化剂以7～8 m/s的高线速通过提升管，经快速分离器分离后，大部分催化剂被分出落入沉降器下部，油气携带少量催化剂经两级旋风分离器分出夹带的催化剂后进入分馏系统。

积有焦炭的待生催化剂由沉降器进入其下面的汽提段，用过热蒸汽进行汽提以脱除吸附在催化剂表面上的少量油气。待生催化剂经待生斜管、待生单动滑阀进入再生器，与来自再生器底部的空气（由主风机提供）接触形成流化床层，进行再生反应，同时放出大量燃烧热，以维持再生器足够高的床层温度（密相段温度约650～680℃）。再生器维持0.15～0.25 MPa（表压）的顶部压力，床层线速约0.7～1.0 m/s。再生后的催化剂经淹流管，再生斜管及再生单动滑阀返回提升管反应器循环使用。

烧焦产生的再生烟气，经再生器稀相段进入旋风分离器，经两级旋风分离器分出携带的大部分催化剂，烟气经集气室和双动滑阀排入烟囱。再生烟气温度很高而且含有约5%～10% CO，为了利用其热量，不少装置设有CO锅炉，利用再生烟气产生水蒸气。对于操作压力较高的装置，常设有烟气能量回收系统，利用再生烟气的热能和压力做功，驱动主风机以节约电能。

反应-再生系统是催化裂化生产的起始部位。反应器、再生器是催化裂化最重要也是最危险的设备，装有价格昂贵的裂解催化剂，充满易燃、易爆、高温、高压的烃类及油气体，若反应器出现超压或反应器内进入空气都会引起火灾或爆炸事故，若再生器床层稀密相严重超温，处理不当或不及时，将会损坏催化剂和设备，若因操作失误，将导致催化剂倒流，大量空气进入反应器，将会造成火灾爆炸事故。

2．分馏系统

分馏系统的作用是将反应-再生系统的产物进行分离，得到部分产品和半成品。

由反应-再生系统来的高温油气进入催化分馏塔下部，经装有挡板的脱过热段脱热后进入分馏段，经分馏后得到富气、粗汽油、轻柴油、重柴油、回炼油和油浆。富气和粗汽油去吸收稳定系统；轻、重柴油经汽提、换热或冷却后出装置，回炼油返回反应-再生系统进行回炼。油浆的一部分送反应再生系统回炼，另一部分经换热后循环回分馏塔。为了取走分馏塔的过剩热量以使塔内气、液相负荷分布均匀，在塔的不同位置分别设有4个循环回流：顶循环回流，一中段回流、二中段回流和油浆循环回流。

催化裂化分馏塔底部的脱过热段装有约十块人字形挡板。由于进料是460℃以上的带有催化剂粉末的过热油气，因此必须先把油气冷却到饱和状态并洗下夹带的粉尘以便进行分馏和避免堵塞塔盘。因此由塔底抽出的油浆经冷却后返回人字形挡板的上方与由塔底上来的油气逆流接触，一方面使油气冷却至饱和状态，另一方面也洗下油气夹带的粉尘。

催化裂化分馏系统中含有多种成分的易燃易爆物品，一旦泄漏很容易发生重、特大火灾。火灾时，油浆飞溅、流淌扩散，长时间燃烧易烤爆四周设备、管线、容器。油浆燃烧温度高、热辐射强，在高温高压作用下，消防人员、车辆很难靠近，扑救困难，极易危及整个分馏区、重油泵区的安全生产，造成分馏换热区及重油泵区设备严重损坏，火焰易从下水井窜入整个装置及其他装置形成连锁反应，造成大面积火灾，严重威胁周围人员的生命安全。

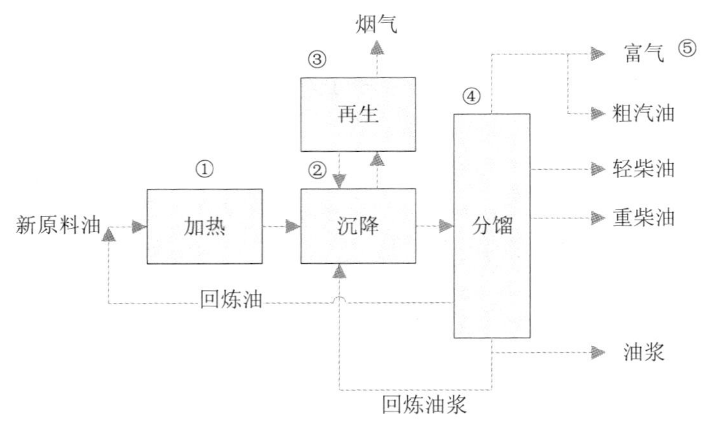

图7-31 催化裂化工艺流程及环境污染事故风险点位

①燃烧，爆炸；②燃烧，爆炸；③燃烧，爆炸；④燃烧，爆炸；⑤燃烧，爆炸

3. 吸收-稳定系统

从分馏塔顶油气分离器出来的富气中带有汽油组分，而粗汽油中则溶解有 C_3、C_4 甚至 C_2 组分。吸收-稳定系统的作用就是利用吸收和精馏的方法将富气和粗汽油分离成干气（$\leqslant C_2$）、液化气（C_3、C_4）和蒸汽压合格的稳定汽油。

由于吸收稳定部分含有富气、粗汽油、干气、液化气、稳定汽油等易燃、易爆物质，如发生油气泄漏，将发生爆炸事故。

三、生产工艺产生的污染物特征及其危害

根据催化裂化工艺流程（图 7-31），表 7-91 列出了突发性环境污染事故产生的主要污染物特征及其危害。

表 7-91　催化裂化工艺产生的污染物表征及其危害

风险点位	主要污染物	现象及特征	危害对象及途径
①	新原料油 一氧化碳 二氧化硫 二氧化氮	新原料油：黏稠的、深褐色液体，具有挥发性，易燃易爆。 催化剂：固体颗粒物，一般白色，球状。 烃类混合物：黏稠液体，具有挥发性，易燃易爆。 富气：易燃易爆，刺激性气味。 一氧化碳：无色、无臭、无味、难溶于水的气体。 二氧化硫：对眼及呼吸道黏膜有强烈的刺激。 二氧化氮：棕红色、高度活性的气态物质	新原料油：对土壤、水体、生物都有危害。石油中所含苯和甲苯等有毒化合物泄漏入水体后，这些有毒化合物也迅速进入了食物链。原油对鸟、海豹、海豚等都有严重的危害。原油分散在土壤和水体中会妨碍生物的正常生长。对皮肤黏膜具有刺激性，有光毒作用和致肿瘤作用。其产生的烟气会引起头昏、头胀，头痛、胸闷、乏力、恶心、食欲不振等全身症状和眼 、鼻、咽部的刺激症状。遇明火、高热可燃。燃烧时放出有毒的刺激性烟雾。 催化剂：没有进行再生处理的催化剂，其附带的油对环境有影响，遇明火或燃烧。 烃类混合物：遇明火、高热可燃。具有神经系统麻痹性毒物。急性轻度中毒时，是类似酒醉样症状，如头晕、头痛、恶心、无力、呕吐、步态不稳、视力模糊、精神恍惚，并可能引发癔病发作。重度中毒时，会立刻出现昏迷、抽搐等严重的心、脑血系统病症。如不慎将其吸入肺部，则会引发吸入性肺炎。 富气：与空气混合能形成爆炸性混合物，遇明火、高热能引起燃烧爆炸。其蒸汽比空气重，能在较低处扩散到相当远的地方，遇火源引着回燃。若遇高热，容器内压增大，有开裂和爆炸的危险。主要作用是麻醉和弱刺激。急性中毒：主要表现为头痛、头晕、嗜睡、恶心、酒醉状态，严重者可出现昏迷。慢性影响：出现头痛、头晕、睡眠不佳、易疲倦等症状。 一氧化碳：吸入接触。患者可出现头痛、头昏、失眠、视物模糊、耳鸣、恶心、呕吐、全身乏力、心动过速、短暂昏厥。重者迅速进入昏迷状态。 二氧化硫：对眼及呼吸道黏膜有强烈的刺激作用。大量吸入可引起肺水肿、喉水肿、声带痉挛而致窒息。对大气可造成严重污染，在空气中通过氧化作用制造酸雨。
②	新原料油 高温催化剂 一氧化碳 二氧化硫 二氧化氮		
③	催化剂 一氧化碳 二氧化硫 二氧化氮		
④	烃类混合物 一氧化碳 二氧化硫 二氧化氮		
⑤	富气 一氧化碳 二氧化硫 二氧化氮		

风险点位	主要污染物	现象及特征	危害对象及途径
			二氧化氮：对环境有危害，对水体、土壤和大气可造成污染。本品助燃，有毒，具刺激性。氮氧化物主要损害呼吸道。吸入气体初期仅有轻微的眼及上呼吸道刺激症状，如咽部不适、干咳等。常经数小时至十几小时或更长时间潜伏期后发生迟发性肺水肿、成人呼吸窘迫综合征，出现胸闷、呼吸窘迫、咳嗽、咯泡沫痰、紫绀等。可并发气胸及纵隔气肿。肺水肿消退后两周左右可出现迟发性阻塞性细支气管炎。慢性作用：主要表现为神经衰弱综合征及慢性呼吸道炎症。个别病例出现肺纤维化。可引起牙齿酸蚀症

四、应急防护措施、防护设备及应急处理

为了保障工人以及环保工作人员的身心健康和环境安全，表 7-92 指出了催化裂解工艺流程中发生突发环境污染事故的污染物种类，应急防护措施，防护设备及应急处理技术。

表 7-92 污染物的应急防护措施、防护设备及应急处理技术

污染物种类	应急防护措施	防护设备		应急处理方法
		常用设备	特异性设备	
新原料油 烃类混合物	防苯耐油手套	消防防护服等	防静电工作服，自给正压式呼吸器	迅速撤离泄漏污染区人员至安全区，并进行隔离，严格限制出入。切断火源。建议应急处理人员戴自给正压式呼吸器，穿消防防护服。尽可能切断泄漏源。防止进入下水道、排洪沟等限制性空间。小量泄漏：用沙土、蛭石或其他惰性材料吸收。或在保证安全的情况下，就地焚烧。大量泄漏：构筑围堤或挖坑收容；用泡沫覆盖，降低蒸汽灾害。用防爆泵转移至槽车或专用收集器内，回收或运至废物处理场所处置
一氧化碳 二氧化硫 二氧化氮 富气	戴防毒面具	防腐蚀的塑胶鞋、手套、衣服等	防毒面具	迅速撤离泄漏污染区人员至上风处，并立即隔离 150 m，严格限制出入。建议应急处理人员戴自给正压式呼吸器，穿防毒服。尽可能切断泄漏源。若是气体，合理通风，加速扩散。喷雾状水稀释、溶解。构筑围堤或挖坑收容产生的大量废水。漏气容器要妥善处理，修复、检验后再用。若是液体，用大量水冲洗，经稀释后放入废水系统。若大量泄漏，构筑围堤或挖坑收容。喷雾状水冷却和稀释蒸汽。用防爆泵转移至槽车或专用收集器内，回收或运至废物处理场所处置
高温催化剂	消防防护服	—	—	迅速撤离泄漏污染区人员至安全区，并进行隔离，严格限制出入。切断火源。建议应急处理人员戴自给正压式呼吸器，穿消防防护服。喷洒大量的水进行冷却，冷却水防止进入下水道，进行专业处理

五、应急监测、监测设备及监测方法

突发环境污染事故应尽量携带便携式的污染物监测仪器，如还未配备，则可以采样回实验室采用国家标准分析方法进行污染物的监测。

表 7-93　应急监测设备与监测方法及监测指标

污染物种	监测物种	监测指标	应急监测设备	量程范围
水体	新原料油	油	目测	
空气	一氧化碳	一氧化碳	一氧化碳检测仪	0.1%～2%×10^{-6}
空气	富气	可燃气体	可燃气体检测仪	0～100%LEL
空气	二氧化硫	二氧化硫	泵吸式二氧化硫检测仪（产品型号：GD80-SO_2）	0～10×10^{-6}、20×10^{-6}、100×10^{-6}、2 000×10^{-6}、5 000×10^{-6}可选
空气	二氧化氮	二氧化氮	快速检测管	0.5×10^{-6}～125×10^{-6}

第三十二节　常减压蒸馏工艺突发性环境污染事故及应急

一、常减压蒸馏工艺简介

常减压蒸馏是目前石油化工企业必不可少的第一道工序，通过常减压蒸馏可以从原油中直接得到各种燃料，润滑油馏分及裂化原料。这种生产过程可分为电脱盐初馏、常压和减压蒸馏三部分。原油经换热至 90～120℃，进入电脱盐脱水器，在高压电场作用下，使混悬在原油中的水、盐与原油分层后除去；再进一步换热至 220～250℃进入初馏塔分出小于 130℃的馏分；初馏塔塔底的拔顶原油经常压加热炉加热到 360～370℃，进入常压分馏塔蒸馏，其各侧线馏出油再进入汽提塔用过热水蒸气进行汽提，以保证侧线馏分油质量；常压塔底重油经减压加热炉加热到 410℃进入减压塔进行减压蒸馏，产品作裂化原料及用于燃料等。

二、工艺流程及事故点位

常减压蒸馏工艺流程及环境污染事故风险点位见图 7-32。

原油经预热后进入脱盐罐，脱除油中的氯化钠、氯化镁和氯化钙等盐分，减少对后续设备的腐蚀作用。为了脱除油中水分，加入破乳剂使水滴凝聚。在高压电场作用下，水滴借重力从油中沉降分离。主要采用电脱盐过程进行脱盐。在电脱盐脱水过程中，有高温热油，使用高电压（15～35kV）电场的电气装置，如果脱盐脱水罐内未充满原油或存在有空气就启动高压电源；或者高压电器绝缘不良或电场强度超过 2 kV/cm 使绝缘击穿，会导致爆炸火灾。

脱除盐水后的油经过一系列的热交换器，使温度升高到 200～250℃，然后进入初镏塔进行分离。初馏塔主要用于将原油中部分较轻的组分蒸出。蒸出的塔顶汽油经冷凝冷却后在塔顶回流罐中进行气-液分离，液体的一部分返回塔顶作回流，另一部分为轻汽油送出装置。蒸馏过程中，由于处于沸腾状态，体系内始终呈现气-液共存状态，若因设备破裂或操作失误，使物料外泄或吸入空气，或由于冷凝、冷却不足，使大量蒸汽经贮槽等部位逸出，均可形成爆炸性气体混合物，遇点火源就会发生容器内或外的爆炸燃烧。

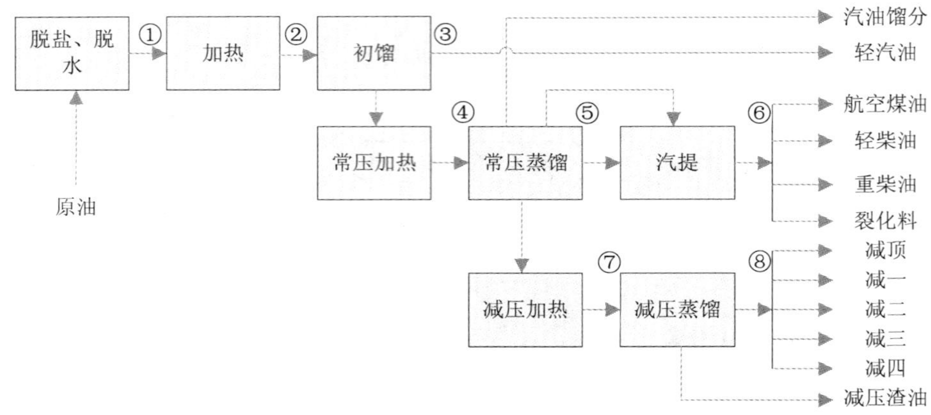

图 7-32 常减压蒸馏工艺流程及环境污染事故风险点位

①泄漏，爆炸，高压电；②燃烧，爆炸；③燃烧，爆炸；④燃烧，爆炸；⑤燃烧，爆炸；⑥燃烧，爆炸，热蒸汽；⑦燃烧，爆炸；⑧燃烧，爆炸

初馏塔塔底流出的为拔头原油，经常压加热炉加热至 360～370℃，进入常压蒸馏塔，在此轻质油料汽化蒸出。塔顶油气经冷凝冷却后在塔顶回流罐气-液分离，液体的一部分返回塔顶作回流，另一部分作为汽油送出装置。常压塔一般有 4～5 根侧线，由此抽出液体，可依次得到航空煤油、灯用煤油、轻柴油和重柴油等。这些馏分在气提塔中，用水蒸气汽提，脱除轻组分后，与原油换热，冷却至规定温度送出装置。从初馏塔塔顶和常压塔顶的回流罐中分离出的石油气体为 C1-C4 轻质烷烃和少量的轻油，可引至加热炉作燃料或经压缩后进行气体分馏，以回收液化石油气。

常压塔底未汽化的重油经水蒸气汽提吹出轻组分进加热炉，加热至 400～410℃进入减压塔，在减压条件下使重质油料汽化蒸出。塔顶为不凝气和水蒸气，经冷凝后采用真空喷射器抽出不凝气，使塔内压力维持在 2～8 kPa。减压塔一般有 3～5 根侧线，用作引出润滑油原料或裂化原料。液体侧线经水蒸气汽提、换热、冷却至规定温度后送出装置。

减压塔塔低渣油经水蒸气汽提，以提高拔出率，然后经换热、冷却至规定温度送出装置。减压渣油经调和后作为重质燃料油，供炼钢厂或发电厂使用，或作为丙烷脱沥青、延迟焦化、氧化沥青装置的原料。

在整个常减压蒸馏过程中，原油和石油馏分的自燃点较低，如汽油为 255～390℃，柴油为 350～380℃，原油为 350℃左右，而蒸馏装置内的油品温度在 220～395℃之间，如果这些油品在生产装置内某个部位渗漏出来，均已达到与接近油品的自燃点而引发自燃。所以整个装置区都要防火放电，以免发生事故。

蒸馏操作是一种复杂的过程，精馏塔的辅助设备多，如进料泵、加热的再沸器、气相冷凝冷却器、回流管和受液槽以及侧线出料（包括多个侧线出料）、顶出料、底出料系统等，蒸馏过程某一指标或某一环节出现偏差，都会干扰整个蒸馏系统的平衡，导致事故发生。蒸馏控制温度过高，易出现超压爆炸、泛液、冲料、过热分解及自燃的危险，甚至使操作失控而引起爆炸；若温度过低，则有淹塔的危险。加料量超负荷，对于釜式蒸馏，可造成沸溢性火灾；对于塔式蒸馏，则可使汽化量增大，使未冷凝的蒸汽进入受液槽，导致槽体超压爆炸。操作中回流量增大，不但会降低体系内的操作温度，而且容易出现淹塔以至操作失控。蒸馏设备的出口管道被凝结、堵塞，会造成设备内压力升高，发生爆炸火灾。高温的蒸馏设备内，若冷水或其他低沸点物质进入，瞬间会大量气化，因内压骤升而出现爆炸火灾。

处理含腐蚀性介质物料如石油蒸馏中原油含硫量较高，加工过程中生成酸性含硫化合物，具有较强的腐蚀性，在减压塔底泵出口高温管线、常压塔顶油气挥发线、空冷器的气、液相变等部位，易发生腐蚀穿孔，壁厚减薄，进而失去承载能力或发生泄漏，酿成火灾。

加热炉，特别是减压加热炉，其原料组分重，炉出口温度高，如果各路进料不均匀，炉管内易结焦，造成局部过热，严重时还会在塔内形成焦块，堵塞抽出管线从而引起冲塔事故。

三、生产工艺产生的污染物特征及其危害

根据常减压蒸馏工艺流程（图 7-32），表 7-94 列出了突发性环境污染事故产生的主要污染物特征及其危害。

表 7-94　常减压蒸馏工艺产生的污染物表征及其危害

<table>
<tr><th>风险点位</th><th>污染物</th><th>现象及特征</th><th>危害对象及途径</th></tr>
<tr><td>①</td><td>原油
盐水
一氧化碳
二氧化硫
二氧化氮</td><td rowspan="4">原油：黏稠的、深褐色（有时有点绿色的）液体
盐水：无色透明液体。
轻汽油：易挥发、有刺激性的液体。
拔头原油：色黑黏稠性液体。
高温水蒸气：高温气体。
常压渣油：色黑黏稠，常温下呈半固体状。
减压渣油：色黑黏稠，常温下呈半固体状，质重。
一氧化碳：无色、无臭、无味、难溶于水的气体。
二氧化硫：对眼及呼吸道黏膜有强烈的刺激</td><td rowspan="4">原油：对土壤、水体、生物都有危害。石油中所含苯和甲苯等有毒化合物泄漏入水体后，这些有毒化合物也迅速进入了食物链。原油对鸟、海豹、海豚等都有严重的危害。原油分散在土壤和水体中会妨碍生物的正常生长。对皮肤黏膜具有刺激性，有光毒作用和致肿瘤作用。其产生的烟气会引起头昏、头胀，头痛、胸闷、乏力、恶心、食欲不振等全身症状和眼、鼻、咽部的刺激症状。遇明火、高热可燃。燃烧时放出有毒的刺激性烟雾。
盐水：大量的盐水进入土壤会造成土壤盐碱化，进入水体会威胁淡水生物。
轻汽油：遇明火、高热可燃。汽油是一种神经系统麻痹性毒物。急性轻度中毒时，是类似醉酒样症状，如头晕、头痛、恶心、无力、呕吐、步态不稳、视力模糊、精神恍惚，并可能引发癔病发作。重度中毒时，会立刻出现昏迷、抽搐等严重的心、脑血系统病症。如不慎将汽油吸入肺部，则会引发吸入性肺炎。
拔头原油、常压渣油、减压渣油：对土壤、水体、生物都有危害。石油中所含苯和甲苯等有毒化合物泄漏入水体后，这些有毒化合物也迅速进入了食物链。对皮肤黏膜具有刺激性，有光毒作用和致肿瘤作用。其产生的烟气会引起头昏、头胀，头痛、胸闷、乏力、恶心、食欲不振等全身症状和眼 、鼻、咽部的刺激症状。遇明火、高热可燃。燃烧时放出有毒的刺激性烟雾。
高温水蒸气：易对生物产生烫伤。</td></tr>
<tr><td>②</td><td>原油
一氧化碳
二氧化硫
二氧化氮</td></tr>
<tr><td>③</td><td>轻汽油
拔头原油
一氧化碳
二氧化硫
二氧化氮</td></tr>
<tr><td>④，⑤，⑥</td><td>拔头原油
高温水蒸气
一氧化碳
二氧化硫
二氧化氮</td></tr>
</table>

风险点位	污染物	现象及特征	危害对象及途径
⑦，⑧	常压渣油 减压渣油 一氧化碳 二氧化硫 二氧化氮	二氧化氮：棕红色、高度活性的气态物质	一氧化碳：吸入接触。患者可出现头痛、头晕、失眠、视物模糊、耳鸣、恶心、呕吐、全身乏力、心动过速、短暂昏厥。重者迅速进入昏迷状态。 二氧化硫：对眼及呼吸道黏膜有强烈的刺激作用。大量吸入可引起肺水肿、喉水肿、声带痉挛而致窒息。对大气可造成严重污染，在空气中通过氧化作用制造酸雨。 二氧化氮：对环境有危害，对水体、土壤和大气可造成污染。本品助燃，有毒，具刺激性。氮氧化物主要损害呼吸道。吸入气体初期仅有轻微的眼及上呼吸道刺激症状，如咽部不适、干咳等。常经数小时至十几小时或更长时间潜伏期后发生迟发性肺水肿、成人呼吸窘迫综合征，出现胸闷、呼吸窘迫、咳嗽、咯泡沫痰、紫绀等。可并发气胸及纵隔气肿。肺水肿消退后两周左右可出现迟发性阻塞性细支气管炎。慢性作用：主要表现为神经衰弱综合征及慢性呼吸道炎症。个别病例出现肺纤维化。可引起牙齿酸蚀症

四、应急防护措施、防护设备及应急处理

为了保障工人以及事故应急环保工作人员的身心健康和环境安全，表 7-95 详细指出了常减压蒸馏工艺流程中发生突发环境污染事故的污染物种类，应急防护措施，防护设备及应急处理技术。

表 7-95 污染物的应急防护措施、防护设备及应急处理技术

污染物种类	应急防护措施	防护设备		应急处理方法
		常用基础设备	特异性设备	
原油 轻汽油 拔头原油 常压渣油 减压渣油	防苯耐油手套	消防防护服等	防静电工作服，自给正压式呼吸器	迅速撤离泄漏污染区人员至安全区，并进行隔离，严格限制出入。切断火源。建议应急处理人员戴自给正压式呼吸器，穿消防防护服。尽可能切断泄漏源。防止进入下水道、排洪沟等限制性空间。小量泄漏：用沙土、蛭石或其他惰性材料吸收。或在保证安全的情况下，就地焚烧。大量泄漏：构筑围堤或挖坑收容；用泡沫覆盖，降低蒸汽灾害。用防爆泵转移至槽车或专用收集器内，回收或运至废物处理场所处置
一氧化碳 二氧化硫 二氧化氮	戴防毒面具	防腐蚀的塑胶鞋、手套、衣服等	防毒面具	迅速撤离泄漏污染区人员至上风处，并立即隔离 150 m，严格限制出入。建议应急处理人员戴自给正压式呼吸器，穿防毒服。尽可能切断泄漏源。若是气体，合理通风，加速扩散。喷雾状水稀释、溶解。构筑围堤或挖坑收容产生的大量废水。漏气容器要妥善处理，修复、检验后再用。若是液体，用大量水冲洗，经稀释后放入废水系统。若大量泄漏，构筑围堤或挖坑收容。喷雾状水冷却和稀释蒸汽。用防爆泵转移至槽车或专用收集器内，回收或运至废物处理场所处置
盐水	塑胶手套、胶鞋	—	—	大量泄漏：构筑围堤或挖坑收容，用防爆泵转移至槽车或专用收集器内，回收或运至废物处理场所处置

五、应急监测、监测设备及监测方法

突发环境污染事故应尽量携带便携式的污染物监测仪器，如还未配备，则可以采样回实验室采用国家标准分析方法进行污染物的监测。

表 7-96　应急监测设备与监测方法及监测指标

污染物种	监测指标	应急监测设备	量程范围
空气	一氧化碳	泵吸式一氧化碳检测仪（产品型号：GD80-CO）	$0 \sim 100\times10^{-6}$、500×10^{-6}、$2\,000\times10^{-6}$可选
空气	二氧化硫	泵吸式二氧化硫检测仪（产品型号：GD80-SO_2）	$0 \sim 10\times10^{-6}$、20×10^{-6}、100×10^{-6}、$2\,000\times10^{-6}$、$5\,000\times10^{-6}$可选
空气	二氧化氮	泵吸式二氧化氮检测仪（产品型号：GD80-NO_2）	$0 \sim 20\times10^{-6}$、100×10^{-6}、$2\,000\times10^{-6}$可选

第三十三节　汽车涂装行业环境污染事故及应急

一、汽车涂装工艺简介

涂装是运输设备制造业环境污染最严重的一个环节，喷漆、烤漆等工序会产生挥发性的有机气体，这些有机气体具有致肿瘤、致癌的风险。同时，汽车涂装工艺中的清洗、抛光工序会产生大量较高浓度的有毒、有机废水。

本节着重介绍汽车涂装、旧汽车的装饰和重新涂装工艺中可能的环境污染事故及应急措施。

二、汽车涂装工艺流程及事故点位

汽车涂装主要包括打磨、喷漆、烤漆、打蜡抛光，最终交车的流程完成汽车涂装工艺，具体流程图与风险点位见图 7-33：

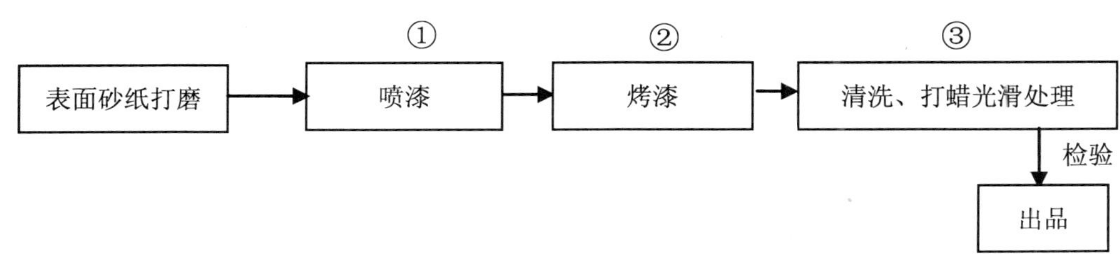

图 7-33　汽车涂装工艺染事故风险点位

①有毒、致癌气体；②有毒、致癌气体；③大量有毒、有机废水

由图 7-33 可见，汽车涂装或旧车美容（涂装）工艺主要环境污染物是喷漆、烤漆等工艺所产生的大量有毒气体和清洗过程中的有毒、有机废水，也会导致大气和水体的污染。

三、汽车涂装工艺产生的污染物表征及其危害

依据汽车涂装工艺流程（图 7-33），污染物产生的危险点位见表 7-97。主要污染物为有毒气体和废水。主要污染物的表征及危害见表 7-97。

表 7-97 汽车涂装工艺产生污染物的风险点位及危害描述

风险点位	产生的主要污染物	现象及特征	危害
①，②	有毒致癌气体、含苯类、酯类等有机有害气体	空气中油漆等刺激性气味	致癌、致肿瘤
③	有毒、有机废水	水体有颜色	污染地下、地表水体，然后进入食物链危害人体健康

四、应急防护措施、防护设备及应急处理

为了保障人与大气、水体环境安全，必须对汽车涂装工艺流程中产生的大量有毒气体、有毒废水进行处理，防止发生污染事故。表 7-98 给出了汽车涂装工艺中发生突发环境污染事故的风险源点，应急防护措施及基本防护设备配置等。

表 7-98 应急措施、设备及事故应急处理工程与技术

序号	污染物	应急措施	防护装备及应急处理技术方法		
			特异装备	常用装备	处理措施
1	有毒气体	防毒面具	防毒面具	—	车间废气工程措施：应有大气污染防治工艺 事故应急：及时通风
2	有毒废水	工程拦截收集进行集中处理	—	—	工程措施：将事故污水进行工程拦截，或疏导到污水处理厂进行处理
3	有机废水	工程拦截收集进行集中处理	—	—	

五、应急监测、监测设备及监测方法

表 7-99 详细列出了应急快速监测设备及仪器检测范围。实验室分析方法的具体步骤请参照手册附件及本手册的附表。有害气体排放标准见附录。

表 7-99 应急监测设备与监测方法及监测指标

污染物种类	监测指标	监测设备及检测范围	
		快速监测设备	检测范围
大气	大气监测：二噁英、酚类、酯类、芳香类	气相色谱仪	—

污染物种类	监测指标	监测设备及检测范围	
		快速监测设备	检测范围
水体	化学需氧量（COD）	COD 快速检测分析仪	5～2 000 mg/L，超过 2 000 mg/L 可稀释测定
水体	甲醛、色素、颜料、芳香族化合物	多参数水质分析仪（35 种参数）（产品型号：HD-201 m）	—

第三十四节　电镀行业环境污染事故及应急

一、电镀工艺及其环境污染简介

电镀就是利用电解原理在某些金属表面上镀上一薄层其他金属或合金的过程，是利用电解作用使金属或其他材料制件的表面附着一层金属膜的工艺从而起到防止腐蚀，提高耐磨性、导电性、反光性及增进美观等作用。

在工业废水中，电镀废水对环境的危害不容忽视。电镀废水的主要来源是电镀生产中的清洗、镀液过滤、镀液的废弃更新以及镀液的带出、跑、冒、滴、漏等。

电镀废水就总量来说，比造纸、印染等废水量小，但废水中所含高毒物质种类多，危害性大。未经认真处理的电镀废水排入河道、池塘、渗入地下，不但危害环境，而且会污染饮用水和工业用水。

二、电镀工艺流程及主要污染物产生点位

电镀工艺流程图及环境风险介绍如下：

由图 7-34 可见，电镀生产主要的污染物是大量有毒污水和废电镀液的排放，如果不认真处理就会渗透到地下污染地下水，威胁饮水水体的安全。由电镀的工艺流程可以看出，电镀行业主要产生的废水根据电镀工艺不同会产生含有各种重金属的有毒废水及废弃电镀液。

三、电镀工艺流程及主要污染物产生介绍

电镀主要工艺流程分为以下几个步骤：

（1）挂具：

将电镀前的制品，挂在电镀的治具上。

（2）碱洗：

会产生废碱液。

（3）水洗：

采用浸泡的方式对碱液处理后的制品进行水洗处理。水洗过程连续进水，废水产生，废水产生量根据电镀工艺不同有所区别。

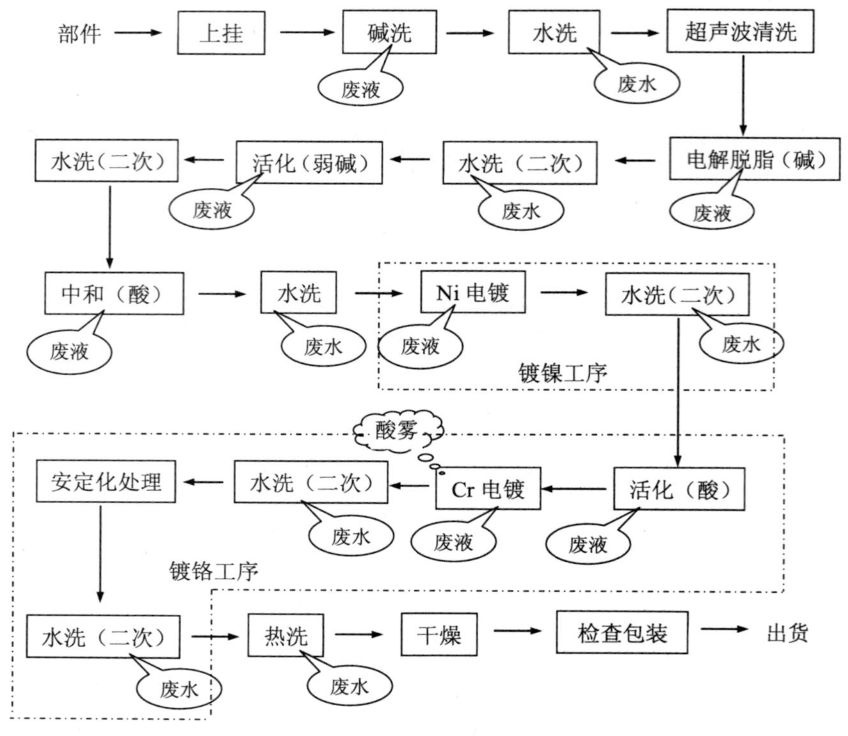

图 7-34　电镀工艺流程

（4）超声波清洗：

超声波清洗的原理是利用超声波在液体中产生强烈空化效应，与综合处理液共同作用，在同一处理液内可同时完成除油、除锈、去氧化膜及磷化综合处理。此过程产生废水。

（5）电解脱脂：

使用碱液采用浸泡的方式对制品进行表面清洗，以去除制品表面的油等污染物。有废碱液排放。

（6）水洗两次：

水洗的目的是为了洗掉制品从脱脂槽中带出的碱液。有废水产生。

（7）活化（弱碱性）：

加入药物进行活化。

（8）水洗两次：

水洗的目的是为了洗掉制品从洗槽中带出的药液。水洗过程连续进水，废水产生量较大。

（9）中和（酸）：

其目的是中和活化。用酸液中和，有废酸液排放。

（10）水洗：

采用浸泡式的清洗方式进行。水洗过程连续进水，产生废水。

（11）镍（Ni）电镀：

制品进入电镀槽内进行半光泽度电镀，使制品表面由无光变为半有光。

镍电镀完毕后将电镀制品放在镍的回收槽内以回收制品表面上附着的电镀液，回收下来的电镀液用于补充电镀槽内的镀液。当电镀液失效后不能再使用时进行更换，产生镍电镀废液。

（12）水洗：

对镍电镀后的制品进行清洗。

（13）钝化：

将制品浸泡在钝化处理槽内进行制品表面的钝化处理。钝化处理液的主要成分为无水铬酸，其中无水铬酸的浓度为 20 g/L、硫酸的浓度为 0.5 g/L。

钝化处理液一般为 6 个月更换一次，更换下来的废钝化处理液排入污水处理站进行处理。

（14）铬电镀：

铬电镀液的铬酸浓度为（200±20）g/L、硫酸浓度为（1±0.2）g/L。

铬电镀的时候将制品浸泡在含铬的融合槽内，使制品的表面溶入铬电镀液中。

通常情况下每月对电镀注液进行分析，当金属杂质浓度超过 10g/L 时对电镀液进行更换。更换下来的废电镀液排入离子交换装置进行处理。

同时会产生金属杂质。

镀铬过程中产生酸雾，酸雾的主要成分为硫酸、铬酸等的混合酸雾，采用大气浓缩装置进行回收处理，使铬酸和水分离，铬酸流回原液体槽继续使用。

（15）水洗：

主要为清洗部件所带的电镀液，水洗过程连续进水，会产生废水。

（16）安定化处理：

将制品浸泡在处理槽内进行制品表面处理。处理液的主要成分为无水铬酸，其中无水铬酸的浓度为 10 g/L、硫酸的浓度为 5 g/L，85%的磷酸浓度为 10 g/L。

（17）水洗：

主要为清洗部件所带的电镀液，水洗过程连续进水，此流程废水产生量较大。

（18）热洗：

热洗的目的是便于清洗后制品表面的水蒸发得快，从而使制品看起来更美观。热洗水一天更换一次，更换下来的清洗废水排入污水处理设施进行处理。

（19）干燥：

将经电镀处理后的制品送入干燥机内进行干燥处理。干燥处理后的制品即为成品。

（20）检查：

成品经外观检查、尺寸检查等合格后入库。

四、电镀行业使用的主要危险化学用剂与防护

（1）氢氧化钠

分子式：NaOH，碱性腐蚀品。白色不透明固体，易潮解。熔点（℃）：318.4，沸点（℃）：1 390，相对密度（水=1）：2.12，易溶于水、乙醇、甘油，不溶于丙酮。不燃。

储运注意事项：储存于干燥清洁的仓库内。注意防潮和雨淋。应于易燃或可燃物及酸

类分开存放。分装和搬运作业注意个人防护。搬运时要轻装轻卸，防止包装及容器损坏。雨天不宜运输。

泄漏应急处理：隔离泄漏污染区，限制出入。建议应急处理人员戴正压自给式呼吸器，穿防酸碱工作服。不要直接接触泄漏物。小量泄漏：避免扬尘，用洁净的铲子收集于干燥、洁净、有盖的容器中。也可以用大量水冲洗，经水稀释后放入废水系统。大量泄漏：收集回收或运至废物处理场所处置。

防护措施：可能接触其粉尘时，必须佩戴头罩型电动送风过滤式防尘呼吸器。必要时，佩戴空气呼吸器。穿橡胶耐酸碱服、手套。其他：工作场所禁止吸烟、进食和饮水。工作毕，淋浴更衣。注意个人清洁卫生。

（2）硫酸镍

分子式：$NiSO_4 \cdot 6H_2O$，相对分子质量：262.86，翠绿色颗粒状晶体。相对密度 2.07。晶型转化点 53.5℃，103℃时失去 6 个结晶水。溶于水，水溶液呈酸性。易溶于醇、氨水。有毒。

包装运输：用内衬聚乙烯塑料袋的编织袋或木桶包装。贮存于阴凉、干燥、通风的库房中，勿在有活性氯气和烈日下储存。轻拿轻放，防止包装破损。勿与食品共贮混运。运输过程中，应注意防热、防潮。

操作人员工作时要佩戴防毒口罩、软管防毒面具。

（3）氯化镍

分子式：$NiCl_2 \cdot 6H_2O$。绿色或草绿色单斜棱柱状结晶。相对密度 1.921。熔点 80℃。易溶于水、乙醇，其水溶液呈微酸性。在干燥空气中易风化，在潮湿空气中易潮解。加热至 140℃以上时完全失去结晶水而呈黄棕色粉末。

包装贮运：用内衬聚乙烯塑料袋封口的塑料编织袋包装。应贮存在阴凉、通风、干燥的库房内。运输过程中要防雨淋和日晒。装卸时要轻拿轻放，防止包装破损。失火时，可用水、沙土和各种灭火器扑救。

（4）硫酸

分子式 H_2SO_4，相对分子质量：98.08，为无色透明油状液体，无臭，蒸汽压：0.13kPa（145.8℃）；熔点：10.5℃；沸点：330.0℃；相对密度（水=1）1.83；相对密度（空气=1）3.4。与水混溶。属酸性腐蚀品。

泄漏应急处理：迅速撤离泄漏污染区人员至安全区，并进行隔离，严格限制出入。建议应急处理人员戴自给正压式呼吸器，穿防酸碱工作服。不要直接接触泄漏物，尽可能切断泄漏源。防止进入下水道、排洪沟等限制性空间。小量泄漏：用沙土、干燥石灰或苏打灰混合，也可以用大量水冲洗，经水稀释后放入废水系统。大量泄漏：构筑围堤或挖坑收容；用泵转移至槽车或专用收集器内，回收或运至废物处理场所处置。

储运注意事项：储存于阴凉、干燥、通风良好的仓间。应与易燃或可燃物、碱类、金属粉末等分开存放。不可混储混运。搬运时要轻装轻卸，防止包装及容器损坏，分装和搬运作业要注意个人防护。

（5）铬酸

铬酸又名铬酐，学名三氧化铬、铬酸酐，分子式：CrO_3，是用硫酸分解重铬酸钠而制得。为红棕色片状固体，熔点 197℃，相对密度 2.7。

危险特性：强氧化剂。与有机物如乙酸、乙醇等接触会引起着火和爆炸。有毒。有强腐蚀作用，粉尘能严重灼伤体内组织。与眼睛接触能致盲。可引起皮肤、黏膜的刺激和溃疡等损害。

储运注意事项：储存于阴凉、通风、干燥的仓库内，避免受潮；防止容器破损和生锈；与可燃物、有机物或易氧化物隔离储运。

泄漏处理：对泄漏物须立即处理；必须穿戴防毒面具和手套；用水冲洗，经稀释的污水放入废水系统。

（6）磷酸

分子式：H_3PO_4。纯品为无色透明黏稠状液体或斜方晶体，无臭，味很酸。市售的85%磷酸是无色透明或略带浅色、稠状液体。熔点42.35℃。沸点213℃时（失去1/2H_2O），则生成焦磷酸。加热至300℃变成偏磷酸。相对密度1.834（18℃）。易溶于水，溶于乙醇。其酸性较硫酸、盐酸和硝酸等强酸弱，但较醋酸、硼酸等弱酸强。能刺激皮肤引起发炎、破坏肌体组织。浓磷酸在瓷器中加热时有侵蚀作用。有吸湿性。

毒性保护：磷酸蒸汽能引起鼻黏膜萎缩；对皮肤有相当强的腐蚀作用，可引起皮脸炎症性疾患；能造成全身中毒现象。空气中最高容许浓度1 mg/m^3。生产人员工作时应穿戴防护用具，如工作服、橡皮手套、橡皮或塑料围裙、长筒胶靴。注意保护呼吸器官和皮肤，如不慎溅到皮肤上，应立即用大量清水冲洗，把磷酸洗净后，一般可用红汞溶液或龙胆紫溶液涂抹患处，严重时应立即送医院诊治。

五、电镀行业产生毒性较大的废水的危害辨识与预防措施

（1）含氰废水

含氰废水是电镀生产毒性较大的废水之一。镀铜、镀锌、镀锡、镀铬、镀金、镀银都曾大量采用氰化物。虽然随着无氰电镀的推广，但是有些工艺、某些电镀行业仍然使用着氰化物。氰化物是极毒的物质，人体对氰化物的中毒致死剂量是0.25 g。纯净的氰化钾为0.15 g。氢氰酸和氰化物通过皮肤、肺、胃，特别是黏膜吸收进入体内。氢氰酸对呼吸中枢有极短的刺激，就可能迅速使之麻痹。

若尚未引起呼吸麻痹及心脏停止跳动，利用自然呼吸或人工呼吸，及时排除体内氢氰酸即可恢复正常呼吸。氢氰酸作用时间越长，对呼吸酶的损害越大，恢复正常呼吸也就越困难。

（2）含铬废水

镀锌在整个电镀业占的比例较大，镀锌的钝化绝大多数采用铬酸盐，因此含铬废水排放量很大。金属铬几乎是无毒的，二价铬的化合物一般也被认为没有毒性。但是三价铬、六价铬盐毒性较大，会对人体造成不同程度的伤害。镀锌最大的是六价铬，六价铬化合物对人体的皮肤、呼吸系统和内脏都会造成很大的损害。

（3）含其他重金属的废水

电镀生产中，要用到多种重金属化合物，它们都不同程度地具有毒性。镉、铅、镍、铜、锌等，这些重金属废水通过皮肤接触会发生皮疹、皮肤坏死、损害肠道等。口服硫酸镉的致死剂量仅约30 mg。铅中毒主要引起血液系统的症状，主要是贫血和铅容。误食硫酸铜0.65 g以上就会发生严重中毒。锌虽然是人体必需元素之一，但误食氯化锌会引起中毒。生活水中

锌的含量不允许超过 1 mg/L。我国规定工业废水中锌的最高允许浓度为 5 mg/L。

六、应急防护措施、防护设备及应急处理

为了保障工人以及现场监测环保工作人员的身心健康和环境安全，表 7-100 指出了电镀行业突发环境污染事故污染类型，应急防护措施，应急监测指标以及基本防护设备配置等。

表 7-100 应急防护措施、设备及应急处理技术方法

序号	污染物	防护措施	防护装备及应急处理技术方法		
			特异装备	常用装备	应急处理技术
1	废液（硫酸）	工程拦截	防化服	铲子、铲车	重金属污水意外排放：如发生意外的污水排放，以及工艺设备的损害导致的大量污水排放，必须采取工程拦截措施，避免流入水环境敏感区和重要水环境功能区；要重点保护饮水水源地，将非正常排放的重金属污水进行工程拦截，统一处理
2	高浓度重金属废水（含镉、氰化物、铅、镍、铜、锌等）	工程拦截	防化服	铲子、铲车	

七、应急监测、监测设备及监测方法

表 7-101 列出了电镀行业污染事故后快速应急监测仪器及检测范围，实验室分析方法参照相关分析方法及本手册附录。

表 7-101 应急监测设备与监测方法及监测指标

污染物种类	需监测对象及指标	快速监测设备及检测范围	
		快速监测设备	检测范围
水体	pH 值	便携式 pH 计	0.0～14.0
	硫酸根离子	硫酸盐测定仪（产品型号：HD-102SH）	0.0～20.0 mg/L
水体	铜、锌、镍、氰、铬离子	ST-4 000 重金属快速检测仪	—

第八章　采矿业突发性环境污染事故及应急

采矿业指对固体（如煤和矿物）、液体（如原油）或气体（如天然气）等自然产生的矿物的采掘。包括地下或地上采掘、矿井的运行，以及一般在矿址或矿址附近从事的旨在加工原材料的所有辅助性工作，例如碾磨、选矿和处理。还包括使原料得以销售所需的准备工作。选矿是最容易产生环境污染的作业之一，因此本章主要介绍金属选矿的环境污染事故的应急防护措施、污染危害识别和应急监测等。

第一节　采选矿固废特性及固废渣场潜在风险识别

永久堆存大量有色金属选矿固体废物，具有无机有毒特征，表面上这类固废在环境中不会发生反应或降解，但实际上，一旦环境发生改变，特别是 pH 值降低成为酸性环境，固体废物中的有毒金属元素发生迁移，尤其是随水进入外环境，产生污染危害。

固废堆场对环境危险最严重的事故有：

（1）尾渣库（含集液池）防渗层失效渗漏，污染地下水环境。

（2）堆渣区滑坡—泥石流冲击溃坝地质灾害链发生。

第二节　事故条件下的风险危害途径

在上述两种潜在风险中，防渗层失效渗漏事故是隐蔽的，缓慢发生发展的，而滑坡—泥石流冲击溃坝地质灾害链是直观、明显易查的灾难。

（1）尾矿库回水池及渣库和集液池底的防渗层风险目标影响是各种因素使防渗膜材料脱焊、断裂、老化、部分失效或全部失去防渗功能，这种事故灾难，无法直观易辨识别，只有对地下水径流下游进行系统监测结果发现水质异常才会被肯定，但渗漏早已发生一段时间，其污染治理十分困难，并且效果往往不理想。

由于尾渣库底防渗层功能失效，极有可能使有害尾渣淋滤液下渗进入孔隙水或裂隙水地下水环境，并沿沟向下坡方向径流，最终排泄进入河流。

（2）尾渣库、尾矿库及废土场，因特大暴雨产生堆渣滑坡—泥石流冲击溃坝地质灾害链危害是直观易辨的，但灾难来去迅猛，危害极大。以废土场地质灾害链为例，暴雨使废土场低洼地段大量积水形成突发洪水，在洪水冲刷作用下，会使松散泥土液化随山势而下，若下端拦渣坝阻止不了其滑移则冲毁大坝而下，冲入河矿区段，威胁矿山公路和耕地，甚至顺势沿河向安定方向流去，继续危害，直到动力能量消失才会停息下来。

第三节 源项及后果分析

一、尾矿库回水池和尾渣库防渗层渗漏风险分析

尾矿库回水池和尾渣库堆渣区及集液池的防渗层发生渗漏风险可由多方面原因造成，包括突发性的自然灾害，不均匀地面沉降，防渗材料质量差等原因，关键是使防渗膜脱焊、断裂甚至自然老化失去防渗功能，主要由于堆渣区及集液池底面积大，防渗膜需要焊接，甚至连片，包括集液池、池底和拦污坝防渗层相连成整体，甚至还要锚固，技术难度大，要求质量高。因此，应选择有相应资质施工和监理单位，严把原材料和施工质量关。防渗层施工过程中，严格按技术规范和施工程序进行。尾矿库回水池及堆渣区和集液池底应彻底处理，避免有植物根、碎石损伤防渗膜，铺设 300 mm 厚黏土夯实，达到渗透数小于 1.0×10^{-7} m/s 的要求。厚 1 mm 的防渗膜焊搭接宽度大于 10 cm，平整无皱、无漏焊，岸坡防渗膜锚固受力应符合质量要求，每个工序后，监理应通过目视，非破坏性和破坏性测试检验合格后，方准许进入下一个工序。

特别是几种因素耦合影响，必然导致防渗层断裂失效、发生渗漏，使淋滤液下渗进入地下水环境，虽然地下水补、径、排距离短，但其危害是缓慢发生的，其危害途径前一节已有叙述，因此要高度重视地下水监测，同时，从施工阶段应编制尾渣库防渗层失效渗漏应急预案。一旦发生地下水监测水质连续异常，一方面应迅速向环保部门汇报并接受检查，另一方面按应急预案要求，积极进行堵漏补救，若出现十分严重的事故无法补救，按有关规定，经批准建设该项目的环保部门批准后，进入非正常封场程序。

二、堆渣区滑坡泥石流冲击溃坝地质灾害链风险分析

主要是突发性地震或特大暴雨水冲击，有可能导致堆渣滑坡—泥石流冲击溃坝地质灾害链发生，其发生概率极低。

地震和特大暴雨也属于突发性自然灾害，堆存松散废土的废土场不均匀沉降造成洼地积水属于管理事故，一旦这几种因素耦合出现，必然是导致滑坡—泥石流灾难发生并迅速造成冲击溃坝地质灾害链产生。其危害途径前一节已叙述。

在尾矿库、尾渣库及废土场设计中，上端设计建设有环渣区截洪，排洪系统，不渗水的，截洪断面已按当地 50 年一遇和 200 年一遇的重现期排水量的需要设计，考虑足够大的断面安全性，消除汇集暴雨形成洪水的工程措施到位。并且在下端均按 7 级地震烈度设防建筑拦渣坝，堆渣场底还设置了导水盲沟，一方面拦挡防止渣体下滑移动，另一方面避免堆渣区底部积水产生润滑移动积累隐患。

因此，在很大程度上应加强渣场的管理，应有专人管理维护，定期、不定期地对截洪沟、拦渣坝及堆渣区进行巡视、检查。尤其要维护堆渣坡面是否符合设计要求，不至于积水，重视堆渣体疏干排水措施。雨季来临前及时将截洪排洪系统堵塞清理，使之通畅，另外，还应编制相应防止拦渣坝地质灾害链溃坝应急预案，一旦滑坡—泥石流冲击使拦渣坝出现险情，一方面及时汇报，另一方面及时组织相关人员和物力，主动采取有效工程措施，立即抢救，并快速通告下游相关单位人员避让。

三、固废堆场风险管理及减缓潜在风险危害的措施

生产单位应认真制定尾矿库、尾渣库和废土场管理规定和作业程序规则，进行有效的风险管理，除有序堆存外，还必须重视以下方面：

（1）尾矿库、尾渣库、废土场各司其职，不得任意混堆，禁止其他危险固废和生活垃圾混入堆埋，做好堆渣填埋记录。

（2）重视设计及施工质量，强化监理验收合格，加强截洪、排洪及回水池、集液池防渗工程措施。

（3）对固废堆存的构筑设施（包括截洪沟、防渗层、拦渣坝、集液池、拦污坝、地下水导排盲管等）进行常年维护，尤其渣坝建成的第二年起，应定期监测拦渣坝位移量。制定（如防渗漏、防地质灾害链等）事故应急预案，有专人负责，出现问题或隐患按程序及时向环保部门及主管部门反映，并启动应急预案，杜绝重大事故发生。

（4）设置地下水监测

由于整个矿区地下水补、径、排距离短，地下水主要为大气降雨补给，季节性孔隙水和基岩裂隙水运程短，进行地下水监测可以在一定程度上对防渗层是否失效起到很好的监测作用。监测频率最少应每月一次，发现地下水水质连续异常，应加大取样频率，并根据实际情况增加监测项目，查出原因以便进行补救。

（5）关注尾矿库大坝下方的回水池和尾渣库集液池汇集的渗滤水量，不应超过其容量60%，要及时用回水泵将废水回用至生产过程或者达标排放，使回水池及集液池始终保持一定有效容量空间以应急使用。

（6）旱季尾渣库、废土场地面适当洒水抑尘，避免日晒风扬尾渣。雨季避免大量雨水进入渣区积水，或雨水冲刷使废土、尾矿砂冲入外环境，加重水土流失造成河床淤塞。

（7）按《环境保护图形标志——固体废物贮存处理场》（GB 15562.2—1995）的有关规定，特别是在积水较多的集液池和尾矿库回水池周边设置人工防护栏及小路口设置醒目的安全警示标志，并指示正确交通路线，防止行人或牲畜误入区域内出现危害。

（8）应急查漏封堵整改，编制应急预案

对固废堆场的运行管理要警钟长鸣，尤其关注对地下水环境的污染和防止地质灾害链危害，及时编制相关应急预案，以保证堆渣场地有效利用和环境安全，项目建设单位在编制尾矿库、废土场应急预案时，首先应明确各自的应急计划区范围和危险目标是堆渣区和集液池防渗层及堆渣场地滑坡—泥石流—溃坝地质灾害链，并对应急预案的相关条款要求，诸如应急组织机构人员，预案分级响应条件等要求，逐条作出明确、可操作性规定。此外，还包括应急查漏封堵整改，甚至非正常封场等具体步骤、措施、技术要求等，以便实施。

平时主要是加强应急培训，开展公众教育和维护堆渣场正常运行管理。

若地下水监测连续出现异常变化趋势，则启动应急预案，向环保部门汇报，并主动迅速查找堆渣区、集液池、回水池的可能渗漏位置、范围和渗漏破坏程度，评估工程封堵措施效果，及时进行局部查漏封堵补救整改，未整改合格前，不得再将新的固废入库堆存。

（9）非正常封场

若堆渣场地服务期未满前出现重大风险渗漏事故或滑坡—泥石流—溃坝地质灾害事

故时，应全面启动应急预案，立即向环保部门汇报并接受检查，并迅速查找渗漏点，溃坝风险点，迅速采取工程补救，若工程补救无效，则进入非正常封堵程序，项目单位应将非正常封场方案报原批准环保部门核准后实施，在非正常封场前，继续应急工程补救、应急封堵。

非正常封场方案中对封场基本要求与正常封场相同，非正常封场后同样还要进行生态环境恢复，并按终场要求，设立封场范围标识牌，继续对地下水质进行监测，直到稳定为止，非正常封场后不得再重新启用作为堆渣场地继续堆存固体废物。

第四节 镍矿采选工艺突发性环境污染事故及应急

一、镍矿采选生产工艺简介

目前大部分镍矿矿体大都接近地表，或直接出露地表，其大部分虽为覆盖层所掩盖，但覆盖层厚度较薄，适宜露天开采。镍矿有毒性，存在于铜镍矿中的放射性元素氡存在于建筑水泥、矿碴和装饰石材以及土壤中。氡是一种放射性元素，可导致肺癌。对人体的辐射伤害占一生中所受到的全部辐射伤害的55%以上，其诱发肺癌的潜伏期大多都在15年以上，是除了吸烟之外，引起肺癌的第二大因素。镍是一种银白色金属，首先是1751年由瑞典矿物学家克朗斯塔特分离出来的。由于它具有良好的机械强度和延展性，难熔耐高温，并具有很高的化学稳定性，在空气中不氧化等特征，因此是一种十分重要的有色金属原料，被用来制造不锈钢、高镍合金钢和合金结构钢，广泛用于飞机、雷达、导弹、坦克、舰艇、宇宙飞船、原子反应堆等各种军工制造业。在民用工业中，镍常制成结构钢、耐酸钢、耐热钢等大量用于各种机械制造业。镍还可作陶瓷颜料和防腐镀层，镍钴合金是一种永磁材料，广泛用于电子遥控、原子能工业和超声工艺等领域，在化学工业中，镍常用做氢化催化剂。

二、工艺流程及事故点位

（一）采矿

（1）采剥工艺

采剥工作面采用纵向布置方式。

矿山为山坡露天开采，当矿体倾角缓、矿体厚度薄时，可采用由下而上的开采顺序；当矿体倾角大或矿体厚度大时，采用由上而下的开采顺序。

减少镍矿石开采与贫化的措施：

① 加强生产探矿，查清矿体形态、产状，做好取样化验工作，降低顶底板接触面上的损失与贫化；

② 及时清理矿体顶底板，加强回收边矿、尾残矿和漏斗矿的工作，辅以人工回收镍矿石。

（2）采剥设备

露天开采境界内矿石和覆盖层均较疏松，呈黏土状及碎块状，可直接用液压挖掘设备铲挖。

① 铲装设备

根据矿体赋存特点、矿岩性质及多采场同时开采，作业地点分散的特点，宜采用机动灵活的液压铲进行铲装。

② 推土机

选用推土机用于覆盖层和矿石集堆以及清理矿岩三角体、工作面平整、采场临时道路平整。

③ 前端式装载机

配置前端式装载机，主要用于露天采场内表外矿石的场内倒运及修筑和维护运输线路、清扫边坡等。

④ 洒水车

采剥工作面和公路运输选用洒水车洒水防尘。

⑤ 液压碎石机

为提高劳动生产量，降低工人劳动强度，采用液压碎石机对根底和大块进行破碎。该设备为带行走装置液压破碎设备，机动灵活的特性适应本矿面积大、工作面多的工作条件。

（3）采空区排土和复垦

考虑到岩土量中包含贫矿及岩土两部分，因此露天采场的排土也分为两部分，贫矿采用采空区内排方式，岩土则排放至废石场。贫矿的内排采用前装机倒运，岩土采用汽车运至废石场排放。

（4）内部排土场工艺

排弃顺序与采剥顺序一样，当矿体倾角大于 15°或矿体厚度较大时，采用自上而下的顺序；当矿体倾角小于 15°、矿体厚度较小时，采用自下而上的顺序（前采后充）。贫矿堆的底线距采矿工作面不得小于 30 m，以保证作业安全，减少因降雨产生泥浆造成的矿石贫化。

内部排土场内的贫矿采用前装机进行倒运。

（5）内部排土计划

① 内部排土计划

根据矿体赋存条件和采剥进度发展情况，生产第 1～2 年可进行内部排弃，贫矿全部排于采空区内。

② 复垦

随着以后技术进步及回收率提高，现在暂不能利用的贫矿将来可能利用，因此将来贫矿可开采利用后进行复垦，要注意很好地保存采场所剥离的种植土，选择适当的地方储存，为复垦奠定良好的基础。

（6）开拓运输

按矿区地形地貌特点及矿石、岩石的运输距离、运量，矿段采场多且分散的特点，适宜采用机动灵活的公路开拓运输。

设计推荐采用直进式公路开拓方式，选用自卸汽车运输矿岩，每个台阶设场外固定线路，分别由采场通达废石场和选矿厂。

（7）露天采场防、排水

矿山为山坡露天开采，由于露天采场位于较高的剥蚀面、阶地及平缓山梁上，外围的降雨不会大量汇入场内，因此，露天采场的防、排水任务主要是排除场内的大气降雨。露天采场的各开采台阶直通地表，大气降水可通过台阶上的排水沟自流排出场外。

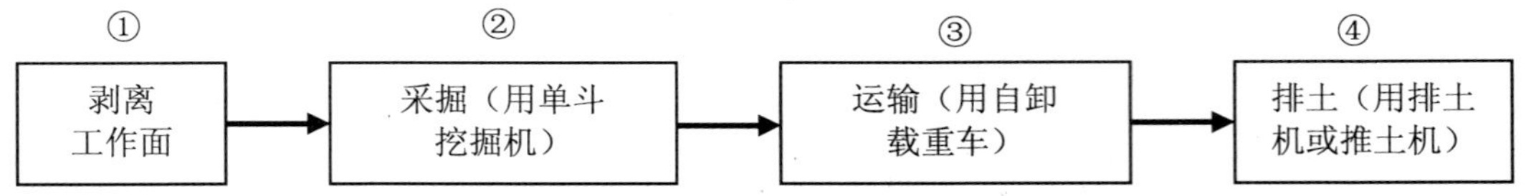

图 8-1 镍矿采矿工艺流程

①、②、③、④粉尘

（二）镍富集

（1）原料

矿石为硅镁镍风化壳型红土矿。其矿物组成主要是蛇纹岩型、绿高岭石铁镁质型、崩解蛇纹石镁质型。在露采、洗破的条件下，送到浸出的矿石大体上分为含镁较高的镁质块矿和含铁较高的铁质泥矿，其比例约为各半。典型成分见表 8-1。

表 8-1 原料成分/%

原料＼成分	Ni	Co	Fe_2O_3	MgO	Al_2O_3	CaO	SiO_2	Cu	Pb
镁质矿	1.09～1.17	0.01	6～12	15～29	2～3	0.2	25	0.02	0.02
铁质矿	0.89～1.37	0.09	18～31	6～8	3～5	0.2	20～30	0.02	0.02

该原料的特点是含铁高的泥矿含镁较低而含镁高的块矿含铁较低，硅的含量波动不大，铝和钙以及铜、铅等重金属均低。因此无论采用火法或湿法富集流程都必须考虑铁和镁对技术指标的影响。

（2）辅料

① 硫酸

② 沉镍剂

（3）原矿特性

根据矿石的结构、构造、化学成分。按自然类型将矿石分为三类：上部为蛇纹石残余构造层，含铁高，为铁质矿，中部为过渡层，系蒙脱石化蛇纹岩，称铁镁质矿，下部为崩解蛇纹岩，称镁质矿。

（4）原料制备工艺流程

原料制备主要是为下一步矿石堆浸及搅拌浸出准备合格的矿石粒级。按矿石堆浸及搅拌浸出工艺要求，需将矿石破碎成不同级别。

（三）选矿

氧化矿中的镍处于化学浸染状态，故不能采用传统的选矿方法富集，物理方法不能将矿中的镍有效富集，用冶化方法富集是目前最佳的选择方案。

以沉淀硫化镍流程为例介绍其工艺流程。该方法在沉镍时重金属大部分沉淀析出，铁部分沉出从而达到部分净化作用。镁大部分留在沉镍后液中，其后中和回收成为可能。由于原料中重金属 Pb、Zn、Cu 含量低，故其对后续提取影响小。沉镍率高，省去了沉镍前净化、固液分离设备和大量中和、沉铁试剂、能源消耗。缩短了流程是其突出的优点，对于本项目十分有利。工艺过程可以分为堆浸、搅浸、沉镍三个大的部分。

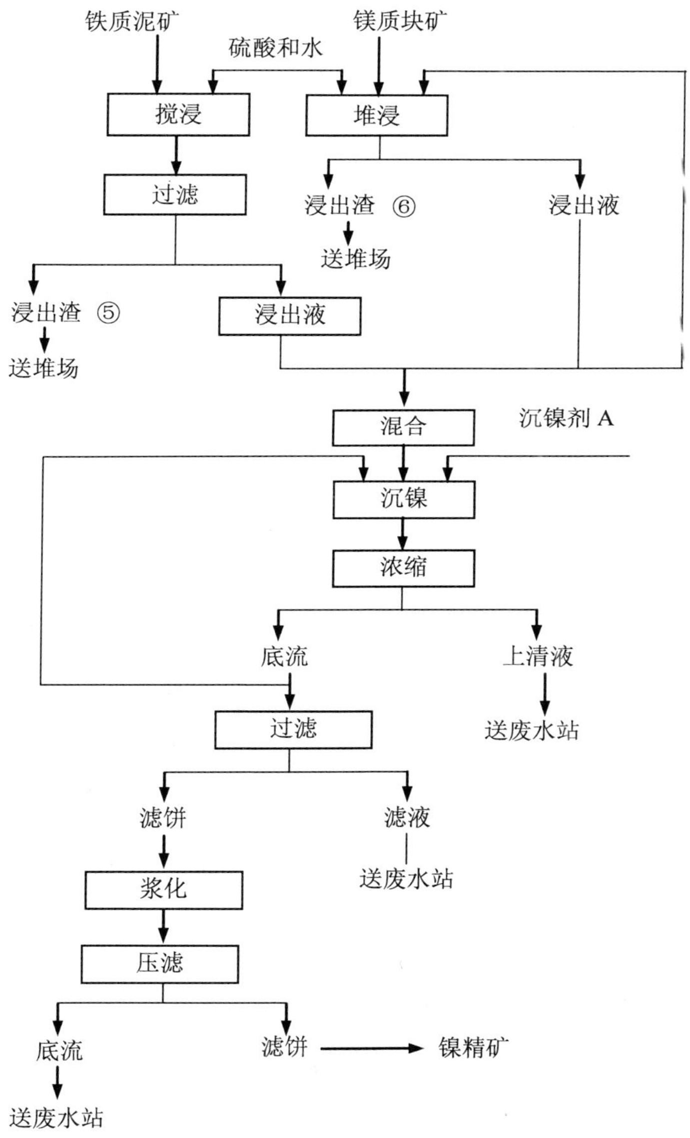

图 8-2　选矿工艺流程

⑤固体废物；⑥固体废物

（1）筑堆

参照堆浸生产实践其渗透系数在 0.2～0.9 范围内，有效浸出厚度不低于 10 m。采用分层堆浸、层间串联、单堆循环浸出法。可单层叠加、双单叠加、单堆一次成型、翻料等多种组合作业方式。设两个筑堆场，顺序作业。

（2）翻料、拆堆

浸出过程中有少量硫酸钙、硫酸铅沉积物会包裹于矿粒表面，影响浸出效果。翻料有一定改善作用。设计考虑就地翻料的措施。只有在其可提高 1.5 个回收率百分点时，使用才有经济效益。采用一次性拆堆，拆前用水洗堆。浸出残渣用抓斗装车运往渣场堆存。

（3）喷淋

由循环池、输液泵、旋摇喷嘴、管道组成喷淋系统，浸出工序连续进行。

（4）浸出

采用连续作业。洗破工序的浓密机底流用泵输送过来。在控制酸度、温度和液固比的条件下连续通过搅拌浸出槽。在改变工艺参数时可强化浸出作业提高浸出率。终酸控制 pH＜2.0 以防铁水解影响过滤效果。

（5）过滤设备

在该含固量的情况下对压滤机，高压过滤机，圆筒（盘）、水平真空过滤机进行了比较。由于搅浸渣量大，渣过滤性能变化大，采用高效真空过滤机对生产有利。为降低排出搅浸渣的酸度，提高镍的回收，对滤液进行二段洗涤、浓密过滤。

（6）沉镍

浸出混合液泵入搅拌槽中连续加入沉镍剂，控制操作温度在 25℃左右。视需要的富集度和残液处理方法选用。反应结束，泵送至倾析浓密机浓缩。底流经水平带式过滤机过滤，滤渣浆化洗涤，用压滤机压滤。

三、生产工艺产生的污染物特征及其危害

根据镍矿采选的工艺流程，表 8-2 列出了突发性环境污染事故产生的主要污染物特征及其危害。

表 8-2 生产工艺产生的污染物表征及其危害

风险点位	主要污染物	现象及特征	危害对象及途径
①、②、③、④	粉尘	使空气能见度下降	粉尘吸入量过大会提高尘肺的发病率
⑤、⑥	呈酸性的固体废物	有强烈的腐蚀性和吸水性，遇水大量放热，可发生沸溅，与易燃物和可燃物接触会发生剧烈反应，甚至引起燃烧	对皮肤、黏膜、呼吸道等组织有强烈的刺激和腐蚀作用。遇还原性物质产生二氧化硫污染大气，形成酸雨。遇大量水稀释后形成稀硫酸，污染水体和土壤，使 pH 值降低，生物死亡

四、应急防护措施、防护设备及应急处理

为了保障工人以及环保工作人员的身心健康和环境安全，表 8-3 给出了镍矿采选工艺流程中发生突发环境污染事故的污染物种类、应急防护措施、防护设备及应急处理技术。

表 8-3 污染物的应急防护措施、防护设备及应急处理技术

污染物种类	应急防护措施	防护设备		应急处理方法
		基础设备	特异性设备	
粉尘	尽量以有组织的形式将粉尘收集后排放	眼罩、口罩	—	大量进入体内应快速用水冲洗
呈酸性的固体废物	穿戴防强酸腐蚀的护具，戴防毒面具	防腐蚀的塑胶鞋、手套、衣服等	防毒面具，自给正压式呼吸器	迅速撤离泄漏污染区人员至安全区，并进行隔离，严格限制出入。尽可能切断泄漏源。防止流入下水道、排洪沟等限制性空间。小量泄漏：用沙土、干燥石灰或苏打灰混合。也可以用大量水冲洗，经稀释后放入废水系统。大量泄漏：构筑围堤或挖坑收容。用泵转移至槽车或专用收集器内，回收或运至废物处理场所处置

五、应急监测、监测设备及监测方法

突发环境污染事故应尽量携带便携式的污染物监测仪器，如还未配备，则可以采样回实验室采用国家标准分析方法进行污染物的监测。

表 8-4 应急监测设备与监测方法及监测指标

污染物种类	监测指标		快速监测设备	量程范围
固体废物	pH		便携式 pH 计	0.0～14.0
	固废浸出液中的重金属离子	镍	水体金属离子快速检测仪	0～45 mg/L
		铅		
		镉		
废气	粉尘		CCHZ-1000 全自动粉尘测定仪	0～1 000 mg/m^3

第五节 铜矿开采突发性环境污染事故及应急

一、铜矿开采工艺简介

铜矿开采根据矿藏的深度可以分为坑内开采和露天开采两种。

二、工艺流程及事故点位

（一）坑内开采

1. 矿体开采技术条件

在矿区内根据情况，按矿区水文地质工作规范要求，属于水文地质及工程地质条件较简单类型矿床可以采用坑内开采。

2. 矿体产状特征

矿体产状、形态受矿化层和垂直弧形扭曲构造的控制。矿化层中的矿体，多呈透镜状，少部分呈似层状，互相作大致平行的矿群，沿垂直扭曲构造的上、下翼部产出。矿体相对变化较大。矿体多呈似层状，少部分呈透镜状，沿垂直弧形扭动构造转弯及上下部位呈大致平行的矿群产出，横剖面上矿体形似板瓦状。

圈出的表内矿均为贫矿体，含矿岩性都是含或不含（以含为主）石墨、电气石的褐云斜长变粒岩或富褐云斜长变粒（片麻）岩。表外矿矿体除上述岩性外还有少量角闪黑（褐）云斜长变粒岩。表内、外矿体中均发育有变质分异一混合脉体（透辉斜长质、长英质、石英质脉体），还应述及的是，矿体边界往往肉眼难以准确划定，需据化学分析成果圈定。由于变质作用、混合岩化改造，矿体局部边界有穿岩相的情况，但总体还受层位控制。

3. 采矿方法选择

矿体赋存情况、开采技术条件、品位情况及经济效益等因素是选择采矿方法的重要依据。

4. 开采顺序

表内矿的品位已经很低，表外矿的品位更低，就近年来处于高价位的铜市场行情看，表外矿尚不具备开采价值。

优先开采的矿体中，设计考虑优选赋存条件及开采技术条件较好的矿体作为首采矿体。

5. 采矿方法

开采主要使用浅孔留矿采矿法和留矿全面采矿法，其中前者适用于急倾斜矿体，后者适用于倾斜矿体。

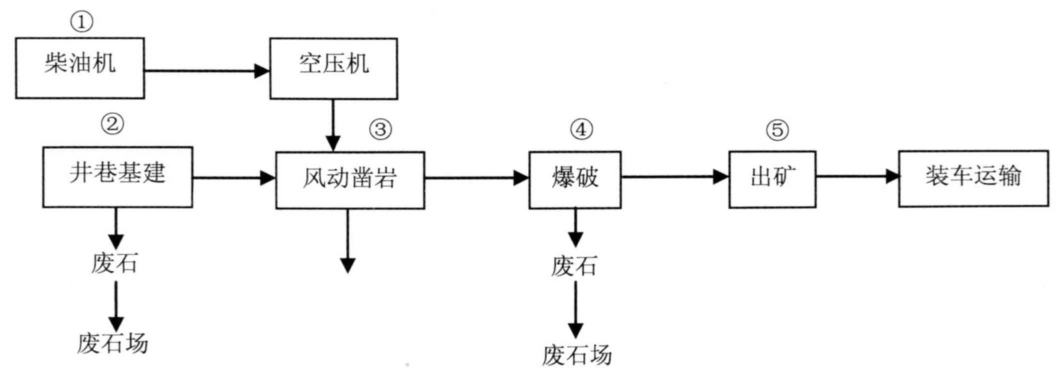

图 8-3 铜矿坑内开采工艺流程

①、②、③、⑤粉尘；④爆破风险

（二）露天开采

1. 采剥工艺

根据矿区地形地貌特征及矿体赋存条件，露天开采采用直进式公路开拓运输方式，采用沿矿体走向布置工作面、沿矿体走向推进、缓帮作业的采剥工艺。

开采顺序为由上往下开采，主要采剥设备为潜孔钻机和轮式装载机，运输设备为自卸汽车。设备型号需根据露天开采时的实际需要由矿山自行确定。

2. 废石场

根据矿山开采的矿山基建期外排废石量及生产期累计外排废石量，设计废石厂。通常考虑出坑废石就近建立废石场集中堆存。

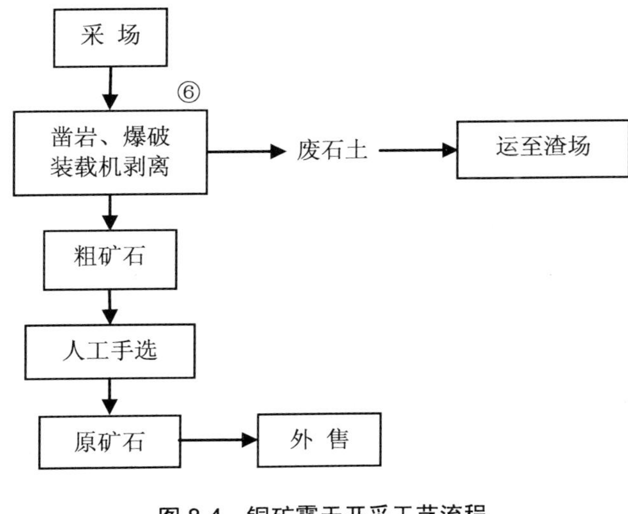

图 8-4 铜矿露天开采工艺流程

⑥爆破风险

三、生产工艺产生的污染物特征及其危害

根据铜矿开采工艺流程，表 8-5 列出了突发性环境污染事故产生的主要污染物特征及其危害。

表 8-5 铜矿开采产生的污染物表征及其危害

风险点位	主要污染物	现象及特征	危害对象及途径
①、②、③、⑤	粉尘	使空气能见度下降	粉尘吸入量过大会提高尘肺的发病率
④、⑥	爆破扬尘、二氧化硫等	短时浓度大幅增加，空气能见度显著下降	粉尘吸入量过大会提高尘肺的发病率。出现不适症状应迅即转移到通风场所，出现严重症状应迅速撤离泄漏污染区人员至上风处，并立即隔离 150 m，严格限制出入

四、应急防护措施、防护设备及应急处理

（一）危险目标

项目危险目标为废石厂。

（二）组织机构

企业应设立以安委会主任为组长，生产、设备副厂长为副组长的应急救援领导小组，成员由有关科室的主要负责人组成。当发生重大事故时，应急救援指挥领导小组负责全厂应急救援工作的组织和指挥，指挥部设在生产调度科，全权负责应急救援工作。

（三）职责

（1）负责制订、修改完善工厂事故应急救援预案。
（2）检查、督促各类重大事故预防措施和应急救援的准备工作和执行情况。
（3）定期组织应急救援分队的演练和实施。
（4）发生事故时，由指挥部发布和解除应急救援的命令、信号。
（5）组织指挥救援队伍实施救援行动。
（6）负责向上级部门汇报，必要时，向厂外应急救援组织请求救援。
（7）组织调查事故发生原因，总结应急救援的经验教训。

表 8-6 污染物的应急防护措施、防护设备及应急处理技术

污染物种类	应急防护措施	防护设备		应急处理方法
		基础设备	特异性设备	
粉尘	尽量以有组织的形式将粉尘收集后排放	眼罩、口罩	—	大量进入体内应快速用水冲洗
爆破扬尘、二氧化硫	爆前喷雾洒水，即在距工作面 15～20 m 处安装除尘喷雾器，在爆破前打开喷雾装置，爆破后 30 min 关闭	眼罩、口罩	—	大量进入体内应快速用水冲洗。二氧化硫泄漏喷雾状水稀释、溶解。构筑围堤或挖坑收容产生的大量废水。加入碱石灰处理

五、应急监测、监测设备及监测方法

突发环境污染事故应尽量携带便携式的污染物监测仪器，如还未配备，则可以采样回实验室采用国家标准分析方法进行污染物的监测。

表 8-7 应急监测设备与监测方法及监测指标

污染物种类	监测指标	快速监测设备	量程范围
废气	粉尘	CCHZ-1000 全自动粉尘测定仪	0～1 000 mg/m^3
	爆破扬尘	CCHZ-1000 全自动粉尘测定仪	0～1 000 mg/m^3
	二氧化硫	泵吸式二氧化硫检测仪（产品型号：GD80-SO_2）	0～10×10^{-6}、20×10^{-6}、100×10^{-6}、2 000×10^{-6}、5 000×10^{-6} 可选

第六节　铁矿选矿突发性环境污染事故及应急

一、铁矿选矿工艺简介

铁矿选矿的工艺流程简单，主要为搅拌和混合两个步骤。

二、工艺流程及事故点位

选矿工艺流程如图 8-5 所示。

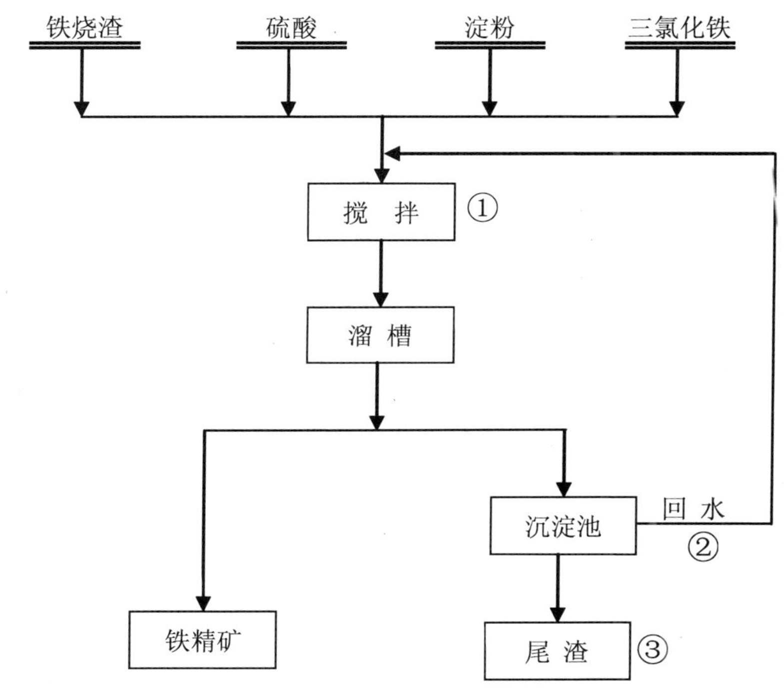

图 8-5　铁选矿工艺流程图

①硫酸泄漏；②选矿废水；③尾矿渣

进场原料的主要成分为铁的氧化物（主要为 Fe_2O_3、Fe_3O_4），生产工艺的主要原理是去除铁渣中的杂质，对原料进行提纯，以满足相关生产的进料要求。

铁渣通过硫酸、淀粉以及三氯化铁的处理，其中，硫酸作为调节剂，用于调节溶液的 pH，pH 的操作控制范围呈中等酸性 3～4 作为速凝剂，pH 的控制不得低于 2，否则铁被溶出，造成物料损失。在此 pH 的操作环境下，杂质凝聚成比重较轻的固体，三氯化铁作为活化剂，在反应中起主导作用，铁渣与辅料的反应过程通过搅拌实现，搅拌后的精矿与尾渣通过溜槽，根据各自的密度不同，密度较大的精矿粉即为成品，其余杂质再通过沉淀池进一步沉淀后即为尾渣，沉淀池上层的水循环使用。

三、生产工艺产生的污染物特征及其危害

（一）主要化学品的理化性质和危险特性

根据铁矿开采工艺流程，表 8-8 列出了突发性环境污染事故产生的主要污染物特征及其危害。

表 8-8 铁矿开采产生的污染物表征及其危害

风险点位	主要污染物	现象及特征	危害对象及途径
①、②	酸性废水	有强烈的腐蚀性和吸水性，遇水大量放热，可发生沸溅，与易燃物和可燃物接触会发生剧烈反应，甚至引起燃烧	对皮肤、黏膜、呼吸道等组织有强烈的刺激和腐蚀作用。遇还原性物质产生二氧化硫污染大气，形成酸雨。遇大量水稀释后形成稀硫酸，污染水体和土壤，使 pH 值降低，生物死亡
③	呈酸性的固体废物		

（二）生产过程潜在危险性识别

硫酸贮槽等贮槽存在有毒有害气体扩散的危险性。

硫酸贮槽、卸酸槽发生泄漏，特别是储存硫酸的槽体泄漏，会造成强酸烧伤危害事故。

四、应急防护措施、防护设备及应急处理

为了保障工人以及环保工作人员的身心健康和环境安全，表 8-9 给出了铁矿选矿工艺流程中发生突发环境污染事故的污染物种类、应急防护措施、防护设备及应急处理技术。

表 8-9 污染物的应急防护措施、防护设备及应急处理技术

污染物种类	应急防护措施	防护设备		应急处理方法
		常用基础设备	特异性设备	
浓硫酸	穿戴防强酸腐蚀的护具，戴防毒面具	防腐蚀的塑胶鞋、手套、衣服等	防毒面具，自给正压式呼吸器	迅速撤离泄漏污染区人员至安全区，并进行隔离，严格限制出入。尽可能切断泄漏源。防止流入下水道、排洪沟等限制性空间。小量泄漏：用沙土、干燥石灰或苏打灰混合。也可以用大量水冲洗，经稀释后放入废水系统。大量泄漏：构筑围堤或挖坑收容。用泵转移至槽车或专用收集器内，回收或运至废物处理场所处置

五、应急监测、监测设备及监测方法

突发环境污染事故应尽量携带便携式的污染物监测仪器，如还未配备，则可以采样回实验室采用国家标准分析方法进行污染物的监测。

表 8-10 应急监测设备与监测方法及监测指标

污染物种类	监测指标	快速监测设备	量程范围
废水	pH 值	便携式 pH 计	0.0～14.0
固体废物	固废浸出液的 pH 值		

第七节 铅锌矿选矿突发性环境污染事故及应急

一、铅锌矿选矿工艺简介

铅锌矿选矿工艺一般采用闭路碎矿，闭路磨矿入选流程，铅精矿和锌精矿采用浓缩-过滤两段脱水，废渣经浓缩-过滤两段脱水后再制作免烧空心砖，废水进行场前回水；废砂、废水均不外排，选矿厂设废渣暂存库，整个选矿厂实现零排放。

二、工艺流程及事故点位

选厂由破碎、磨浮、脱水和制砖四个工段组成，破碎工段包含粗碎-细碎间和筛分间；磨浮工段分为磨矿和浮选作业；铅精矿和锌精矿的脱水工段紧靠磨浮工段，铅精矿和锌精矿的浓密露天设置，过滤设备在厂房内。废渣的脱水及制砖单独设置。

破碎工段：破碎工段包含粗碎-细碎和筛分。根据工艺要求，粗碎设备和细碎设备配置，用装载机将原矿推入原矿仓，然后由给矿机给入粗碎机，粗碎及细碎产品通过胶带运输机输送至筛分房，进入振动筛，筛上产品通过胶带运输机返回细碎机，筛下合格产品由胶带运输机送入粉矿仓。

磨浮工段：磨浮工段分为磨矿和浮选作业，磨浮作业设置两个系列，球磨机与螺旋分级机闭路配置在同一跨间，浮选作业集中配置在下一跨间，原矿通过设置在粉料仓下的胶带运输机送入球磨机，分级机溢流通过管道自流进入浮选作业。药剂制备设置在与球磨机同一跨间内。

脱水工段：铅精矿和锌精矿的浓密露天设置，过滤设备在厂房内。安装抓斗桥式起重机装卸铅精矿和锌精矿。

选矿厂工艺流程见图 8-6。

三、生产工艺产生的污染物特征及其危害

根据铅锌选矿及开采工艺流程图，表 8-11 列出了突发性环境污染事故产生的主要污染物特征及其危害。

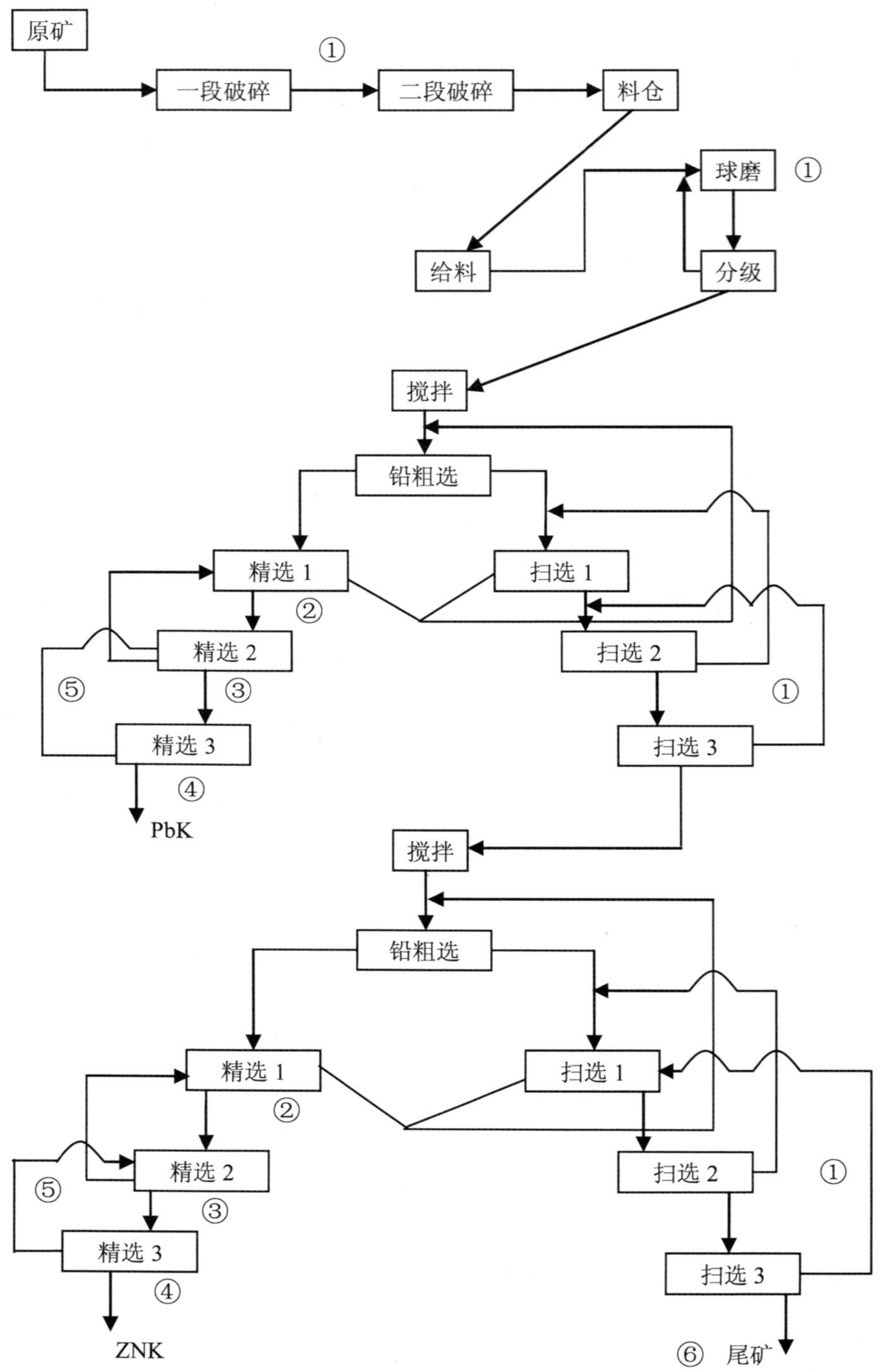

图 8-6 选矿工艺流程图

①含铅粉尘；②选矿药剂；③选矿药剂；④选矿药剂；⑤硫酸盐；⑥尾矿渣

表 8-11 选矿工艺产生的污染物表征及其危害

风险点位	主要污染物	现象及特征	危害对象及途径
①	含铅锌粉尘	厂区及周围空气中漂浮微尘	吸入造成铅中毒，同时长期的干沉降会造成沉降区土壤重金属污染，水体污染
⑤	硫酸锌	对眼有中等度刺激性，对皮肤无刺激性。误服可引起恶心、呕吐、腹痛、腹泻等急性胃肠炎症状，严重时发生脱水、休克，甚至可致死亡	对环境有危害，对水体可造成污染
⑤	亚硫酸钠	受高热分解产生有毒的硫化物烟气	对眼睛、皮肤、黏膜有刺激作用。对环境有危害，对水体可造成污染
②、③、④	黄药、起泡剂	烃基黄原酸盐或烃基二硫代碳酸盐	易污染水体
⑤	硫酸铜	对胃肠道有强烈刺激作用，误服引起恶心、呕吐、口内有铜腥味、胃烧灼感。严重者有腹绞痛、呕血、黑便。可造成严重肾损害和溶血，出现黄疸、贫血、肝大、血红蛋白尿、急性肾功能衰竭。对眼和皮肤有刺激性	长期接触可发生接触性皮炎和鼻、眼刺激，并出现胃肠道症状
⑥	尾矿渣	占用大量土地，同时矿渣渗滤液因含有铅、锑、铜等重金属而具有非常强的毒性，处置不当会导致水环境的污染	通过降雨渗漏液导致水环境、土壤的功能退化和污染

四、应急防护措施、防护设备及应急处理

为了保障工人以及环保工作人员的身心健康和环境安全，表 8-12 给出了铅锌选矿工艺流程中发生突发环境污染事故的污染物种类、应急防护措施、防护设备及应急处理技术。

表 8-12 污染物的应急防护措施、防护设备及应急处理技术

名称	急救措施	消防措施	泄漏应急处理
硫酸锌	皮肤接触：脱去污染的衣着，用流动清水冲洗。眼睛接触：提起眼睑，用流动清水或生理盐水冲洗。就医。 吸入：迅速脱离现场至空气新鲜处。保持呼吸道通畅。如呼吸困难，给输氧。如呼吸停止，立即进行人工呼吸。就医。 食入：用水漱口，给饮牛奶或蛋清。就医	消防人员必须穿全身防火防毒服，在上风向灭火。灭火时尽可能将容器从火场移至空旷处。然后根据着火原因选择适当灭火剂灭火	隔离泄漏污染区，限制出入。建议应急处理人员戴防尘口罩，不要直接接触泄漏物。小量泄漏：避免扬尘，小心扫起，收集运至废物处理场所处置。大量泄漏：收集回收或运至废物处理场所处置
亚硫酸钠	皮肤接触：脱去污染的衣着，用大量流动清水冲洗。 眼睛接触：提起眼睑，用流动清水或生理盐水冲洗。就医。 吸入：脱离现场至空气新鲜处。如呼吸困难，给输氧。就医。 食入：饮足量温水，催吐。就医	消防人员必须穿全身防火防毒服，在上风向灭火。灭火时尽可能将容器从火场移至空旷处	隔离泄漏污染区，限制出入。建议应急处理人员戴防尘面具（全面罩），穿防毒服。避免扬尘，小心扫起，置于袋中转移至安全场所。若大量泄漏，用塑料布、帆布覆盖。收集回收或运至废物处理场所处置

名称	急救措施	消防措施	泄漏应急处理
黄药	皮肤接触：脱去污染的衣着，用大量流动清水冲洗。 眼睛接触：提起眼睑，用流动清水或生理盐水冲洗。就医。 吸入：脱离现场至空气新鲜处。如呼吸困难，给输氧。就医。 食入：饮足量温水，催吐。就医	消防人员必须穿全身防火防毒服，在上风向灭火。灭火时尽可能将容器从火场移至空旷处	隔离泄漏污染区，限制出入。建议应急处理人员戴防尘面具（全面罩），穿防毒服。避免扬尘，小心扫起，置于袋中转移至安全场所
730 A起泡剂	皮肤接触：脱去污染的衣着，用大量流动清水冲洗。 眼睛接触：提起眼睑，用流动清水或生理盐水冲洗。就医。 吸入：脱离现场至空气新鲜处。如呼吸困难，给输氧。就医。 食入：饮足量温水，催吐。就医	消防人员必须穿全身防火防毒服，在上风向灭火。灭火时尽可能将容器从火场移至空旷处	隔离泄漏污染区，限制出入。建议应急处理人员戴防尘面具（全面罩），穿防毒服。用大量水冲洗，经稀释后放入废水系统
硫酸铜	皮肤接触：脱去污染的衣着，用大量流动清水冲洗。 眼睛接触：提起眼睑，用流动清水或生理盐水冲洗。就医。 吸入：脱离现场至空气新鲜处。如呼吸困难，给输氧。就医。 食入：误服者用 0.1%亚铁氰化钾或硫代硫酸钠洗胃。给饮牛奶或蛋清。就医	消防人员必须穿全身防火防毒服，在上风向灭火。灭火时尽可能将容器从火场移至空旷处	隔离泄漏污染区，限制出入。建议应急处理人员戴防尘面具（全面罩），穿防毒服。用大量水冲洗，经稀释后放入废水系统。若大量泄漏，收集回收或运至废物处理场所处置
尾矿渣	渗滤液毒性较大，堆放时必须做好防渗	—	尽可能切断渗滤液的泄漏源。防止流入下水道。 小量泄漏：用沙土、干燥石灰或苏打灰混合。也可以用大量水冲洗，经稀释后放入废水系统。 大量泄漏：构筑围堤或挖坑收容。并统一进行无害化处理

五、应急监测、监测设备及监测方法

突发环境污染事故应尽量携带便携式的污染物监测仪器，如还未配备，则可以采样回实验室采用国家标准分析方法进行污染物的监测。

表 8-13 应急监测设备与监测方法及监测指标

污染物种类	监测指标		快速监测设备	量程范围
废水	pH		便携式 pH 计	0.0～14.0
	选矿药剂	COD	COD 快速检测分析仪	5～2 000 mg/L，超过 2 000 mg/L 可稀释测定
		BOD	BOD 快速检测分析仪	0～1 000 mg/L
		硫化物	多参数水质分析仪	—

<table>
<tr><th>污染物种类</th><th colspan="2">监测指标</th><th>快速监测设备</th><th>量程范围</th></tr>
<tr><td rowspan="2">废气</td><td colspan="2">烟粉尘</td><td>CCHZ-1000 全自动粉尘测定仪</td><td>0～1 000 mg/m³</td></tr>
<tr><td colspan="2">含铅粉尘</td><td>CCHZ-1000 全自动粉尘测定仪</td><td>0～1 000 mg/m³</td></tr>
<tr><td rowspan="4">固体废物</td><td colspan="2">pH</td><td>便携式 pH 计</td><td>0.0～14.0</td></tr>
<tr><td rowspan="3">固废浸出液中的重金属离子</td><td>锌</td><td rowspan="3">水体金属离子快速检测仪</td><td rowspan="3">0～45 mg/L</td></tr>
<tr><td>铅</td></tr>
<tr><td>镉</td></tr>
</table>

第八节 钛矿采选突发性环境污染事故及应急

一、钛矿采选工艺简介

采矿工艺为露天采矿，采用水力机械化逆向冲采法，由坡脚向坡顶方向推进，人工操作水枪对矿层逆向冲射、造浆；造浆后矿浆沿矿沟水力输送自流至选矿厂对钛精矿和铁精矿进行分选，选矿工艺采用磁一重联合法；选矿尾矿由尾矿沟排入尾矿库，尾矿库水经沉淀后基回用于项目生产或者达标排放。

二、工艺流程及事故点位

（一）采矿生产工艺分析

（1）开采技术条件

根据钛铁砂矿成因类型和空间分布特征，矿体形态较为规则、简单，宽度、厚度、有用组分含量分布较均匀，属稳定类型，矿体出露地表，适宜露天开采。

钛砂矿分布于残积层和坡积层中。矿体赋存于松散砂砾、亚黏土和全风化土层中。露天开采边坡松散，遇水易软化崩塌，工程地质条件属中等类型；采矿活动易发生小规模坍塌，强降雨易发生地质灾害和生态环境破坏。

矿体和近矿围岩中化学组分稳定，开采过程中基本不会对水源造成污染。矿山开采对环境影响的主要因素是开采和加工矿石过程中形成的粉尘、废渣、废土、植被破坏、水土流失等，但只要加强防护，减少对植被的破坏，均可得到解决，同时，矿山达到最终开采境界后可以进行植被恢复，减小水土流失等生态环境影响。

（2）开采方法

根据矿区地形地貌特征、矿体赋存特点、选定的开拓运输方式等因素，设计采用水力机械化开采，逆向冲采法。

逆向冲采法，指的是人工操作水枪对矿层逆向冲射，首先用射流沿坡脚掏槽，使土体崩塌后，再冲碎造浆，由坡脚向坡顶方向推进。局部较硬的矿段，可先采用挖掘机挖松后再进行水采。造浆后矿浆沿矿沟自流至选矿厂分选。该方法在国内广泛使用，冲击力大，冲采效率高，而且对矿石碎散较完全。特别是下部半风化矿体的冲采更宜使用逆向冲采法。

（3）开拓方案

砂矿床露天水力机械化开采的开拓方案可以选择基坑开拓及堑沟开拓两种方案，根据矿床特点：矿床埋藏比较稳定，地形坡度基本一致，有利于自流水力运输矿浆（无需建立矿浆池及泵房等），另外矿山年采剥总量较小，故设计采用堑沟开拓法，自流水力运输至选矿厂。堑沟内开挖运矿沟，运矿沟与输送矿浆至选厂的主运矿沟相连。

综合考虑砂矿的性质，项目水力输送槽设计采用梯形断面，设计采用高强度混凝土，磨损程度 3.3 mm/万 t。沟道尽可能为直线，避免转弯过多。

（4）采矿工艺

项目采矿过程中，表层土经清理后，部分较硬地段采用机械松土后再采用水枪进行水力开采，再用水进行碎矿造浆后经矿浆输送沟渠自流自选矿厂。

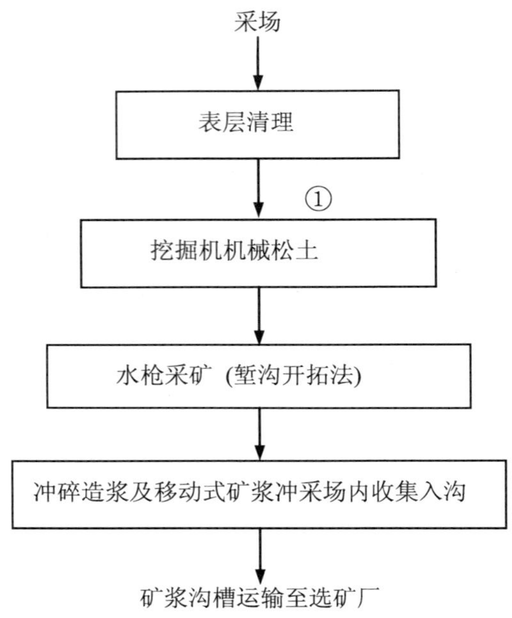

图 8-7 采矿工艺流程图

①粉尘

项目采矿过程中，表层土经清理后，部分较硬地段采用机械松土后再采用水枪进行水力开采，再用水进行碎矿造浆后经矿浆输送沟渠自流自选矿厂。

（5）选矿工艺流程

选矿厂建设在采矿场下方，矿石（矿浆）自流水力运输到选矿厂。选矿采用湿法重一磁联合选矿法，选矿工艺为采矿矿浆，在输送过程中，先经多段沿途隔渣后进入斜板浓密机脱泥，斜板浓密机沉砂再采用螺旋分级机进行进一步分级，分级产品给入第一段球磨机进行开路磨矿，磨矿产品再与分级机分级产品合并进入第一段螺旋选矿机进行粗选。第一段螺旋选矿机粗选精矿再给入第二段球磨机进行开路磨矿，磨矿产品进行弱磁磁选分离，磁选磁性产品为磁铁矿精矿，非磁性产品再进行摇床分选得到钛铁矿精矿。第一段螺旋分级机粗选尾矿与斜板浓密机脱泥产品合并进入第二段螺旋选矿机进行扫选，第二段螺旋选矿机扫选尾矿通过管道排入尾矿库，第二段扫选精矿和摇床分选尾矿返回第一段螺旋选矿机进行再选。钛铁矿精矿和磁铁矿精矿沉淀浓缩产生的选矿废水在选厂内循环使用，尾矿废水在尾矿库澄清后回用。

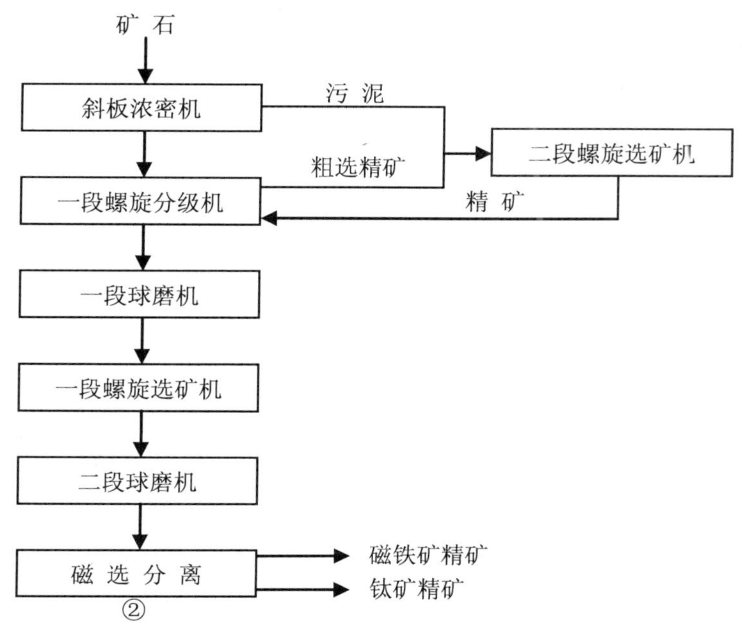

图 8-8　选矿工艺流程图

②尾矿

（6）工艺流程特点与污染特性分析

选厂采用了技术先进的斜板浓密机脱泥技术，以及常规二段磨矿、二段重选（螺旋选矿＋摇床分选）和磁选工艺，主要工艺流程分为斜板浓密机脱泥、粗粒磨矿、螺旋选矿机重选、磁选、摇床重力分选和精矿沉淀六个工段。

① 斜板浓密机脱泥：水力机械碎矿造浆后的原矿由矿浆沟槽和管道送入斜板浓密机进行脱泥，斜板浓密机脱泥技术是近年来推广应用的新技术，设备特点是利用设备本身产生的上升水流进行分级脱泥，具有脱泥效果好、无需动力消耗、占地面积小、操作简单等优点。斜板浓密机脱泥工段不产生工业“三废”和噪声。

② 粗粒磨矿：球磨机以钢球为研磨介质，在球磨研磨过程中会产生较大的噪声，要做好隔声降噪工作，球磨机需要置于隔声降噪良好的车间。磨矿工段产生噪声，不产生废水、固体废物、废气和粉尘。

③ 螺旋选矿机重选：螺旋选矿机利用设备本身产生的水力旋流离心力进行分选。螺旋选矿机本身无动力设备，不产生噪声，但采用砂泵给矿时，配套的砂泵会产生较大的噪声，需要做好对砂泵隔声降噪工作。本项目螺旋选矿重选过程不产生废水、粉尘、废气和粉尘。螺旋选矿机重选产生的最终尾矿排入尾矿库进行尾矿堆存和固液分离，澄清废水循环利用，螺旋选矿工段不对环境排放固体废物。

④ 磁选：磁选的目的是进行钛精矿和磁铁矿的分离。磁选机的噪声来自磁选机所带

的电动机，电动机功率不大，产生噪声一般不强。磁选过程不产生废水、固体废物、废气和粉尘。

⑤ 摇床重力分选：在摇床重力分选过程中，噪声来自摇床床头所带的齿轮箱和小型电动机，产生噪声一般较小。摇床重力分选过程不产生废水、固体废物、废气和粉尘。

⑥ 精矿沉淀：产生的钛铁矿精矿和磁铁矿精矿在沉淀池进行固液分离，产生的选矿废水在选厂内循环使用。精矿沉淀过程不产生噪声、固体废物、废气和粉尘。

（二）尾矿库

（1）尾矿库容

考虑矿山年采选矿石量、矿石松散系数规划尾矿库有效库容约，以满足矿山服务年限内的尾矿堆存量为宜。

（2）尾矿及尾水处置方式

尾矿浆由尾矿输送沟送运至尾矿库。沉降后上层清水经过滤后进入储水池，再泵至采场和选厂高位水池循环使用。

根据矿区水资源有限的实际情况及环保要求，尾矿库水经沉淀后全部回用或者达标排放。

三、生产工艺产生的污染物特征及其危害

永久堆存大量有色金属选矿固体废物，虽然具有无机有毒特征，表面上这类固废在环境中不会发生反应或降解，但实际上，一旦环境发生改变，特别是 pH 降低成为酸性环境，固体废物中的有毒金属元素，则发生迁移，尤其是随水进入外环境，产生污染危害。

固废堆场对环境危险最严重的事故有：

①尾渣库（含集液池）防渗层失效渗漏，污染地下水环境。

②堆渣区滑坡—泥石流冲击溃坝地质灾害链发生。

四、应急防护措施、防护设备及应急处理

尾矿库的应急防护措施、防护设备详见尾矿库风险辨识及处理措施章节。

五、应急监测、监测设备及监测方法

突发环境污染事故应尽量携带便携式的污染物监测仪器，如还未配备，则可以采样回实验室采用国家标准分析方法进行污染物的监测。

表 8-14　应急监测设备与监测方法及监测指标

污染物种类	监测指标	应急监测	量程范围
固废浸出液	铬	重金属快速检测仪	0～45 mg/L
	砷		
	铅		
	铜		

第九章　能源相关行业突发性环境污染事故及应急

能源相关行业主要包括风能领域、地热发电、电力转移与分配领域、火电厂等行业及领域。其中火电厂是污染较大的行业。

火电厂突发性环境污染事故及应急

一、火电厂简介

火电厂是利用煤、石油、天然气等固体、液体燃料燃烧所产生的热。能转换为动能以生产电能的工厂。按燃料的类别可分为燃煤火电厂、燃油火电厂和燃气火电厂等。按功能又可分为发电厂和热电厂。火电厂的运行异常会导致大量的大气污染物排入大气，并造成大气污染以及生命财产的损失。

二、火电厂发电流程及风险点位

火电厂主要设备及工艺流程见图 9-1：

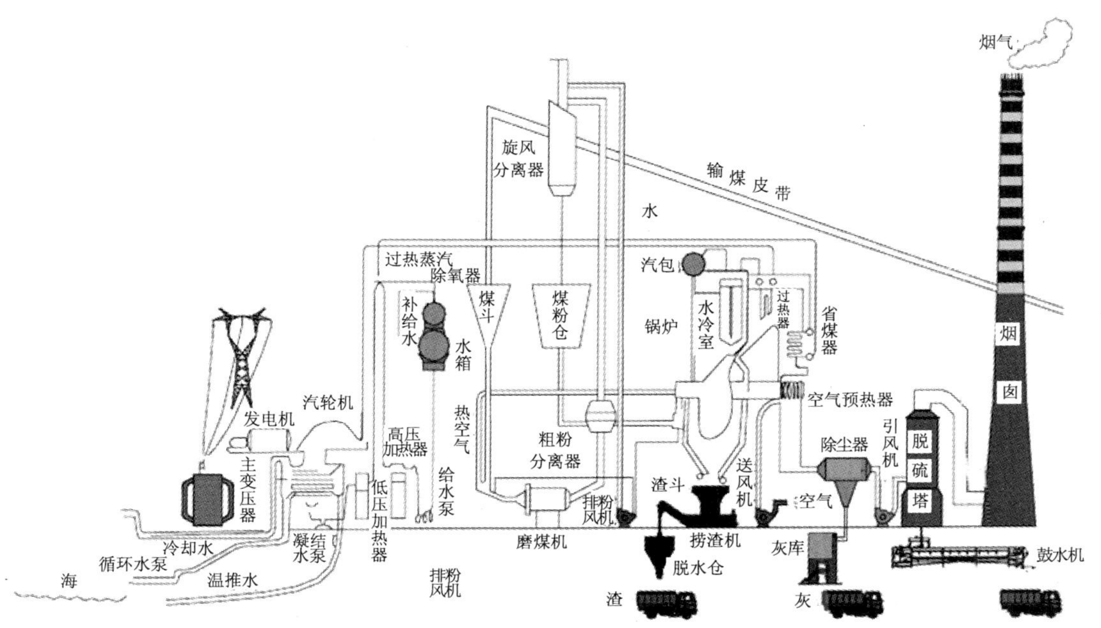

图 9-1　火电厂发电主要设备情况介绍

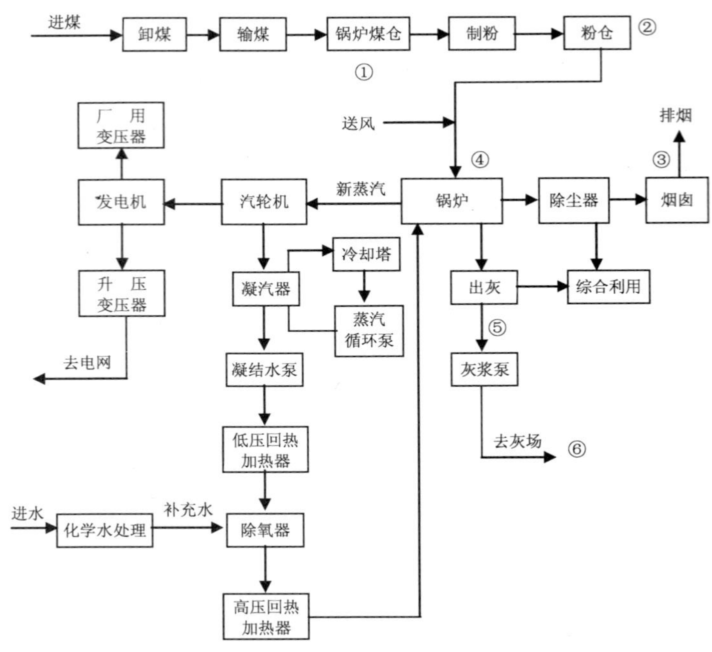

图 9-2 火电厂发电流程及环境风险点位

①煤堆自燃；②粉煤灰、自燃；③废气（含氮氧化物、二氧化碳、二氧化硫）；

④废气（含氮氧化物，二氧化碳，二氧化硫）；⑤粉煤灰；⑥粉煤灰

由图 9-1、图 9-2 可知，通过火电厂工艺流程及环境风险点位对应具体的设备情况，可以有效指导环保工作人员以及工人进行自身防护和突发性的环境污染事故应急处理。主要污染物为粉煤灰和废气。

三、生产工艺产生的污染物特征及其危害

根据火电厂的工艺流程，表 9-1 列出了突发性环境污染事故产生的主要污染物特征及其危害。

表 9-1 火电厂工艺产生的污染物表征及其危害

风险点位	主要污染物	现象及特征	危害对象及途径
①、②	煤炭粉尘	黑色颗粒物，因沉积在皮肤上会导致皮肤表面有黑色粉末沉积	通过吸收损伤呼吸系统、黏膜组织和肺器官。长期吸入会引起尘肺病
③、④	废气（氮氧化物，二氧化硫，二氧化碳）	二氧化硫：对眼及呼吸道黏膜有强烈的刺激。空气中浓度过高呈淡黄色。 二氧化氮：棕红色、高度活性的气态物质	二氧化碳：造成人缺氧头晕，长时间缺氧会休克。 二氧化硫：对眼及呼吸道黏膜有强烈的刺激作用。大量吸入可引起肺水肿、喉水肿、声带痉挛而致窒息。对大气可造成严重污染，在空气中通过氧化作用制造酸雨

风险点位	主要污染物	现象及特征	危害对象及途径
③、④	废气（氮氧化物，二氧化硫，二氧化碳）	—	二氧化氮：对环境有危害，对水体、土壤和大气可造成污染。本品助燃，有毒，具有刺激性。氮氧化物主要损害呼吸道。吸入气体初期仅有轻微的眼及上呼吸道刺激症状，如咽部不适、干咳等。常经数小时至十几小时或更长时间潜伏期后发生迟发性肺水肿、成人呼吸窘迫综合征，出现胸闷、呼吸窘迫、咳嗽、咯泡沫痰、紫绀等。可并发气胸及纵隔气肿。肺水肿消退后两周左右可出现迟发性阻塞性细支气管炎。慢性作用：主要表现为神经衰弱综合征及慢性呼吸道炎症。个别病例出现肺纤维化。可引起牙齿酸蚀症
⑤、⑥	燃烧后粉煤尘	空气中漂浮可见及可吸入微尘	粉煤灰地面堆放时还会受到风力的剥离作用而扬入大气，造成空气污染。粉煤灰中的有害成分是未燃尽炭粒，其吸水性大，强度低，易风化

四、应急防护措施、防护设备及应急处理

为了保障工人以及环保工作人员的身心健康和环境安全，表 9-2 给出了火电厂发生突发环境污染事故的污染物种类、应急防护措施、防护设备及应急处理技术。其处置需严格按照国家危险固体废弃物处置方法。

表 9-2 污染物的应急防护措施、防护设备及应急处理技术

污染物种类	应急防护措施	防护设备		应急处理方法
		常用基础设备	特异性设备	
煤炭粉末 粉煤灰	口罩	口罩	—	煤炭粉尘：避免浓度过高造成自燃，煤炭库应该保持较高的湿度。 粉煤灰：禁止随意堆放，尤其堆放在饮水源区，应避免污染水体和土壤。同时灰场应该做好防尘措施
废气（氮氧化物，二氧化硫，二氧化碳）	防毒面具	—	防毒面具	出现不适症状应迅即转移到通风场所，出现严重症状应迅速撤离泄漏污染区人员至上风处，并立即隔离 150 m，严格限制出入。建议应急处理人员戴自给正压式呼吸器并尽快就医

五、应急监测、监测设备及监测方法

突发环境污染事故应尽量携带便携式的污染物快速监测仪器，如还未配备，则可以采集样品回实验室采用国家标准分析方法进行污染物的监测。表 9-3 详细给出了快速监测仪器及其检测范围。

表 9-3 应急监测设备与监测方法及监测指标

污染物种类	监测指标	快速监测设备	量程范围
大气	一氧化氮	泵吸式一氧化氮检测仪（产品型号：GD80-NO）	$0\sim20\times10^{-6}$、100×10^{-6}、$2\,000\times10^{-6}$可选
	二氧化硫	泵吸式二氧化硫检测仪（产品型号：GD80-SO_2）	$0\sim10\times10^{-6}$、20×10^{-6}、100×10^{-6}、$2\,000\times10^{-6}$、$5\,000\times10^{-6}$可选
	烟粉尘	CCHZ-1000 全自动粉尘测定仪	$0\sim1\,000$ mg/m^3

附录1　大气环境监测布点及检测方法

一、大气及其组成

大气圈的结构：大气是由多种气体组成的混合物，其中除含有多种气体和化合物外，还含有许多杂质。

干洁空气：大气中除去水汽和杂质的空气称为干洁空气。氮、氧、氩占大气总体积的99 %。

水汽：主要来自海洋、江河、湖泊以及其他潮湿物体表面的蒸发和植物的蒸腾。固体杂质：悬浮于大气中的烟粒、尘埃、盐粒等。

二、大气污染物

由于人类活动所产生的某些有害颗粒物和废气进入大气层，给大气增添了许多种外来组分，这些物质称为大气污染物。

（一）根据污染物存在状态分

大气中的污染物质的存在状态是由其自身的理化性质及形成过程决定的，气象条件也起一定的作用。一般将它们分为分子状态污染物、粒子状态污染物两类。

分子状态污染物：指常温常压下以气体或蒸汽形式（苯、苯酚）分散在大气中的污染物质。根据化学形态，可将其分为五类：

（1）含硫化合物：　二氧化硫、硫化氢、三氧化硫、硫酸、硫酸盐；

（2）含氮化合物：　一氧化氮、二氧化氮、氨气、硝酸、硝酸盐；

（3）碳氢化合物：　含氯化合物、醛、酮；

（4）碳氧化合物：　一氧化碳、二氧化碳；

（5）卤素化合物：　氟化氢、氯化氢。

粒子状态污染物：即颗粒物，是分散在大气中的微小固体和液体颗粒，粒径多在 0.01～100 μm之间，是一个复杂的非均匀体系。通常根据颗粒物在重力作用下的沉降特性将其分为降尘和飘尘。

（1）降尘：粒径大于10 μm的颗粒，如水泥粉尘、金属粉尘、飞尘等一般颗粒大，比重也大，在重力作用下，易沉降，危害范围较小。

（2）飘尘：粒径小于10 μm的粒子，粒径小，比重也小，可长期飘浮在大气中，具有胶体性质，又称气溶胶。易随呼吸进入人体，危害健康，因此也称可吸入颗粒物。通常所说的烟、雾、灰尘均是用来描述飘尘存在形式的。

（二）大气污染源

（1）按存在形式分

固定污染源、流动污染源。

（2）按空间分布分

点源、线源、面源。

点源：燃烧化石燃料的发电厂和大城市的供暖锅炉；

线源：汽车、火车、飞机等在公路、铁路、跑道或航空线附近构成的大气污染；

面源：石油化工区或居民住宅区的众多小炉灶构成的大气污染。

（3）按排放时间状况分

连续源、间断源、瞬时源。

（4）按人类活动功能分

工业污染源、能源污染源、交通污染源、生活污染源等。

三、布设采样点的布设方法

目前环境污染事故监测布点方法多用几何图形方法，具体如下：

（1）网格布点法：这种布点法是将监测区域地面划分成若干均匀网状方格，采样点设在两条直线的交点处或方格中心。每个方格为正方形，可从地图上均匀描绘，方格实地面积视所测区域大小、污染源强度、人口分布、监测目的和监测力量而定，一般是 1～9 km^2 布一个点。若主导风向明确，下风向设点应多一些，一般约占采样点总数的 60%。这种布点方法适用于有多个污染源，且污染源分布比较均匀的情况。如图 10-1 所示：

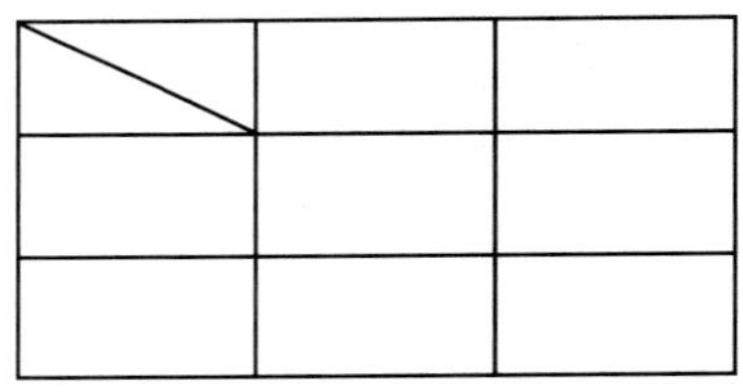

图 10-1

（2）同心圆布点法：此种布点方法主要用于多个污染源构成的污染群，或污染集中的地区。布点是以污染源为中心画出同心圆，半径视具体情况而定，再从同心圆画 45°夹角的射线若干，放射线与同心圆圆周的交点即是采样点。如图 10-2 所示：

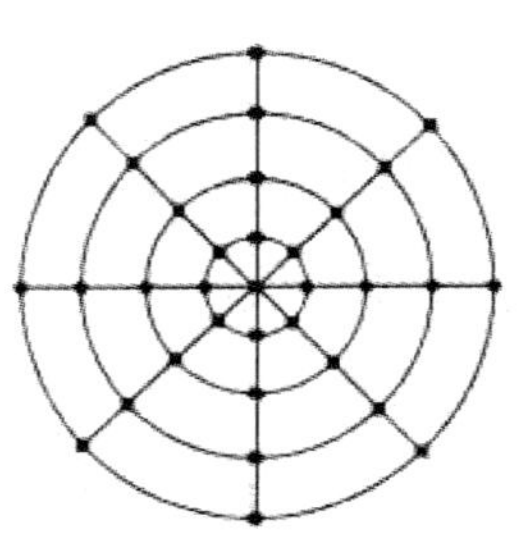

图 10-2

（3）扇形布点法：此种方法适用于主导风向明显的地区，或孤立的高架点源。以点源为顶点，主导风向为轴线，在下风向地面上划出一个扇形区域作为布点范围。扇形角度一般为 45°～90°。采样点设在距点源不同距离的若干弧线上，相邻两点与顶点连线的夹角一般取 10°～20°。具体如图 10-3 所示：

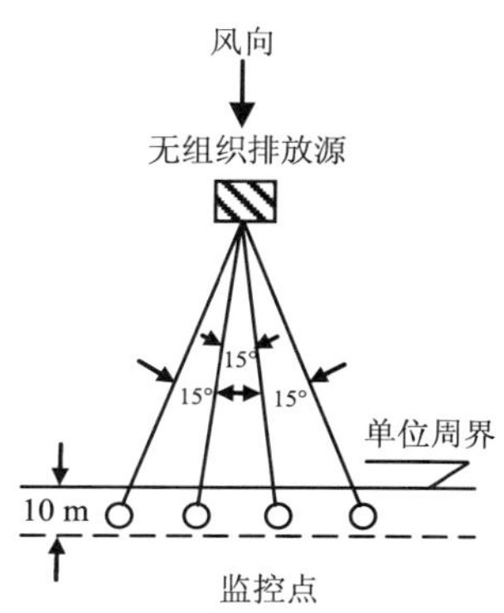

图 10-3

以上几种采样布点方法，可以单独使用，也可以综合使用，目的就是要求有代表性地反映污染物浓度，为大气监测提供可靠的样品。

四、大气样品的采样方法和采样仪器

1．直接采样法

适用于大气中被测组分浓度较高或监测方法灵敏度高的情况，这时不必浓缩，只需用仪器直接采集少量样品进行分析测定即可。此法测得的结果为瞬时浓度或短时间内的平均浓度。

常用容器有玻璃注射器、塑料袋、采气管、真空瓶等。

（1）玻璃注射器采样

常用 100 L 注射器采集有机蒸气样品。采样时，先用现场气体抽洗 2～3 次，然后抽取 100 mL，密封进气口，带回实验室分析。样品存放时间不宜长，一般当天分析完。气相色谱分析法常采用此法取样。取样后，应将注射器进气口朝下，垂直放置，以使注射器内压略大于外压。

（2）塑料袋采样

应选不吸附、不渗漏，也不与样气中污染组分发生化学反应的塑料袋，如聚四氟乙烯袋、聚乙烯袋、聚氯乙烯袋和聚酯袋等，还有用金属薄膜作衬里（如衬银、衬铝）的塑料袋。采样时，先用二联球打进现场气体冲洗 2～3 次，再充满样气，夹封进气口，带回实验室尽快分析。

（3）采气管采样

采气管容积一般为 100～1 000 mL。采样时，打开两端旋塞，用二联球或抽气泵接在管的一端，迅速抽进比采气管容积大 6～10 倍的欲采气体，使采气管中原有气体被完全置换出，关上旋塞，采气管体积即为采气体积。

（4）真空瓶采样

真空瓶是一种具有活塞的耐压玻璃瓶，容积一般为 500～1 000 mL。采样前，先用抽真空装置把采气瓶内气体抽走，使瓶内真空度达到 1.33 kPa，之后，便可打开旋塞采样，采完即关闭旋塞，则采样体积即为真空瓶体积。

2．富集（浓缩）采样法

富集（浓缩）采样法：是使大量的样气通过吸收液或固体吸收剂得到吸收或阻留，使原来浓度较小的污染物质得到浓缩，以利于分析测定。适用于大气中污染物质浓度较低（10^{-6}～10^{-9}）的情况。采样时间一般较长，测得结果可代表采样时段的平均浓度，更能反映大气污染的真实情况。具体采样方法包括溶液吸收法、固体阻留法、液体冷凝法、自然积集法等。最常用的为溶液吸收法。

（1）溶液吸收法：是采集大气中气态、蒸汽态及某些气溶胶态污染物质的常用方法。采样时，用抽气装置将欲测空气以一定流量抽入装有吸收液的吸收管（瓶），使被测物质的分子阻留在吸收液中，以达到浓缩的目的。采样结束后，倒出吸收液进行测定，根据测得的结果及采样体积计算大气中污染物的浓度。吸收效率主要决定于吸收速度和样气与吸收液的接触面积。常用吸收管有：① 气泡式吸收管：适用于采集气态和蒸汽态物质，不宜采气溶胶态物质。② 冲击式吸收管：适宜采集气溶胶态物质和易溶解的气体样品，而不适用于气态和蒸汽态物质的采集。管内有一尖嘴玻璃管作冲击器。

（2）填充柱阻留法（固体阻留法）

填充柱是用一根 6～10 cm 长，内径 3～5 mm 的玻璃管或塑料管，内装颗粒状填充剂制成。采样时，让气样以一定流速通过填充柱，则欲测组分因吸附、溶解或化学反应而被阻留在填充剂上，达到浓缩采样的目的。采样后，通过加热解吸，吹气或溶剂洗脱，使被测组分从填充剂上释放出来测定。

（3）滤料阻留法：将过滤材料（滤纸、滤膜等）放在采样夹上，用抽气装置抽气，则空气中的颗粒物被阻留在过滤材料上，称量过滤材料上富集的颗粒物质量，根据采样体积，即可计算出空气中颗粒物的浓度。

常用滤料：纤维状滤料：如定量滤纸、玻璃纤维滤膜（纸）、氯乙烯滤膜等；筛孔状滤料：如微孔滤膜、核孔滤膜、银薄膜等。各种滤料由不同的材料制成，性能不同，适用的气体范围也不同。

（4）低温冷凝法：是借制冷剂的制冷作用使空气中某些低沸点气态物质被冷凝成液态物质，以达到浓缩的目的。适用于大气中某些沸点较低的气态污染物质，如烯烃类、醛类等。常用制冷剂：冰、干冰、冰-食盐、液氯-甲醇、干冰-二氯乙烯、干冰-乙醇等。优点：效果好、采样量大、利于组分稳定。

（5）自然积集法：利用物质的自然重力、空气动力和浓差扩散作用采集大气中的被测物质，如自然降尘量、硫酸盐化速率、氟化物等大气样品的采集。

优点：不需动力设备，简单易行，且采样时间长，测定结果能较好反映大气污染情况。

3．采样仪器

直接采样法采样时用采气管、塑料袋、真空瓶即可。富集采样法需使用采样仪器。采样仪器主要由收集器、流量计和采样动力三部分组成。

收集器：如大气吸收管（瓶）、填充柱、滤料采样夹、低温冷凝采样管等。

流量计：是测量气体流量的仪器，流量是计算采集气样体积必知的参数。当用抽气泵作抽气动力时，通过流量计的读数和采样时间可以计算所采空气的体积。常用的流量计有：孔口流量计、转子流量计和限流孔。均需定期校正。

采样动力：应根据所需采样流量、采样体积、所用收集器及采样点的条件进行选择。一般要求抽气动力的流量范围较大，抽气稳定，造价低，噪声小，便于携带和维修。

4．采样记录

采样记录与实验室记录同等重要，在实际工作中，若对采样记录不重视，不认真填写采样记录，会导致由于采样记录不全而使一大批监测数据无法统计而作废。

内容有：所采集样品被测污染物的名称及编号；采样地点和采样时间；采样流量；采样体积及采样时的温度和大气压力；采样仪器，吸收液及采样时天气状况及周围情况；采样者、审核者姓名等。

五、污染物浓度表示方法及换算

大气中污染物浓度表示方法和气体体积换算

（1）污染物浓度表示方法有两种：

① 单位体积内所包含污染物的质量数

单位：mg/m^3 或$\mu g/m^3$，对任何状态的污染物都适用。

② 污染物体积与气样总体积的比值

单位：10^{-6} 或 10^{-9}，仅适于气态或蒸汽态物质。

（2）气体体积换算

把现场状态下的体积换算成标准状态下的体积：

$$V_o = V_t \times 273 \times P /[（273+t）\times 101.325]$$

六、主要污染及测定方法

1．颗粒物的测定

大气中颗粒物质的测定项目有：总悬浮颗粒物的测定、可吸入颗粒物（飘尘）浓度及粒度分布的测定、自然降尘量的测定、颗粒物中化学组分的测定。

（1）自然沉降量的确定

自然沉降量简称降尘，是指大气中自然降落于地面上的颗粒物，其粒径多在 10 μm 以上。降尘是大气污染的参考性指标，通过其测定结果，可观察大气污染的范围和污染程度。

测定大气中降尘量最常用的方法是重量法，步骤如下：

步骤：首先按一定原则布点，将一个一定规格的容器（集尘缸）放置在户外空旷的地方，大气中的灰尘自然沉降在集尘缸内，按月收集起来。剔除里面的树叶、小虫等异物，其余部分定量转移到 1 000 mL 烧杯中，加热蒸发浓缩至 10～20 mL 后，再转移到已恒重的瓷坩埚中，在电热板上蒸干后，于 105±5℃烘箱内烘至恒重。然后按公式计算降尘量。

用具：采集器一内径 15 cm，高 30 cm 的缸内加入 300～500 mL 蒸馏水，上用尼龙网罩防异物落入。

（2）总悬浮颗粒（TSP）的测定

① 测定方法：GB/T 15432—1995 中测定总悬浮颗粒物的方法，适合于大流量或中流量总悬浮颗粒物采样器进行空气中总悬浮颗粒物的测定。

② 测定原理：通过具有一定切割特性的采样器，以恒速抽取一定体积的空气，则空气中粒径小于 100 μm 的悬浮颗粒物被截留在已恒重的滤膜上，根据采样前后滤膜重量之差及采样体积，即可计算 TSP 的质量浓度。滤膜经处理后，可进行化学组分测定。

③ 主要仪器：大流量或中流量采样器、流量计、滤膜、恒温恒湿箱、分析天平。

注意：所使用的每张玻璃纤维滤膜在使用前均需用 X 光片机进行光照检查，不得使用有针孔或任何缺陷的滤膜采样。

（3）可吸入颗粒物

一般将空气动力学当量直径≤10 μm 的颗粒物称为可吸入颗粒物，简称 PM_{10}。监测方法采用重量法 GB 6921—1986。首先使一定体积的大气通过采样器，将粒径大于 10 μm 的颗粒物分离出去，小于 10 μm 的颗粒物被收集在预先恒重的滤膜上，根据采样前后滤膜重量之差及采样体积，即可计算出飘尘的浓度（mg/m^3）。

$$C=[(G_2-G_1)\times 1\,000]/V_t$$

注意：使用时，应定期清扫切割器内的颗粒物；采样时必须将采样头及入口各部件旋紧，以免空气从旁侧进入采样器造成测定误差。

2．气态污染物质的测定

（1）二氧化硫的测定

二氧化硫是大气主要污染物之一，为大气环境污染例行监测的必测项目。它主要来源于煤和石油等燃料的燃烧，含硫矿石的冶炼，硫酸等化工产品生产排放的废气。它是一种无色，易溶于水，有刺激性气味的气体，能通过呼吸进入气管，对局部组织产生刺激和腐蚀作用，是诱发支气管炎等疾病的原因之一。特别是当它与烟尘等气溶胶共存时，可加重对呼吸道黏膜的损害。二氧化硫的阈值是 0.3×10^{-6}，当达 30×10^{-6}～40×10^{-6} 时，人会感到呼吸困难。常用测定二氧化硫的方法有：分光光度法、紫外荧光法、电导法、库仑滴定法、火焰光度法等。国家制定了两个标准方法，其有一是 GB/T 8970—1988 四氯汞盐-盐酸副玫瑰苯胺比色法，本方法简单介绍如下：

四氯汞盐-盐酸副玫瑰苯胺比色法

该方法是国内广泛采用的测定环境空气中 SO_2 的方法，具有灵敏度高，选择性好等优点。最低检出浓度为 0.4 μg/5 mL。

① 原理

用氯化钾（KCl）和氯化汞（$HgCl_2$）配制成四氯汞钾溶液，气样中的二氧化硫用该溶液吸收，生成稳定的二氯亚硫酸盐络合物，该络合物再与甲醛和盐酸副玫瑰苯胺作用，生成紫色络合物，其颜色深浅与二氧化硫含量成正比，可用分光光度法测定。

② 测定要点：先用亚硫酸钠（Na_2SO_3）标准溶液配制标准色列，在最大吸收波长处以蒸馏水为参比测定吸光度，用经试剂空白修正后的吸光度对二氧化硫含量绘制标准曲线，然后以同样方法测定显色后的样品溶液，经试剂空白修正后，按下式计算样气中二氧化硫含量：

$$SO_2\text{（mg/m}^3\text{）}= W\times V_t/V_n\times V_a$$

③ 注意事项：a. 温度、酸度、显色时间等因素影响显色反应；标准溶液和试样溶液操作条件应保持一致；b. 氮氧化物（NO_x）、臭氧及 Mn^{2+}、Fe^{3+}、Cr^{6+}等对测定有干扰。采样后放置片刻，臭氧可自行分解；加入磷酸和乙二胺四乙酸二钠盐可消除或减小某些金属离子的干扰。为避免四氯汞钾溶液的毒性，可用甲醛缓冲溶液取代，作为吸收液，之后加入 NaOH 溶液，使二氧化硫释放，再与盐酸副玫瑰苯胺显色。

（2）氮氧化物的测定

氮的氧化物有一氧化氮、二氧化氮、一氧化二氮、三氧化二氮、四氧化二氮和五氧化二氮等多种形式。大气中的氮氧化物主要以一氧化氮（NO）和二氧化氮（NO_2）形式存在。它们主要来源于石化燃料高温燃烧和硝酸、化肥等生产排放的废气，以及汽车排气。一氧化氮为无色、无臭、微溶于水的气体，在大气中易被氧化为 NO_2 。NO_2 为棕红色气体，具有强刺激性臭味，是引起支气管炎等呼吸道疾病的有害物质。大气中的 NO 和 NO_2 可以分别测定，也可以测定二者的总量。由于空气中氮氧化物的浓度不同，所处的状态也不同，国家制定了三个测定氮氧化物的标准。GB 8969—88 中氮氧化物的测定使用盐酸萘乙二胺比色法（空气质量标准）。该方法采样和显色同时进行，操作简便，灵敏度高。GB/T 139606—92 氮氧化物的测定，用于火炸药生产过程中排出的硝酸尾气中的 NO、NO_2。GB/T 15436—1995 氮氧化物的测定，即 Saltzman 法，用于测定环境空气中的氮氧化物。实际工作中常用的测定方法有盐酸萘乙二胺分光光度法、化学发光法及恒电流库仑滴定法。

① 盐酸萘乙二胺分光光度法

特点：采样和显色同时进行，操作简便，灵敏度高，是国内外普遍采用的方法。可分别测定一氧化氮、二氧化氮和氮氧化物总量。

原理：用冰乙酸、对氨基苯磺酸和盐酸萘乙二胺配成吸收液。采样时大气中的氮氧化物经氧化管后以二氧化氮的形式被吸收，生成亚硝酸和硝酸，再与吸收液中的对氨基苯磺酸起重氮化反应，最后与盐酸萘乙二胺偶合，生成玫瑰红色的偶氮化合物，其颜色深浅与气样中二氧化氮浓度成正比，可用分光光度法定量。用此法最后测定的是溶液亚硝酸盐的量，在吸收液中并不能将气样里的二氧化氮气体全部转化为亚硝酸盐，这里存在着一个转换系数 K。不少学者研究认为 K 应在 0.72～0.76 之间，而世界卫生组织全球监测系统推荐值为 0.74。所以计算时需要除以该系数。

② 化学发光法

特点：灵敏度高、可达 10^{-9} 级，甚至更低；选择性好；线性范围宽，通常可达 5～6 个数量级。

原理：某些化合物分子吸收化学能后，被激发到激发态，再由激发态返回基态时，以光量子的形式释放出能量，这种化学反应称化学发光反应。利用测量化学发光强度对物质进行分析测定的方法，称为化学发光分析法。化学发光反应可在液相、气相或固相中进行。液相化学发光多用于天然水、工业废水中有害物质的测定；而气相化学发光反应主要用于大气中氮氧化物、二氧化硫、氢气、臭氧等气态有害物质的测定。利用化学发光法测定氮氧化物，即是根据一氧化氮和臭氧气相发光反应的原理制成的。把被测气体连续抽入仪器，其中的氮氧化物经过氮氧化物转化器后，都变成一氧化氮进入反应室，在反应室内与臭氧反应生成激发态二氧化氮，当二氧化氮回到基态时，就会放出光子，光子通过滤光片和光电倍增管后转变为电流，电流的大小与一氧化氮的浓度成正比。记录器上可以直接显示出来氮氧化物的含量。如果气样不经过转化器而经旁路直接进入反应室，则测得的是一氧化氮含量，将氮氧化物的含量减去一氧化氮量就可得到二氧化氮量。这种化学发光法的氮氧化物监测仪的测量范围为 0～8 mg/m^3，检出下限为 0.02 mg/m^3。

（3）一氧化碳的测定

一氧化碳（CO）是大气中主要污染物之一，它主要来自于石油、煤炭燃烧不充分的产物和汽车排气。一些自然灾害如火山爆发、森林火灾等也是来源之一。一氧化碳是无色、无味的一种有毒气体，对人体有强烈的窒息作用，它容易与人体血液中的血红蛋白结合，形成碳氧血红蛋白，使血液输送氧的能力降低，造成缺氧症，会出现头痛、恶心、心悸亢进，甚至出现虚脱、昏睡，严重时会致人死亡。所以，一氧化碳是大气污染监测的最常用指标之一。

非色散红外吸收法

特点：测定简便、快速，不破坏被测物质，能连续自动监测。

原理：当一氧化碳、二氧化碳等气态分子受到红外辐射（1～25 μm）照射时，将吸收各自特征波长的红外光，引起分子振动能级和转动能级的跃迁，产生振动-转动吸收光谱，在一定浓度范围内，吸收光谱的峰值（吸光度）与气态物质浓度成比例关系。

注意事项：

注意消除二氧化碳和水蒸气的干扰，测量时，先通入纯氮气进行零点校正，再用标准一氧化碳气体校正，最后通入气样，便可直接显示、记录气样中一氧化碳浓度（C），以 $\times 10^{-6}$ 计，然后换算成标准状态下的质量浓度（mg/m^3）：CO（mg/m^3）$= 1.25 \times C$。

（4）臭氧的测定

臭氧是最强的氧化剂之一，它是大气中的氧在太阳紫外线的照射下或受雷击形成的。高空的臭氧层直接照射地球表面。目前由于碳氢化合物污染大气破坏了臭氧层，紫外线直接照射地球表面增大，皮肤病人增多。臭氧与紫外线混合，与烃类和氮氧化物发生光化学反应形成光化学烟雾，臭氧有强烈的氧化作用，可以起消毒作用。但量大时又会刺激黏膜和损害中枢神经系统，引起支气管炎和头痛等症状。臭氧的测定的方法有分光光度法、化学发光法、紫外分光光度法等。国家标准中测定臭氧含量有两个标准：一是 GB/T 15437—1995 的靛蓝二磺酸钠分光光度法，二是 GB/T 15438—1995 的紫外光度法。

①靛蓝二磺酸钠分光光度法

原理：臭氧在磷酸盐缓冲剂存在下，与吸收液中蓝色的靛蓝二磺酸钠等反应，褪色生成靛红二磺酸钠。在 610 nm 处测量吸光度。

②紫外光度法

（5）总烃的测定

总碳氢化合物常以两种方法表示，一种是包括甲烷在内的碳氢化合物，称为总烃（THC），另一种是除甲烷以外的碳氢化合物，称为非甲烷烃（NMHC）。大气中的碳氢化合物主要是甲烷，其浓度范围为 2×10^{-6}～8×10^{-6}。但当大气严重污染时，会大量增加甲烷以外的碳氢化合物，甲烷不参与光化学反应。所以，测定不包括甲烷的碳氢化合物对判断和评价大气污染具有实际意义。测定总烃和非甲烷烃的主要方法有：气相色谱法、光电离检测法等。

气相色谱法

原理：由于不同物质在相对运动的两相中具有不同的分配系数，当这些物质随流动相移动时，就在两相之间进行反复多次分配，使原来分配系数只有微小差异的各组分得到很好的分离，再依次送入检测器，将浓度或质量信号转换成电信号，经阻抗转化和放大，送入记录仪记录色谱峰，如果分离完全，则每个色谱峰代表一种组分。我们可以根据色谱峰出峰时间进行定性分析，也可根据色谱峰峰高或峰面积进行定量分析。

测定步骤：①采样。②制作标准曲线。③ 查出气样浓度。

光电离检测法

原理：有机化合物分子在紫外光照射下可产生光电离现象，用 PID 离子检测器收集产生的离子流，其大小与进入电离室的有机化合物的质量成正比。凡是电离能小于 PID 紫外辐射能（多用 10.2ev）的物质（至少低 0.3ev）均可被电离测定。

特点：方法简单，可进行连续监测，所检测的非甲烷烃是指四碳以上的烃。

（6）氟化物的测定

大气中的气态氟化物主要是氟化氢（HF），也可能有少量的四氟化硅和四氟化碳，含氟的粉尘主要是冰晶石（$Na_3A_lF_6$）、萤石（CaF_2）、氟化铝（AlF_3）、氟化钠（NaF）及磷灰石等。氟化物属高毒类物质，由呼吸道进入人体，会引起黏膜刺激、中毒等症状，并能影响各组织和器官的正常生理功能，对植物的生长、发育也会产生危害。测定大气中氟化物的方法有分光光度法、氟离子选择电极法等。目前广泛采用后一种方法。

①石灰滤纸-氟离子选择电极法

原理：采用浸渍过氢氧化钙溶液的滤纸采样，大气中的氟化物与氢氧化钙反应，生成氟化钙或氟硅酸钙被固定在滤纸上。用总离子强度缓冲液浸取后，氟离子选择电极法测定。

②滤膜采样-氟离子选择电极法

原理：用磷酸氢二钾溶液浸渍的玻璃纤维滤膜或碳酸氢钠-甘油溶液浸渍的玻璃纤维滤膜采样，则大气中的气态氟化物被吸收固定，尘态氟化物同时被阻留在滤膜上，采样后的滤膜用水或酸浸取后，用氟离子选择电极法测定。

附录2 大气污染物排放标准

大气污染物排放标准是为了控制污染物的排放量，使空气质量达到环境质量标准，对排入大气中的污染物数量或浓度所规定的限制标准。经有关部门审批和颁布，具有法律约束力。除国家颁布的标准外，各地、各部门还可根据当地的大气环境容量、污染源的分布和地区特点，在一定经济水平下实现排放标准的可行性，制订适用于本地区、本部门的排放标准。从 1974 年开始，中国实行的《工业“三废”排放试行标准》中规定了二氧化硫、一氧化碳、硫化氢等 13 种有害物质的排放标准。并且不同行业有不同行业的排放标准：

标准分三级：

一级标准：为保护自然生态和人体健康，在长期接触情况下，不发生任何危害影响的空气质量要求。

二级标准：为保护人体健康和城市、乡村的动、植物，在长期和短期的情况下，不发生伤害的空气质量要求。

三级标准：为保护人群不发生急、慢性中毒和城市一般动、植物（敏感者除外）能正常生长的空气质量要求。

根据地区的地理、气候、生态、政治、经济和大气污染程度又划分为三类地区：

一类区：如国家规定的自然保护区、风景游览区、名胜古迹和疗养地等。

二类区：为城市规划中确定的居民区、商业交通居民混合区、文化区、名胜古迹和广大农村寨。

三类区：为大气污染程度比较重的城镇和工业区以及城市交通枢纽、干线等。

标准规定了一类区一般执行一级标准；二类区一般执行二类标准；三类区一般执行三类标准。标准还规定了监测分析方法，空气污染物三级标准浓度限值。

附表 11-1 现有污染源大气污染物排放限值

序号	污染物	最高允许排放浓度/（mg/m³）	最高允许排放速率/（kg/h）				无组织排放监控浓度限值	
			排气筒/m	一级	二级	三级	监控点	浓度/（mg/m³）
1	二氧化硫	1 200（硫、二氧化硫、硫酸和其他含硫化合物生产）	15	1.6	3.0	4.1	* 无组织排放源上风向设参照点，下风向设监控点	0.50（监控点与参照点浓度差值）
			20	2.6	5.1	7.7		
			30	8.8	17	26		
			40	15	30	45		
		700（硫、二氧化硫、硫酸和其他含硫化合物使用）	50	23	45	69		
			60	33	64	98		
			70	47	91	140		
			80	63	120	190		
			90	82	160	240		
			100	100	200	310		

序号	污染物	最高允许排放浓度/（mg/m^3）	最高允许排放速率/（kg/h）				无组织排放监控浓度限值	
			排气筒/m	一级	二级	三级	监控点	浓度/（mg/m^3）
2	氮氧化物	1 700（硝酸、氮肥和火炸药生产）	15	0.47	0.91	1.4	无组织排放源上风向设参照点，下风向设监控点	0.15（监控点与参照点浓度差值）
			20	0.77	1.5	2.3		
			30	2.6	5.1	7.7		
		420（硝酸使用和其他）	40	4.6	8.9	14		
			50	7.0	14	21		
			60	9.9	19	29		
			70	14	27	41		
			80	19	37	56		
			90	24	47	72		
			100	31	61	92		
3	颗粒物	22（碳黑尘、染料尘）	15	禁排	0.60	0.87	*周界外浓度最高点	肉眼不可见
			20		1.0	1.5		
			30		4.0	5.9		
			40		6.8	10		
		80**（玻璃棉尘、石英粉尘、矿渣棉尘）	15	禁排	2.2	3.1	无组织排放源上风向设参照点，下风向设监控点	2.0（监控点与参照点浓度差值）
			20		3.7	5.3		
			30		14	21		
			40		25	37		
		150（其他）	15	2.1	4.1	5.9	无组织排放源上风向设参照点，下风向设监控点	5.0（监控点与参照点浓度差值）
			20	3.5	6.9	10		
			30	14	27	40		
			40	24	46	69		
			50	36	70	110		
			60	51	100	150		
4	氟化氢	150	15	禁排	0.30	0.46	周界外浓度最高点	0.25
			20		0.51	0.77		
			30		1.7	2.6		
			40		3.0	4.5		
			50		4.5	6.9		
			60		6.4	9.8		
			70		9.1	14		
			80		12	19		
5	铬酸雾	0.080	15	禁排	0.009	0.014	周界外浓度最高点	0.007 5
			20		0.015	0.023		
			30		0.051	0.078		
			40		0.089	0.13		
			50		0.14	0.21		
			60		0.19	0.29		

序号	污染物	最高允许排放浓度/（mg/m³）	最高允许排放速率/（kg/h）				无组织排放监控浓度限值	
			排气筒/m	一级	二级	三级	监控点	浓度/（mg/m³）
6	硫酸雾	1 000（火炸药厂）	15	禁排	1.8	2.8	周界外浓度最高点	1.5
		70（其他）	20		3.1	4.6		
			30		10	16		
			40		18	27		
			50		27	41		
			60		39	59		
			70		55	83		
			80		74	110		
7	氟化物	100（普钙工业）	15	禁排	0.12	0.18	无组织排放源上风向设参照点，下风向设监控点	20（μg/m³）（监控点与参照点浓度差值）
		11（其他）	20		0.20	0.31		
			30		0.69	1.0		
			40		1.2	1.8		
			50		1.8	2.7		
			60		2.6	3.9		
			70		3.6	5.5		
			80		4.9	7.5		
8	氯气	85	25	禁排	0.60	0.90	周界外浓度最高点	0.50
			30		1.0	1.5		
			40		3.4	5.2		
			50		5.9	9.0		
			60		9.1	14		
			70		13	20		
			80		18	28		
9	铅及其化合物	0.90	15	禁排	0.005	0.007	周界外浓度最高点	0.007 5
			20		0.007	0.011		
			30		0.031	0.048		
			40		0.055	0.083		
			50		0.085	0.13		
			60		0.12	0.18		
			70		0.17	0.26		
			80		0.23	0.35		
			90		0.31	0.47		
			100		0.39	0.60		
10	汞及其化合物	0.015	15	禁排	1.8×10^{-3}	2.8×10^{-3}	周界外浓度最高点	0.001 5
			20		3.1×10^{-3}	4.6×10^{-3}		
			30		10×10^{-3}	16×10^{-3}		
			40		18×10^{-3}	27×10^{-3}		
			50		27×10^{-3}	41×10^{-3}		
			60		39×10^{-3}	59×10^{-3}		

序号	污染物	最高允许排放浓度/（mg/m³）	最高允许排放速率/（kg/h）				无组织排放监控浓度限值	
			排气筒/m	一级	二级	三级	监控点	浓度/（mg/m³）
11	镉及其化合物	1.0	15	禁排	0.060	0.090	周界外浓度最高点	0.050
			20		0.10	0.15		
			30		0.34	0.52		
			40		0.59	0.90		
			50		0.91	1.4		
			60		1.3	2.0		
			70		1.8	2.8		
			80		2.5	3.7		
12	铍及其化合物	0.015	15	禁排	1.3×10^{-3}	2.0×10^{-3}	周界外浓度最高点	0.001 0
			20		2.2×10^{-3}	3.3×10^{-3}		
			30		7.3×10^{-3}	11×10^{-3}		
			40		13×10^{-3}	19×10^{-3}		
			50		19×10^{-3}	29×10^{-3}		
			60		27×10^{-3}	41×10^{-3}		
			70		39×10^{-3}	58×10^{-3}		
			80		52×10^{-3}	79×10^{-3}		
13	镍及其化合物	5.0	15	禁排	0.18	0.28	周界外浓度最高点	0.050
			20		0.31	0.46		
			30		1.0	1.6		
			40		1.8	2.7		
			50		2.7	4.1		
			60		3.9	5.9		
			70		5.5	8.2		
			80		7.4	11		
14	锡及其化合物	10	15	禁排	0.36	0.55	周界外浓度最高点	0.30
			20		0.61	0.93		
			30		2.1	3.1		
			40		3.5	5.4		
			50		5.4	8.2		
			60		7.7	12		
			70		11	17		
			80		15	22		
15	苯	17	15	禁排	0.60	0.90	周界外浓度最高点	0.50
			20		1.0	1.5		
			30		3.3	5.2		
			40		6.0	9.0		
16	甲苯	60	15	禁排	3.6	5.5	周界外浓度最高点	0.30
			20		6.1	9.3		
			30		21	31		
			40		36	54		

<table>
<tr><th rowspan="2">序号</th><th rowspan="2">污染物</th><th rowspan="2">最高允许排放浓度/（mg/m³）</th><th colspan="4">最高允许排放速率/（kg/h）</th><th colspan="2">无组织排放监控浓度限值</th></tr>
<tr><th>排气筒/m</th><th>一级</th><th>二级</th><th>三级</th><th>监控点</th><th>浓度/（mg/m³）</th></tr>
<tr><td>17</td><td>二甲苯</td><td>90</td><td>15
20
30
40</td><td>禁排</td><td>1.2
2.0
6.9
12</td><td>1.8
3.1
10
18</td><td>周界外浓度最高点</td><td>1.5</td></tr>
<tr><td>18</td><td>酚类</td><td>115</td><td>15
20
30
40
50
60</td><td>禁排</td><td>0.12
0.20
0.68
1.2
1.8
2.6</td><td>0.18
0.31
1.0
1.8
2.7
3.9</td><td>周界外浓度最高点</td><td>0.10</td></tr>
<tr><td>19</td><td>甲醛</td><td>30</td><td>15
20
30
40
50
60</td><td>禁排</td><td>0.30
0.51
1.7
3.0
4.5
6.4</td><td>0.46
0.77
2.6
4.5
6.9
9.8</td><td>周界外浓度最高点</td><td>0.25</td></tr>
<tr><td>20</td><td>乙醛</td><td>150</td><td>15
20
30
40
50
60</td><td>禁排</td><td>0.060
0.10
0.34
0.59
0.91
1.3</td><td>0.090
0.15
0.52
0.90
1.4
2.0</td><td>周界外浓度最高点</td><td>0.050</td></tr>
<tr><td>21</td><td>丙烯腈</td><td>26</td><td>15
20
30
40
50
60</td><td>禁排</td><td>0.91
1.5
5.1
8.9
14
19</td><td>1.4
2.3
7.8
13
21
29</td><td>周界外浓度最高点</td><td>0.75</td></tr>
<tr><td>22</td><td>丙烯醛</td><td>20</td><td>15
20
30
40
50
60</td><td>禁排</td><td>0.61
1.0
3.4
5.9
9.1
13</td><td>0.92
1.5
5.2
9.0
14
20</td><td>周界外浓度最高点</td><td>0.50</td></tr>
<tr><td>23</td><td>氯化氢</td><td>2.3</td><td>25
30
40
50
60
70
80</td><td>禁排</td><td>0.18
0.31
1.0
1.8
2.7
3.9
5.5</td><td>0.28
0.46
1.6
2.7
4.1
5.9
8.3</td><td>周界外浓度最高点</td><td>0.030</td></tr>
</table>

序号	污染物	最高允许排放浓度/（mg/m³）	最高允许排放速率/（kg/h）				无组织排放监控浓度限值	
			排气筒/m	一级	二级	三级	监控点	浓度/（mg/m³）
24	甲醇	220	15 20 30 40 50 60	禁排	6.1 10 34 59 91 130	9.2 15 52 90 140 200	周界外浓度最高点	15
25	苯胺类	25	15 20 30 40 50 60	禁排	0.61 1.0 3.4 5.9 9.1 13	0.92 1.5 5.2 9.0 14 20	周界外浓度最高点	0.50
26	氯苯类	85	15 20 30 40 50 60 70 80 90 100	禁排	0.67 1.0 2.9 5.0 7.7 11 15 21 27 34	0.92 1.5 4.4 7.6 12 17 23 32 41 52	周界外浓度最高点	0.50
27	硝基苯类	20	15 20 30 40 50 60	禁排	0.060 0.10 0.34 0.59 0.91 1.3	0.090 0.15 0.52 0.90 1.4 2.0	周界外浓度最高点	0.050
28	氯乙烯	65	15 20 30 40 50 60	禁排	0.91 1.5 5.0 8.9 14 19	1.4 2.3 7.8 13 21 29	周界外浓度最高点	0.75
29	苯并[*a*]芘	0.50×10^{-3}（沥青、碳素制品生产和加工）	15 20 30 40 50 60	禁排	0.06×10^{-3} 0.10×10^{-3} 0.34×10^{-3} 0.59×10^{-3} 0.90×10^{-3} 1.3×10^{-3}	0.09×10^{-3} 0.15×10^{-3} 0.51×10^{-3} 0.89×10^{-3} 1.4×10^{-3} 2.0×10^{-3}	周界外浓度最高点	0.01（μg/m³）

序号	污染物	最高允许排放浓度/（mg/m³）	最高允许排放速率/（kg/h）				无组织排放监控浓度限值	
			排气筒/m	一级	二级	三级	监控点	浓度/（mg/m³）
30	光气	5.0	25 30 40 50	禁 排	0.12 0.20 0.69 1.2	0.18 0.31 1.0 1.8	周界外浓度最高点	0.10
31	沥青烟	280（吹制沥青） 80（熔炼、浸涂） 150（建筑搅拌）	15 20 30 40 50 60 70 80	0.11 0.19 0.82 1.4 2.2 3.0 4.5 6.2	0.22 0.36 1.6 2.8 4.3 5.9 8.7 12	0.34 0.55 2.4 4.2 6.6 9.0 13 18	生产设备不得有明显的无组织排放存在	
32	石棉尘	2 根纤维/cm³ 或 20 mg/m³	15 20 30 40 50	禁 排	0.65 1.1 4.2 7.2 11	0.98 1.7 6.4 11 17	生产设备不得有明显的无组织排放存在	
33	非甲烷总烃	150（使用熔剂汽油或其他混合烃类物质）	15 20 30 40	6.3 10 35 61	12 20 63 120	18 30 100 170	周界外浓度最高点	5.0

附表 11-2 新污染源大气污染物排放限值

序号	污染物	最高允许排放浓度/（mg/m³）	最高允许排放速率/（kg/h）			无组织排放监控浓度限值	
			排气筒/m	二级	三级	监控点	浓度/（mg/m³）
1	二氧化硫	960（硫、二氧化硫、硫酸和其他含硫化合物生产） 550（硫、二氧化硫、硫酸和其他含硫化合物使用）	15 20 30 40 50 60 70 80 90 100	2.6 4.3 15 25 39 55 77 110 130 170	3.5 6.6 22 38 58 83 120 160 200 270	*周界外浓度最高点	0.40

序号	污染物	最高允许排放浓度/（mg/m³）	最高允许排放速率/（kg/h）			无组织排放监控浓度限值	
			排气筒/m	二级	三级	监控点	浓度/（mg/m³）
2	氮氧化物	1 400（硝酸、氮肥和火炸药生产） 240（硝酸使用和其他）	15 20 30 40 50 60 70 80 90 100	0.77 1.3 4.4 7.5 12 16 23 31 40 52	1.2 2.0 6.6 11 18 25 35 47 61 78	周界外浓度最高点	0.12
3	颗粒物	18（碳黑尘、染料尘）	15 20 30 40	0.15 0.85 3.4 5.8	0.74 1.3 5.0 8.5	周界外浓度最高点	肉眼不可见
		60*（玻璃棉尘、石英粉尘、矿渣棉尘）	15 20 30 40	1.9 3.1 12 21	2.6 4.5 18 31	周界外浓度最高点	1.0
		120（其他）	15 20 30 40 50 60	3.5 5.9 23 39 60 85	5.0 8.5 34 59 94 130	周界外浓度最高点	1.0
4	氟化氢	100	15 20 30 40 50 60 70 80	0.26 0.43 1.4 2.6 3.8 5.4 7.7 10	0.39 0.65 2.2 3.8 5.9 8.3 12 16	周界外浓度最高点	0.20
5	铬酸雾	0.070	15 20 30 40 50 60	0.008 0.013 0.043 0.076 0.12 0.16	0.012 0.020 0.066 0.12 0.18 0.25	周界外浓度最高点	0.006 0

序号	污染物	最高允许排放浓度/（mg/m³）	最高允许排放速率/（kg/h）			无组织排放监控浓度限值	
			排气筒/m	二级	三级	监控点	浓度/（mg/m³）
6	硫酸雾	430（火炸药厂） 45（其他）	15 20 30 40 50 60 70 80	1.5 2.6 8.8 15 23 33 46 63	2.4 3.9 13 23 35 50 70 95	周界外浓度最高点	1.2
7	氟化物	90（普钙工业） 9.0（其他）	15 20 30 40 50 60 70 80	0.10 0.17 0.59 1.0 1.5 2.2 3.1 4.2	0.15 0.26 0.88 1.5 2.3 3.3 4.7 6.3	周界外浓度最高点	20（μg/m³）
8	*氯气	65	25 30 40 50 60 70 80	0.52 0.87 2.9 5.0 7.7 11 15	0.78 1.3 4.4 7.6 12 17 23	周界外浓度最高点	0.40
9	铅及其化合物	0.70	15 20 30 40 50 60 70 80 90 100	0.004 0.006 0.027 0.047 0.072 0.10 0.15 0.20 0.26 0.33	0.006 0.009 0.041 0.071 0.11 0.15 0.22 0.30 0.40 0.51	周界外浓度最高点	0.006 0
10	汞及其化合物	0.012	15 20 30 40 50 60	1.5×10^{-3} 2.6×10^{-3} 7.8×10^{-3} 15×10^{-3} 23×10^{-3} 33×10^{-3}	2.4×10^{-3} 3.9×10^{-3} 13×10^{-3} 23×10^{-3} 35×10^{-3} 50×10^{-3}	周界外浓度最高点	0.001 2

序号	污染物	最高允许排放浓度/（mg/m^3）	最高允许排放速率/（kg/h）			无组织排放监控浓度限值	
			排气筒/m	二级	三级	监控点	浓度/（mg/m^3）
11	镉及其化合物	0.85	15	0.050	0.080	周界外浓度最高点	0.040
			20	0.090	0.13		
			30	0.29	0.44		
			40	0.50	0.77		
			50	0.77	1.2		
			60	1.1	1.7		
			70	1.5	2.3		
			80	2.1	3.2		
12	铍及其化合物	0.012	15	1.1×10^{-3}	1.7×10^{-3}	周界外浓度最高点	0.000 8
			20	1.8×10^{-3}	2.8×10^{-3}		
			30	6.2×10^{-3}	9.4×10^{-3}		
			40	11×10^{-3}	16×10^{-3}		
			50	16×10^{-3}	25×10^{-3}		
			60	23×10^{-3}	35×10^{-3}		
			70	33×10^{-3}	50×10^{-3}		
			80	44×10^{-3}	67×10^{-3}		
13	镍及其化合物	4.3	15	0.15	0.24	周界外浓度最高点	0.040
			20	0.26	0.34		
			30	0.88	1.3		
			40	1.5	2.3		
			50	2.3	3.5		
			60	3.3	5.0		
			70	4.6	7.0		
			80	6.3	10		
14	锡及其化合物	8.5	15	0.31	0.47	周界外浓度最高点	0.24
			20	0.52	0.79		
			30	1.8	2.7		
			40	3.0	4.6		
			50	4.6	7.0		
			60	6.6	10		
			70	9.3	14		
			80	13	19		
15	苯	12	15	0.50	0.80	周界外浓度最高点	0.40
			20	0.90	1.3		
			30	2.9	4.4		
			40	5.6	7.6		
16	甲苯	40	15	3.1	4.7	周界外浓度最高点	2.4
			20	5.2	7.9		
			30	18	27		
			40	30	46		

序号	污染物	最高允许排放浓度/（mg/m³）	最高允许排放速率/（kg/h）			无组织排放监控浓度限值	
			排气筒/m	二级	三级	监控点	浓度/（mg/m³）
17	二甲苯	70	15 20 30 40	1.0 1.7 5.9 10	1.5 2.6 8.8 15	周界外浓度最高点	1.2
18	酚类	100	15 20 30 40 50 60	0.10 0.17 0.58 1.0 1.5 2.2	0.15 0.26 0.88 1.5 2.3 3.3	周界外浓度最高点	0.080
19	甲醛	25	15 20 30 40 50 60	0.26 0.43 1.4 2.6 3.8 5.4	0.39 0.65 2.2 3.8 5.9 8.3	周界外浓度最高点	0.20
20	乙醛	125	15 20 30 40 50 60	0.050 0.090 0.29 0.50 0.77 1.1	0.080 0.13 0.44 0.77 1.2 1.6	周界外浓度最高点	0.040
21	丙烯醛	22	15 20 30 40 50 60	0.77 1.3 4.4 7.5 12 16	1.2 2.0 6.6 11 18 25	周界外浓度最高点	0.60
22	丙烯醛	16	15 20 30 40 50 60	0.52 0.87 2.9 5.0 7.7 11	0.78 1.3 4.4 7.6 12 17	周界外浓度最高点	0.40
23	*氯化氢	1.9	25 30 40 50 60 70 80	0.15 0.26 0.88 1.5 2.3 3.3 4.6	0.24 0.39 1.3 2.3 3.5 5.0 7.0	周界外浓度最高点	0.024

序号	污染物	最高允许排放浓度/（mg/m^3）	最高允许排放速率/（kg/h）			无组织排放监控浓度限值	
			排气筒/m	二级	三级	监控点	浓度/（mg/m^3）
24	甲醇	190	15 20 30 40 50 60	5.1 8.6 29 50 77 100	7.8 13 44 70 120 170	周界外浓度最高点	12
25	苯胺类	20	15 20 30 40 50 60	0.52 0.87 2.9 5.0 7.7 11	0.78 1.3 4.4 7.6 12 17	周界外浓度最高点	0.40
26	氯苯类	60	15 20 30 40 50 60 70 80 90 100	0.52 0.87 2.5 4.3 6.6 9.3 13 18 23 29	0.78 1.3 3.8 6.5 9.9 14 20 27 35 44	周界外浓度最高点	0.40
27	硝基苯类	16	15 20 30 40 50 60	0.050 0.090 0.29 0.50 0.77 1.1	0.080 0.13 0.44 0.77 1.2 1.7	周界外浓度最高点	0.040
28	氯乙烯	36	15 20 30 40 50 60	0.77 1.3 4.4 7.5 12 16	1.2 2.0 6.6 11 18 25	周界外浓度最高点	0.60
29	苯并[*a*]芘	0.30×10^{-3}（沥青及碳素制品生产和加工）	15 20 30 40 50 60	0.050×10^{-3} 0.085×10^{-3} 0.29×10^{-3} 0.50×10^{-3} 0.77×10^{-3} 1.1×10^{-3}	0.080×10^{-3} 0.13×10^{-3} 0.43×10^{-3} 0.76×10^{-3} 1.2×10^{-3} 1.7×10^{-3}	周界外浓度最高点	0.008（$\mu g/m^3$）

序号	污染物	最高允许排放浓度/（mg/m^3）	最高允许排放速率/（kg/h）			无组织排放监控浓度限值	
			排气筒/m	二级	三级	监控点	浓度/（mg/m^3）
30	*光气	3.0	25 30 40 50	0.10 0.17 0.59 1.0	0.15 0.26 0.88 1.5	周界外浓度最高点	0.080
31	沥青烟	140（吹制沥青） 40（熔炼、浸涂） 75（建筑搅拌）	15 20 30 40 50 60 70 80	0.18 0.30 1.3 2.3 3.6 5.6 7.4 10	0.27 0.45 2.0 3.5 5.4 7.5 11 15	生产设备不得有明显的无组织排放存在	
32	石棉尘	1 根纤维/cm^3 或 10 mg/m^3	15 20 30 40 50	0.55 0.93 3.6 6.2 9.4	0.83 1.4 5.4 9.3 14	生产设备不得有明显的无组织排放存在	
33	非甲烷总烃	120（使用熔剂汽油或其他混合烃类物质）	15 20 30 40	10 17 53 100	16 27 83 150	周界外浓度最高点	4.0

附录3 水污染事故应急监测布点及国标分析方法

一、环境污染事故后监测范围及采样点布设

为了切实反应环境污染事故对不同水体的影响，根据污染物排放量大小需调查的范围如表 12-1～表 12-3 所示。

表 12-1 不同河流规模根据污染物排放量应调查的长度

污水排放量/（m^3/d）	大河*	中河	小河
＞50 000	15～30	20～40	30～50
50 000～20 000	10～20	15～30	25～40
20 000～10 000	5～10	10～20	15～30
10 000～5 000	3～5	5～10	10～25
＜5 000	＜3	＜5	5～15

*排污口下游应调查的河段长度。

根据水体水面的宽度与采样垂线布设规则见表 12-2，采样点数见表 12-3。

表 12-2 水面宽度与采样垂线条数布设

水面宽/m	采样垂线布设	岸边有污染带	相对范围
＜50	1 条（中泓处）	如一边有污染带增设 1 条垂线	
50～100	左、中、右 3 条	3 条	左、右设在距湿岸 5～10 m 处
100～1 000	左、中、右 3 条	5 条（增加岸边两条）	岸边垂线距湿岸边陲 5～10 m 处
＞1 000	3～5 条	7 条	

表 12-3 水体水深与采样点及数目

	采样点数*	位 置	说 明
＜5	1	水面下 0.5 m	1．不足 1 m 时，取 1/2 水深； 2．如沿垂线水质分布均匀，可减少中层采样点； 3．潮汐河流应设置分层采样点
5～10	2	水面下 0.5 m，河底上 0.5 m	
＞10	3	水面下 0.5 m，1/2 水深，河底以上 0.5 m	

* 如果污染严重程度较轻，可以每条垂线取一个混合样。

二、采样方法与样品保存

1．采样方式分以下几种

（1）涉水采样：适用于水深较浅的水体。

（2）桥梁采样：适用于有桥梁的采样断面。

（3）船只采样：适用于水体较深的河流、水库、湖泊。

（4）缆道采样：适用于山区流速较快的河流。

（5）冰上采样：适用于北方冬季冰冻河流、湖泊和水库。

2．水样保存

水样根据不同监测指标应该采取不同水样保存技术，具体监测指标与相应的保存技术见表 12-4。

表 12-4　水质取样保存技术与有效分析时间

待测项目		容器*类别	保存方法	分析地点	可保存时间	建议
A 物理、化学分析	pH	P 或 G		现场		现场直接测试
	酸度及碱度	P 或 G	在 2～50℃暗处冷藏	分析室	24 h	水样注满容器
	溴	G		分析室	6 h	最好在现场测试
	电导率	P 或 G	冷藏于 2～50℃	分析室	24 h	最好在现场测试
	色度	P 或 G	在 2～50℃暗处冷藏		24 h	
	悬浮物	P 或 G		分析室	24 h	单独定容采样
	浊度	P 或 G		现场		现场直接测试
	臭氧	G		现场		
	余氯	P 或 G		现场		最好现场分析。否则，应在现场用过量 NaOH 固定，保存不应超过 6 h
	二氧化碳	P 或 G		见酸碱度		
	溶解氧	（溶解氧瓶）	现场固定并 5B58 放暗处	现场、分析室	数小时	碘量法加 1 mL 1 mol/L 硫酸锰和 2 mL 1mol/L 碱性碘化钾
	油脂、油类、碳氢化合物、石油及其衍生物	G	现场萃取冷冻至－20℃	分析室	24 h 数月	建议使用分析时所用的溶剂冲洗容器，采样后立即加入萃取剂，或进行现场萃取
	离子型表面活性剂	G	在 2～50℃下冷藏硫酸酸化至 pH＜2	分析室	尽快 48 h	

待测项目		容器[*]类别	保存方法	分析地点	可保存时间	建议
A 物理、化学 分析	非离子型表面活性剂	G	加入40%（v/v）的甲醛，使样品成为含1%（v/v）的甲醛溶液，在2～50℃下冷藏，并使水样注满容器	分析室	1个月	
	砷	P或G	加硫酸，使pH<2 加碱调节pH=12	分析室	数月	不能用硝酸酸化。生活污水及工业废水应使用加碱保存方法
	硫化物	G	每100 mL水样先加2 mL 2 mol/L醋酸锌后，再加入2 mL 2 mol/L的NaOH并冷藏	分析室	24 h	必须现场固定
	总氰化物	P	用NaOH调节至pH>12	分析室	24 h	
	高锰酸盐指数 化学需氧量	G	在2～50℃暗处冷藏用硫酸酸化至pH<2	分析室	尽快 1周	如果COD是因为存在有机物引起的，则必须加以酸化
	生化需氧量	G	在2～50℃暗处冷藏	分析室	尽快	最好使用专用玻璃容器
	基耶达氮 氨　氮	P或G	用硫酸酸化至pH<2，并在2～50℃冷藏	分析室	尽快	为了阻止硝化细菌的新陈代谢，应考虑加入杀菌剂如丙烯基硫脲或氯化汞或三氯甲烷
	硝酸盐氮	P或G	酸化至pH<2并在2～50℃冷藏	分析室	24 h	有些废水样品不能保存，需要现场分析
	亚硝酸盐氮	P或G	在2～50℃冷藏	分析室	尽快	
	有机氯农药	G	在2～50℃冷藏	分析室	1周	建议于采样后立即加入萃取剂，或在现场进行萃取
	有机磷农药	G	在2～50℃冷藏	分析室	24 h	
	“游离”氰化物	P		分析室	24 h	保存方法取决于分析方法
	酚	BG	用$CuSO_4$抑制生化作用，并用H_3PO_4酸化，或用NaOH调节至pH>12	分析室	24 h	保存方法取决于所用的分析方法

待测项目		容器*类别	保存方法	分析地点	可保存时间	建议
A 物理、化学分析	叶绿素 a	P 或 G	2～50℃下冷藏，过滤后冷冻滤渣	分析室	24 h 1 个月	
	汞	P、BG		分析室	2 周	保存方法取决于分析方法
	镉 可过滤镉	P 或 BG	在现场过滤，硝酸酸化滤液至 pH＜2	分析室	1 个月	滤渣用于测定不可过滤镉，滤液用于该项测定
	镉 总镉	P 或 BG	硝酸酸化至 pH＜2	分析室	1 个月	取均匀样品消解后测定
	铜	P 或 G	见镉			
	铅	P 或 BG	见镉			酸化时不能使用硫酸
	锰	P 或 BG	见镉			
	锌	P 或 BG	见镉			
	总铬	P 或 G	酸化使 pH＜2	分析室	尽快	不得使用磨口及内壁已磨毛的容器，避免铬的吸附
	六价铬	P 或 G	用 NaOH 调节使 pH=7～9	分析室	尽快	不得使用磨口及内壁已磨毛的容器，避免铬的吸附
	钙	P 或 BG	过滤后将滤液酸化至 pH＜2	分析室	数月	酸化不要用硫酸，酸化样品可同时用于测其他金属
	总硬度	P 或 BG	见钙			
	镁	P 或 BG	见钙			
	氟化物	P		分析室	中性样品可保存数月	
	氯化物	P 或 G		分析室	数月	
	总磷	BG	用硫酸酸化至 pH＜2	分析室	数月	
	硒	G 或 BG	用 NaOH 调节至 pH＞11	分析室	数月	
	硫酸盐	P 或 G	于 2～50℃冷藏	分析室	一周	
B 微生物分析	细菌总数 大肠菌总数 粪大肠菌 粪链球菌 沙门氏菌等	灭菌容器 G	2～50℃冷藏	分析室	尽快（地面水、污水及饮用水）	取氯化或溴化过的水样时，所用的样品瓶中应先加入（消毒前加入）硫代硫酸钠[一般每 125 mL 样品加入 0.1 mL 10%（*w/w*）硫代硫酸钠溶液]，以消除氯或溴对细菌的抑制作用。 对重金属含量高于 0.01 mg/L 的水样，应在容器消毒之前，按每 125 mL 容积加入 0.3 mL 的 15%（*w/w*）EDTA 溶液

待测项目		容器*类别	保存方法	分析地点	可保存时间	建议
C 生物 学分析	鉴定和计数： （1）底栖类无脊椎动物 —大样品 —小样品（如参考样品）	P 或 G	加入 70%（v/v）乙醇或加入 40%（v/v）的中性甲醛（用硼酸钠调节）使水样成为含 2%～5%（v/v）的溶液	分析室	1a	应先倒出样品中的水以使防腐剂的浓度最大
			转入防腐溶液，含 70%（v/v）乙醇、40%（v/v）甲醛和甘油，其三者比例为 100∶2∶1			当心甲醛蒸汽，工作地点不应大量存放
	（2）浮游植物 浮游动物	G	1 份体积样品加入 100 份卢戈耳溶液：每升用 150 g 碘化钾、100 g 碘、18 mL 乙酸 ρ=1.04 g/mL，配成水溶液，存放在冷暗处。 加 40%（v/v）甲醛，使成 4%（v/v）的福尔马林或加卢戈耳溶液分析室		1a	若发生脱色，则应加更多的卢戈耳溶液
	湿重和干重：（1）底栖大型无脊椎动物；（2）大型植物；（3）浮游植物；（4）浮游动物；（5）鱼		于 2～50℃冷藏	现场或分析室	24 h	尽快分析
	灰分重量： （1）底栖大型无脊椎动物 （2）大型植物 （3）悬垂植物 （4）浮游植物	P 或 G	过滤后冷藏于 2～50℃ −200℃保存 −200℃保存 过滤并冷藏，−200℃保存	分析室	6 个月	
	热值测定： （1）浮游植物 （2）浮游动物	P 或 G	过滤后于 2～50℃冷藏，保存于干燥器皿中	分析室	24 h	尽快分析

注：P—聚乙烯；G—玻璃；BG—硼硅玻璃。

3．监测项目及分析方法

各监测项目的分析应在其规定保存时间内完成。全部水样的分析一般应在收到水样后10 日内完成。具体分析项目的标准方法如表 12-5 所示：

表 12-5 监测项目及监测方法名录

序号	参数	测定方法	检测范围/（mg/L）	注释	国标分析方法来源
1	水温	水温计测量法	−6～400℃	—	GB 13195—91
2	pH 值	玻璃电极法	0～14	—	GB/T13580.4—1992

序号	参数	测定方法	检测范围/（mg/L）	注释	国标分析方法来源
3	硫酸盐	硫酸钡重量法	10 以上	结果以硫酸根离子计	GB/T11213.5—2006
		铬酸钠分光光度法	5～200		
		硫酸钠比浊法	1～40		
4	氯化物	硝酸银容量法	10 以上	结果以 Cl^- 计	CJ/T 3018.8—1993
		硝酸汞容量法	可测至 10 以下		
5	总铁	邻菲罗啉分光光度法	检出下限 0.05	测定水体中溶解态、胶体态、悬浮颗粒以及生物体中的总铁量	HJ/T 345—2007
		原子吸收分光光度法	检出下限 0.3		
6	总锰	高碘酸钾分光光度法	检出下限 0.02		GB11906—89
		甲醛肟分光光度法	检出下限 0.01		HJ/T 344—2007
7	总铜	原子吸收分光光度法 直接法	0.05～5	未过滤的样品经消解，测定溶解态和悬浮态总铜量	GB/T 7475—1987
		螯合萃取法	0.001～0.05		GB/T 7475—1987
		二乙基二硫代氨基甲酸钠（铜试剂）分光光度法	检出下限 0.003（3 cm 比色皿）0.02～0.70（1 cm 比色皿）		GB/T 7473—1987
		2,9-二甲基-1,10-二氮杂菲（新铜试剂）分光光度法	0.006～3		
8	总锌	双硫腙分光光度法	0.005～0.05	经消化处理后测得的水样中总锌量	GB/T 7472—1987
		原子吸收分光光度法	0.05～1		GB/T 7475—1987
9	硝酸盐	酚二磺酸分光光度法	0.02～1	硝酸盐含量过高时，应稀释后测定。结果以氮（N）计	GB/T 7480—1987
10	亚硝酸盐	分光光度法	0.003～0.20	采样后应尽快分析。结果以氮（N）计	HJ 197—2005
11	氨氮	纳氏试剂分光光度法	0.05～2（分光光度法）0.20～2（目视法）	测得结果系以氮（N）计的氨氮浓度	HJ 535—2009
		水杨酸分光光度法	0.01～1		HJ 536—2009
12	凯氏氮	硒催化矿化法	检出下限 0.5（1 cm 比色皿）	样品处理后用纳氏分光光度法，测得值为氨氮与有机氮之总和，结果以氮（N）计	HJ/T 196—2005
13	总磷	钼酸铵分光光度法	0.01～0.6	未过滤水样经消化处理后测得的溶解的和悬浮的总磷量（以 P 计）	GB/T 11893—1989

<table>
<tr><th>序号</th><th>参数</th><th colspan="2">测定方法</th><th>检测范围/（mg/L）</th><th>注释</th><th>国标分析方法来源</th></tr>
<tr><td rowspan="2">14</td><td rowspan="2">高锰酸盐指数</td><td colspan="2">酸性高锰酸钾法</td><td>0.5～4.5</td><td rowspan="2">氯离子浓度大于300 mg/L时采用碱性高锰酸钾法</td><td rowspan="2">GB 11892—1989</td></tr>
<tr><td colspan="2">碱性高锰酸钾法</td><td>0.5～4.5</td></tr>
<tr><td>15</td><td>溶解氧</td><td colspan="2">碘量法</td><td>0.2～20</td><td>碘量法测定溶解氧有各种修正法</td><td>GB/T 7489—1987</td></tr>
<tr><td>16</td><td>化学需氧量</td><td colspan="2">重铬酸盐法</td><td>30～700</td><td></td><td>GB 11914—1989</td></tr>
<tr><td>17</td><td>生化需氧量</td><td colspan="2">稀释与接种法</td><td>2～6 000</td><td></td><td>GB/T 7488—1987</td></tr>
<tr><td rowspan="3">18</td><td rowspan="3">氟化物</td><td colspan="2">氟试剂分光光度法</td><td>0.50～1.8</td><td rowspan="3">结果以F-计</td><td rowspan="2">GB/T 7483—1987</td></tr>
<tr><td colspan="2">茜素磺酸分光光度法</td><td>0.50～2.5</td></tr>
<tr><td colspan="2">离子选择性电极法</td><td>0.50～1 900</td><td>GB/T 7484—1987</td></tr>
<tr><td rowspan="2">19</td><td rowspan="2">硒（四价）</td><td colspan="2">二氨基联苯胺分光光度法</td><td>检出下限 0.01</td><td rowspan="2"></td><td rowspan="2">GB/T 11902—1989</td></tr>
<tr><td colspan="2">荧光分光光度法</td><td>检出下限 0.001</td></tr>
<tr><td>20</td><td>总砷</td><td colspan="2">二乙基二硫代氨基甲酸银分光光度法</td><td>0.007～0.5</td><td>测得为单体形态、无机或有机物中元素砷的总量</td><td>GB T 7485—1987</td></tr>
<tr><td rowspan="2">21</td><td rowspan="2">总汞</td><td rowspan="2">冷原子吸收分光光度法</td><td>高锰酸钾—过硫酸钾消毒法</td><td rowspan="2">检出下限 0.000 1（最佳条件 0.000 05）</td><td rowspan="2">包括无机或有机结合的、可溶的和悬浮的全部汞</td><td rowspan="2">GB/T 7469—1987</td></tr>
<tr><td>溴酸钾—溴化钾消毒法</td></tr>
<tr><td rowspan="2">22</td><td rowspan="2">总镉</td><td colspan="2">原子吸收分光光度法（螯合萃取法）</td><td>0.001～0.05</td><td rowspan="2">经酸消解处理后，测得水样中的总镉量</td><td>GB 7475—1987</td></tr>
<tr><td colspan="2">双硫腙分光光度法</td><td>0.001～0.05</td><td>GB/T 7471—1987</td></tr>
<tr><td>23</td><td>铬（六价）</td><td colspan="2">二苯碳酰二肼分光光度法</td><td>0.004～1.0</td><td></td><td>GB 7466—1987</td></tr>
<tr><td rowspan="3">24</td><td rowspan="3">总铅</td><td rowspan="2">原子吸收分光光度法</td><td>直接法</td><td>0.2～10</td><td rowspan="3">经酸消解处理后，测得水样中的总铅量</td><td rowspan="2">GB7475—1987</td></tr>
<tr><td>螯合萃取法</td><td>0.01～0.2</td></tr>
<tr><td colspan="2">双硫腙分光光度法</td><td>0.01～0.30</td><td>GB/T 7470—1987</td></tr>
<tr><td rowspan="2">25</td><td rowspan="2">总氰化物</td><td colspan="2">异烟酸—吡唑啉酮分光光度法</td><td>0.004～0.25</td><td rowspan="2">包括简单氰化物和大部分络合氰化物，不包括钴氰络合物</td><td rowspan="2">GB/T 7487—1987</td></tr>
<tr><td colspan="2">吡碇—巴比妥酸分光光度法</td><td>0.002～0.45</td></tr>
<tr><td>26</td><td>挥发酚</td><td colspan="2">蒸馏后—氨基安替比林分光光度法（氯仿萃取法）</td><td>0.002～6</td><td></td><td>GB 7491—1987</td></tr>
<tr><td>27</td><td>石油类</td><td colspan="2">红外光度法</td><td>0.05～50</td><td></td><td>GB/T 16488—1996</td></tr>
<tr><td>28</td><td>阴离子表面活性剂</td><td colspan="2">亚甲蓝分光光度法</td><td>0.05～2.0</td><td>本法测得为活性物质（MBAS），结果以LAS计</td><td>GB/T 7494—1987</td></tr>
<tr><td rowspan="2">29</td><td rowspan="2">总大肠菌群</td><td colspan="2">多管发酵法</td><td rowspan="2"></td><td rowspan="2"></td><td rowspan="2">GB 8538.62—1987</td></tr>
<tr><td colspan="2">滤膜法</td></tr>
<tr><td>30</td><td>苯并[a]芘</td><td colspan="2">纸层析—荧光分光光度法</td><td>2.5μg/L</td><td></td><td>GB 7104—1994</td></tr>
<tr><td>31</td><td>五氯酚钠</td><td colspan="2">气相色谱法</td><td></td><td></td><td>GB 8972—1988</td></tr>
</table>

附录4　水环境质量标准

一、水域功能和分类标准

依据地表水水域环境功能和保护目标，按功能高低依次划分为五类：

Ⅰ类主要适用于源头水、国家自然保护区；

Ⅱ类主要适用于集中式生活饮用水地表水水源地一级保护区、珍稀水生生物栖息地、鱼虾类产卵场、仔稚幼鱼的索饵场等；

Ⅲ类主要适用于集中式生活饮用水地表水源地二级保护区、鱼虾类越冬场、洄游通道、水产养殖区等渔业水域及游泳区；

Ⅳ类主要适用于一般工业用水区及人体非直接接触的娱乐用水区；

Ⅴ类主要适用于农业用水区及一般景观要求水域。

对应地表水上述五类水域功能，将地表水环境质量标准基本项目标准值分为五类，不同功能类别分别执行相应类别的标准值。水域功能类别高的标准值严于水域功能类别低的标准值。同一水域兼有多类使用功能的，执行最高功能类别对应的标准值。实现水域功能与达功能类别标准为同一含义。

二、标准值

（一）地表水环境质量标准基本项目标准限值见表13-1。

表13-1　地表水环境质量标准基本项目标准限值　　单位：mg/L

序号		Ⅰ类	Ⅱ类	Ⅲ类	Ⅳ类	Ⅴ类
1	水温/℃	人为造成的环境水温变化应限制在：周平均最大温升≤1 周平均最大温降≤2				
2	pH值（无量纲）	6～9				
3	溶解氧≥	饱和率90%（或7.5）	6	5	3	2
4	高锰酸盐指数≤	2	4	6	10	15
5	化学需氧量（COD）≤	15	15	20	30	40
6	五日生化需氧量（BOD_5）≤	3	3	4	6	10
7	氨氮（NH_3-N）≤	0.015	0.5	1.0	1.5	2.0
8	总磷（以P计）≤	0.02（湖、库0.01）	0.1（湖、库0.025）	0.2（湖、库0.05）	0.3（湖、库0.1）	0.4（湖、库0.2）
9	总氮（湖、库，以N计）≤	0.2	0.5	1.0	1.5	2.0
10	铜≤	0.01	1.0	1.0	1.0	1.0
11	锌≤	0.05	1.0	1.0	2.0	2.0

序号		Ⅰ类	Ⅱ类	Ⅲ类	Ⅳ类	Ⅴ类
12	氟化物（以F^-计）≤	1.0	1.0	1.0	1.5	1.5
13	硒≤	0.01	0.01	0.01	0.02	0.02
14	砷≤	0.05	0.05	0.05	0.1	0.1
15	汞≤	0.000 05	0.000 05	0.000 1	0.001	0.001
16	镉≤	0.001	0.005	0.005	0.005	0.01
17	铬（六价）≤	0.01	0.05	0.05	0.05	0.1
18	铅≤	0.01	0.01	0.05	0.05	0.1
19	氰化物≤	0.005	0.05	0.2	0.2	0.2
20	挥发酚≤	0.002	0.002	0.005	0.01	0.1
21	石油类≤	0.05	0.05	0.05	0.5	1.0
22	阴离子表面活性剂 ≤	0.2	0.2	0.2	0.3	0.3
23	硫化物≤	0.05	0.1	0.2	0.5	1.0
24	粪大肠菌群（个/L）≤	200	2 000	10 000	20 000	40 000

（二）集中式生活饮用水地表水水源地补充项目标准限值见表 13-2。

表 13-2　集中式生活饮用水地表水水源地补充项目标准限值　　单位：mg/L

序号	项目	标准值
1	硫酸盐（以硫酸根离子：SO_4^{2-}计）	250
2	氯化物（以氯离子计）	250
3	硝酸盐（以 N 计）	10
4	铁	0.3
5	锰	0.1

（三）集中式生活饮用水地表水水源地特定项目标准限值见表 13-3。

表 13-3　集中式生活饮用水地表水水源地特定项目标准限值　　单位：mg/L

序号	项目	标准值	序号	项目	标准值
1	三甲烷	0.06	21	乙苯	0.3
2	四氯化碳	0.002	22	二甲苯	0.5
3	三溴甲烷	0.1	23	异丙苯	0.25
4	二氯甲烷	0.02	24	氯苯	0.3
5	1,2-二氯乙烷	0.03	25	1,2-二氯苯	1.0
6	环氧氯丙烷	0.02	26	1,4-二氯苯	0.3
7	氯乙烯	0.005	27	三氯苯	0.02
8	1,1-二氯乙烯	0.03	28	四氯苯	0.02
9	1,2-二氯乙烯	0.05	29	六氯苯	0.05
10	三氯乙烯	0.07	30	硝基苯	0.017
11	四氯乙烯	0.04	31	二硝基苯	0.5

序号	项目	标准值	序号	项目	标准值
12	氯丁二烯	0.002	32	2,4-二硝基甲苯	0.000 3
13	六氯丁二烯	0.000 6	33	2,4,6-三硝基甲苯	0.5
14	苯乙烯	0.02	34	硝基氯苯	0.05
15	甲醛	0.9	35	2,4-二硝基氯苯	0.5
16	乙醛	0.05	36	2,4-二氯苯酚	0.093
17	丙烯醛	0.1	37	2,4,6-三氯苯酚	0.2
18	三氯乙醛	0.01	38	五氯酚	0.009
19	苯	0.01	39	苯胺	0.1
20	甲苯	0.7	40	联苯胺	0.000 2

（四）地下水质量标准基本项目及限值见表 13-4。

表 13-4 地下水质量标准

项目序号	类别 标准值 项目	I 类	II 类	III类	IV类	V 类
1	色/度	≤5	≤5	≤15	≤25	>25
2	嗅和味	无	无	无	无	有
3	浑浊度/度	≤3	≤3	≤3	≤10	>10
4	肉眼可见物	无	无	无	无	有
5	pH		6.5～8.5		5.5～6.5 8.5～9	<5.5，>9
6	总硬度（以 $CaCO_3$，计）/(mg/L)	≤150	≤300	≤450	≤550	>550
7	溶解性总固体/（mg/L）	≤300	≤500	≤1 000	≤2 000	>2 000
8	硫酸盐/（mg/L）	≤50	≤150	≤250	≤350	>350
9	氯化物/（mg/L）	≤50	≤150	≤250	≤350	>350
10	铁（Fe）/（mg/L）	≤0.1	≤0.2	≤0.3	≤1.5	>1.5
11	锰（Mn）/（mg/L）	≤0.05	≤0.05	≤0.1	≤1.0	>1.0
12	铜（Cu）/（mg/L）	≤0.01	≤0.05	≤1.0	≤1.5	>1.5
13	锌（Zn）/（mg/L）	≤0.05	≤0.5	≤1.0	≤5.0	>5.0
14	钼（Mo）/（mg/L）	≤0.001	≤0.01	≤0.1	≤0.5	>0.5
15	钴（Co）/（mg/L）	≤0.005	≤0.05	≤0.05	≤1.0	>1.0
16	挥发性酚类（以苯酚计）/(mg/L)	≤0.001	≤0.001	≤0.002	≤0.01	>0.01
17	阴离子合成洗涤剂/（mg/L）	不得检出	≤0.1	≤0.3	≤0.3	>0.3
18	高锰酸盐指数/（mg/L）	≤1.0	≤2.0	≤3.0	≤10	>10
19	硝酸盐（以 N 计）/（mg/L）	≤2.0	≤5.0	≤20	≤30	>30
20	亚硝酸盐（以 N 计）/（mg/L）	≤0.001	≤0.01	≤0.02	≤0.1	>0.1
21	氨氮（NH_4）/（mg/L）	≤0.02	≤0.02	≤0.2	≤0.5	>0.5
22	氟化物/（mg/L）	≤1.0	≤1.0	≤1.0	≤2.0	>2.0
23	碘化物/（mg/L）	≤0.1	≤0.1	≤0.2	≤1.0	>1.0
24	氰化物/（mg/L）	≤0.001	≤0.01	≤0.05	≤0.1	>0.1

项目序号	类别 标准值 项目	Ⅰ类	Ⅱ类	Ⅲ类	Ⅳ类	Ⅴ类
25	汞（Hg）/（mg/L）	≤0.000 05	≤0.000 5	≤0.001	≤0.001	>0.001
26	砷（As）/（mg/L）	≤0.005	≤0.01	≤0.05	≤0.05	>0.05
27	硒（Se）/（mg/L）	≤0.01	≤0.01	≤0.01	≤0.1	>0.1
28	镉（Cd）/（mg/L）	≤0.000 1	≤0.001	≤0.01	≤0.01	>0.01
29	铬（六价）（Cr^{6+}）/（mg/L）	≤0.005	≤0.01	≤0.05	≤0.1	>0.1
30	铅（Pb）/（mg/L）	≤0.005	≤0.01	≤0.05	≤0.1	>0.1
31	铍（Be）/（mg/L）	≤0.000 02	≤0.000 1	≤0.000 2	≤0.001	>0.001
32	钡（Ba）/（mg/L）	≤0.01	≤0.1	≤1.0	≤4.0	>4.0
33	镍（Ni）/（mg/L）	≤0.005	≤0.05	≤0.05	≤0.1	>0.1
34	滴滴涕/（μg/L）	不得检出	≤0.005	≤1.0	≤1.0	>1.0
35	六六六/（μg/L）	≤0.005	≤0.05	≤5.0	≤5.0	>5.0
	总大肠菌群/（个/L）	≤3.0	≤3.0	≤3.0	≤100	>100
37	细菌总数/（个/ml）	≤100	≤100	≤100	≤1 000	>1 000
38	总σ放射性/（Bq/L）	≤0.1	≤0.1	≤0.1	>0.1	>0.1
39	总β放射性/（Bq/L）	≤0.1	≤1.0	≤1.0	>1.0	>1.0

三、水质评价

（一）地表水环境质量评价应根据应实现的水域功能类别，选取相应类别标准，进行单因子评价，评价结果应说明水质达标情况，超标的应说明超标项目和超标倍数。

（二）丰、平、枯水期特征明显的水域，应分水期进行水质评价。

四、水质监测

（一）本标准规定的项目标准值，要求水样采集后自然沉降 30 min，取上层非沉降部分按规定方法进行分析。

（二）地表水水质监测的采样布点、监测频率应符合国家地表水环境监测技术规范的要求。

（三）本标准水质项目的分析方法应优先选用国标 GB 的方法，也可采用 ISO 方法体系等其他等效分析方法，但须进行适用性检验。

五、标准的实施与监督

（一）本标准由县级以上人民政府环境保护行政主管部门及相关部门按职责分工监督实施。

（二）集中式生活饮用水地表水源地水质超标项目经自来水厂净化处理后，必须达到《生活饮用水卫生规范》的要求。

（三）省、自治区、直辖市人民政府可以对本标准中未作规定的项目，制定地方补充标准，并报国务院环境保护行政主管部门备案。

参考文献

[1] 国家环境保护总局《水和废水监测分析方法》编写委员会. 水和废水监测分析方法（第四版）（增补版）. 北京：中国环境科学出版社，2006.
[2] 国家环境保护总局. 环境应急响应实用手册. 北京：中国环境科学出版社，2007.
[3] 郭振仁，张剑鸣，李文禧. 突发性环境污染事故防范与应急. 北京：中国环境科学出版社，2009.
[4] 哈希公司. 水质分析实用手册. 北京：化学工业出版社，2010.
[5] 胡望钧. 常见有毒化学品环境事故应急处置技术与监测方法. 北京：中国环境科学出版社，1993.
[6] 环境保护部政策法规司，世界银行集团国际金融公司. 促进绿色信贷的国际经验：赤道原则及 IFC 绩效标准与指南. 北京：中国环境科学出版社，2010.
[7] 李国刚. 环境化学污染事故应急监测技术与设备. 北京：化学工业出版社，2005.
[8] 李国刚，付强，吕怡兵. 突发性环境污染事故应急案例. 北京：中国环境科学出版社，2010.
[9] 刘建. 应急救护知识. 北京：中国劳动社会保障出版社，2008.
[10] 孙超，佟瑞鹏. 企业环境污染事故应急工作手册. 北京：中国劳动社会保障出版社，2008.
[11] 孙蕾，万小卓. 环境事故监测与处置应急手册. 北京：中国环境科学出版社，2006.
[12] 田为勇. 环境应急手册. 北京：中国环境科学出版社，2003.
[13] 曾凡刚. 大气环境监测. 北京：化学工业出版社，2003.